教育部高等学校电子信息类专业教学指导委员会规划教材
高等学校电子信息类专业系列教材

江苏高校品牌专业建设工程项目资助（项目号：PPZY2015B134）

Creative Study
创造学教程

郭业才　主编
Guo Yecai

郭燚　张秀再　吴礼福　副主编
Guo Yi　Zhang Xiuzai　Wu Lifu

清华大学出版社
北京

内容简介

本书分两大部分：第1部分为创造学篇，共5章，主要包括创造学概述、创造力及其开发、创造性思维与训练、创造原理与技法、发明创造实施流程等内容；第2部分为创造性成果保护篇，共3章，主要包括科学研究与科技论文写作、技术发明与专利申请、计算机软件与软件著作权登记等内容。

本书以"学科通识性、表述趣味性、内容新颖性、交叉融合性、成果保护性"为指导思想编排教学内容，体现了系统性与拓展性、强调了实用性与实践性、强化了新颖性和交叉性、增强了趣味性与可读性。通过本教材进行教学活动，能很好地提高人的创造力，对创造型人才的培养能起到很好的启迪和促进作用。

本书既可作为普通高等院校本科生或研究生的创造学教材和辅导读物，也可作为企事业单位开展创造教育活动或继续教育的培训教材和自学参考书。

图书在版编目(CIP)数据

创造学教程/郭业才主编. —北京：清华大学出版社，2017(2020.2重印)
(高等学校电子信息类专业系列教材)
ISBN 978-7-302-47003-8

Ⅰ. ①创…　Ⅱ. ①郭…　Ⅲ. ①创造学—高等学校—教材　Ⅳ. ①G305

中国版本图书馆CIP数据核字(2017)第091998号

责任编辑：梁　颖　柴文强
封面设计：李召霞
责任校对：焦丽丽
责任印制：沈　露

出版发行：清华大学出版社
网　　址：http://www.tup.com.cn，http://www.wqbook.com
地　　址：北京清华大学学研大厦A座　**邮　　编**：100084
社 总 机：010-62770175　**邮　　购**：010-62786544
投稿与读者服务：010-62776969，c-service@tup.tsinghua.edu.cn
质量反馈：010-62772015，zhiliang@tup.tsinghua.edu.cn
课件下载：http://www.tup.com.cn，010-83470236
印 装 者：北京嘉实印刷有限公司
经　　销：全国新华书店
开　　本：185mm×260mm　**印　　张**：17.5　**字　　数**：426千字
版　　次：2017年5月第1版　**印　　次**：2020年2月第7次印刷
定　　价：49.00元

产品编号：072739-01

高等学校电子信息类专业系列教材

序

FOREWORD

我国电子信息产业销售收入总规模在2013年已经突破12万亿元，行业收入占工业总体比重已经超过9%。电子信息产业在工业经济中的支撑作用凸显，更加促进了信息化和工业化的高层次深度融合。随着移动互联网、云计算、物联网、大数据和石墨烯等新兴产业的爆发式增长，电子信息产业的发展呈现了新的特点，电子信息产业的人才培养面临着新的挑战。

(1) 随着控制、通信、人机交互和网络互联等新兴电子信息技术的不断发展，传统工业设备融合了大量最新的电子信息技术，它们一起构成了庞大而复杂的系统，派生出大量新兴的电子信息技术应用需求。这些“系统级”的应用需求，迫切要求具有系统级设计能力的电子信息技术人才。

(2) 电子信息系统设备的功能越来越复杂，系统的集成度越来越高。因此，要求未来的设计者应该具备更扎实的理论基础知识和更宽广的专业视野。未来电子信息系统的设计越来越要求软件和硬件的协同规划、协同设计和协同调试。

(3) 新兴电子信息技术的发展依赖于半导体产业的不断推动，半导体厂商为设计者提供了越来越丰富的生态资源，系统集成厂商的全方位配合又加速了这种生态资源的进一步完善。半导体厂商和系统集成厂商所建立的这种生态系统，为未来的设计者提供了更加便捷却又必须依赖的设计资源。

教育部2012年颁布了新版《高等学校本科专业目录》，将电子信息类专业进行了整合，为各高校建立系统化的人才培养体系，培养具有扎实理论基础和宽广专业技能的、兼顾“基础”和“系统”的高层次电子信息人才给出了指引。

传统的电子信息学科专业课程体系呈现“自底向上”的特点，这种课程体系偏重对底层元器件的分析与设计，较少涉及系统级的集成与设计。近年来，国内很多高校对电子信息类专业课程体系进行了大力度的改革，这些改革顺应时代潮流，从系统集成的角度，更加科学合理地构建了课程体系。

为了进一步提高普通高校电子信息类专业教育与教学质量，贯彻落实《国家中长期教育改革和发展规划纲要(2010—2020年)》和《教育部关于全面提高高等教育质量若干意见》(教高【2012】4号)的精神，教育部高等学校电子信息类专业教学指导委员会开展了“高等学校电子信息类专业课程体系”的立项研究工作，并于2014年5月启动了《高等学校电子信息类专业系列教材》(教育部高等学校电子信息类专业教学指导委员会规划教材)的建设工作。其目的是为推进高等教育内涵式发展，提高教学水平，满足高等学校对电子信息类专业人才培养、教学改革与课程改革的需要。

本系列教材定位于高等学校电子信息类专业的专业课程，适用于电子信息类的电子信息工程、电子科学与技术、通信工程、微电子科学与工程、光电信息科学与工程、信息工程及其相近专业。经过编审委员会与众多高校多次沟通，初步拟定分批次（2014—2017年）建设约100门课程教材。本系列教材将力求在保证基础的前提下，突出技术的先进性和科学的前沿性，体现创新教学和工程实践教学；将重视系统集成思想在教学中的体现，鼓励推陈出新，采用“自顶向下”的方法编写教材；将注重反映优秀的教学改革成果，推广优秀的教学经验与理念。

为了保证本系列教材的科学性、系统性及编写质量，本系列教材设立顾问委员会及编审委员会。顾问委员会由教指委高级顾问、特约高级顾问和国家级教学名师担任，编审委员会由教育部高等学校电子信息类专业教学指导委员会委员和一线教学名师组成。同时，清华大学出版社为本系列教材配置优秀的编辑团队，力求高水准出版。本系列教材的建设，不仅有众多高校教师参与，也有大量知名的电子信息类企业支持。在此，谨向参与本系列教材策划、组织、编写与出版的广大教师、企业代表及出版人员致以诚挚的感谢，并殷切希望本系列教材在我国高等学校电子信息类专业人才培养与课程体系建设中发挥切实的作用。

吕志伟 教授

前 言

PREFACE

自主创新能力是一个民族的核心竞争力。把增强自主创新能力作为国家战略，致力于建设创新型国家，是中国全面建设成小康社会的需要，也是国家强盛的必然选择。要提高自主创新能力，最重要的是要激发全民族创新精神、培养高水平创新人才，形成"万众创新""人人创新"的新态势。作为知识创新、传播、应用和培养高层次人才的高等学校，应更加重视人的创造力开发和创造型人才的培养，启发每一位大学生对发明创造活动的兴趣，激起他们独立提出问题并寻求解决问题新技术方案的需要，教会他们创造性地应用所学知识并会保护运用知识解决问题所取得的成果。据此，我们在多年教学所积累的经验基础上，汲取国内外有关创造学研究论文、论著和教材等材料中的营养，以"学科通识性、表述趣味性、内容新颖性、交叉融合性、成果保护性"为指导思想，编写了这部教材。

本教材主要内容包括创造学概论、创造力开发、创造性思维及训练、创造技法及其应用、发明创造实施流程、创造性成果保护等。在教材内容组织和安排上，体现了以下特点：

(1) 系统性与拓展性融合：除了介绍创造学基本概念、创造性思维、创造技法等系统内容外，还拓展到发明创造完整过程、创造性成果的表现形式和创造性成果保护措施等内容。读者通过本教材，不但能了解创造学原理与方法，还能学会开展创造活动和保护创造性成果的技术手段和方法。

(2) 新颖性和交叉性统一：将创造学内容与创造性成果保护交叉融合为一体，将最新科研成果和创造学研究成果纳入教材内容，融思想性、科学性与新颖性于一体。

(3) 实用性与实践性并重：将创造学原理、技法和创造性成果保护方法的传授与训练、实践和应用相结合，给出了详尽的训练技巧、实践流程、应用案例，具有很强的操作性，形成了理论(或原理或方法)、训练、实践、应用、再理论、再训练、再实践、再应用的创造能力培养循环链条。

(4) 趣味性与可读性增强：对创造学中的基本概念、创造性思维形式及创造技法等内容，以讲故事的方式说创造，以实例展现创造性思维，挖掘事件背后的生动细节，增强了趣味性与可读性。

本教材共有 8 章。第 1 章为创造学概述，第 2 章为创造力及其开发，第 3 章为创造性思维与训练，第 4 章为创造原理与技法，第 5 章为发明创造实施流程，第 6 章为科学研究与科技论文写作，第 7 章为技术发明及专利申请，第 8 章为计算机软件与著作权登记。其中，第 1 章至第 3 章及第 7 章由南京信息工程大学郭业才教授编写，第 4 章和第 5 章由上海海事大学郭燚副教授编写，第 6 章由南京信息工程大学吴礼福副教授编写，第 8 章由南京信息工程大学张秀再副教授编写。全书由郭业才统稿与定稿。

在编写过程中，参阅了大量文献，书后所列参考文献为本教材编写提供了极好的素材，有的还引用了其中的部分内容并对其进行了吸收与消化，在此谨向这些作者表示由衷的谢意！同时，本教材版还得到了国家自然科学基金项目(No. 61673222)、江苏省高校自然科学研究重大项目(No. 13KJA510001)、南京信息工程大学教材建设基金立项项目(No. 16JCLX005)、江苏省高校品牌专业一期建设项目(No. PPZY2015B134)及清华大学出版社的大力支持，在此一并表示衷心的感谢!

由于编者水平有限，加之时间仓促，所编教材中一定有不足之处。在此，诚请各位专家、同行、读者给予批评指正。

编　者

2017 年 1 月

目录

CONTENTS

第1章 创造学概述

CHAPTER 1

【导语】 本章从“创造学”术语来源出发，概述了创造学发展的国内外现状，对发现、发明、创新、创造、创造力等概念的含义进行了阐释，分析了发现与发明、发明与创造、创造与创新及创造力之间的关系，特别是全面分析了创新的特征与分类；给出了创造学的研究目的和研究内容，以及创造学与传统科学及素质教育的关系。

1.1 创造学及其发展

“创造学”术语是古希腊数学家帕普斯在所著《数学汇编》第7卷中首次提出的，到20世纪30—40年代创造学成为一门独立的学科，这标志着人类在几千年的认识世界和改造世界的活动中，开始着手对创造活动过程进行总结和提炼、对创造实践和创造力开发思路和方法进行研究，并将创造学研究成果应用于各个领域。当然，创造学从创立至今才只有几十年的时间，仍处于不断发展之中。

1.1.1 创造学的含义

创造学是研究人在所有领域中的创造发明活动和创造力开发规律、创造发明成果产生及创造性成果保护规律和方法的一门综合性学科。其特点是：①它具有相对独立的研究对象；②它是研究创造成果的产生规律和产生方法，不是研究创造成果本身及应用。例如，创造学是研究爱因斯坦如何发现相对论的，而不是研究相对论本身及其应用；创造学是研究爱迪生在取得1000多件发明专利过程中有哪些规律和方法，而不是研究这1000多件发明专利成果本身所带来经济效益和社会效益。通过创造学研究，将创造发明成果的产生规律和方法揭示、总结和展示出来，传授给普通人学习、掌握和使用，使普通人的创造能力得到提升，使人类创造文明成果的步伐得以加速发展。

1.1.2 创造学发展概况

创造学的发展可以从国内与国外两个方面总结。

1. 国外创造学研究概况

进入现代以来，美国是创造学的发源地。以美国为代表的创造学研究蓬勃发展，日新月异，走在世界前列。1936年，美国通用电气公司首先面向职工开设“创造工程”课程，使职工的创造发明能力得到显著提高。1941 年,美国 BBDO 广告公司经理奥斯本出版了《思考的方法》一书,提出了“智力激励法”,拉开了“创造性研究”的序幕;1953 年奥斯本又出版《创造性想象》一书,对创造性思维进行探索研究,成为科学创造学的创始人,被誉为“创造之父”。此后,创造学教育和创造学培训就在美国各大学、各大公司迅速扎根,甚至一些大公司称:凡未学过创造学的大学生,必须补修完该课程后才能被接收为其公司的职员。1979 年,美国总统的科学顾问在一次演讲中强调说:“我们正跨入一个新的时代——急需一种新的创造精神的时代。”到 20 世纪 80 年代,美国已有创造学研究所十多个,50 多所大学设立相关研究机构。目前,美国几乎每所大学都开设了关于创造问题的课程、许多世界著名公司设立了各自的创造力培训部、创造问题研究机构相继成立,创造学教育活动从学校走向企业,深入到各个机构与单位,创造问题研究相当普及。

虽然日本早在 20 世纪 40 年代市川亀久就出版了《创造性研究的方法论》一书,但是后来发展相对美国较慢。1955 年创造学由美国传到日本后,在日本不时掀起“全民皆创”的阵阵热潮。到 20 世纪 70 年代日本在普及创造问题研究和创造教育等措施和取得成效方面,均超过美国。例如,在大学开设创造课程,在企业普遍开展创造教育,建立大量创造工程研究所和创造学会等组织,成立创造发明委员会,设立《发明设想》电视专题节目、定立发明节、在全国各地举行表彰和纪念成绩卓著的发明家活动等等。这一系列措施,使日本成为发明大国,专利申请量雄居世界第一。有人认为,这也正是战后日本经济快速腾飞的奥秘所在。

其他国家如苏联、英国、加拿大、匈牙利等都先后开展了创造问题的研究与普及,在各类学校和企业开展创造教育。创造问题研究成为学术界的研究热点,出现了大量创造问题研究论文和著作,创造学已由发达国家扩展到发展中国家,成为现代科技革命的重要内容。

2. 国内创造学研究概况

上海交通大学许立言老师是最早把创造学理论系统引进中国大陆的。1980 年《科学画报》分两次发表了他的论文《发明的艺术——创造工程初探》,详细介绍了创造工程产生的必要性、创造工程具有普遍的指导作用、如何开发创造力以及创造发明的方法等,引起了强烈的反响和相关学者的关注。1982—1984 年间《科学画报》增辟“创造技法 100 种选载”专栏,陆续登载了创造学与创造技法,成为宣传与推广创造学理论的主要阵地。1983 年在广西南宁召开了我国第一次创造学学术讨论会,成立了中国创造学研究会筹备委员会,这标志着创造学在我国已作为一门独立的学科而诞生。从 1983 年至 20 世纪 80 年代末期,创造学在中国产生并得到初步发展主要是基于国外学者的传播、国内学者的译著和创造学研究专著。例如,1983 年在我国广西南宁召开的第一次创造学学术讨论会上,日本著名创造学家村上幸雄到会并演讲,国内外学者交流了创造学研究情况。同时,也探讨了高校创造学课程开设问题。我国创造学研究者于 20 世纪 80 年代初着手对创造工程、创造技法等方面资料进行引进并翻译,为我国的创造学研究者进行该学科研究奠定了坚实基础。

自创造学引入中国并产生重要影响之后,我国政府高度重视发明创造的保障体系和制度建设,创造学研究者和一些有识之士着手进行创造学团体的组织建设,努力为创造学在中国的发展壮大营造良好环境氛围。1983 年全国人大常委会通过《中华人民共和国专利法》后,中国发明协会成立,并由中国发明协会主办了《发明与革新》(现更名为《发明与创新》)杂志,该杂志在宣传创造学理论、普及创造技法以及展示我国创造发明成果等许多方面起到了重要作用,在国内外产生了广泛的影响。此后,各省相继组成省级发明协会,以促进各地发明创造活动的开展。在这样的背景下，涌现了一大批探索国内外创造学发展的专家学者。如甘自恒、王极盛、刘仲林、袁张度、谢燮正、关原成、李嘉曾和王加微等，他们都是我国创造学研究的元老。

1）中国创造学发展阶段

关于中国创造学发展阶段主要观点有以下两种：

（1）甘自恒关于国内创造学发展的观点

关于中国创造学发展，甘自恒教授划分了三个阶段：第一阶段，引进消化、推广培训阶段（1980—1985）。以我国在广西召开的第一次创造学学术讨论会及成立创造学研究会筹备委员会为起点，推动各省学会建设、学术刊物出版、创造学课程建设与国外交流等相关论题讨论。第二阶段，应用开发与成果展示阶段（1985—1994）。以中国发明协会成立为标志，探讨了中国创造学团体建设、刊物出版发行、国内国际参展活动、中小学创造力开发等内容。第三阶段，独立研究、形成学派阶段（1995 年至今）。以中国创造学会成立为标志，形成了中国创造学发展的可喜局面。同时，中国创造学发展形成了三个学派：创造哲学学派、创造工程学派与创造教育学派。

（2）刘道玉关于中国创造学发展的观点

关于中国创造学发展，刘道玉认为，1979 年上海交通大学许立言将创造学引进中国。他从国家颁布发明奖励制度，鼓励发明创造、企业生产中“以合理化建议”为中心的群众性革新活动、群众性发明活动、中小学创造教育活动开展、发明协会与创造学会组织建设等方面，探索了中国创造教育的发展之路，为我国创造教育发展作出了突出贡献。

2）中国创造学发展

（1）创造学在中国高校得到了很大发展

特别值得一提的是中国矿业大学 1988 年在全校举办了创造学系列的讲座，随后又将创造学列入教学计划，面向全校开设了创造学选修课；1990 年该校出版社出版了我国第一部专为本科大学生使用的《普通创造学》教材，1996 年 9 月中国矿业大学正式将创造学列入全校公共必修课，将创造学教育普及到每一位在校大学生。他们把创造学教育与地质学结合，创建了地质创造学，列为地质系学生的指定选修课，并正式招收了地质创造学方向、机械创造学方向的研究生。1995 年，该校招收了国内第一个创造学专业方向——工业自动化创造工程 95 试点班，在系统培养专门的发明创造人才方面，开创了国内先河；经过 4 年的创造教育，27 名同学申报了 25 项国家专利；在全国和校内创造发明比赛中，有 7 人 13 项获奖。到 20 世纪 90 年代初，开设创造学选修课的约有 20 所高校，近年来更是呈现成倍增长趋势。关于创造性思维研究的论著越来越多，创造性思维的普及性、通俗性和实用性著作明显增多。

（2）创造学在厂矿企业普及推广方面显成效

1985 年，中国机械冶金工会首先作出推广运用创造学的决议，以后在上海、大连正式开办创造学培训班。1987—1990 年间，先后在 14 个省、24 个大中城市开办创造学培训班、举办创造学讲座，累计培训骨干达 5000 多人，并于 1988 年成立了全国机械工业系统创造学研究推广协会。全国总工会职工技术协会为普及、推广创造学做了大量工作，组织编写《创造学基本知识》教材，拍摄创造学电视录像。1994 年颁发《关于继续加强推广普及创造学的通知》，进一步动员其 400 万会员深入开展创造学普及活动，涌现湖北宜昌和东风汽车公司等推广、普及创造学的先进地方和企业。广东省人事厅自 1995 年以来，先后组织编写《创造性思维与方法》和《创新：民族的灵魂——创造力开发与应用》教材，并拍摄相应的录像，将创造学列为全省专业技术人员继续教育的必修内容。

以上事实充分表明，虽然创造学的研究、普及在我国比西方晚了许多年，但发展的速度却是惊人的。这显示出我国人民远不满足于引进、吸收和消化国外的先进科技，而是结合我国实际进行科技创造，这也符合我国坚持走自主创新道路的战略需要。一方面，我们要大力推广、普及已有的先进科技和有关创造发明的知识、经验，全面提高全民族的创造意识，充分调动人民群众的聪明才智和创造热情，广泛开展群众性的创造发明活动；另一方面，又要防止急功近利、急于求成，要扎实加强创造学理论研究。只有把创造学的基本理论问题搞清楚，创造发明才有持久的后劲，才能在重大科技问题上有所突破，为人类作出更大的贡献。要正确处理提高与普及的关系，只有不断地提高，才能持续地普及。

在当前的新形势下，推动“大众创业、万众创新”是充分激发亿万群众智慧和创造力的重大改革举措，是实现国家强盛、人民富裕的重要途径，要坚决消除各种束缚和桎梏，让创业创新成为时代潮流，汇聚起经济社会发展的强大新动能。这就要求将创造教育始终贯彻于整个人才培养过程中，着力加强创造性人才培养。

1.2 与创造学相关概念间的关系分析

1.2.1 发现与发明

1. 发现

发现是指经过一定的技术手段或方法，通过研究和探索看到或找到前人没有看到的客观世界存在的事物、现象或规律。例如，秦始皇兵马俑、稀有矿藏、美国人宣布西红柿可以预防前列腺癌等都是发现。也就是说，发现的内容是客观世界存在的天然性成果或固有现象或规律。发现的目的侧重于“探索未知”，主要解决“是什么”的问题。

关于南海问题争端的由来

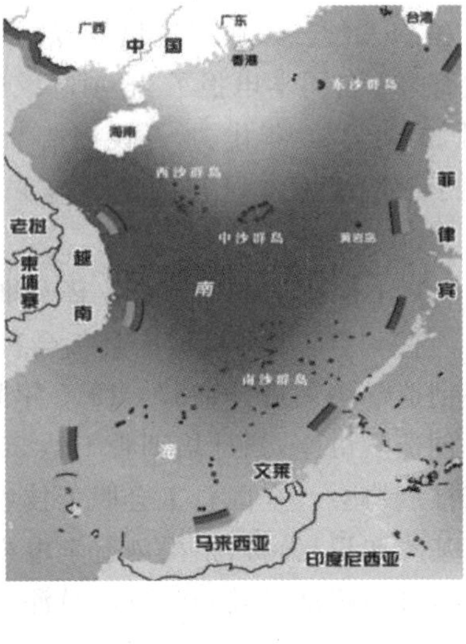

中国最早发现与命名南沙群岛及其附近海域。汉朝中期中国人已经发现了经南沙群岛到印度洋的航线。此后，历代政府不间断地对南沙群岛行使实际管辖。唐朝时南沙群岛划归琼州府管辖。到清朝时中国人民在南沙海域捕鱼并居住。清朝将南沙群岛划入中国版图。从最早发现到拥有主权，再到开发和利用，中国都远远早于其他国家，对此我们都有充分的历史依据和法理依据。20 世纪 70 年代以前，也就是早在 1968 年联合国有关资源机构发表南海拥有丰富石油资源的报告之前，南海可以说是“平静之海”，有关国家也承认南海主权属于中国。但在这一报告发布后，南海周边国家纷纷提出对南海岛屿的主权要求，并采取行动占

领岛屿，才发生了与中国的领土争端。很显然，南海争端的发生缘于对资源的争夺。这些资源是被发现的。

2. 发明

1）发明的含义

发明是应用自然规律解决技术领域中特有问题而提出创新性方案、措施的过程和成果。发明的成果或是提供前所未有的人工自然物模型，或是提供加工制作的新工艺、新方法、新产品。机器设备、仪表装备和各种消费用品以及有关制造工艺、生产流程和检测控制方法的创新和改造，均属于发明。我国专利法实施细则第二条明确指出"专利法所指发明，是指对产品、方法或者其改进所提出的新的技术方案"。发明是指研制出新的事物或新的方法或是建立了新理论，这些事物或方法或理论过去是没有的，如火药、造纸术、相对论。发明的成果包括物质成果、精神成果和社会成果三大类型。

2）发明的特点

首先，发明中应当包含创新。所谓创新就是指与现有技术相比发明必须是前所未有的，并且相对于现有技术有一定的进步或难度。其次，发明必须利用自然规律。从专利法的角度而言，不利用自然规律的不能称之为发明。自然规律本身也不是发明，日常生活中常常将"科学发现"与"技术发明"混为一谈，其实这是两个截然不同的概念。发现的对象是自然规律或者自然现象，而发明的对象是技术方案。

爱迪生发明电灯的故事

美国的爱迪生是真正发明电灯使之大放光明的发明家。他是铁路工人的孩子，小学未读完就辍学，在火车上卖报度日。爱迪生是个异常勤奋的人，喜欢做各种实验，制作出许多巧妙机械，他对电器特别感兴趣，自从法拉第发明电机后，爱迪生就决心制造电灯，为人类带来光明。

爱迪生在认真总结了前人制造电灯的失败经验后，制订了详细的试验计划，分别在两方面进行试验：一是分类试验 1600 多种不同耐热的材料；二是改进抽空设备，使灯泡有高真空度。他还对新型发电机和电路分路系统等进行了研究。

爱迪生将 1600 多种耐热发光材料逐一地试验下来，唯独白金丝性能量好，但白金价格贵得惊人，必须找到更合适的材料来代替。1879 年，几经实验，爱迪生最后决定用炭丝来做灯丝。他把一截棉丝撒满炭粉，弯成马蹄形，装到坩埚中加热，做成灯丝，放到灯泡中，再用抽气机抽去灯泡内空气，电灯亮了，竟能连续使用 45 个小时。就这样，世界上第一批炭丝的白炽灯问世了。1879 年除夕，爱迪生电灯公司所在地洛帕克街灯火通明。

为了研制电灯，爱迪生在实验室里常常一天工作十几个小时，有时连续几天试验，发明炭丝作灯丝后，他又接连试验了 6000 多种植物纤维，最后又选用竹丝，通过高温密闭炉烧焦，再加工，得到炭化竹丝，装到灯泡里，再次提高了灯泡的真空度，电灯竟可连续点亮 1200 个小时。电灯的发明，曾使煤气股票 3 天内锰跌百分之十二。

继爱迪生之后，1909 年，美国柯进而奇发明了用钨丝代替炭丝，使电灯效率猛增。从此，电灯跃上新台阶，日光灯、碘钨灯等形形色色的灯如雨后春笋般登上照明舞台，灯使黑暗化为光明，使大千世界变得更光彩夺目，绚丽多姿。

1.2.2 创新、创造与创造力

1. 创新

1）创新的含义

依《韦氏字典》，创新的含义为：作改变或引入新的实践或理解为有目的、有组织地寻求改变。

依《现代汉语词典》，创新的含义为："抛开旧的，创造新的"，即在原有基础上，提出与原来既有明显区别又有一定联系的独特的、不墨守成规的新事物、新知识、新概念、新方法、新理论和新艺术等。

依美国著名经济学家约瑟夫·熊彼特（J. A. Schumpeter）在1934年《经济发展理论》，创新的含义为：建立一种新的生产函数，也就是说，把一种从来没有过的关于生产要素和生产条件的"新组合"引入生产体系。新组合包括：引入新产品；引入新技术；开辟新的市场；开拓生产原材料或半成品供应的新来源；实现企业的新组织形式。也就是说，创新包括产品创新、技术创新、营销创新、管理创新、制度创新、体制创新和金融创新等。

创新是新设想（或新概念）发展到实际和成功应用的阶段。但同一项创新成果的运用目的和方法不同、使用的地点和范围不同，便会产生极为不同的结果。或者造福千年，或者贻害无穷。

指南针的始祖——司南

指南针的发明是在磁石的吸铁特性被发现之后。指南针的始祖大约是战国时期的司南，它用整块天然磁石经过琢磨制成勺型、圆底，并使整个勺的重心恰好落到勺底的正中并保持平衡，勺置于光滑的地盘之中，且可以自由旋转。地盘外方内圆，四周刻有干支四维，合成二十四向。当司南静止的时候，勺柄就会指向南方。这样的设计是古人认真观察了许多自然界有关磁的现象，积累了大量的知识和经验，经过长期的研究才完成的。司南的出现是人们对磁体指极性认识的实际应用。

指南针在航海上的应用有一个逐渐发展过程。成书年代略晚于《梦溪笔谈》的《萍洲可谈》中记有："舟师识地理，夜则观星，昼则观日，阴晦则观指南针。"这是世界航海史上最早使用指南针的记载。文中指出，当时只在日月星辰见不到的时候才使用指南针，可见指南针刚开始使用时，使用还不熟练。二十几年后，许兢的《宣和奉使高丽图经》也有类似的记载："惟视星斗前迈，若晦冥则用指南浮针，以揆南北。"到了元代，指南针一跃而成海上指航的最重要仪器。不论昼夜晴阴都用指南针导航。而且还编制出使用罗盘导航，在不同航行地点指南针针位的连线图，叫做"针路"。船行到某处，采用何针位方向，一路航线都一一标识明白，作为航行的依据。

火药的发明与现代武器

火药是中国古代炼丹家在炼丹过程中发明的。人类最早使用的火药是黑火药，它是我国劳动人民在一千多年前发明的。火药的最主要成分是作为氧化剂的硝石。成书于秦汉之际的《神农本草经》中已把硝石列为上品药，即在此之前已经具备了发明火药的物质基础。秦汉之际也是炼丹术开始盛行之时，方士们为了炼制仙丹妙药，把各类药物彼此配合烧炼。五金、八石(各种矿物药)、三黄(硫磺、雄黄、雌黄)、汞和硝石都是炼丹的常用药物。其中，汞与三黄合炼而得丹砂是炼丹家们的得意之作。但若用硝石与三黄共炼必将燃烧爆炸，因此导致火药的发明。就在火药发明之后，也曾被引入药类，《本草纲目》中，说火药能治疮癣、杀虫、避湿气、瘟疫。更重要的原因是火药的发明来自制丹配药的实践中。

火药燃烧爆炸的原理，现在的人们不难理解，但在古代，这却一直是个谜，现在人们制取火药也很容易，民间流传的"一硝二磺三木炭"，就是火药的简易配方。这方法也不知历经了多少年代，劳动人民付出多少血汗，才摸索总结出来。火药的发明是我国古代劳动人民辛勤劳动的成果，它又是随着生产的发展、社会的进步而逐渐完善的。枪一般指利用火药燃气能量发射弹头，口径小于 20 毫米的身管射击武器。在现代战争中，枪械等轻武器仍然承担着消灭敌人百分之三十以上有生目标的使命。火炮是以火药为能源发射弹丸，口径在 20 毫米以上的身管射击武器。火炮被誉为机械化时代的"战争之神"。

枪炮作为军队作战的基本武器装备很早就确立了自己在战争中的基础地位。从 19 世纪中叶开始，枪炮装弹方式由前装改为后装；身管由滑膛改为线膛，弹药由球形实心弹与发射药分装，发展成为装有弹头、发射药和预压底火的定装枪弹、炮弹；出现了击针式枪炮。1884 年，美国人 H. S. 马克沁发明了以火药燃气为能源、能连续装填发射的机枪。1884 年法国人 P. 维埃耶、1888 年瑞典人 A. B. 诺贝尔先后研制成功单基和双基无烟火药，使枪炮结构和性能有了极大的改进。20 世纪初，梯恩梯(TNT)炸药开始用作爆破装药，大大提高了炮弹和其他爆破装置的杀伤破坏威力。第一次世界大战的战场成了惨不忍睹的"绞肉机"。第二次世界大战，使火炮以"战争之神"的美称享誉军事舞台。

"二战"以后，新概念轻武器层出不穷，同时单兵作战系统向着数字化方向迈进。21 世纪的士兵将是一个集火力、机动、通信、防护功能为一体的"作战平台"。现代火炮将装备炮瞄雷达、光电跟踪和测距装置、火控计算机等系统，火炮之口径也将实现系列化、标准化和通用化。同时，一种全新的液体发射药火炮将取代目前通行的固体弹药火炮，主宰未来 21 世纪的战场。

新式武器：美国近十几年来的历次战争中主要运用的兵器是：侦察和 GPS 定位卫星；B-2、F-117 隐形飞机、F-15、F-16、F-18 等战斗机；B-52 轰炸机、加油机、电子战机、预警机、侦察机、航空母舰、舰基和空基巡航导弹、爱国者导弹、各型武装直升机、潜艇等。除了上述武器外，美国针对对伊拉克地面进攻和对伊地下目标攻击的需要，还使用了一些新的武器：①STOP 新型钻地炸弹。自动风向修正的惯性制导武器，精确度高，地面穿透能力强，在有效毁灭目标的同时，使化学和生物成分失去作用。专门用来摧毁大规模杀伤性武器的生产和贮存基地及地下工事，美国在阿富汗已使用。②JDAM 联合直接攻击弹药。系安装制导系统的常规炸弹，其中包括 MK82、83、84 等型号，美已在科索沃等战争时使用。空军在海湾地区贮存了 6700 枚卫星制导"联合直接攻击炸弹"，以及 3000 枚激光制导炸弹。

2）创新的特征

创新具有以下几个方面的特征：一是目的性。任何创新活动都有一定的目的，这个特征贯彻于创新过程的始终。二是变革性。创新是对已有事物的改革和革新，是一种深刻的变革。三是新颖性。创新是对现有的不合理事物的扬弃，革除过时的内容，确立新事物。四是超前性。创新以求新为灵魂，具有超前性。这种超前是从实际出发、实事求是的超前。五是价值型。创新有明显、具体的价值，对经济社会具有一定的效益。

3）创新的分类

总之，创新是一个内涵深刻、外延广阔的名词，是各行各业各个领域、个人或组织都值得研究的课题，是成长意识的本能体现。

胡锦涛在2006年科学技术大会上的讲话中提到有关自主创新的几个概念，介绍如下：

原始创新：主要指的是科学发现和技术发明。

集成创新：指的是各种相关技术有机融合，形成有市场竞争力的产品和产业。

引进消化吸收再创新：在引进国外先进技术的基础上，积极消化、吸收和再创新。

党的十八大以来，习近平总书记把创新摆在国家发展全局的核心位置，高度重视科技创新，提出一系列新思想、新论断、新要求。

2014年12月9日，习近平在中央经济工作会议讲话中指出：纵观人类发展历史，创新始终是推动一个国家、一个民族向前发展的重要力量，也是推动整个人类社会向前发展的重要力量。创新是多方面的，包括理论创新、体制创新、制度创新、人才创新等，但科技创新地位和作用十分显要。我国是一个发展中大国，目前正在大力推进经济发展方式转变和经济结构调整，正在为实现“两个一百年”奋斗目标而努力，必须把创新驱动发展战略实施好。这是一个重大战略，必须在贯彻落实党的十八大和十八届三中全会精神的过程中作为一项重大工作抓紧抓好。

2015年6月16～18日，习近平在贵州调研讲话中强调：综合国力竞争说到底是创新的竞争。要深入实施创新驱动发展战略，推动科技创新、产业创新、企业创新、市场创新、产品创新、业态创新、管理创新等，加快形成以创新为主要引领和支撑的经济体系和发展模式。

综上所述，创新是多方面的，包括理论创新、体制创新、制度创新、人才创新、科技创新、产业创新、企业创新、市场创新、产品创新、业态创新、管理创新等。

(1) 理论创新

理论创新是指人们在社会实践活动中，对出现的新情况、新问题，作新的理性分析和理性解答，对认识对象或实践对象的本质、规律和发展变化的趋势作新的揭示和预见，对人类历史经验和现实经验作新的理性升华。简单地说，就是对原有理论体系或框架的新突破，对原有理论和方法的新修正新发展，以及对理论禁区和未知领域的新探索。理论创新是科技创新和体制创新的先导，理论创新不仅要具有勇于创新的思想意识，还必须要有科学的思想方法，只有坚持在继承中求创新，在比较中求创新，在综合中求创新，在实践中求创新，才能使理论创新既有坚实的基础，又能与时俱进。

理论创新可以分为：原发性理论创新、阐释性理论创新、修正性理论创新、发掘性理论创新和方法性理论创新。其中，原发性理论创新是指新原理、新理论体系或新学派的架构与形成；阐释性理论创新是指依据社会实践的需要，清除旁人附加给原有理论的错误解释，对其思想资料和原理重新进行梳理归纳，恢复理论本来的面目；修正性理论创新，是指在肯定和继承原有理论的基础上，根据实践的需要，对原有的理论体系和原理，作出新的补充和修改，作出新的论证和发挥；发掘性理论创新，是指前人已经提出的某些理论，由于各种原因，被遗忘了、湮灭了、淡化了，根据时代的需要，把它重新凸现出来，使其重放光芒；方法性理论创新，是指从社会科学研究方法和学科体系角度，用新的原则、新的模式或新的视野，对社会实践问题作出新的解释，实现社会科学研究方法、思想的更新。例如，信息论、系统论、控制论等。

理论创新的主要特点，即实践性、开放性和实用性。其中，实践性是指理论创新源于实践又回到实践，由实践检验其真理性和现实性，实践性原则既是理论的现实性体现，又是理论发挥作用的桥梁、中介和动力；开放性是指理论创新要成为时代精神的精华，必须广泛吸取前人和同时代人的思想成果，吸收各门具体科学的理论成就；实用性是指理论创新的有用性，是指理论创新的科学价值性，它要求在理论创新研究中必须坚持历史尺度和价值尺度的辩证统一。

(2) 体制创新

体制创新主要包括四方面的内容：一是建立以市场配置资源为主的管理体制，充分发挥市场配置资源的作用，这是提高市场化程度的主要内容。土地、矿藏、资金、资产、劳动力、技术、人才等资源，主要依靠市场来配置。二是合理的所有制结构体制。要大力推进所有制结构调整，坚持有所为有所不为，以市场需求为导向，以竞争机制去激励投资，在市场中实行优胜劣汰，积极推选投资主体多元化。三是营造非公有经济发展的良好环境。在市场准入、审批办照、待遇、服务等方面，都要创造宽松、良好的发展环境，加快非公有经济的发展。四是转变政府职能，减少审批项目，简化审批程序，把政府经济管理职能转到主要为各类市场主体服务和建立健全与市场经济相适应的体制、政策、法律环境上，完善市场体系，规范市场法规，改善市场环境，加强市场硬件建设，拓展市场运作领域，营造有竞争力的投资、创业和发展环境。既要有“管”的本事，更要有“活”的能耐。

(3) 制度创新

制度创新理论是制度经济学与熊彼特创新理论两个学术流派的融合。对制度创新的概念及内容的完整表述是由诺斯和戴维斯给出的。他们认为，制度创新是指能够使创新者获得追加或额外利益的、对现存制度(指具体的政治经济制度，如金融组织、银行制度、公司制度、工会制度、税收制度、教育制度等)的变革。促成制度创新的因素有三种：市场规模的变化，生产技术的发展，以及由此引起的一定社会集团或个人对自己收入预期的变化。诺斯和戴维斯把制度创新过程分为以下五个步骤(或阶段)：

第一步：形成“第一行动集团”。这是指在决策方面支配着制度创新过程的一个决策单位，它预见到潜在利润的存在，并认识到只要进行制度创新，就可以得到潜在的利润。

第二步：“第一行动集团”提出制度创新方案。

第三步：“第一行动集团”对实现之后纯收益为正数的几种制度创新方案进行选择，选择的标准是最大利润原则。

第四步：形成“第二行动集团”。这是在制度创新过程中，为帮助“第一行动集团”获得预期纯收益而建立的决策单位。制度创新实现后，“第一行动集团”和“第二行动集团”之间可能进行追加的收益再分配。

第五步："第一行动集团"和"第二行动集团"共同努力，使制度创新得以实现。

诺斯和戴维斯提出，在经过上述这些步骤而使制度创新实现后，这时就出现了制度均衡的局面。制度均衡是指外界已不存在可以通过制度创新而获得潜在利益的机会，也就没有制度创新的可能性。

(4) 人才创新

人才创新是通过行之有效的方法对组织内的人才不断深入沟通发现、培养并增值的过程。按照当代组织发展的环境特点，人才创新是组织发展的基本要求，因而人才创新虽始需求于广大员工却终成就于组织管理者。

人才创新是管理者有效工作的必然产物，可以实现组织管理者从重视执行向重视管理的正确方向转变，而真正的管理工作包括两个根本的方面，一是策划执行以合理面对组织发展过程中遇到的种种问题，二是推动执行以有效解决问题。

人才创新是真正的管理，是把人当人看待，是管理者以身作则地工作，是以人为本。

人才创新是组织管理者正视并忠诚推动员工成长，不断开发创新工作的潜力，以使组织诸人可资为本。

人才创新就是组织从员工成长实现利润增长。

人才创新是发展之源。

人才创新的基本目标是形成高层次"三创"人才链：

① 创业型企业家。懂国际惯例的具有国际运作资本能力的经营管理人才队伍。

② 创新型高级专家。具有世界科技前沿水平的创造新技术、新产品的专业技术人才队伍。

③ 创优型营销家。懂外语、熟悉国际规则、善于开拓产品市场的营销人才队伍。

(5) 科技创新

科技创新是指原创性科学研究和技术创新的总称，是指创造和应用新知识和新技术、新工艺，采用新的生产方式和经营管理模式，开发新产品，提高产品质量，提供新服务的过程。科技创新可以分为三种类型：知识创新、技术创新和现代科技引领的管理创新。

知识创新：是指通过科学研究，包括基础研究和应用研究，获得新的基础科学和技术科学知识的过程，其目的是追求新发现、探索新规律、创立新学说、创造新方法、积累新知识。知识创新是技术创新的基础，是新技术和新发明的源泉，是促进科技进步和经济增长的革命性力量。知识创新为人类认识世界、改造世界提供新理论和新方法，为人类文明进步和社会发展提供不竭动力。钱学森的开放的复杂巨系统理论强调知识、技术和信息化的作用，特别强调知识集成、知识管理的作用。知识社会环境下科技创新体系的构建需要以钱学森开放的复杂巨系统理论为指导，从科学研究、技术进步与应用创新的协同互动入手，进一步分析充分考虑现代科技引领的管理创新、制度创新。科技创新正是科学研究、技术进步与应用创新协同演进下的一种复杂涌现，是这个三螺旋结构共同演进的产物。科技创新体系由以科学研究为先导的知识创新、以标准化为轴心的技术创新和以信息化为载体的现代科技引领的管理创新三大体系构成，知识社会新环境下三个体系相互渗透、互为支撑、互为动力，推动着科学研究、技术研发、管理与制度创新的新形态，即面向知识社会的科学 2.0、技术 2.0 和管理 2.0，三者相互作用共同塑造了面向知识社会的创新 2.0 形态。

技术创新：指生产技术的创新，包括开发新技术，或者将已有的技术进行应用创新。科学是技术之源，技术是产业之源，技术创新建立在科学道理的发现基础之上，而产业创新主要建立在技术创新基础之上。

(6) 产业创新

产业创新指某一项技术创新或形成一个新的产业，或对一个产业进行彻底改造。在许多情况下，它并不是一个企业的创新行为或者结果，而是一个企业群体的创新集合。产业创新是对旧产业结构的创造性破坏。创新理论的奠基人熊彼特把创新比作生物遗传上的突变，“这类似于生物学上的突变理论，即不断从体系内部革新经济结构，不断地破坏旧的并创造新结构的‘产业突变’构成一种‘创造性的破坏过程’”。按照熊彼特的理论，产业创新可视为产业突变的过程。那么产业突变的动力又来自何处呢？任何一个时代的产业结构都是一定需求结构、技术水平和资源结构的综合反映，并在这些因素变动的影响下不断演变。因此，产业突变的动力也来源于产业演进的动力系统中，是这些力的相互作用诱发并推动了产业创新。

(7) 企业创新

企业创新是指企业要有“创新式”的思想意识，要将创新意识贯彻到企业文化中去，同时要渗透到管理的全过程。这就要求在管理中努力改善“创新式”人员及其思想结构，注重对创新价值观的维护，使思想意识管理达到一个全新的高度，保证创新决策全过程的顺利进行。

(8) 市场创新

市场创新一般是指开辟一个新的市场和控制原材料的新供应来源总称。事实上，市场创新是指企业从微观的角度促进市场构成的变动和市场机制的创造以及伴随新产品的开发对新市场的开拓、占领，从而满足新需求的行为。市场创新不同于工艺创新和产品创新，属于较为广义的创新范畴。市场创新包含两个方面的内容：

① 开拓新市场的三层意思：

第一，地域意义上的新市场。指企业产品以前不曾进入过的市场。它包括老产品进入新市场，如由国内向海外拓展，由城市向农村拓展，也包括新产品进入新市场。

第二，需求意义上的新市场。指现有的产品和服务都不能很好地满足潜在需求时，企业以新产品满足市场消费者已有的需求欲望。例如，向工薪阶层推销低价位汽车。

第三，产品意义上的新市场。将市场上原有的产品，通过创新变为在价格、质量、性能等方面具有不同档次的、不同特色的产品，可以满足或创造不同消费层次、不同消费群体需求。如福特汽车公司变换汽车式样，向其顾客供应不同档次的汽车：向富豪供应卡迪拉克，向一般人供应雪弗兰，向中等富裕的人供应奥尔兹莫比尔。

② 创造市场“新组合”

市场创新又是市场各要素之间的新组合，它既包括产品创新和市场领域的创新，也包括营销手段的创新，还包括营销观念的创新。

市场营销组合是哈佛大学的敦凯提出的一个概念，它指综合运用企业可控制的因素，实行最优化组合，以达到企业经营的目标。市场营销组合观念是市场营销观念的重要组成部分。营销组合为实现销售目标提供了最优手段，即最佳综合性营销活动，也称整体市场营销。市场营销组合观念认为，企业可以控制的产品、定价、分销与促销诸因素，都是不断发展变化的变数。在营销过程中，任一因素的变化都会出现新的市场营销组合。

市场创新与市场营销反映了两种不同的思路：市场营销以“大路”货为基础，以总体成本取胜，以市场分享为目标，着重广告、推销和价格战等手段。因此，资金最为充足的企业在“战”中取胜的可能性较大。而市场创新则靠产品和服务的差别性取胜，致力于市场创造，即提出新的产品概念，建立新的标准和市场秩序，因而，最具有创造精神的企业取胜的可能性最大。正如托马斯·彼得斯所言：“不要老是分享市场，而要考虑创造市场。不是取得一份较大馅饼，而是要设法烙出一块较大的馅饼，最好是烘烤出一块新的馅饼。”

可见，市场新组合是从微观角度促进已有市场的重新组合和调整，建立一种更合理的市场结构，赋予企业以新的竞争优势和增值能力，这就是市场创新的宗旨所在。

(9) 产品创新

产品创新就是企业发展的动力，企业通过产品创新，提升产品的竞争力，拓宽市场，树立良好的品牌。产品创新表现有以下几个方面：

① 融入文化元素，尽显品牌内涵

文化是源远流长的，它是品牌永恒的生命力，将文化融入品牌，并得以在终端展示，这是展现品牌内涵，提高品牌美誉度的极好方法。所以，将文化元素体现在包装上，产品也便有了厚重的文化底蕴，这种产品也更能经得起时间的雕琢。

② 优化图文设计，巧用色彩装束

产品包装的图文设计和色彩搭配是获取消费者目光的先锋兵。图文设计精美，色彩搭配和谐，且让人赏心悦目的产品包装必然最先跃入消费者的眼里。

③ 创新包装形式，满足不同用途

包装的功能很多。例如，保护产品，便于储运；吸引注意力，进行促销；方便购买，便于携带；提升品牌价值，等等。设计良好的包装能为消费者创造更多使用价值，为生产者创造更多销售额和利润。

④ 提供必要信息，提高品牌档次

包装关键在于深入产品内核，将与品牌相关联的产品文化、名称、图案、文字、色彩、材料、造型等一系列元素激活。其中，产品信息的提供和表现非常重要，包装信息与产品信息必须保持一致。品牌名称、标志等信息的设计表现要尽可能地体现品牌个性和差异性。

(10) 业态创新

业态创新是指在业态发展进程中，以新的经营方式、新的经营技术、新的经营手段取代传统的经营方式和技术手段，以及由此创造出不同形式、不同风格、不同商品组合的店铺形态去面向不同的顾客或满足不同消费者的需求。与高新区的发展关系更密切的业态创新主要是研发业态创新和高技术服务业的业态创新，这些业态创新对于产业的发展具有重要的作用和意义。

① 研发业态创新对于产业创新具有引领和提升作用

研发业态创新涉及的产业研发环节是处于价值链的高端环节，而高端环节的发展、变化对于相关产业的发展具有直接的引领和提升功能。当研发环节专业化后，新产品、新技术的出现将会加速，关联性创新将更加普遍；研发新业态的发展会使高技术园区丰富的研发资源得以充分利用，将大幅降低产业的总体创新成本；独立的专业研发机构往往带有明显的平台性质，它们并不是服务于某个企业，而是面向全行业提供研发服务，这些都会促进产业的整体提升。

② 研发新业态的发展使研发更适应市场需求，也是重要的新经济现象之一

发达国家的经验已经证明，在新经济条件下，新技术、新产品的产生不再仅仅遵循“基础研究—应用研究—试验发展”这条单一路线，许多情况下是由市场直接对研发提出相应的要求。比较而言，我国在技术创新路径的丰富性上与发达国家存在较大差距，而在高新区出现的独立的研发企业具有直接感受市场对于研发需求的特殊优势，能更直接地与用户的需求对接，这也是新经济现象在我国出现的重要例证。

③ 高技术服务业的业态创新将提升传统产业并成为新经济中的强劲增长点

全球高新技术产业发展的历程表明，一次重大技术创新往往能够激发出大量全新的商业模式和服务模式。互联网的普及对于原有买卖关系、购物方式、信息服务方式等产生了巨大影响，移动网络的发展也将原本不被人注意的短信等内容塑造为千亿规模的巨大产业，而下一代互联网的兴起将带来范围更大、程度更深的创新。因此，利用高技术对传统服务业进行升级、改造，新兴服务业态的产生和发展将是新经济的一个强劲增长点。

(11) 管理创新

管理创新是指组织形成一种创造性思想并将其转化为有用的产品、服务或作业方法的过程。即，富有创造力的组织能够不断地将创造性思想转变为某种有用的结果。当管理者说到要将组织变革成更富有创造性的时候，他们通常指的就是要激发创新。管理创新是指企业把新的管理要素(如新的管理方法、新的管理手段、新的管理模式等)或要素组合引入企业管理系统以更有效地实现组织目标的活动。

2. 创造

1) 创造的含义

依韦氏字典解释，创造(Create)作动词时含义为：赋予存在，无中生有或开创。创造(Creativity)作名词解释时，其含义为：①创造或有能力去创造；②产生，有“新”的意思，从前没有的意思；③具有或表现出来有想象力和艺术的，或者是有发明才能的；④有刺激想象力和发明的原动力。

依《辞海》解释，创造的含义为“首创前所未有的事物”。

依《现代汉语辞典》解释，创造的含义为“想出新方法、建立新理论、做出新的成绩或东西”。

从学术界看，对创造的解释也有很多，有繁有简，但基本含义是一致的，概括如下：

创造是指个人或群体基于一定目标(或任务)，运用一切已知条件(或信息)，产生出新颖独特、有社会价值的新成果的认知行为和活动过程。首先，新颖独特性和价值性是创造的核心含义；其次，新成果是可以是新思想、新理论、新方法、新技术、新工艺、新产品等。

当某个创新活动所产生的创新成果并不具有新颖性，却依然具有价值时，则称其为再造或模仿。

2) 创造的特征

为了对创造的本质有深入的认识，我们把创造的特征归纳为以下几点：

(1) **独特性和新颖性**。凡是创造，一般就意味着必然产生前所未有、标新立异、独树一帜的成果，成果以首创性和新颖性为标志，而绝不是简单重复和模仿。

(2) **目的性和控制性**。创造过程是一种有目的控制创造成果产生的活动，其最终结果

是在创造活动开始时就存在于思想观念之中的目标。

(3) **价值性和客观性**。真正的创造活动及其成果是为了解决社会迫切需要解决的问题，是一种有价值的活动，有利于社会的发展和进步；真正的创造活动需要符合客观规律，创造活动成果需要实事求是，经得起实践的检验。

(4) **开拓性与预期性**。这里也有两层含义：一是指创造的对象突破了现有的理论、方法和思想及原有的认识对象和领域；二是创造活动在思想观念上必须有先导作用，预示着现有事物的发展趋势，创造活动结果能达到一定的预期目标。

3) 创造的分类

学者们从不同的角度，将创造分为以下不同的类型。

(1) 基于"新颖"和"价值"含义，创造可分为狭义创造和广义创造

狭义创造是指创造活动所产生的成果，对人类社会来说，是独创的和有社会价值的。人们一般所说的创造常指狭义创造，例如，爱因斯坦的相对论、袁隆平的杂交稻种、克隆羊"多莉"等。广义创造是指创造活动所产生的成果仅仅对创造者本人来说是新颖的，但对全人类来说还难以确定是否是新颖的，至于社会价值，在广义创造中是不一定考虑的。

狭义创造和广义创造的共同点在于：第一，创造活动的成果都具有新颖性；第二，创造活动主体是创造者，只有创造者自身的努力才得以实现；第三，均可能或可以对社会发展起推动作用。

狭义创造和广义创造的不同之处主要是看创造活动的成果是否具有社会价值。因此，狭义创造与广义创造并无本质差异。从一定意义上讲，广义创造是狭义创造的沃土和基础。

(2) 基于创造成果的"首创程度"，创造可分为首创创造与非首创创造

首创创造完全是前人或今人未曾实现过的活动，在世界范围来说属前所未有，独一无二，而且具有一定的超前性。非首创创造是指那些虽然在外地域、外系统已经存在了，但在本地域、本系统却是完全依靠自己的智慧和力量获得的成果。无论方法和结果，即使已有前人捷足先登，但后者的创造活动不是完全仿造前者进行的，即可称之为非首创创造。例如，苏联的和平号空间站是首创创造，而现今的国际空间站是非首创创造。

空间站的发明

和平号空间站

国际空间站

和平号空间站(俄语：Мир，兼有"和平"与"世界"之意)是苏联建造的一个轨道空间站，苏联解体后归俄罗斯。它是人类首个可长期居住的空间研究中心，同时也是首个第三代空

间站，经过数年由多个模块在轨道上组装而成。

国际空间站以美国、俄罗斯为首，包括加拿大、日本、巴西和欧空局等共16个国家参与研制。中国参与国际空间站遭到美国的反对，国际空间站筹划建设时美国反对邀请中国参与，所以中国没有成为国际空间站的启动方。美国认为太空空间站技术有军事用途，所以反对中国加入。

(3) 按创造性程度的不同，创造可分为高级创造和初级创造

高级创造有科学上的新发现、新学说，技术上的新发明，文艺领域的新创作等。初级创造有一般工具的改革，工作方法的改善以及合理化建议等。创造总是由初级创造开始，逐步达到高级创造的，初级创造是高级创造的基础。

(4) 按照创造过程的表现形式，创造可分为科学研究、技术发明和艺术创作

科学研究主要是指人类在科学领域的探索，需要科学工作者善于发现科学事实、原理、规律，通过设计新的探索方法，大胆猜想，提出假说和预见，并进一步通过研究方法进行验证。这一切都需要高度的创造性。

与科学发现不同，技术发明是指人类在技术领域的实践，需要从事技术和生产的各类人员，经济有效地解决技术问题、设计技术方案或技术装置。这也同样需要高度的创造性。技术上的创造有不同层次，按创造性由低到高可以分为技术革新、方案设计、技术发明、技术创新。其中，技术革新是指在已有技术的基础上所进行的局部改进。方案设计是运用一定的知识和方法，拟定出制造新技术、新产品、新工艺的方案和说明，是在头脑或在图纸上构思模型的过程。技术发明是发明人在实践中解决技术领域里特有问题的一种思想。技术创新一词源于经济学领域，它最早是作为一个经济学概念提出的，是指从认识社会的需要，到利用相关的科学原理发明相应的技术形式(方法、工艺或产品)，再到试制、生产、经营销售，直到使其占领市场并取得经济效益全过程的一系列创新活动。它包括产品和工艺创新(发明)，以及组织创新和市场创新等。所以，它已接近于广义的创新行为。

艺术创作指艺术家以一定的世界观为指导，运用一定的创作方法，通过对现实生活观察、体验、研究、分析、选择、加工、提炼生活素材，塑造艺术形象，创作艺术作品的创造性劳动。艺术创作是人类为自身审美需要而进行的精神生产活动，是一种独立的、纯粹的、高级形态的审美创作活动。艺术创作以社会生活为源泉，但并不是简单地复制生活现象，实质上是一种特殊的审美创造。

(5) 按照创造的内容，创造可分为物质财富创造、精神财富创造和社会组织创造

物质财富创造主要是指创造的成果是物质领域的事物，例如，研究设计生产一种有形的物质产品，如桥梁、卫星等。精神财富的创造主要是指创造的成果是一种精神领域的东西，如小说家创作一部小说，剧团演出新的话剧、画家创作一幅新作等。社会组织创造主要是指人类社会宏观和微观的，为了一定目的，组织机构的创造。例如，不同的社会制度、不同的公司制度等。

1.2.3 几种关系

1. 发现与发明的关系

发明是指创造出一个在客观上过去并不存在的新事物或新方法。

发现是指经过探索和研究后才开始了解在客观上业已存在的事物或规律。

找到以前有的只能称为发现，找到以前没有的可以称为发明。发现是认识世界，发明是改造世界。发现回答的是"是什么""为什么"和"能不能"的问题，发明回答的是"做什么""怎么做"和"做出来有没有用"的问题。

发明总是从发现开始，否则发明就成为无源之水，如图 1.1 所示。

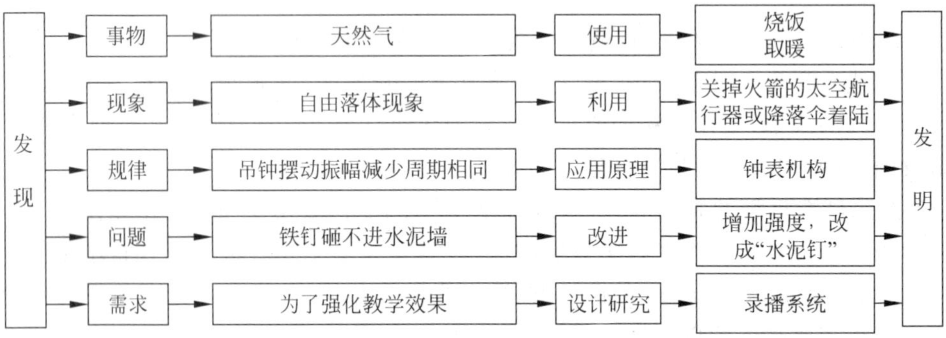

图 1.1 发现与发明的关系

2. 创造与创新的关系

创造就是创造活动，是指人们所从事的各种具有"新颖性"的活动。

创新是指新技术、新发明在生产中首次应用，是建立一种新的生产函数或供应函数，是在生产体系中引进一种生产要素和生产方法的新组合。熊彼特的观点是，当一种新技术、新发明只有具有市场价值时，才可称其为创新。

创造与创新的共同点是：都具有"新颖性"。

创造与创新的差别体现在以下几个方面：

(1) 创造就是创造活动，比较强调过程，创新比较强调结果。例如，可以说，创造了一种新方法，这种方法具有创新价值；

(2) 创造强调自身的"新颖性"不一定有比较对象，创造的目标亦可以在当时尚未知事物的想象上。而创新强调的"新颖性"一定有比较对象，是指通过对已有事物的改进或突破而完成的，所以创新的目标主要是在已有事物上，这个比较对象就是原有事物。例如，3G 手机的问世体现为一种创造成果的诞生，4G 手机的出现是对 3G 手机的创新，苹果 iPhone 5 是对苹果 iPhone 4 的创新。

(3) 创新强调其商业利益或市场价值，重在最后的成果效应，所以最后结果是否成功或者说是否具有经济价值，即是判断该事物是否属于创新的一条重要标准。例如，我国专利局已授予专利权的绝大多数发明创造因尚未转化为生产力并未占据市场和实现市场价值，就不具有创新的意义，所以创造的范围超过创新的范围。

3. 创造与发明的关系

创造就是创造活动，是指人们所从事的各种具有"新颖性"的活动。发明是指应用自然规律解决技术领域中特有问题而提出创新性方案、措施的过程和成果。

创造与发明共同点是：本质是相同的，都具有新颖性，所以就有"发明创造""创造发明"的提法。

创造与发明的差别体现在以下几个方面：

（1）发明的外延比创造要小一些。发明多指技术领域的创造，而不包括非技术领域的创造。我国2000年再次修改的《专利法》中所称的“发明创造”，就是指发明、实用新型和外观设计三类，是可申请专利的。而《专利法》中规定：科学发现，智力活动的规则和方法，疾病的诊断和治疗方法，动物和植物品种，用原子核变换方法获得的物质，对平面印刷品的图案、色彩或者二者的结合作出的主要起标识作用的设计等虽然都属于创造（或创新）之列但都不属于发明范畴，因此按规定不能申请国家专利。

（2）发明的成果应是一个明确的新的技术方案或一个明显的实物或者一种可操作的方法，而创造的成果不仅可以是一种具体实物或方法，也可以是一个决策、一种思想，甚至是一个点子、一个想法。

（3）创造就是指创造活动，往往强调的是一个过程，而发明往往强调其最后成果。例如一种新型嫦娥月球探测器的发明，至少要经过来回构思、反复论证、多种设计、不断试验，最后才可能制作成功。其中的每一步、每一个构思、每一次论证、每一步设计、每一种试验等，均因具有明显新颖性而分别被视为创造（活动），但不能称作发明，只有最后的新型嫦娥月球探测器才可称得上发明。

嫦娥三号探测器（Chang'e 3）

它是中华人民共和国嫦娥工程二期中的一个探测器，是中国第一个月球软着陆的无人登月探测器。嫦娥三号探测器由月球软着陆探测器（简称着陆器）和月面巡视探测器（简称巡视器，又称玉兔号月球车，英文：Yutu，或Jade Rabbit）组成。

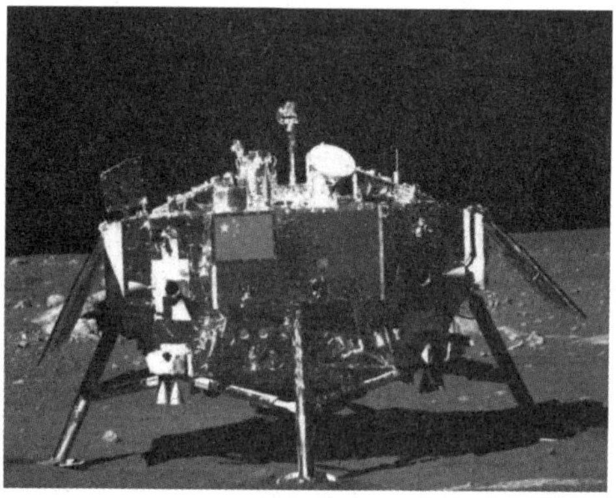

嫦娥三号探测器于2013年12月2日在中国西昌卫星发射中心由长征三号乙运载火箭送入太空，当月14日成功软着陆于月球雨海西北部，15日完成着陆器巡视器分离，并陆续开展了“观天、看地、测月”的科学探测和其他预定任务，取得一定成果。2013年12月16日，中国官方宣布嫦娥三号任务获得成功。嫦娥三号着陆器目前工作状态良好；巡视器在第二次月夜休眠前出现异常不能行走，尚未恢复但依旧存活。

2014年12月14日21时14分，嫦娥三号登陆月球已满一周年，北京航天飞控中心也实现了精心护航嫦娥三号着陆器月面安全工作一年的预定工程目标。

2016年1月5日上午，国防科工局正式宣布国际天文学联合会批准的嫦娥三号探测器着陆点周边区域命名为“广寒宫”，附近三个撞击坑分别命名为“紫微”“天市”“太微”。此次成功命名，使以中国元素命名的月球地理实体达到22个。

综上所述，发现、发明、创新与创造四者的关系，如图1.2所示。

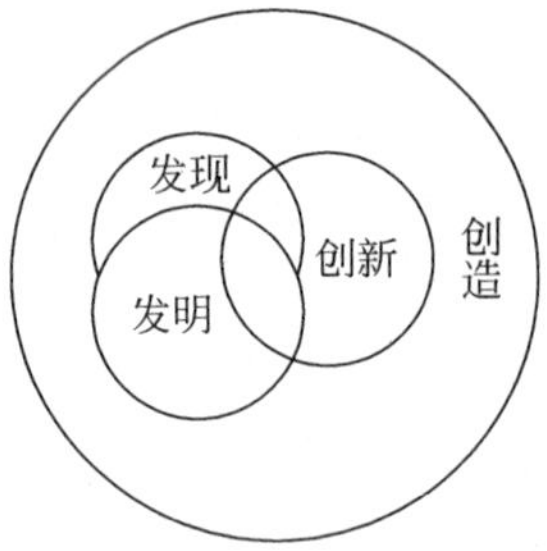

图 1.2　发现、发明、创新、创造四者关系

1.3　创造学的研究目的和研究内容

1.3.1　创造学的研究目的

创造学的研究目的只有一个，即尽快开发每一个普通人的创造力，提高其创造能力，即使普通人也具有创造能力，能够进行创造活动，也使那些创造型人才能不断提高创造活动的成果质量。

普通人的创造力能否得以开发，创造型人才的创造能力、创造活动的成果质量能否更加提高，创造学的基本原理能够很清晰地回答这一问题。

1.3.2　创造学的基本原理

创造学的基本原理是学科的重要立论基础。对这一问题，学术界有两种提法：一是两原理说，二是三原理说。

1. 两原理说

这是很多学者都认可赞同的提法。创造学有以下两条基本原理。

(1) 创造力是人人皆有的一种潜在的自然属性，即人人都有创造力，因此，都具有开发的创造潜能。在我国古代，孟子就有"人皆可以为尧舜"的说法，这可谓是"创造力人人皆有的"一种朴素思想。我国著名教育家陶行知在评论"创造"时说："人类社会处处是创造之地，天天是创造之时，人人是创造之人"，更是对这一基本原理的最好阐释。

(2) 人的创造力可以通过科学的教育和训练而不断被激发出来，转化为显性的创造能力，并不断得到提高。一些所谓"无创造力"的人，其实他们并不是真的没有创造力，而是没有有效开发其创造力，只要进行科学开发，人的创造力是完全可以被激发出来并转变为显性创造力的，即创造能力。

2. 三原理说

有的学者认为创造学有以下三条基本原理：

(1) 创造力是人人皆有的一种属性，人的创造力可以通过教育、学习和训练而激发并且可以不断提高。

(2) 人类社会的任何事物都是人创造的产物，一切现存的东西都不是十全十美的，可以通过人的再创造改变得更好，并且可以创造出现实世界还不存在的更加完美的东西。

(3) 实现同样的目的，方法是多元的。

无论是两原理还是三原理，创造的基本原理告诉我们：人人都有创造的才能，只要努力，路就在脚下，创造成果就在手中。

1.3.3 创造学研究的基本内容

1. 创造活动的现象

任何一门科学都是先从它所研究对象的活动现象入手的，创造学也不例外。所谓现象是指事物本质的外部表象，而创造活动现象是指受自觉的、创造目的所调节的一种积极主动的、创新性的、综合性的和运动的外表显象。创造学就是要通过对创造活动现象的观察和分析，寻求出创造的规律性。

2. 创造力开发

戴维斯研究认为，实现创造力由创造潜能到创造能力的转化，通常需要经历意识(Awareness)、理解(Understanding)、技法(Techniques)和实现(Actualization)四个环节，这一理论简称戴维斯 AUTA 模式理论。该理论抓住强化创造意识、提高创造性思维能力和掌握创造技法各个关键环节，完整概括了创造力开发的基本步骤，可为创造力开发提供合理安排教学内容和教学活动的基本框架。而如何更好地开发人的创造力，还有待于进行广泛深入的研究。

3. 创造过程

所谓创造过程，是指创造程序或步骤。任何活动都有一定的程序和步骤。创造活动过程一般分两类，即获得科学技术或其他创造成果的创造过程和创造成果工业化、商品化和其他转化过程。前者实质上是创造者思维的过程，以前对此研究得较多，例如，华莱士的四阶段论、吉尔福特的"发散-辐合理论"、刘奎林的"序列链理论"等，而对后者研究得较少。对这两者都需很好地进行研究，尤其是后者。这一过程主要包括：选择课题、构思技术方案、开展实验研究、推进工业化和商品化、知识产权保护五个阶段。

4. 创造性思维

创造性思维是创造的核心。目前，创造学界对此研究比较活跃，对创造性思维的特点、过程、方式等研究得比较广泛，对创造性思维的培养和训练也比较注重。但因为它是创造的核心，所以其研究力度还有待加大。

5. 创造技法

"创造技法"是创造方法、创造经验和创造技巧的总称，是创造原理具体运用的结果，是促进创造活动完成的具体方法和实际技巧。美国奥斯本的"智力激励法""检核表法"、兹维基的"形态分析法"、戈登的"提喻法"，我国许国泰的"信息交合法"、刘仲林的"臻美法"、许立言和张福奎的"和田 12 法"、袁张度的"集思广益法"都是从创造实践中总结研究的技法。创造的实践随时可创造出新的技法，需要研究者随时总结出来，以更好地指导创造实践。

6. 创造条件

创造者所处的环境条件与创造者的创造密切相关。例如，社会的政治、经济、文化、教育、科技状况，周围人们的思想、意识、道德状态、各种物质条件等，都会对创造者的创造力发挥产生一定的影响。

7. 创造教育

创造教育是创造学的一个分支，它是根据创造学的原理，结合哲学、教育学、心理学、人才学、生理学、未来学、行为科学等有关学科，通过探索与实践而发展起来的。通过创造教育帮助学生和人们树立创造意识，培养创造精神，坚定创造志向，发展创造性思维，掌握创造性发现、发明、创造技法和创造性方法，从而开发人的潜在的创造能力，因此，创造教育也是一种先进的教育方法。创造教育的出发点和落脚点是培养创造型人才。创造教育的内容包括：①创造哲学教育；②创造性意识和思维教育；③发现方法、发明方法、创造技法的教育和训练；④学科教育；⑤情境教育；⑥创造性活动中的指导、操练等。

8. 创造评价

创造评价主要包括两个方面：一是对个人创造性的评价，现在主要是通过"创造力测试"来进行的，这种方法需有更切实有效的测评手段。二是对创造成果的评价。一般的创造成果除了具有一定的科学技术、社会或经济价值以外，还可以从创造性的角度来考察测评，从美学和哲学意义上进行评估和总结。这些评价均是创造学应研究的内容。

9. 创造性成果保护

创新创造活动，会产生创造性成果，创造成果保护的主要形式为专利、论文、软件著作权等。这些成果公开的方式、保护的方法也应列入创造学的研究内容。

1.4 创造学与传统科学和素质教育的关系

1.4.1 创造学与传统科学的关系

创造学与传统科学既有一定的联系，又有一定的区别。其联系是，创造学的形成借鉴了各传统科学的某些理论，它与各传统科学是交叉关系；它形成一门独立的学科后，某些时候、某种程度能反作用于各传统科学，使各传统科学能更多更快地产生有利于社会进步的成果。因此，创造学与各传统科学有不可分割的联系。但是，创造学也不能取代各传统科学，因为，二者之间存在许多不同点：从目的视角分析，创造学出创造成果、出创造人才，而传统学科侧重于学习知识和认识真理；从途径视角分析，创造学创造性地解决问题，传统科学注重认识和实验；从基本方法视角分析，创造学具体化、特殊化，而传统科学注重抽象、概括和本质认识；从思维方式视角分析，创造学多运用直觉、灵感等形象思维和感性分析，而传统科学多运用逻辑思维和理性分析。

1.4.2 创造学与素质教育的关系

创造学与素质教育有着比较密切的关系。其重要体现是，素质教育的核心是创新。即培养受教育者的创造性思维能力、开发受教育者的创造力并提高其创造能力。素质教育的目的就是要为社会造就大批具有较高的创造性思维能力和较强创造能力的人才。李政道先生说："培养人才最重要的是培养创造能力。"人才的本质特征就在于创造素质、创造性和创造能力。国际上的竞争，是综合国力的竞争，是生产力的竞争，关键是科学技术的竞争，是人的素质的竞争，是人的智能水平的竞争，是创造能力的竞争。国际上的竞争，归根到底是人的创造能力的竞争。而创造学就是要教会受教育者如何进行创造性思维，如何在创造实践中运用各种创造技法，以及以怎样的个性心理品质去进行创造。可以说，创造学是进行素质教育的一个极为重要的媒体。应该认识到，搞素质教育不可不开“创造学”课程，提高受教育者的创造性思维能力和创造能力，不能不讲“创造学”。要培养大批具有自主创新能力的人才，我们必须交给受教育者“创造学”这把金钥匙，让受教育者为祖国的科技进步、国力的增强去打开一道道智慧的大门，去开发出丰富的创造宝藏。

第2章 创造力及其开发

CHAPTER 2

【导语】 本章从创造力的含义出发，在分析创造力的构成要素、功能模型、特点与特征等基础上，给出了创造力开发模式和途径。

2.1 创造力概述

2.1.1 创造力的含义

创造力又称创造能力或创造才能。何谓创造力？日本生产率总部创造性开发委员会将创造力定义为：自主地抓住自己工作的真正目的，为实现这一目的，以自己的独立见解为基础进行革新的能力。《效率与心理》一书的作者黄仁发、战立克认为：创造力是在对已有知识经验进行分析与综合的基础上，进行想象、加工构思，以新的方式解决前人未曾解决的课题，其心理实质是思维与创造性想象的高级结合的产物。《领导思维方法》一书的作者朱新国等人认为：创造力是一个综合创造过程各个环节所需能力的总称。《创造学与创造性经营》一书的作者秦俊伦认为：创造力是创造主体(个人或团体、企业、国家)的创造能力，是创造主体在创造活动中表现出来并发展起来的各种能力的总和。《创造学与创新管理》一书的作者姚风云认为：创造力是指创造者的创造能力，是创造者在各种社会实践活动中表现出的取得创造成果的能力。《创造学简明教程》一书的作者谭宗海认为：创造力是人在认识和实践过程中表现出来的、产生新的精神成果或物质成果的思维与行动能力的总和。

有关创造力的定义至今有百种左右。综合这些定义可以认为，创造力是指创造者在科学研究、技术发明、艺术创作等各种社会实践活动中，取得创造成果所形成和表现的各种创造能力的总和。

这个定义表明，首先，只有创造者才拥有创造力，创造者可以是个人或团体、企业、国家。其次，创造力是先天形成的人(脑)的一种自然属性，是一种隐性的创造能力；而这种隐性能力，只有在各种社会实践、人与人之间关系处理和科学实验过程中才能表现其显性特性，才能体现其社会属性。再次，创造力是指取得创造成果的能力，其成果可以是物质的，也可以是非物质的或精神的。最后，因为创造就是创造活动，是一个过程，创造者的各种创造能力在这一过程的各个具体环节之中体现出来，所以说，创造力是指创造者取得创造成果的各种能力的总和。

2.1.2　创造力构成要素

国内外学者对创造力的构成要素进行了广泛研究，提出了许多种创造力构成要素，主要观点有以下几种：

(1) 美国创造心理学家格林的10个要素

美国创造心理学家格林提出创造力由知识、自学能力、好奇心、观察力、记忆力、客观性、怀疑态度、专心致志、恒心、毅力共10个要素构成。

(2) 日本创造学家进藤隆夫的4个要素

日本创造学家进藤隆夫等人提出创造力是由活力、扩力、结力及个性4个要素构成。其中，活力是指精力、魄力、冲动性、热情等的集合；扩力是指发展行为、思考、探索性、冒险性等因素的共同效应；结力是指联想力、组合力、设计力等的综合。

(3) 我国学者庄寿强先生的创造力表达公式

我国学者庄寿强先生给出了创造力的表达公式为

$$创造力 = K \times 创造性 \times 知识量$$

式中，K为一个常量，可视为个体的潜在创造力；创造性主要包括创造者的创造性人格、创造性思维及其所掌握的创造原理(技法)的总和。

庄寿强先生的又一公式为

$$创造力 = K \times (创造人格 + 创造性思维 + 创造原理) \times 知识量^2$$

(4) 我国学者谭宗海先生的三结构要素

我国学者谭宗海先生在其《创造学简明教程》中将创造力视为由知识结构、智能结构和非智力结构构成。其中，知识结构分为两类：一类是一般知识和经验，它们是一般智能构成的背景，另一类是专门知识，包括专业知识、创造学知识、特殊领域的知识等，它们是与创造对象有直接关系的知识内容。智能结构包含一般智能、特殊智能和创造性的思维能力。一般智能，主要有观察力、记忆力、想象力、直觉力、逻辑思维力、辩证思维力、选择力、操作力、表达力等；特殊智能指在某种专业活动中表现出来的并保证某种专业活动获得高效的能力；创造性的思维能力，是创造力核心。非智力结构主要包含有创造欲、求知欲、好奇心、挑战性、进取心、自信心、意志力等，是个性心理品质。在创造性活动中，非智力结构作为动力系统，具有的作用主要有：动力作用，是指创造的需要及表现形态，是引起和促使人们创造的驱动力；定型作用，是把某种认知或行为的组织情况越来越固定化，智能正是有效地认识客观事物和顺利进行实际活动的稳固的心理特点的综合；补偿作用，是指非智力因素能够弥补智力和能力的某方面的不足。在创造力中，非智力因素是一项必不可少的基本因素。

2.1.3　创造力功能模型

创造活动中体现了各种创造能力，包括发现问题的能力、分析问题的能力、阐释问题的能力、处理问题的能力和输出创造成果的能力。创造力功能模型，如图2.1所示。图中，横向体现了创造力中每种能力的功能；纵向体现了创造活动中，各种创造能力的逻辑关系。

1. 发现问题的能力

创造活动是有目的的通常围绕一个需要解决的实际问题进行的过程，具有开放性、探究性和实践性的特点。创造者敏锐地发现问题并积极地寻求解决问题的方法是创造的大致过程。发现问题和解决问题均是创造力的具体体现。发现问题是创造性活动顺利进行必要的内在条件、是有目的地提出解决问题的起点。其中,发现问题的能力是指从众多信息中,发现有价值问题的能力。爱因斯坦说:“提出一个问题,往往比解决一个问题更重要,因为解决问题也许仅是一个数学上或是实验上的技能而已,而提出新的问题、新的可能性,从新的角度去看旧的问题,却需要有创造性的想象力。”

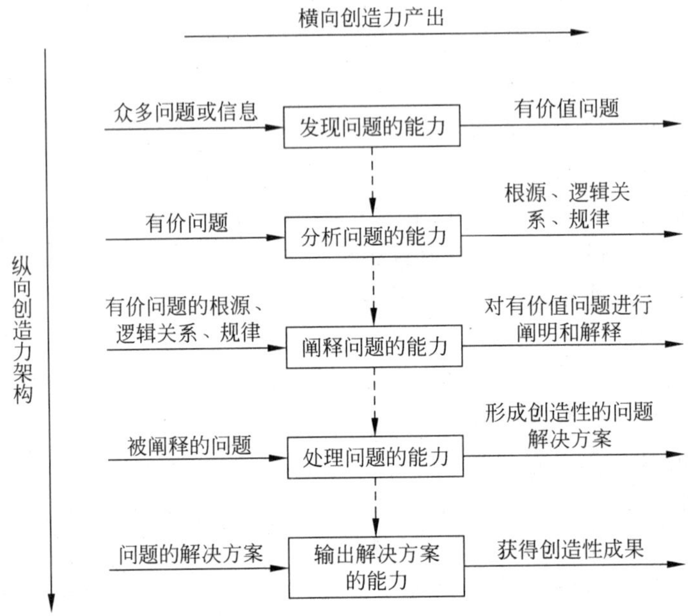

图 2.1　创造力功能模型

2. 分析问题的能力

分析问题就是将获取的有价值新问题纳入创造者已有的知识经验之中储存起来,通过科学手段、缜密思路和系统方法加以分析,准确判断问题的根源,理清它们的来龙去脉,弄清其中的逻辑、原理及相互联系,明确其发展趋势。研究发现,富有创造力的个体,对发现的问题的种种信息能融会贯通,能够找到问题的根源,体现出较强的分析问题的能力。

3. 阐释问题的能力

问题被发现和明确界定以后,就进入了阐释阶段,创造性思想往往是通过对问题的整理、研究、揭示其奥秘,摸清其规律后形成的。因此,在创造力中,阐释问题的能力也很重要。

在创造活动中,对问题的探索一般采用两种实验方式:一是指心理水平上的综合与凝聚;二是实际操作,即物化推演实证。这两种实验方式互相补充、相互配合,以促进创造性成果的产生。

4. 处理问题的能力

问题被阐释以后就进入了加工阶段,创造性的问题解决方案往往是通过对问题处理加工而形成的。因此,在创造活动中,处理问题的能力最为关键和重要。

对问题的处理加工一般包括心理加工和实际操作加工两种方式。前者指心理水平上的加工,如联想、类比、灵感、直觉等,非加工者通常观察不到,但加工者可借助心理加工体验到;后者指实际操作水平上的加工,如实际比较、操作演算、动作尝试、行为探索等,由于这种加工通常是借助一定的外在实物和行动来进行的，所以别人一般可以观察到。

在创造活动中，两种加工方式互相补充、互相配合，以促进创造性的问题解决方案产生。例如，要证明“哥德巴赫猜想”，陈景润首先要在头脑中形成这一公式的表象、然后用笔把它写在纸上进行演算推导。如果发现有错误，不合理，还要进行反复修改。这里，在头脑中进行的加工属于心理加工，而通过纸笔演算进行的加工属于实际操作加工。

5. 输出问题解决方案的能力

阐释实验加工结果，获得创造性的问题解决方案并输出这些成果。输出方式可以是书面输出和非书面输出。非书面输出体现为新产品、新工具、新技术等。输出问题解决方案的能力也非常重要，那种“茶壶煮饺子，有货倒不出”的创造者均是创造力不全的表现。

2.2 创造力特点

2.2.1 创造力具有普遍性和特殊性

1. 创造力具有普遍性

创造力具有普遍性是创造学的一个基本原理，无人不有、无时不有。

法国哲学家亨利·伯格森认为，创造力是人类生命本身的属性，对于未形成稳定的创造人格的人来说，它只不过处于一种潜在状态罢了，他将创造潜力的发挥称为“生命力的激发”。

德国创造学家海纳特说：“从人的天资和使命来看，每个人都具有创造力。他们以不同的方式显示出来。”

美国创造学家阿瑞提说：“创造力并非只是伟大的人物才具备，而是每个人具有的……它是每个人自我当中的功能。”

人人都有创造力

苏联著名教育家李维诺夫在其回忆录中讲过他的一个名为安东诺维奇的同班同学的故事。这个安东诺维奇记不住一条校规，不会复述最简单的故事，不会演算最容易的算术题，不会背诵一首短诗，不能正确无误地造一个简单句。总之，他在学习上特别迟钝，但在钓鱼方面，没有人可以和他相比。

他可以很轻松地打破成人钓鱼的纪录，尽管他的对手用的都是一流的钓鱼工具，李维诺夫在谈及安东诺维奇的钓鱼才能时指出：不要以为钓鱼仅靠身体灵巧，掌握扯钓竿的技巧……不是这样！钓鱼能力尤其要具备细致的观察力，否则他就不能揣摩在他的钓鱼水域中鱼类的习性和癖好。钓鱼能手应当是一个小小的实验家，他对自然界了如指掌，能掌握天气的变化。了解天气对鱼类活动的影响。一句话，钓鱼能手应当是个学者、自然科学家，也许，还应当是一个艺术家。当然，一定是个聪明人，否则就不能像安东诺维奇那样去灵活应用这些复杂的却是钓鱼能手所必须具备的知识。为了佐证他的上述见解，李维诺夫列举了几位像安东诺维奇一样的钓鱼能手：其中，第一位是一个出色的工程师，第二位是多次获奖的天才音乐家，第三位是一个领导有方的工厂领导，第四位是手艺很高的木匠。这四位都很聪明。

由上述可见,人类社会中的创造者都具有创造力,创造力具有普遍性特征。创造属于有心人。

2. 创造力具有特殊性

个人创造时间的有限性和时机的随机性是创造力特殊性的具体体现。

(1) 个人创造时间的有限性

从人类群体视角看,创造力同人类群体相伴而生,是取之不尽、用之不竭的能力之源。从人类个体视角看,创造力同人类个体的生命相联系,相伴而生、相伴而死;它随人的成长而发展,在人的创造活动中得到发挥;它既不能转存也不能再生。同于人类个体的生命有限性,人类个体的创造者进行创造的时间总是有限的。即使在人类个体的生命存在时期内,也不可能时时、事事都进行创造。可见,创造力是极为宝贵的特殊能力。

(2) 个人创造时机的随机性

从人类个体的创造者视角看,创造者既无法精确预知创造时机何时到来,也不能预先安排创造成果的具体形式,具有随机性。从创造力发挥机制视角看,创造力的有效发挥是外因诱导对创造力产生关键作用的内因的结果。如何抓住有利于创造力发挥的时间、地点、条件等机遇具有随机性。可见,创造力具有随机性。

2.2.2 创造力是人的自然属性和社会属性

1. 创造力是人的自然属性

创造力是隐性的创造能力,它是先天形成的人(脑)的一种自然属性,它与人的知识和经历并无直接联系,而对它是无法测量的,于是不同的人之间天生的创造力也就无大小之分了。

2. 创造力是人的社会属性

创造力也是显性的创造能力,它是人的一种社会属性,是人后天通过各种教育或训练才形成的,它与人的知识和经历(即后天的培养)关系密切。因而,人的创造能力是可以测量的,并且可以依据测量结果来判别其大小。

"猪孩"王显凤的启迪

据报道,鞍山市台安县的"猪孩"王显凤,1974 年出生后不久因失去家庭温暖而被迫与猪生活了 10 年之久,1984 年被人救出,当时专家认定其智商只相当于几个月的婴儿。到 18 岁时王显凤的智商升到相当于 5 岁小孩的水平。

从这个例子来看,一方面说明只要是人都有创造力,虽然王显凤是一个"猪孩",但她的创造力还存在。因为如果是一头猪,那么无论怎样进行训练都不可能把其智商提高到 5 岁小孩的水平。另一方面又说明如果没有开发,人的创造力是体现不出来的,并且创造力通过学习训练是可以开发的。因为"猪孩"王显凤出生 10 年来一直与"猪"为伍,没有得到培养,所以在 18 岁时仍达不到应有的智商水平。

创造力是人的社会属性。在很多情况下,创造活动表现为群体的共同实践,创造成果是群体集体智慧的结晶。

2.2.3 创造力具有能动性和可开发性

1. 创造力具有能动性

创造力的能动性表现为创造力是智能因素的有效综合、受非智力因素的激发。

创造者在创造活动中，往往需要综合运用观察、记忆、思考、想象等智能因素，不仅需使它们有机统一，而且要有效地组合成主动、积极、活跃的创造力，产生出前所未有的新成果。但它还受到人的理想、恒心、毅力、情绪、精神等非智力因素的影响。在有利的条件下，创造者会受到上述非智力因素的激发而产生极大的创造力。

2. 创造力具有可开发性

创造力是普遍存在的一种潜在能力。研究表明，创造力可能在人的大脑中蕴藏几年、几十年，而那些没有创造力的人，往往是创造力没有得到开发。创造学的另一个基本原理，就是创造力的可开发性，其核心是激发创造性思维。

(1) 人的创造力开发潜力巨大。

人脑是人的创造力之源。现代生物医学研究表明，人的大脑分为"左半球"和"右半球"，每个半球均由大脑皮质(皮层)、大脑白质(髓质)、基底神经节和侧脑室构成，左、右半球各有分工。人的大脑是由万亿个脑细胞构成的，每个脑细胞就其形状而言就像最复杂的小章鱼，有中心，有许多分支，每一分支有许多连接点。几十亿脑细胞中的每一个脑细胞由几万至几十万个脑细胞连接，通过这些连接来回不断地传送着信息。医学研究认为，右脑承担着形象思维、直观思维，并具有掌握空间与主体、艺术认知的能力，被认为是创造的脑。人脑的记忆容量相当于7亿册书籍，单项记忆可保持约80年。但是神经生理学家认为，一般人的大脑潜力仅利用了4%～5%，少数创造强者也只利用了10%。20世纪杰出的科学家爱因斯坦死后，其大脑被保存下来，人们对它进行了研究，结果发现其大脑重量、细胞数亦与常人相仿，只是其脑细胞间的触突(在细胞间起联系作用)比常人多，但最多也仅达到30%的水平，还有极大的潜力。

而最新的研究更进一步提出，一般人运用人脑的潜力还不到1%，因而，可以毫不夸张地说，人脑的潜能几乎是无穷无尽的。可见，人的大脑潜力极大，创造力开发大有可为。而且与其他能力不同，人的创造力在成年后并不随年龄的增长而显著下降。创造力与年龄的关系，如图2.2所示。

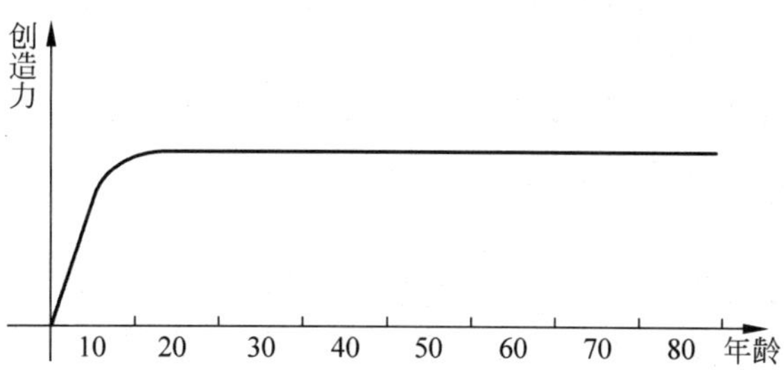

图 2.2 创造力与年龄的关系曲线

图2.2表明，人类个体的创造力从出生到20岁左右是一个不断提高过程；但20岁以后，甚至到了晚年时期创造力仍长盛不衰。我国宋代诗人陆游一生坚持创作，成诗万余首，85岁逝世前不久，还在七绝《示儿》诗中留下"王师北定中原日，家祭无忘告乃翁"的千古绝

唱。美国发明大王爱迪生在84岁的人生道路上仍不断探索，获得了1300多项发明专利。伏尔泰、牛顿、斯宾塞、汤玛士、杰弗逊等在80岁之后均达到智慧的巅峰。

无数事实和实践证明，人的一生自幼年到老年都能进行创造，创造力与生命同在。所以，各个年龄段的人们都应正视自己的创造力，珍惜和开发自己的创造潜力。

(2) 通过创造教育和创造性思维训练提高创造力。

从长远来看，实施创造教育是开发创造力最根本的途径，这已成为越来越多的人的共识。创造力的核心是创造性思维，因此，需通过创造教育进行创造性思维训练，这就是要摆脱习惯性思维的束缚，去探索事物存在、运动、发展、联系的多种可能性。例如，用火烧烤食物，火应在食物的什么位置；习惯思维当然认为火应在食物的下面，可是当人们摆脱了习惯性思维，把火置于食物的侧面或上面，发现食物不但不易烤焦，而且熟得快，进而发明了火在上面的烤鱼器。因此，摆脱习惯性思维的本身，往往就可能导致新的创造。

开发人的创造力，还要注意激发人的创造欲望，培养问题意识和创造精神，一个工作懒散、无所事事，缺乏奉献精神和责任心的人是不能搞出创造性成果来的。

2.3 创造力开发模式与途径

开发人的创造力是创造学的中心任务，也是学习创造学的主要目的。开发人的创造力也是科技进步、社会发展、富国强民、振兴中华之必须。

通过对创造力特征分析，人们会意识到，创造力并不神秘，每个神智健全的正常人都存在着一定的创造潜力，创造力具有普遍性。这也是创造学的一个重要的基本理论。然而，虽然人人都有创造力，但许多人却终生没有搞出一项发明创造来，其道理很简单，这是因为他们的创造力长期处于潜在的状态之中，由于社会、教育、环境、自身的心理障碍等因素的桎梏，和许多框框的束缚，使之无法由潜在到迸发。如何实现创造力由创造潜能到创造能力的转化呢？如何有效进行创造力开发呢？

2.3.1 创造力开发模式

戴维斯研究认为，实现创造力由创造潜能到创造能力的转化，通常需要经历意识(Awareness)、理解(Understanding)、技法(Techniques)和实现(Actualization)四个环节，这一理论简称戴维斯AUTA模式理论。该理论抓住强化创造意识、提高创造性思维能力和掌握创造技法几个关键环节，完整概括了创造力开发的基本步骤，可为创造力开发提供合理安排教学内容和教学活动的基本框架。

1. 意识

强化创造意识是创造力开发的第一步，目的是要了解创造发明或发明创造对人类社会发展的巨大推动作用和创造力在个人成长中的重要地位，克服“创造神秘”“与我无关”等心理障碍。可以通过科技史和创造人物事例，来强化创造意识。

2. 理解

增进人们对创造力的特点、性质和创造活动过程规律的认知、理解与掌握，使人们增加创造学知识，澄清模糊认识。从创造性人才的特点、创造活动过程、创造力的构成和测试等方面入手，奠定创造力开发的知识基础。

3. 技法

在轻松、活跃的气氛中，通过各种创造技法，包括通用技法和适合自身、易见成效的技法等传授，并辅之以相应训练，充分调动学习者的主动性和积极性。这一阶段是AUTA模式的核心环节。

4. 实现

自我实现是AUTA模式的最后阶段和理想结果。自我实现是最高层次的需要，是一种积极、健康的心理状态。

2.3.2 创造力开发的途径

创造力开发可以通过推广实施创造性教育，进行创造性思维练习，掌握运用创造技法和培养创造者的个性心理品质等途径来实现。

1. 推广实施创造性教育

实施创造教育是开发创造力的最根本最有效的途径。推广实施创造教育，一是要在学校和各种培训机构中，通过各学科教学进行创造性教育，改变单纯传授知识的教育方式，使传授知识建立在开发智力的基础上，使受教育者在学习过程中能激活和发挥自己的创造潜能，学不唯书，师不唯教，有自己的独立见解，为创造力的开发奠定良好的基础，更好地释放发挥自己的创造力；二是要对受教育者进行系统的创造理论和创造实践知识教育，这是提高创造力十分有效的途径。

2. 进行创造性思维练习

人的思维能力是进行创造发明活动的最重要、最根本的要素，它在创造发明活动中起着关键性的作用，任何一项发明成果都是思维的结晶。人们多进行诸如扩散、想象、联想、直觉、灵感等创造性思维练习，就能增强其思维的广泛性、灵活性，能大幅度地提高其创造力。

3. 掌握和运用创造技法

求解问题如同乘高铁，是一个过程，而求解问题的方法如同乘高铁的火车，是一种手段或一个措施。做任何一件事都有一个方法问题，方法对了，措施得力，行之有效，可事半功倍，会顺利地到达目的地；方法不对或措施无力或行之无效，则常常事倍功半，甚至劳而无获。创造技法在某种程度上可理解为进行创造的工具。掌握了创造技法，就像握有一把能打开神秘创造发明大门的钥匙，学习掌握并运用好创造技法，可有效地提高创造效率。

4. 培养创造者良好的个性心理品质

创造是一项复杂的系统工程，作为创造者只有具有良好的个性心理品质才能更好地进行发明创造，创造者获得创造成果与其个性心理品质有着非常密切的关系。例如，理想、品德、勇气、意志、自信心、好奇心、观察力、记忆力等个性心理品质都会对创造起着重要的影响。一个没有创造意识的人不太可能会自觉投入创造之中。所以，培养创造者良好的个性心理品质也是开发创造力的不可忽视的途径。

一个中国农民的梦

1994年5月10日，《科技日报》头版头条刊登了题为“一个农民的梦”的报道，记述了四川省汶川县农民发明家姚若松发明“屎壳郎耕作机”的事迹，他提前几十年实现了美国教授的预言，完成了耕作机设计的一次革命。姚若松生活在丘陵山区，无法使用大型机械耕作，只能靠人力或畜力，劳动强度大，效率极低。姚若松迫切希望尽快改变这种状况，他苦苦地思索着，认真地观察着。一天，他受昆虫屎壳郎推动大团泥土的启发，并用屎壳郎做实验，发现“一个拉不动的东西，却能推动”。于是，他决心设计制造采用“用推不用拉”原理的小型山区拖拉机。对于只有初中文化程度的一位农民来说，要实现制作新型耕作机械的梦想，除了最大限度地开发自身的潜能之外，别无他途。18年来，从模型到机械，他经历了成百上千次的失败。改进，试验，再改进，几经倾家荡产，濒临绝望，耗去了平生积蓄及给女儿的学费、嫁妆，还借了几万元的债，历经千难万苦，终于创造了一种适合丘陵山区使用的体积小、重量轻(64公斤重)、可爬45°坡地、十分轻便灵活、一个人就能背起来上山，能耕尽田边地角的推式耕作机，该机一小时可耕地0.8亩，耗油仅0.5升，价格仅2000多元(相当于一头牛的价格)，两小时工作量相当于一头牛一天的耕地量，极受山区农民欢迎。1994年3月12日在四川省农业局的鉴定会上，该创造成果得到肯定。

瓦特——发明蒸汽机

瓦特(1736—1819)，英国著名的发明家，生于英国造船中心格拉斯哥附近的格林诺克小镇。他的父亲当过造船工人，祖父叔父都是机械工人。由于家庭的影响，瓦特从小就熟悉了许多机械原理和制作技术。

瓦特是一个智慧非凡的孩子，他勤奋好学，勇于探索，对发明创造最感兴趣。有一天，父亲的朋友前来做客，正好看到小瓦特坐在炉子旁边发呆，手里拿着笔和纸，地上有许多画过的图。他好心地说：“小瓦特应该上学了，别光在家用玩耍来打发宝贵的时光了。”父亲莞尔一笑，说：“谢谢你，我的朋友。不过，你还是看看我的儿子在玩什么吧……”原来，小瓦特在设计各种各样的玩具，还画了许多图样。这年小瓦特才刚好6岁，客人吃惊地说：“这孩子真了不起！”

又有一次，家里人全出去了，只留下瓦特一个看门。他呆呆地看着炉子上烧水的茶壶。水快烧开了，壶盖被蒸汽顶起来。一上一下地掀动着。他想：这蒸汽的力量好大啊。如果能制造一个更大的炉子，再用大锅炉烧开水，那产生的水蒸汽肯定会比这个大几十倍、几百倍。用它来做各种机械的动力，不是可以代替许多人力吗？这就是后来人们传说中的“瓦特发明蒸汽机”的故事。小瓦特是这样设想过，只不过真正试制蒸汽机，却是后来的事情。

小瓦特为搞发明创造，发奋学习科学知识。他13岁开始学习几何学，15岁读完了《物理学原理》，17岁开始当学徒。此后，他才真正投入到蒸汽机的研制和发明过程中，一发而不可收。

1757年瓦特到格拉斯哥大学当教学仪器修理工。那里既有完备的实验设施和各种仪器，又有许多著名学者和专家，这些都给瓦特提供了极其有利的条件。学校还专门为他创办了实验车间。1769年，瓦特在大量试验的基础上，经过了无数次失败，终于制成了一台单动式蒸汽机，并且获得了第一台蒸汽机的专利权。1782年瓦特又研制成功一种新式双向蒸汽机，并且可以广泛地应用在各种机器上。1788年，英国政府正式授予瓦特制造蒸汽机的专利证书。从1775年到1800年，瓦特和波尔顿合办的苏霍工厂，就制造出183台蒸汽机，全用于纺织业、冶金业和采矿业，到了19世纪30年代，蒸汽机推向了全世界，从此人类社会进入了“蒸汽时代”。造福于人类的发明家——瓦特永远被后人敬仰。

贝尔——电话发明家

贝尔(1874—1922),美籍英国电话发明家。22岁时,任美国波士顿大学的语音学教授。

贝尔少年时代天资平平。上小学时,学习成绩在班里倒数一二名。他不但学习不好,而且淘气、贪玩。书包里常常装着老鼠、麻雀这类小动物。有一次,老师在台上讲课,贝尔书包里的老鼠钻了出来,在教室里乱窜乱叫,引得同学们哄堂大笑,乱成一团,老师狠狠地训斥了他。

后来,父亲把贝尔送到伦敦祖父那里,由严厉的祖父直接管教。祖父是位严格而又倔强的人,但他知识渊博,有耐心。很快,小贝尔喜欢上他的祖父,对学习有了兴趣,还明白了许多的道理。

他变了,不仅学习成绩好,有发明创造的热情,而且品德优良,经常帮助别人。有一次,他看到一位孤独老人用笨重的水磨在磨面,小贝尔很同情他,约了一群少年伙伴来帮忙。后来,小伙伴们嫌推磨太苦,纷纷不干了,只有小贝尔一人坚持下来。

回到家里,小贝尔想,怎样才能使水磨省劲呢?为了设计新水磨,他翻阅了大量资料,设计图画了一张又一张。经过一个月的反复琢磨,草图终于设计出来了,几个工匠看了连连称赞。在工匠师傅的努力下,省力的水磨制成了,乡亲们十分感激他,小贝尔也成了大家心目中的英雄。

1875年6月2日,28岁的贝尔经历千万次的失败,终于制成了有线电话。当天,他和沃特森正在进行实验。贝尔不小心把硫酸滴到了腿上,由于十分疼痛,他连声呼救:“沃特森,快来,我需要你!”声音通过电线传到了沃特森的耳朵里。就这样,人类第一部有线电话制造成功了。

第 3 章 创造性思维与训练

CHAPTER 3

【导语】 本章从思维的含义出发，讨论了思维的分类方法，分析了创造性思维特征和思维过程；从思维的对偶性出发，分析了发散思维与集中思维、正向思维与逆向思维、侧向思维与横向思维、平面思维与立体思维、逻辑思维与形象思维等的含义、特征与训练方法。

3.1 思维概述

创造过程就是创造活动的过程。要在创造过程中很好地进行创造，必须要有专门时间进行思考。不善于思考就不能把学到的知识进行消化，就不可能发现问题，当然就谈不上有更多的想象和创造了。爱尔兰作家萧伯纳曾说，“难得有人一年会思考二三次以上，我则因一星期思考一两次而博得了国际声誉。”由此可知思考的重要作用。思考实际上就是人的思维，它分逻辑思维与创造性思维两大类。在创造过程中，创造性思维有着不可替代的作用。一个人要进行创造活动，就必须进行创造性思维。

3.1.1 思维的含义

思维是一种极为复杂的心理现象，具有许多重要的属性或性质。目前，对思维的认知表现特征为：①没有完全一致的认识；②从不同视角出发，不同学科的学者对于思维的认识不同；同学科的学者对思维的认识也会不同。

当前心理学界一般认为，思维是人脑对于客观事物的概括的、间接的反映。从字面上考察，思维中的“思”可理解为思考；“维”可理解为方向。因而，思维就是沿着一定方向的思考活动或是一种指向事物本质特性和内部规律的理性认识活动。

3.1.2 思维的分类

如果从不同视角去理解思维含义，就会得到思维的不同分类方法。

(1) 按思维主体性质划分，思维分为个体思维与群体思维。

个体思维是人类个体所进行的一种具有自身特点的思维；群体思维是人类群体的或集体的、具有共同特征的一种思维。

(2) 按思维方向划分，思维分为发散思维与集中思维、正向思维与逆向思维、侧向(横向)思维与顺向(纵向)思维。

发散思维又称扩散思维、辐射思维,是指一种沿着不同方向去思考的多向展开的思维形式。集中思维又称收敛思维,是一种集中导向的思维,是与发散思维相对应的思维形式,是从不同的角度将思维指向某个问题,寻求解决问题的最佳方案的一种思维形式。

(3) 按照思维方式进行划分,思维分为逻辑思维和形象思维。

逻辑思维,又称抽象思维,是指创造活动中藉以概念进行的思维活动,它首先将思维对象通过概念抽象出来,再由概念形成判断,由判断通过逻辑规律进行推理,根据推理结果去反映和认识客观世界。形象思维是指借助于具体形象从整体上综合反映和认识客观世界而进行的思维;形象思维常表现出较高的创造性,思维的结果可以是形象的,也可以是抽象的。

(4) 按照思维状态进行划分,思维分为动态思维与超前思维、分离思维与合并思维

动态思维是一种不断运动、不断调整、不断优化的思维活动,具有随环境和条件变化的自适应性,通过自适应性达到优化目标的思维方式。超前思维,也称预测性思维,是基于对事物发展规律的初步了解,对事物的发展作进一步预见性推理,进而对事物发展的未来性做出科学预测,并调整对眼前事物认识的一种思维过程。分离思维是将思考对象分开剥离进行思考,从而找到解决问题的新方法的一种思维方式。合并思维是指将几个思考对象合并在一起进行思考,从而找到一种新事物或解决问题新方法的思维方式。

(5) 按思维的维度进行划分,思维分为单维思维与多维思维。

单维思维是指从一个角度、沿一定方向所进行的思维方式。多维思维是指从多个角度、沿多个方向、在多个层次上进行的思维方式。

(6) 按照思维的过程和结果的比较进行划分,思维分为常规思维和创造性思维。

常规思维又叫再现性思维,是指思维的结果不具有新颖性的思维。它一般是基于利用已有的知识或使用现成的方案和程序进行的一种重复性思维。创造性思维是指思维的结果具有明显的新颖性和独特性的思维。

3.2 创造性思维概述

3.2.1 创造性思维的含义

创造性思维是指以新的或非常规的方式揭示客观事物的本质及内在联系,产生新颖的、前所未有的、具有社会价值的思维成果的各种思维形式的总称,是创造者智力水平高度发展的体现。创造性思维一般要求个体具有灵活性、独创性、敏捷性和发明能力。

3.2.2 创造性思维的特征

创造性思维有两个显著特征,一个是非逻辑性和非常规性,另一个是积极主动和进取心态。

1. 非常规性特征

非常规性特征是创造性思维最显著的一个特征。

火箭箭体结构的变化

通常，在火箭箭体的下面都安装有方向舵，以稳定火箭在大气飞行中的姿态。然而，在火箭起飞时，初速度等于零，没有气流吹在方向舵上，因而它不能起控制作用。

怎么解决这个问题？科学家们自然想到要控制火箭喷射出燃气流的方向，以稳定在起飞时不至于倾翻。

解决的方法是：在高温高压的燃气流中安装一个控制舵，常规的思维方法是需要采用能耐高温高压的材料来制成这种舵。

但问题又出来了，火箭起飞后，有了速度，空气舵能够起作用了，如何除掉燃气舵，防止它添乱，又使科学家们大伤脑筋。请教发明家后，发明家提出了一个出乎大家意料之外的方案，采用易燃烧的木舵代替耐高温高压的燃气舵。在火箭起飞的瞬间，木舵还没有燃烧或者还没有烧完时，它可以起着控制作用，当火箭有了速度，不需要木舵时，它也烧蚀完了。早期的火箭确实采用了这种方案，本来在燃气流中应该采用耐高温高压的材料，却采用容易燃烧的木舵，这是违反常规的非逻辑思维，利用烧蚀的方法除去它，是违反常规的方法。

2. 积极主动和进取心态

牛顿发现万有引力

1665年秋天，牛顿在故乡乌尔斯索普一片幽静的果树园下思考问题，一阵微风吹来，一只熟透的苹果从树上正巧掉在他的脚下，引起了牛顿极大的兴趣，他积极主动去思考一个问题：苹果从树上落下，一切东西都会从高处自由落下，而不往天上"落"，显然地球对物体有一个吸引力，这个吸引力是怎么产生的呢？牛顿想象：这棵苹果树非常高，高度足足有地球至月球之间的距离那么高；这个苹果也非常巨大，大到同月球一样大。可是，这颗巨大无比的"苹果"为什么不落到地球上呢？牛顿利用他自己掌握的丰富学识和运动三定律，分析得出月球绕地球作匀速圆周运动的条件为：月球绕地球作匀速圆周运动必须有向心力。牛顿创造性地把日常所见的重力和天体运行的引力统一起来，并在开普勒行星运动定律的基础上，发现了万有引力定律，正是万有引力提供了月球绕地球作匀速圆周运动所需的向心力。

当然，苹果落地激发了牛顿的灵感，牛顿适时地抓住了灵感闪现的火花，发现了万有引力定律，这是源于牛顿长期对物体运动规律的研究，也是在情理之中。我们通过牛顿发现万有引力过程可以看到：想象对于创造性突破具有举足轻重的作用。反过来说，想象是否对您的创造性活动起到促进作用呢？要起到这种作用就要有敢为人先的主动进取心态。从这个例子可知：创造性思维的主动性和进取性是思维主体的心理状态处于主动进取之中。创造主体不仅要有极强的创新意识，碰到问题勤于思考、善于思考，而且要认准目标，即使千难万苦，屡遭挫折，也不要灰心丧气。

3.3 创造性思维过程

关于对创造性思维过程的研究，国内外提出了一些不同见解，主要有华莱士的四期论、序列链理论、"发射-辐合"理论、"三境界式"理论，现作简要概述。

3.3.1 华莱士的四期论

美国心理学家华莱士研究了各种类型的思想活跃的人的经验之谈，发表了创造性思维过程的“四期论”。

1. 准备期——形成创造课题

准备期是提出问题，围绕问题搜集各种材料、进行思考、形成创造课题的过程，即有意识地努力期。

创造性思维不会凭空产生，需要孕育期。在准备期，创造性思维的活动主要集中在发现问题、分析问题，形成有创造价值的课题上；发现问题是起点，分析问题并形成创造课题是关键。

2. 酝酿期——寻求解决问题的途径

形成创造课题之后，就要寻求解决问题的途径、方式与方法。如果直接的解决方法不能立即获得，创造者就进入了冥思苦想的酝酿阶段。酝酿期的特点，有长有短。短时，一触即发便可实现创造；长时，创造者虽然开动脑筋，也想不出好主意，感到懋闷，要承受痛苦的心灵折磨、要意志坚强、坚忍求索、持续努力。在这一时期，只有那些具有强烈创造意识，能够经得起考验的创造者，经过痛苦的煎熬，持续努力之后，才能进入柳暗花明的境地。这一阶段是能否出创造成果的中心环节。

3. 启发期——解决问题的启示突然出现

启发期是创造性思维的突变阶段，也称为出现“灵感”或“顿悟”阶段。这一阶段的特征是解决问题的启示突然出现。这种突然出现是创造者处于不工作状态下所得的答案，大多出现于疲劳后的小憩时，或者在做其他不相干的事情时。

4. 验证期——意识支配下的推敲过程

它是创造性思维过程的最后一个阶段。这一阶段为推敲突然出现的启示是否满足适用性标准，也就是必须经历一个仔细琢磨，具体加工论证和检验，并且在科学理论之上物化为能被他人理解和接受的具体形式。这也是科学方法解决问题的一个重要步骤。

3.3.2 “序列链”理论

刘奎林是我国系统研究灵感思维的一位学者，他在华莱士“四期论”的基础上，进一步就创造性思维中灵感思维的过程进行了研究，提出了“诱发灵感机制—序列链”理论。他认为这个序列链由五道程序组成，即“境域—启迪—跃迁—顿悟—验证”。

境域，指足可诱发灵感迸发的充分且必要的境界。创造者入境域后表现出来的那种潜思维与显思维随意交融，肆意驰骋，神与物游的“忘我”境域，正是创造性思维的最高境界。

启迪，就是指机遇诱发灵感的偶然性信息。创造者的灵感孕育一旦达到饱和程度，只要有某一相关信息偶然启迪，顷刻间就可豁然开朗。

跃迁，即指灵感发生时的那种非逻辑质变方式，经过显意识与潜意识的交互作用，潜意识就进入一种跨越推理程序的、非连续的质变过程。对于潜意识的信息加工过程，一般说，人们无法意识到在形态上或能量上的中间循序过渡环节，它是灵感思维的一种高级质变方式。

顿悟，即指灵感在潜意识孕育成熟后，同显意识沟通时的瞬间表现。

验证，即指对灵感思维结果的真伪进行科学的分析和鉴定。

以上5个程序，彼此间紧密联系、互相制约，从而形成一个以显意识去调动潜意识，诱发灵感迸发的有机系统。

刘奎林的“序列链”理论，说明了灵感思维的全过程所需经历的五个阶段。灵感思维虽然与创造性思维不是同一概念，但灵感思维在创造性思维中占重要地位。从华莱士的“四期论中”可以看到：其“酝酿”“启发”的过程主要指灵感思维的过程；而刘奎林的“序列链”理论则着重说明灵感思维的全过程。将二者结合起来理解，就会对创造性思维的过程有一个更全面、更深刻的认识。

3.3.3 “发散-辐合”理论

美国心理学家吉尔福特在对创造性思维的研究中，提出了发散思维（Divergent Thinking）和辐合思维（Convergent Thinking）的区分。

吉尔福特认为，发散思维“是从给定的信息中产生信息，其着重点是从同一来源中产生各种各样的为数众多的输出，很可能会发生转换作用”。吉尔福特提出的发散能力测验要求不止一个正确的答案，其评分主要依据是新颖性和多样性。

吉尔福特认为，辐合思维是依据给定的零散信息得出一个有效的或合理的答案或结论。具体地说，辐合思维是在发散思维所提供的大量事实基础上，经过分析和比较从中提出一个可能正确的答案或结论，然后经过检验、修改、再检验，甚至被推翻，再在此基础上集中，提出一个最佳的、有效的答案或结论。

在一个完整的思维活动中，发散思维和辐合思维是互为前提、交互进行的。一般而论，面对一个课题或解决一个问题，思维者总是先千方百计调集自己已有的知识经验，而每一知识经验是以往辐合思维的产物。也就是说，解决问题需以知识经验为前提，也就是需以辐合思维为前提。调集有关知识经验的过程就是发散思维的过程，即通过联想和回忆，尽可能多地从不同角度寻求可能解决问题的假设、途径和方案。这是一个举一反三、触类旁通、尽量争取一题多解的过程。经过这种多角度、灵活、细致的思考，便最大可能地获得了解决问题的假设或途径，而各种各样的假设或途径中包含了相对意义上最佳的、富有创造性的结果。当思维达到一定的发散程度后，便需要及时改变思维策略，由发散思维过渡到辐合思维。这是一个由多到一或者众中挑一的聚合过程，它需要对所获得的各种材料进行反复分析、比较、加工、整理，最终求得一个最佳的解决方案或途径。

由此可见，作为一个完整的创造性思维过程，既离不开发散思维，也离不开辐合思维，而且呈现出一种二者相互促进、相互转化、交互推进的思维程序，即“辐合思维-发散思维-辐合思维”的程序。科学创造就是在经历这样一个思维过程之后获得创造性成果的。

3.3.4 “三境界式”理论

这是我国晚清学者王国维所提出的创造“三境界”说，即创造性思维的程序可分为准备阶段、酝酿阶段、解决问题三个阶段。三阶段理论是一种影响最大、传播最广并具有较大实用性的过程理论。

1. 准备阶段

准备阶段是指在科技创新中提出课题或发现问题的阶段。爱因斯坦认为提出问题比解决问题更重要。因为解决问题只牵涉到数学上的或实验上的技能，而提出问题需要有创造性的想象力。在准备阶段，首先，创造者对知识和经验进行积累和整理；其次，搜集必要的事实和资料；最后，了解提出问题的社会价值，并能满足社会需求及价值前景。北宋著名文学家、政治家晏殊《蝶恋花》中名句“昨夜西风凋碧树，独上高楼，望尽天涯路”即王国维所谓第一境界。

2. 酝酿阶段

酝酿阶段是朝思暮想和多方思维的发散期，需要花费很多精力、耗费较长时间，大脑细胞处于高度集中和强烈活动时期。对问题的探讨处于酝酿和孕育期。在解决问题的关键时刻，创造者应有坚强的意志和良好的道德品质。如果遇到困难重重，百思不得其解，找不到创新的突破口时，也可以把思考的问题暂时放下，让大脑松弛，有意识地切断习惯性思维，以便产生新思维，诱发直觉和灵感的闪现。在此期间，创造者应具有孜孜以求的精神。北宋著名词人柳永《凤栖梧》中名句“衣带渐宽终不悔，为伊消得人憔悴”即被王国维引为第二境界。

3. 解决问题阶段

解决问题阶段，指创造者经创造性思维过程获得成果的阶段。通过对问题的反复思考，发现问题的奥秘之处，终于在攻关中找到了解决问题的方法，取得成果。正如宋代词人辛弃疾《青玉案》中所写“众里寻他千百度，蓦然回首，那人却在，灯火阑珊处”，这就是王国维所谓的第三境界。

3.4 创造性思维的基本形式

创造性思维作为一种开创性的探索未知事物的高级复杂的思维，是各种思维形式的综合体现。在实践中，各类思维形式各具特色、融会贯通，共同构成了多姿多彩的创造性思维表现。本节主要就发散思维与集中思维、正向思维与逆向思维、侧向思维与横向思维、平面思维与立体思维、逻辑思维与形象思维等进行讨论。

3.4.1 发散思维与集中思维

1. 发散思维

1）发散思维的含义

发散思维又称扩散思维、辐射思维，就是针对问题，从要解决的问题出发沿着不同方向向四面八方去思考问题，由已知探索解决问题的多种方案、多种思想和多种方法的一种思维形式。它是一种多向、立体、开放式的思维形式。发散思维是从某一点出发，任意发散，既无一定方向，也无一定范围。从同一信息源引发不同的结果。其思维轨迹如图3.1所示。

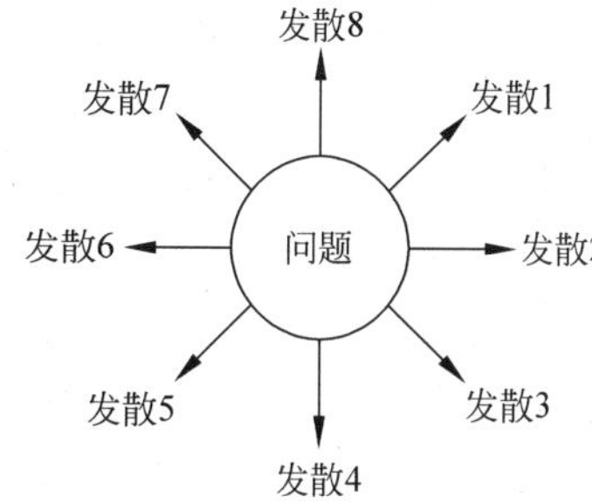

图3.1 发散思维

2）发散思维的特征

美国心理学家吉尔福特认为，发散思维具有流畅性、灵活性、独创性、精细性 4 个主要特征。

(1) **流畅性**。它在思维表达上反应敏捷、少有阻滞，能在较短时间内表达出解决问题的较多方案、思想和方法。它反映了发散思维的速度，可用一定时间内的数量指标来表示流畅性水平。

例如，“手机用来干什么？”

A：“打电话、上网查资料。”

B：“打电话、上网查资料、QQ 聊天、微信、支付宝购物。”

这里 B 的流畅性比 A 好。

(2) **灵活性**。它指发散思维改变思维方向的属性。即一个人的思维能够举一反三，触类旁通，随机应变，不受消极的心理定势的阻碍，因而有可能提出不同于一般人的新构思、新办法、新方案。

例如，“计算机有什么用处？”

A：“可以方便我们搜集资料、透过电脑可以提高学生的语文水平、电脑可以让我们知道许多的课外知识、可以买东西，订机票等等。”

B：“做网络攻击、谈情说爱和做黑客、QQ 聊天、微信、微商等。”

这里 B 的灵活性比 A 好。

(3) **独特性**。它指发散思维产生于不同寻常念头的思维属性，即思维者提出的解决方案或方法，不与他人雷同或大同小异，而是有自己的独特、新颖见解。

例如：“报纸有什么用途？”

A：“在野外烧报纸用来驱赶凶猛野兽、传播病毒、制造恐慌。”

B：“用来阅读、写字、擦桌子、包书皮。”

这里 A 的独创性比 B 强。

(4) **精细性**。它指对已有的方法或方案或想法作进一步的细化完善，从而使思维的成果更具体化，这就是即精细性。

例如：“出门远行要带些什么？”

A：“足够的钱、食物和备用东西。”

B：“衣服、手电、手机、口香糖、火柴、创可贴。”

这里 B 的思维精细性比 A 好。

这 4 个特点是相互关联的。思维流畅往往是思维灵活、独特、精细的前提，思维灵活则是提出创新思路的关键。灵活转换的能力越强，产生独特、精细想法的可能性就越大。

3）发散思维的假设推测训练法

假设推测法包括 3 个步骤：

步骤 1：假设某个问题，并以疑问的形式表达出来。

注意：假设的问题不论是任意选取的还是有所限定的，所涉及的都应当是与事实相反的情况，是暂时不可能的或现实不存在的事物对象和状态。

事　　例

假如没有水，那世界会怎么样？

假设人人都成为警察，那么会产生什么样的后果？

如果计算机比人聪明，那会怎么样？

假设一个成年人只能活一年，那么他(或她)会怎样对待生活？

假设雨水不能渗透到地下，那会发生什么现象？

假设人类平均寿命达到200岁，那会导致哪些问题？

步骤2：从假设的命题或问题出发，设想或推测种种可以想象的结果。

注意：可以想象包括可能的，也包括不可能的；包括现实的，也包括未来的；包括实在的，也包括虚幻的；包括切合实际的、有一定道理的，也包括不切实际的、荒谬绝伦的；包括有用的，也包括无用的。

例如，针对上述"假如没有水，那世界会怎么样？"的命题，可进行如下推测：

假如没有水，那世界会怎么样？

假如没有水，世界将没有花草树木，没有丰收的果实，人们将会因没有食物而死去。

假如没有水，在水下生活的动物将会死去，在陆地上的禽兽也会死去，人自然也会死去。

假如没有水，太阳将晒得大地寸草不生，那长满树的山也会变成荒山，田地也会变成荒地。

假如没有水，人们的生活将极大困难，没有水喝，没有水煮饭，没有水洗澡……

人可以几天不进食，但不可以几天不喝水。而现在，全球有20亿人口正处于严重缺水状况！水不是无限多的，虽然大海占地球表面的2/3，可大海中含有盐分，不利于人类的饮用。所以，人类要生存就必须珍惜水，如果每个人都污染水，全世界60多亿人能在这个世界上生存几天呢？当全世界只剩下最后一滴水时，后果是不堪设想的。

步骤3：从假设推测得出的概念(虽大多是不切实际的、荒谬的、不可行的)中找一些对工作、学习、发明创造有益的、合理的、可行的观念。例如，有人从"假如没有水，那世界会怎么样？"激发出"水是生命之源，生命之本，人类的健康是先从水来的"这个概念，对于节约水资源、减少水浪费是有启发性的。

2. 集中思维

1) 集中思维的含义

集中思维，又称收敛思维，是指以寻求解决的问题为中心，从众多已知条件或已有的知识和经验中，找出一个唯一正确或最佳解决问题方案的思维方式。或者说它是以某个问题为中心，从不同角度将思维指向这个问题，以寻求解决问题的最佳方案的思维形式。其思维轨迹如图3.2所示。

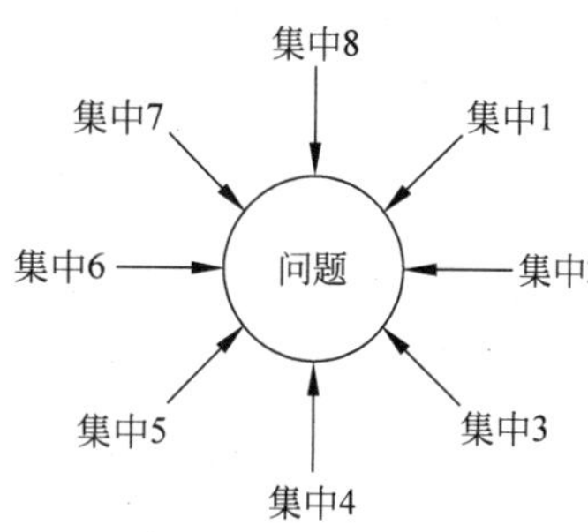

图3.2　集中思维

图3.2表明，集中思维与发散思维图示的箭头相反。所以，集中思维是一种单一目标的、闭合式的思维，也常被

称为“会聚思维”“辐合思维”“求同思维”或“收敛思维”。

集中思维主要是运用逻辑思维规律对信息进行分析、综合、比较、判断、推理和选择，因此从本质上说它属于逻辑思维。

2）集中思维的特征

(1) 汇聚性。集中思维的方向应指从众多解决方案中，通过分析、综合、比较、判断、推理和选择等手段，向某一目标靠近。

(2) 唯一性。集中思维的结果是唯一确定的，不允许含糊其辞、模棱两可。

(3) 逻辑性。吉尔福特认为，集中思维属于逻辑思维推理的领域。它不仅要进行定性分析，还要进行定量分析，仔细分析各种方案、办法和设想的可行性，所以，它具有逻辑性特征。

3）发散思维与集中思维的辩证关系

集中思维与发散思维二者相反相成、相辅相成、对偶互补，缺一不可。二者既有联系又有区别。

从思维方向视角分析，二者恰好相反，发散思维的方向是由中心向四面八方扩散，集中思维的方向是由四面八方向中心集中。

从作用视角分析，发散思维更有利于人们思维的广阔性、开放性，使人的思维极限尽量放宽，更利于在空间上的拓展和时间上的延伸，而集中思维则有利于从各路思维中选取精华，有利于使解决问题取得突破性进展。

发散思维与集中思维虽然有显著的区别，但它们在创造过程中是辩证统一体，互为不可或缺。在创造性思维过程中两者往往是结合使用，借助发散思维可以广泛辐射，自由地联想，提出多种解决问题的方案；借助集中思维，可以对发散结果进行筛选、整合，获得最佳的解决方案。

在解决创造性的问题中，起于扩散，止于集中，相辅相成，这就是创造力对于人们的思维品质的要求。

任何一个创造全过程，都要经过从发散思维到集中思维，再从集中思维到发散思维的过程，多次循环，直到解决问题，如图 3.3 所示。

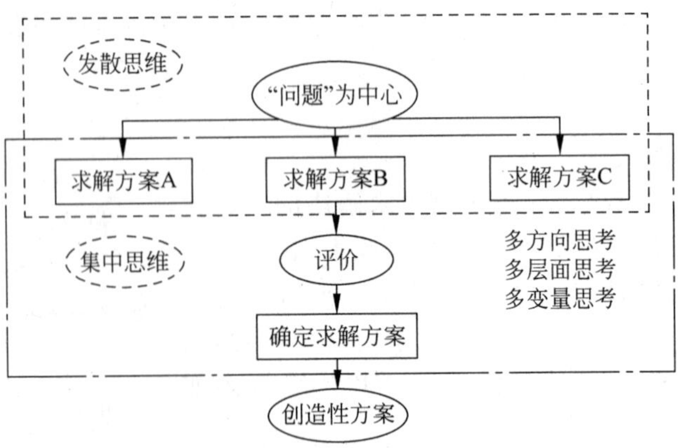

图 3.3　从发散思维到集中思维

4）集中思维的卡片分析法训练

卡片分析法将发散思考中产生的想法，用卡片写下来，每张卡片上写一个；分析每张卡片上所写的想法，将内容相关、联系比较紧密的卡片调到一起，产生一沓沓的卡片群；琢磨卡片群的内在联系，将形成的新思想材料，写成卡片，追加上去；反复整理卡片，进行各种不同的排列。

这样通过不断调整、不断思考，我们的思维方向就会从发散思维时的不同方向，逐渐指向一个方向，进而指向一个中心点，直到获得我们满意的创造性方案为止。

3.4.2　正向思维与逆向思维

1. 正向思维

1）正向思维的含义

正向思维是指按照常规思路或者遵照时间发展的自然过程，或者以事物的常见特征与一般趋势为依据而进行的思维方式。正向思维一般是从分析问题产生的原因入手，经过逻辑推理，由发散到集中而得出解决问题的最佳方案或结论。

2）正向思维的特征

（1）**常规性**。正向思维是依据事物都为一个过程这一客观事实而建立的。任何事物都有产生、发展和灭亡的过程，都是从过去走到现在、由现在走向未来的过程。只要我们能够把握事物的特性，了解其过去和现在，就可以在已掌握材料和知识经验的基础上，按常规思考预测其未来。

这种思考问题的方法就是一种以正向思维法为主的方法。说“正向思维法为主”，是因为任何一个方法，尤其是解决复杂问题的方法都不是某一种单一的方法，而是多种方法的综合运用，只不过某一种方法占据主导地位罢了。

（2）**一一对应性**。正向思维方法一次只限对某一种问题进行思考，在思考时需对事物的过去、现在作充分分析、对事物的发展规律作充分了解，再推知事物的未知部分，提出解决方案，因而它又是一种较深刻的方法，是一种不可忽视的领导工作、科学研究等方法。例如，在领导工作中，职业经理想了解某一具体问题，对其作出合理解决时，一事一思考是较为有效方法。

汽车“静坐”引发的问题

汽车已成为发达国家的灾祸，大量的汽车阻塞、交通事故、环境污染等问题日益困惑着发达国家，尤其是1994年法国农民罢工，不再以传统的示威游行方式进行，而是开车游行，并把车停放在交通要道，让车“静坐”。而要解决此问题，国家相关部门可以通过增加警力，进行疏通；也可以增修高速公路立交桥，以保畅流；可以限制车辆上路时间等。但这终究是治标不治本，要想真正解决，就得思考从汽车引入家庭至今，它给人民生活、环境、社会发展、安全等带来了哪些方便与不便，还将继续向何方向发展等，即从家庭拥有汽车这件事情本身的产生、发展过程入手，寻求解决办法。目前，发达国家已基本达成共识：发展公交事业，提倡公民出行乘坐公共交通车，这是根本的解决办法。

(3) **逻辑性**。正向思维属于逻辑思维。例如,我国古代的“月晕而风、础润而雨”“朝霞不出门,晚霞行千里”“鱼鳞天,不雨也风颠”之类预报天气的谚语,就是正向思维,也体现了思维的逻辑性。

2. 逆向思维

1) 逆向思维的含义

逆向思维也可称为反向思维,是指从正向思维相反的角度与过程出发去思考问题的方式。逆向思维的特点是对人们习惯的思维方式持怀疑和反对的态度,善于唱反调。逆向思维往往能够出奇制胜,给人以意想不到的收获。

逆向思维作为一种思维方法是有其客观依据和客观原型的。唯物辩证法对立统一规律揭示了:任何事物或过程,都包含着相互对立的因素,都是相反的对立面的统一体。由于事物内部相互对立因素的存在,事物的发展就存在两种相反的可能性;由于事物内部相反的因素的存在,不同的人就可能以相反的因素为依据而产生对立的看法;由于事物的发展存在着两种相反的可能性,不同的人就可能沿着相反的方向进行思考。

例如,水总是由高向低流动,有什么办法能使其由低向高流动呢?由此发明出各种类型的泵。

南水北调工程的东线工程

“南水北调工程”是中华人民共和国的战略性工程,是指把长江流域水资源自其上游、中游、下游,结合中国疆域特点,分东、中、西三线抽调部分送至华北与淮海平原和西北地区水资源短缺地区。

1954年国家主席毛泽东视察黄河时提出了南水北调构想。自此,在历经分析比较50多种工程方案基础后,调水方案获得一大批富有价值的成果。工程规划区涉及人口4.38亿人,调水规模448亿立方米。工程规划的东、中、西线干线总长度达4350公里。通过三条调水线路与长江、黄河、淮河和海河四大江河的联系,构成以“四横三纵”为主体的总体布局,以利于实现中国水资源南北调配、东西互济的合理配置格局。目前,中线工程、南水北调东线工程(一期)已经完工并向北方地区调水。东线工程的起点在长江下游的扬州,终点在天津。

东线工程供水范围涉及苏、皖、鲁、冀、津五省市。具体为:苏中、苏北除里下河腹部及其以东和北部高地外的淮河下游平原;安徽省蚌埠以下淮河两岸、淮北市以东的新汴河两岸及天长县部分地区;山东省的南四湖周边、一韩庄运河和梁济运河侧、胶东地区部分城市及鲁北非引黄灌区;河北黑龙港运东地区;天津市及近郊区。东线工程利用的是元朝的运河,目的是缓解苏、皖、鲁、冀、津等五个省、市水资源短缺的状况。

2) 逆向思维的特征

(1) **突破常规**。逆向思维的主要特征是突破常规。从相反的角度去思考、去探索、去创新。一切事物都有两面性和对立面,从相反的角度去思考问题有时别有洞天,效果奇妙。

(2) **互换性**。事物之间都存在着“正”与“反”的关系。这种“正”与“反”是相对的,从内涵上讲,事物之间互为条件、互相依存。在客观世界的许多事物之间甲、乙的互换性是存在的。甲在一定条件下可以转化为乙，乙在一定条件也可以转化为甲。在形成甲的过程中，乙、丙是它们形成的条件，同时乙、丙可能是对立的，但造成的结果是相同的。

3）逆向思维的类别

逆向思维可分为功能逆向、结构逆向、因果逆向、状态逆向和原理逆向等。

（1）**功能逆向**。它指从原有事物功能相反的方向去思考，寻求解决问题的新途径，获得新的创造发明的思维方式。例如，在德国一家生产书写纸的工厂内，一位工人弄错了配方，结果生产出的纸不能书写成了废品。为此，厂长把他也解雇了。正当他垂头丧气的时候，一位朋友提醒他，不要老想着出了废品，为什么不倒过来想一想它还有什么用途呢？“废品”和“有用品”正是对立的两极。朋友的话启发了这位工人的思想，他从一极换到了另一极，终于发现这种纸的吸水性特别好，从而获得了生产吸水纸的专利。

（2）**结构逆向**。它指从原有事物结构的相反形式去思考，寻求解决问题的新途径的创造性思维方式。例如，一般的门锁锁舌有斜口，这样关门比较方便，但如果朝门缝中塞入硬片等却容易把门撬开，防盗功能差，于是人们就发明了“简易防盗锁”，把门框上锁孔内侧焊个斜片，而锁舌却改成方形，这样从结构上与原锁反转，关门照样方便，但由外往里撬门，由于方形锁舌是不易被撬开的，使防盗性能大大增加。

（3）**因果逆向**。它指从原有事物的因果关系，反过来由“果”去发现新的“因”（现象规律），寻找解决问题的方法。例如，时变电磁场，一方面，由变化电场可以产生磁场，是电生磁（电磁铁）；另一方面，由变化磁场可以产生电场，是磁生电（发电机）。

（4）**状态逆向**。它指从原有事物某一状态的反面来认识事物，寻找、发现或创造一种解决问题的新方法或方案的思维方法。例如，过去木匠用锯和刨来加工木料，都是木料不动而工具动，实际上是人在动，因此人的体力消耗大，质量还得不到保证。为了改变这种状况，人们将工作状态反过来，让工具不动而木料动，设计发明了电锯和电刨，从而大大提高了效率和工艺水平，减轻了劳动量。

（5）**原理逆向**。它指从相反的方面或相反的途径对原理及其运用进行思考的思维方式。

例如，1819 年，丹麦物理学家奥斯特发现了通电导体可使磁针转动的磁效应。1820 年，法国物理学家安培发现通电螺线管具有与磁石相同的作用。英国物理学家法拉第想：既然由电可以产生磁效应，反过来能否由磁产生电效应呢？按照这一思路，法拉第开始了新的课题研究，经过 9 年的艰苦探索，终于在 1831 年发现了电磁感应现象，即线圈在磁场中做切割磁力线运动可以获得感应电流，为发电机制造奠定了理论基础。

除上面介绍的 5 种逆向思维外，还有序位逆向、方法逆向等。这类思维的共同特征是突破常规。当用常规方法思考问题得不到解决时，应考虑转换思考角度去思考问题，以寻找、发现或创造一种解决问题的新方法或方案。用缺点逆用等思维方式来重新思考，是人们在发明创造时常用的方法。逆向思维思考过程如图 3.4 所示。

4）逆向思维的训练

（1）**两极颠倒法**。在一般情况下，我们遇到或认识了两极中的一极，不妨再去有意认识一下与之对立的另一极，一个新的天地就可能展现在我们面前。

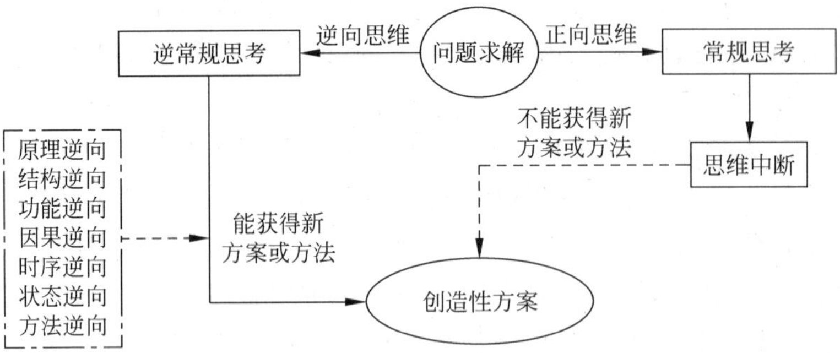

图 3.4 逆向思维思考过程

鲁国人做鞋帽生意

《韩非子》中记载有这样一个故事：鲁国有一个人，非常擅长纺织麻鞋，他的妻子也是织绸缎的能手，他们准备一起到越国做生意。有人劝告他说："你不要去，不然会失败的。"鲁人问："为什么呢?"那人回答："你善编鞋，而越人习惯于赤足走路；你妻子善织绸缎，那是用来做帽子的，可越人习惯披头散发，从不戴帽子，用你擅长的技术，到越国去派不上用场，能不失败吗?"结果呢，鲁人并没有改变初衷，三五年后，他不但没有失败，反而成了有名的大富翁。

许多事情的成功，问题的解决，常常得益于逆向思维，这个鲁国人的成功，也是如此。

鲁国人做鞋帽生意，打破了常规思维习惯，认为就是因为越人不穿鞋戴帽，那里才有着广阔的市场前景和巨大的销售潜力，只要改变了越人的粗陋习惯，越国就会变成一个最大的鞋帽市场。鲁国人成功的秘密就在这里，逆向思维帮了他大忙。

(2) 折中法

面对两极，人们可以既不支持这一极，也不支持那一极，而是使两极在中间融合，出现一种既非此又非彼的中间状态。很多创新构想就在折中法中产生。例如，在大型商场中，楼梯爬起来累、速度慢，但很安全；垂直升降电梯方便、卫生、舒适、快捷，但存在安全隐患较大，特别是突然停电，人员被困时有发生。但是，为什么只能要么是楼梯，要么是垂直升降电梯呢？就不能使对立两极在中间融合了？于是，斜向升降开放式电梯被开发出来。

(3) 反证法

反证法是一种通过确定与论题相矛盾的判断或者与论题有关的其他判断的假设，经过正确的推导从而确定论题真实性的论证方法，它是一种间接的论证方式，主要采用逆向逻辑思维方式，间接否定了与事物相反的一面，经过正确无误的推导，得出事物真实的一面，这也可以说成是一种让步的证明方式。

简而言之：反证法就是具有"假设—归谬—得出结论—原命题"四个步骤的一种证明方法。

路 边 苦 李

古时候有个人叫王戎，7 岁那年的某一天和小伙伴在路边玩，看见一棵李子树上的果实多得把树枝都快压断了，小伙伴们都跑去摘，只有王戎站着没动。他说："李子是苦的，我不吃。”小伙伴摘来一尝，李子果然苦得没法吃。小伙伴问王戎：“这就怪了！你又没有吃，怎么知道李子是苦的啊？”王戎说：“如果李子是甜的，树长在路边，李子早就没了！李子现在还那么多，所以啊，肯定李子是苦的，不好吃！”

王戎的推理方法，如图 3.5 所示。

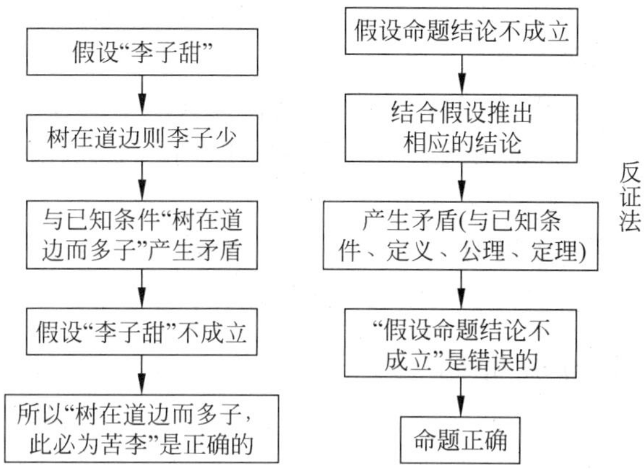

图 3.5　王戎的推理方法

唐·吉诃德悖论

M：小说《唐·吉诃德》里描写过一个国家。它有一条奇怪的法律：每一个旅游者都要回答一个问题。问，你来这里做什么？

M：如果旅游者回答对了，一切都好办；如果回答错了，他就要被绞死。

M：一天，有个旅游者回答——

旅游者：我来这里是要被绞死。

M：这时，卫兵慌了神，如果他们不把这人绞死，他就说错了，就得受绞刑。可是，如果他们绞死他，他就说对了，就不应该绞死他。

M：为了做出决断，旅游者被送到国王那里。苦苦想了好久，国王才说——

国王：不管我做出什么决定，都肯定要破坏这条法律。我们还是宽大为怀算了，让这个人自由吧。

反证法是一种重要的思维方法，对于那些含有否定词的命题，“至少”型命题、唯一性命题，尤为适宜。牛顿说：“反证法是数学上最精良的武器之一。”这就充分肯定了这一方法的积极作用和不可动摇的重要地位。

数学上很多有名的结论都是用反证法得证的。例如，素数有无穷多个，$\sqrt{2}$是无理数的证明等。

(4) 换位法

换位法就是将考察的命题颠倒过来，发明新事物的创造方法。

在传统的课堂教学中，教师教，教师是主体，为主动者；学生听，学生是客体，为被动接受者。在探索式或研究式教学中，一部分章节内容或一个主题由学生讲授，学生教，学生是主体，为主动者；教师听，教师是客体，为被动接受者，这种师生换位的教学方式别有一番情趣。

美国化学家兰米尔发明充气电灯泡也是采用此法。当时的电灯泡有个致命伤，钨丝通电后容易发脆，使用不久灯泡壁就会变黑。一般人都认为要克服这个毛病必须大大提高灯泡的真空度。兰米尔的想法却与众不同，他不是忙于提高灯泡的真空度，而是分别将氢气、氮气、二氧化碳、氧气和水蒸气等充入灯泡，研究它们在高温低压下与钨丝的作用。当他发现氮气有减少钨丝蒸发的作用时，作出了“有可能在大气压下钨丝能在氮气中长期工作”的判断。1928 年，他由于充气灯泡的发明和对高温低压下化学反应的研究等突出贡献而荣获帕金奖章。

把思维方式来个一百八十度的大转变，有时会收到意想不到的效果。历史上有许多科学家就是采用逆向思维法而取得重大发现和发明的。

3.4.3 侧向思维与横向思维

1. 侧向思维

1）侧向思维的含义

侧向思维是指既不与正向思维方向相同，也不与逆向思维相同，而是换一个角度或从旁侧开拓出思路进行思考的一种思维方式。英国医生德博诺把这种利用“局外”信息来发现解决问题途径的能力，与人的眼睛的侧视能力相类比，故称为“侧向思维”。

侧向思维和逆向思维都是与常规或正向思维不同的思维。侧向思维和逆向思维二者的区别是：逆向思维在许多场合表现为与常规的思维方向相反，但轨迹与思维一致；而侧向思维与逆向思维不仅在方向上，而且在轨迹上也有所不同，是偏重于在正向思维和逆向思维的轨迹之外而另辟蹊径的一种思维方式，是在正向思维和逆向思维轨迹的旁侧向外延伸的思维。中国古代《诗经》中的“他山之石，可以攻玉”，就是这种思维的写照。

侧向思维的关键是要摆脱常规思维方式或习惯思维（思维定式）的束缚，换一种新的观察角度去思维的途径，主动寻求“柳暗花明又一村”。这种新角度应是不引人注目的侧路。

2）侧向思维的应用场合

第一种场合：常规思维走不通，需另辟蹊径。它实现目标的途径相当明确，原有各种思维方式、思路、方法均可达到既定目标，但由于人的习惯思维，尽管原方法有优有劣，但往往总是死抱住一条路不变，在这种情况下就必须果断寻找新途径。

茅台酒展品获金奖

1915 年，在巴拿马万国博览会上，我国贵州的茅台酒也参加了展出，评委们都被琳琅满目的洋酒吸引过去了，外观粗糙的茅台酒无人问津。怎么办呢？参展的老板反其道而行之，把装有茅台酒的酒瓶摔在地上，哗啦一声，瓶碎酒流。响声倒没有惊动多少评委，扑鼻的酒香却把众多评委们招引过来，一品尝确实是好酒，从而博得好评，获得博览会金奖。

第二种场合，“外行”作为“内行”的参谋。为解决某一问题，按常规或正向思维方法孜孜以求、朝思暮想，都难以获得最佳的解决问题方案，这时不妨转换思路，从与自己研究无关的领域中寻找解决的方法，或者请“外行”出点子，或许很容易就能解决问题。

鲁班发明锯子

春秋战国时期，我国有一位创造发明家叫鲁班。两千多年来，他的名字和有关他的故事，一直在人民当中流传着，后代木工匠都尊称他为祖师。

鲁班是春秋战国时代鲁国人，大约生于公元前507年，本名公输般，因为“般”与“班”同音，故称鲁班。他主要是从事木工工作。那时人们要使树木成为既平又光滑的木板，还没有什么好办法。鲁班在实践中留心观察，模仿生物形态，发明了许多木工工具，如锯子、刨子等。鲁班是怎样发明锯子的呢？

相传有一次他进深山砍树木时，一不小心，脚下一滑，手被一种野草的叶子划破了，渗出血来，他摘下叶片轻轻一摸，原来叶子两边长着锋利的齿，他用这些密密的小齿在手背上轻轻一划，居然割开了一道口子，他的手就是被这些小齿划破的。鲁班就从这件事上得到了启发，他想，要是有这样齿状的工具，不是也能很快地锯断树木了吗？于是，他经过多次试验，终于发明了锋利的锯子，大大提高了工效。

鲁班给这种新发明的工具起了一个名字，叫做“锯”，这就是锯子的由来，也是鲁班发明锯子的故事。

莫尔斯发明电报

中国有句古话“三十不学艺”，意思是说三十以后不要再改变职业。但如果你了解了莫尔斯发明电报机的经历，就不得不相信真的是“事在人为”了。塞缪尔·莫尔斯，作为一名画家是成功的。莫尔斯曾两度赴欧洲留学，在肖像画和历史绘画方面成了当时公认的一流画家。1826年至1842年任美国画家协会主席。

但一次平常的旅行，却改变了莫尔斯的人生轨迹。电报机也因此而登上了历史舞台，通信史翻开了崭新的一页。1832年10月1日，一艘名叫“萨丽号”的邮船，满载旅客，从法国北部的勒阿弗尔港驶向纽约。途中，船受到风暴的袭击，在波峰浪谷中颠簸。“遇到风暴，有什么办法使船不受到影响？”莫尔斯与船长聊了起来。“毫无办法！”船长说，“这只能听天由命了。”“的确，在这无边无际的大海之中，一艘船、一个人实在太渺小了。”莫尔斯望着茫茫的大海，心中发出这样的感慨。就在这次旅途中，莫尔斯结识了杰克逊。杰克逊是波士顿城的一位医生，也是一位电学博士。此次他是在巴黎出席了电学研讨会之后回国的。闲聊中，杰克逊把话题转到电磁感应现象上。莫尔斯完全被电迷住了，连续几个晚上都失眠了。他想：“电的传递速度那么快，能够在一瞬间传到千里之外，加上电磁铁在有电和没电时能作出不同的反应。利用它的这种特性不就可以传递信息了吗？”41岁的莫尔斯——一位颇有成就的绘画教授决定放弃他的绘画事业，发明一种用电传信的方法——电报。1844年5月24日，在华盛顿国会大厦联邦最高法院会议厅里，他进行了电报发收试验。年过半百的莫尔斯在预先约定的时间，兴奋地向巴尔的摩发出人类历史上的第一份电报，电文是：“上帝创造了何等奇迹。”对莫尔斯来说，这是一个阳光最灿烂的日子！晚上他给兄弟写了一封信，信中他在解释为什么用《圣经》里的一句话作为第一份电报的内容时，写道：“当一项发明竟创造了如此的奇迹，而它又曾经如此备受怀疑，可是最终从幻境中走出，成为活生生的现实时，没有比这句虔诚的感叹语更为恰当的了。”

电报的发明，揭开了电信史上新的一页。

侧向思维的思维轨迹如图 3.6 所示。

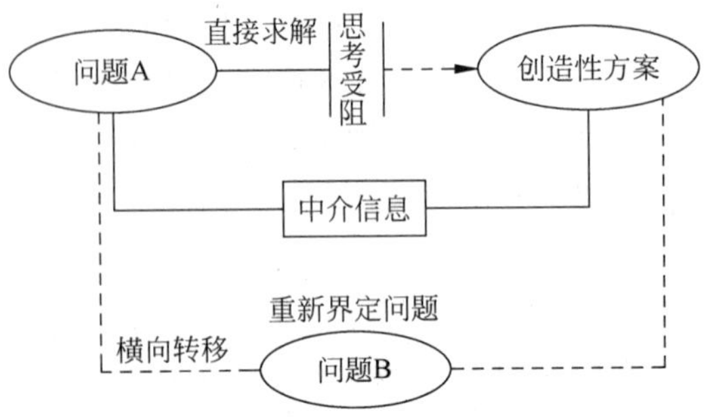

图 3.6　侧向思维轨迹

3）侧向思维的训练

(1) 触类旁通。是指比喻掌握了解某一事物的变化、趋势及规律，从而类推了解同类的其他事物的变化、趋势及规律。

轮机管理中的触类旁通意识

要做好一名出色的轮机员，不但要有扎实丰富的轮机理论知识，还要有触类旁通的意识和思路。一位工程师结合亲身经历的几起故障，就轮机管理的触类旁通思维进行分析与阐述，希望在轮机管理过程中另辟蹊径，快速找到分析与解决问题的方法。

① 巧用主机吊缸工具。如图 3.7 所示为 MAN B&W 柴油机液压工具结构原理图。

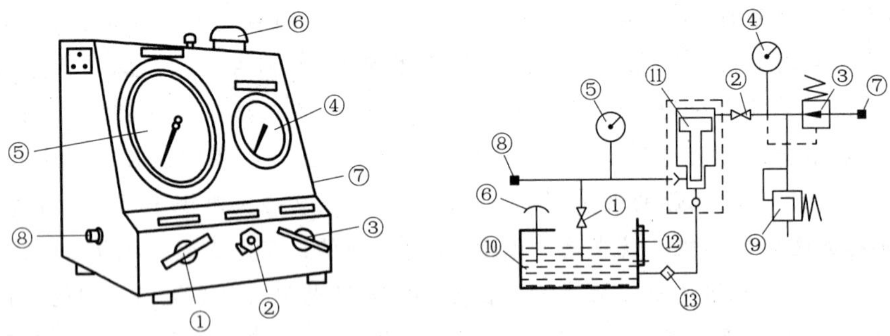

图 3.7　MAN B&W 柴油机液压工具结构原理图

1—回油泄压阀；2—空气截止阀；3—压力调节阀；4—工作空气压力表；5—工作液压油压力表；6—加油滤器罩；7—工作空气管路接头；8—液压油出口快速接头；9—安全阀；10—油柜；11—液压油柱塞泵；12—液位计；13—液压油滤器

某轮主机为 MAN B&W 6S70MC 型，在锚地进行扫气口检查时，发现主机第五缸活塞的第一道活塞环断裂，因锚地时间充足，决定利用吊缸解决问题。在进行准备工作时，发现主机吊缸用液压工具已经损坏，不能使用，且无备件进行修理，只能通过液压工具的手动泵油辅助杆进行手动泵油吊缸。但在吊缸过程中，发现手动泵油到 50MPa 左右时，液压油压力不再增长，很难完成吊缸。于是，一方面解体液压工具，尝试修复它；另一方面，找到柴油机说明书，看看能否找到解决方法。通过柴油机说明书发现主机喷油器测试工具与主机液压工具管路原理图几乎一致。由此，得到启发，将喷油器测试工具从台架上拆下，然后吊到柴油机旁边，更换出油口接头(参见图 3.8 中的第 10 项)，连接液压工具进行试验，发现不到 3 分钟，就建立了 90MPa 的液压油压，从而顺利完成吊缸。由此可见，喷油器试验装置其实就相当于一个放大的液压工具。液压工具和喷油器试验装置对比图如图 3.7 和图 3.8 所示，可以看出：两者外形类似，其液压工作原理类似，两者都是由 0.8MPa 左右的控制空气驱动液压油泵，产生最高可达 110MPa 的油压进行工作；不同的是一个为厂家配置的拆装螺丝用的液压工具，一个为进行喷油器试验的液压工具，但是，紧急情况下，将相关液压油出口接头更换，喷油器试验工具可以替代主机液压工具使用。正是利用触类旁通的思维，将机舱里看似两个不相干的工具结合在一起思考，从而顺利地进行了主机吊缸工作，排除了航行隐患。

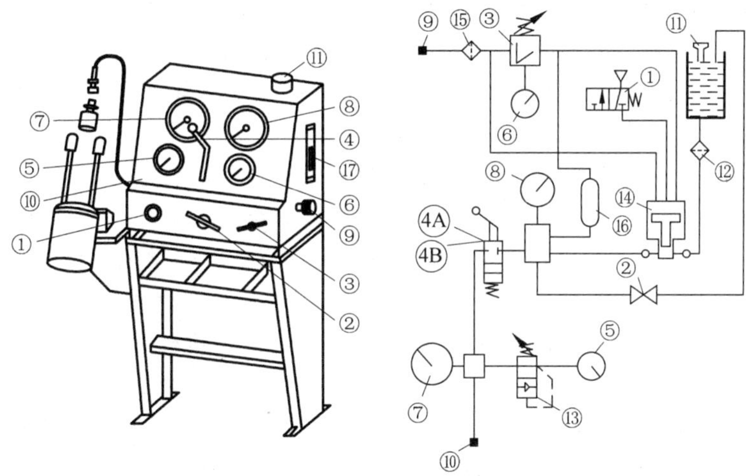

图 3.8　MAN B&W 柴油机喷油器测试工具结构原理图

1—全行程试验控制阀；2—回油泄压阀；3—压力调节阀；4—液压油路控制阀；4A—液压油路关闭控制位；4B—液压油路连通控制位；5—系统除气用压力表；6—工作空气压力表；7—启阀压力测试用压力表；8—工作液压油压力表；9—工作空气管路接头；10—液压油出口接头；11—加油滤器罩；12—液压油滤器；13—减压装置；14—液压油柱塞泵；15—空气滤器；16—蓄能器；17—液位计

② 解决空调不制冷难题：某轮空调制冷效果很差。当外界温度较高时，房间温度很高，特别是中午，个别房间温度甚至达到 35℃ 以上。对此故障，机舱相关人员已经做了大量工作，包括将压缩机进行了解体修理，更换了压缩机活塞环及进出口阀片；对膨胀阀进行重新调整等。但是，一年多没有解决问题。通过对空调系统进行检查，发现空调系统制冷剂足够；卸载机构正常工作；压缩机进出口压力在正常范围内；蒸发器结冰现象严重。对此，一方面试图重新调整膨胀阀的开度，另一方面，安排主管轮机员每天对蒸发器进行检查，必要时人工停机化冰处理，但故障仍然没有解决。为了能够及时化冰，要求值班机工每班要对蒸发器进行检查。值班机工一般通过空调风机室上的观察窗口检查蒸发器，但有时观察窗口的玻璃上会凝结露珠，阻挡视线，因此，值班机工经常将观察孔打开，对蒸发器进行检查。某

天中午，值班机工接班前，打开观察孔检查蒸发器，观察孔打开的瞬间，由于一部分空气会通过观察孔被空调风机吸入通风道内部，在没有蒸发器的阻碍之下，大量新鲜空气通过观察孔吸入，相当于旁通了蒸发器，空气阻力减小，风量瞬间加大，房间内部通风口风量瞬间加大，从而导致噪音加大，甚至比其他船舶要大很多，房间风量大，蒸发器却结冰，制冷效果反而差，由此判断是蒸发器那边出了问题。于是，停掉空调，打开风道，进入风道内部，检查蒸发器，发现蒸发器与进风道之间，过去通过螺栓连接，连接处采用橡胶垫床密封。但是，由于船舶建造时间过长，风道内部长期处于高盐分高潮湿的环境下，螺栓已经腐蚀断裂，蒸发器已经从风道上移开，导致空调吸风口空气从蒸发器旁通，降低了制冷效果，导致故障发生，如图 3.9 所示。于是，马上更换螺栓，更换垫床，将蒸发器重新固定在风道上面，重新启动空调装置，故障顺利排除，房间温度恢复正常。上述故障排除经历表明，如果不是值班机工打开观察孔检查蒸发器，如果对房间的噪音不敏感，可能上述故障的排除还需要一段时间，全体船员可能还会受到高温环境的影响。长期积累的轮机管理经验，加上触类旁通的潜意识帮助快速排除空调故障。所以，轮机管理不但要有扎实的理论功底，还要具有触类旁通的思维。

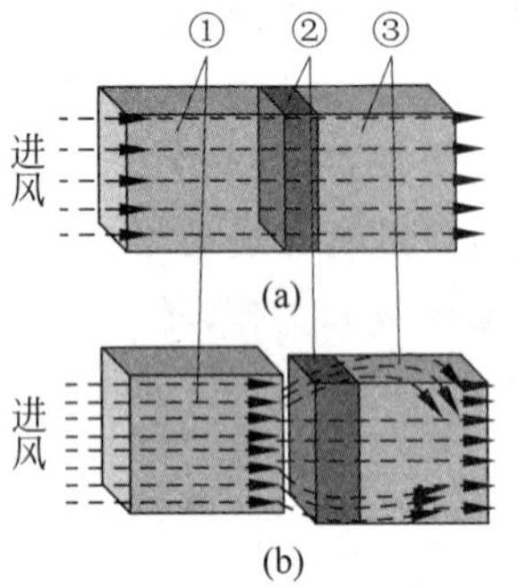

1—风道；2—蒸发器；3—风机室

图 3.9 蒸发器位置对比图

(a) 蒸发器位置正常示意图；

(b) 蒸发器移位示意图

③ 分油机故障的解决：某轮是一条二手船，船上有一台型号为 Alfa Laval MOPX 308 的滑油分油机。船东接船后一年半左右一直不能使用该船发电柴油机工作用重油，要求用分油机不间断对曲轴箱滑油进行离心净化。由于该分油机不能正常工作，导致该船发电柴油机滑油一直较脏，滑油滤器清洗频率很高，滑油更换的频率也较大。通过对该分油机拆卸组装重新试车，发现当引入待分离的油后，该分油机通过排渣口跑油。排渣口跑油的原因主要有以下几点：一是活动底盘上面的两道密封圈失效，导致密封水漏泄，活动底盘不能托起；二是图 3.10 中的泄水孔堵塞，排完渣后开启水不能泄放，导致弹簧不能复位，密封水通过分离筒本体上的泄水孔流失，不能建立密封；三是滑动圈上的塑料堵头失效，其上方的密封水通过分离筒本体上的泄水孔漏泄；四是配水盘的原因，密封水不能正确引入活动底盘下方。首先排除分离筒本身的原因，因为在该分油机组装过程中，非常小心，分离筒的所有密封令都已经换新，而且为了防止卡阻导致密封圈折断，还在密封圈上涂抹了润滑剂。因此，初步判断是图 3.10 中的部件。活动底盘没有托起，导致从排渣口跑油，在排除分离筒的因素后，判断控制水路出现问题。拆下分离筒，手动打开开启水和密封水的电磁阀检查，观察配水盘的水孔，发现开启水的水量很小，但是密封水压力较大，水流很急，检查相关管路，发现管路及滤器正常；又怀疑是电磁阀的问题，解体检查电磁阀，一切正常。正常情况下，此类分油机打开开启水阀门后，配水盘上的水流很急，压力较高，而密封水水量

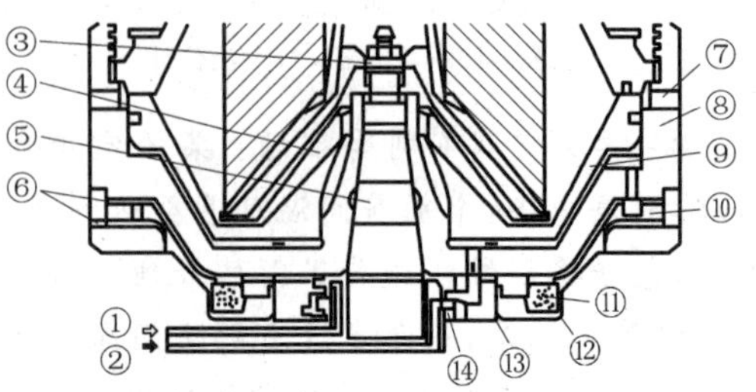

图 3.10 密封水和开启水工作原理图

1—开启水入口；2—密封水入口；3—立轴锁紧螺母；4—配油锥体；5—立轴；6—泄水孔；7—排渣口；8—分离筒本体；9—活动底盘；10—滑动圈；11—弹簧；12—弹簧座；13—配水盘；14—甩水盘

较小，而该船分油机正好现象颠倒，因此初步判断是工作水管路接反了。对比另外一台滑油分油机，顺着管路查找，确认是密封水和开启水两根水管路接反了。估计是以前检修期间操作人员的失误导致管路接反，而接完管路后分油机工作不正常，故障一直没有查找到，从而导致该分油机长期不能正常工作。将水管路调换后，进行试车，该分油机能够正常工作。总结上述故障的排除过程，轮机管理人员必要的实践经验起了重要的作用。该轮机管理人员以前多次检查解体分油机，对分油机工作水有直观的认识，加上具备触类旁通的思维，才使得故障顺利排除，解决了长期困扰船舶的问题。

资料来源：李斌. 论轮机管理中的触类旁通意识[J]. 青岛远洋船员职业学院学报，2014，35(3)：68-70

通过以上三个案例，可以得出结论：在轮机管理工作中，如果具有触类旁通的思维，会起到事半功倍的作用。首先，要在日常工作中加强轮机知识的积累，轮机管理人员应对轮机理论知识进行系统学习，对设备说明书研究透彻，使自己储备足够数量的专业知识；其次，要做到将理论知识和实践经验相结合，要明白理论知识不是死的，轮机方面各个专业知识点不是一个孤立的点，轮机人员应当对知识点进行融会贯通。总之，轮机工程人员在工作中做到触类旁通，将大大提高轮机员的轮机管理水平。

（2）旁敲侧击

侧向思维是指在思考某一问题时，对所思考问题稍加扭转，或换一个角度思考。中国有一成语“旁敲侧击”，是指交际者借助语言（包括身体语言）、知识、阅历、交往技巧，以及对环境的利用等，采用迂回委婉的方式，点明要害，给对方以震撼的谈话技巧。它能间接地、隐蔽地给人以启示、教育，最终达到说服人的目的。从旁敲侧击就可以看出侧向思维的表现及成果。

人际交往中“旁敲侧击”谈话术

《三国演义》中有这样一段情节：赤壁大战曹军大败后，曹操率领士兵从华容道败走，因关羽念及昔日曹操对他的恩惠，放了曹操一马。曹操回到安全之地后，忽然仰天长叹，悲切不已。部下疑惑地问他：“丞相已经脱离困境，当时面对诸多敌军毫不沮丧，现在人已得到食粮，马已得到草料，您为何还如此悲切呢?”曹操说：“不为别的，只是哭我那早死的郭嘉。如果他活到现在，绝不会让我曹操如此惨败!”众将士听后没有不反省自己的。

赤壁之战惨败而归，大家都有责任。曹操并没有直接把下属痛骂一顿，也没有责备他们不尽心尽力，而是采用“旁敲侧击”谈话术，当着众人的面追思已经死去的谋士，既没有让大家下不来台，又委婉地批评了众谋士的失职，达到了批评下属的目的。

俗话说，“攻心为上，攻城为下”。我们知道，这个世界最复杂的莫过于人的心理，与人交往，首先就要了解人的心理。“有一说一，有二说二”的交往方式固然简单易行，但是很容易触犯别人的心理禁忌，给人一种被侵犯和强迫的感觉，造成对方的心理对抗和反感。

而“旁敲侧击”可以从维护他人的自尊心出发，潜移默化地从心理层面来影响、驾驭和改变你的交往对象。诱导对方的潜在心理，让人在心情愉快的情况下，按照自己的意图去做。

“旁敲侧击”既可以做到不伤害对方，也能有效地保护自己。当我们在社交中，面对一些难堪、尴尬的局面，面对对方无理取闹的行为，或者不能直接回答的问题时，我们尽可以以

“旁敲侧击”的方式予以回击和化解。言语上含蓄婉约,做到“言有尽而意无穷,余意尽在不言中”。说得不显露,却又能让人家明白你的意思,点到为止,又不失之仁厚。方式上迂回灵动,借力打力,声东击西,无形中化去对方的火气和攻击,既能解决矛盾,又能让对方主动知难而退。这是“妙接飞镖又暗中回掷”的高超人际交往术。

(3) 侧向移植

侧向思维有时也表现为吸取、借用某一个研究对象的概念、原理、方法及其他方面的成果,作为研究另一种对象的基本思路、基本方法和基本手段。类似于移植、类比。具体运用方式有以下 3 种:

① 侧向移入:侧向移入是指跳出本专业、本行业的范围,摆脱习惯性思维,侧视其他方向,将注意力引向更广阔的领域;或者将其他领域已成熟的较好的技术方法、原理等直接移植过来加以利用;或者从其他领域事物的特征、属性、机理中得到启发,导致对原来思考问题的创新设想。如为了减少摩擦,人们一直在不断地改进轴承,正常思路无非是改变滚珠形状、轴承结构或润滑剂等,但都不能带来大的突破。后来,有人把视野转向其他方向,想到高压空气可以使气垫船漂浮,相同磁性材料会相互排斥并保持一定的距离。于是,将这些新设想移入轴承中,发明了不用滚珠和润滑剂,只需向轴套中吹入高压空气,使旋转轴呈悬浮状的空气轴承,或用磁性材料制成的磁性轴承。

侧向移入是技术发明或解决技术难题的最基本的思维方式,其应用实例不胜枚举。例如,鲁班由茅草的细齿拉破手指而发明了锯;英国科学家威尔逊移入大雾中抛石子的现象,设计了探测基本粒子运动的云雾器;美国科学家格拉塞观察啤酒冒泡的现象,提出了气泡室的设想;大量的事例说明,从其他领域借鉴或受启发是创新发明的一条捷径。

② 侧向转换:侧向转换是指不按最初设想或常规直接解决问题,而是将问题转换成为它侧面的其他问题,或将解决问题的手段转为它侧面的其他手段等。这种思维方式在创新发明中常常被使用。例如,在 20 世纪 70 年代末,西欧人发明了“魔方”。当香港人从报上看到了这一消息后,许多厂家都捕捉到了仿制“魔方”,填补东方空白的机遇,纷纷出动去西欧考察。但是民生化学有限公司的老板却将思路转向生产“魔方”的外侧——为生产“魔方”创造条件上。于是,他迅速大量复制生产“魔方”的技术资料,并同时在香港的各家电视台播放“你想生产‘魔方’吗?民生化学有限公司将为你提供全套技术资料”的广告。结果上百家塑料厂竞相争购,使一度萧条的民生化学有限公司瞬间扭亏为盈。

③ 侧向移出:与侧向移入相反,侧向移出是指将现有的设想、已取得的发明、已有的感兴趣的技术和产品,从现有的使用领域、使用对象中摆脱出来,将其外推到其他意想不到的领域或对象上。这也是一种立足于跳出本领域,克服线性思维的思考方式。例如,拉链的发明曾被誉为影响现代生活的十项最重大发明之一;它的发明人贾德森是为了解除系鞋带的麻烦而想到的,并于 1905 年取得了专利权;这项发明吸引了一个叫霍克的军官,他决定建厂生产拉链。但是,专利本身只是一种“可行”技术,并不是一种“成熟”的技术。拉链虽好,但需要特殊的机器才能批量生产。霍克经过 19 年的时间才研制出拉链机,可有了拉链却没有人用这个东西代替鞋带,他用了很大的努力仍然找不到销路。后来,一个服装店老板将思路引向了鞋带以外,生产出带拉链的钱包,赚了一大笔钱。从那以后,半个世纪以来,拉链几乎渗透到人类社会生产、日常生活的每一个角落,如衣服、枕套、笔盒,等等。

总之,不论是利用侧向移入、侧向转换还是侧向移出,关键的窍门是要善于观察,特别是留心那些表面上似乎与思考问题无关的事物和现象。这就需要在注意研究对象的同时，间接注意其他一些偶然看到的或事先预料不到的现象。也许这种偶然并非是偶然，可能是侧向移入、移出或转换的重要对象或线索。

3.4.4 平面思维与立体思维

1. 平面思维

1）平面思维的含义

平面思维是指对思维对象只在一个平面上作单一定向的思维，是线性思维向着纵横两个方向扩张的结果。既可以表现为平面上一个定点向周围展开，也可以表现为向着一定方向延伸开来的直线。当思维定向、中心确定以后，它就要从几个方面去分析说明这个问题。当这些点并不构成空间，而是处于同一平面不同方位时，思维就进入了平面思维。

2）平面思维的特征

平面思维具有明确性、跳跃性、广阔性和不全面性等特征。

（1）**思维目的明确**。平面思维能保证思维目的的明确性，要求思维必须单一定向地进行，因此在思维表现上经常有思维惯性的出现。

（2）**非全面性**。平面思维可以从不同的方面去说明思维的中心，可以相对地达到认识某一方面的全面性，但它仍然是囿于某个平面中的全面，并不是反映对象整体性的全面，因而这种全面相对于立体思维来说，仍然是不全面的。

（3）**跳跃性与广阔性**。平面思维是指人的各种思维线条在平面上聚散交错，也就是哲学意义上的普遍联系，这种思维更具有跳跃性和广阔性，联系和想象是它的本质。我们通常所说的形象思维属于平面思维的范畴。联系和想象是平面思维的核心，其特点通常表现为事项之间的跳跃性连接，在这一思维的过程中，它受到逻辑的制约，反过来又常常受到联想的支持，否则思维的流程就会被堵塞。

平面思维模式

什么样的东西可以做成一幅"画"呢？当然是纸和墨就行了！这只是简单的线条型的单向思维，如果我们把"画"字放在一个平面上，同所有可以想象到的名词联系起来，我们发现了什么？头发、石头、蝴蝶翅膀、金属、麦草、树叶、棉花……都可以用来做成精美的画，我们完全成了"画"的发明家！有一个画家用他母亲的头发做成了他母亲的头像，对画家来说可能只是一种灵感，但用平面思维来联系和想象，这就是一种必然的结果。

我国古代著名人物诸葛亮，擅长用"兵"是众所周知的，一般人可能认为只有"人"才可以当"兵"用，但在诸葛亮的思维中，水、火是"兵"，草、木皆"兵"，更可以借"东风"作"兵"，他可以想到比"人"更多的事物当"兵"用，这就是平面思维的效果。

阿基米德浮力定律的产生正是阿基米德联想到了用"水"的方法来解决皇冠之谜。

"龙"是中国古代的一种虚构的神物，它的形象是许多动物形象中最神奇的部分放在平面上组合而成的。汉代学者王充就曾指出过，龙的角像鹿、头如驼、眼睛如兔、颈如蛇、腹似蜃、鳞如鲤、爪似鹰、掌如虎、耳朵像牛，这不能不说是古人平面思维的结晶。

苏联卫国战争期间，列宁格勒遭到德军的包围，经常受到敌机的轰炸。在这紧急的关头，昆虫学家施万维奇从蝴蝶五彩缤纷的花纹能迷惑人的现象中受到启发，建议对重要目标进行迷彩伪装。这一招十分有效，大大降低了重要目标的损伤率，也就有了今天的军用迷彩服。这绝对不是单向线条思维可以做到的。

3）平面思维的训练

（1）**“倒过来看”或换个角度看问题**

一道香港小学新生入学测试题

有一道据说是香港小学新生入学测试题，卡片上画着几个并排的停车位，从左往右，第一个车位号是16，第二个是06，第三个是68，第四个是88，第五个车位上停着一辆车，遮挡住了车位号，第六个车位号是98。问：汽车停的是几号车位？

这道题很多成年人答不上来，因为这几个数字太缺少逻辑性，实在看不出到底存在什么关系，这就形象地说明了线性思维的局限性。相反，小学生倒可能很容易答出来，因为他们的思维没有成年人那些条条框框。这道题的正确答案是：汽车停的是87号车位。道理很简单，你只要把图片倒过来看，就明白为什么是87号了。

“倒过来看”，就是典型的平面思维或者说二维思维，它的主要特征是：换个角度看问题。艾萨克·牛顿(1643年1月4日-1727年3月31日)爵士、英国数学家、哲学家和物理学家、英国皇家学会会长，百科全书式的“全才”，著有《自然哲学的数学原理》和《光学》等。从牛顿身上我们知道：数学是自然科学中的哲学(或者叫自然哲学)，哲学是社会科学中的数学(或者叫社会数学)。我们在做数学题的时候，其实训练的就是运用各种定理、公式进行多角度多维度思考—这个角度不行再换个角度，这个维度没戏再增加个维度。先是学会前后左右四个角度看问题，然后将360度无限细分，学会细致入微地观察和分析问题，最后再学会逐步增加维度，这是另一个话题了。

资料来源：今晚报，2015.1.12第17版，作者：周东江(转载时，略有文字上的修改)

同为平面思维，每个人拓展的范围是不一样的。书读得越多，思考的面越广，你的这张“饼”就越摊越大，你就越聪明。

平面思维已经具备水一样无微不至、无孔不入的特征了。在某个方面无限拓展平面思维，就容易成为某个方面的行家能手。哪怕你整天想的就是衣食住行、吃喝玩乐，你在这方面也会得心应手，成为玩家、烹饪师、美食家、赛车手、旅行家。如果你运用平面思维考虑某个行业某个领域的问题，就容易成为该行业该领域的专家、权威。

（2）出其不意看问题或脑筋急转弯

在平面思维里，幽默的身影开始出现。我们说某个人幽默，其实是说他善于以出其不意的视角来看问题。“脑筋急转弯”就是一种小幽默，它打破了常规思维的框框，跳出圈外说出另一个答案，达到“闪你一下”的效果。

脑筋急转弯

对对子的活动中，一说上句“水能载舟”，常规思维想到的下句是“亦能覆舟”，脑筋急转弯想到的下句却是“亦能煮粥”。

问：一个离过五十次婚的女人，应该怎么评价她的一生？答：前“公”尽弃。

有个段子，美国人问俄罗斯人：我们敢骂我们的总统，你们敢骂你们的总统吗？俄罗斯人回答：我们也敢骂你们的总统。这些都是"脑筋急转弯"式的小幽默。

资料来源：今晚报，2015.1.12 第17版，作者：周东江（转载时，略有文字上的修改）

幽默可以调剂生活，在人际关系中化解尴尬，缓和矛盾，增加个人魅力，却不能解决实质问题。如果有人靠幽默来解决问题，那就荒诞了。在一些严肃的场合比如新闻发布会，有人在回答记者提问时用幽默来避重就轻，这其实有点冒险，用得好可以达到预期效果；运用不好，就弄巧成拙，显得极为轻佻。

(3) 广阔性看问题

根据思维对象进行平面单一定向扩展性训练，如图 3.11 和图 3.12 所示。

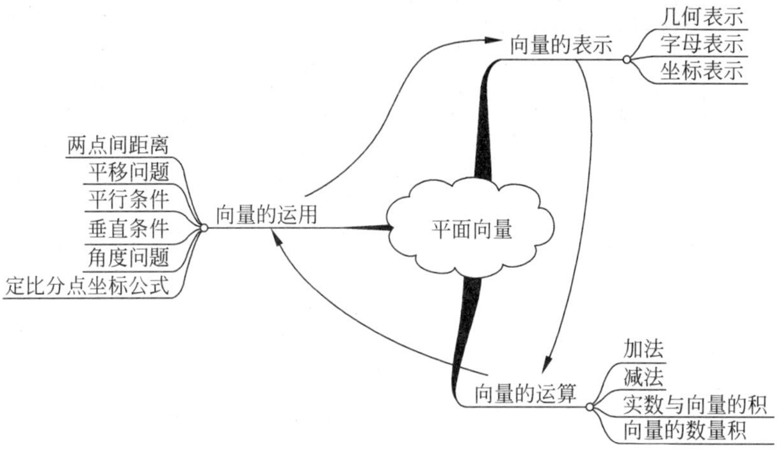

图 3.11 利用思维对象平面向量进行平面思维训练

2. 立体思维

1) 立体思维的含义

立体思维也叫整体思维或空间思维或多元思维，是指跳出点、线、面的限制能从上下左右四面八方去思考问题的思维方式。在时空四维中，对于思维对象从多角度、多方位、多层次、多学科、多手段地考察研究，力图真实地反映思维对象的整体以及和其周围事物构成的立体画面。换句话说，立体思维是要反映思维对象在一定时空内的外在或内在结构、位置、网络，以及这种结构、位置、网络运动变化的立体形态或全息轨迹的思维形式。这种思维不只是反映对象的个别，也不只是反映对象的某个一般，而是这些个别、一般的有机整体。这种思维也不只是反映对象的某个层次，而是由诸多层次互相承续而构成的不断在时空中运动着的活生生的实体。同样，它不忽视对象各个单一的层次，但它着力于这些单一层次在运动中的相互联系或先后相继。这种思维获得的成果，必然是综合的或整体性的，可以通过立体的模型复制出来。近几年来，一些科技工作者借助立体图标来表达自己的立体思维，已不少见。

下面将借勒内·笛卡儿(Rene Descartes)的坐标作为思维框架，以养鱼为实例，给出立体思维及有关思维方式的比较。图 3.13～图 3.16 给出了四种思维养鱼。图 3.13 显示了人们开始考虑养鱼时，仅仅考虑饲养某种鱼类而并未考虑某个水域的线、面、体之利用，这就是零思维或点思维养鱼，其特点是只确定了思考的某个中心，而没有将它展开或延伸。

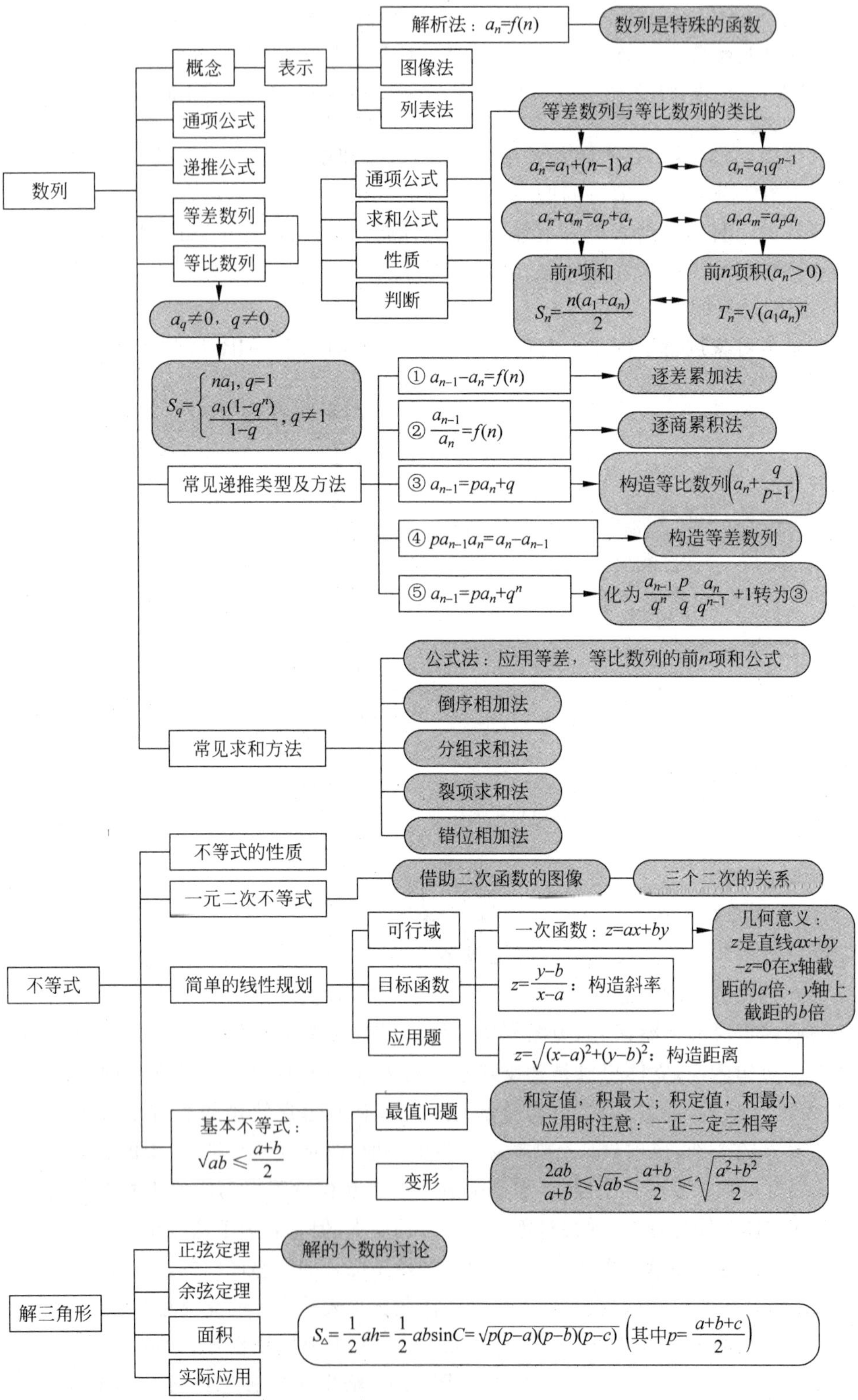

图 3.12　利用思维对象分别为数列、不等式和解三角形进行平面思维训练

如果人们开始将养鱼问题具体化，根据各种鱼类活动的习性而进行分层养鱼的活动，就称之为一维思维或线思维养鱼，如图 3.14 所示。

图 3.14 表明，在不同的水层上饲养了 3 种不同的鱼类。其特点是，在 Z 轴方向上下不同，而 X、Y 方向上无区别，这就是说，由 XOY 构成的平面，被抽象为同一直线上的若干点。与点思维养鱼相比，水域得到了分层利用，但仍不充分。

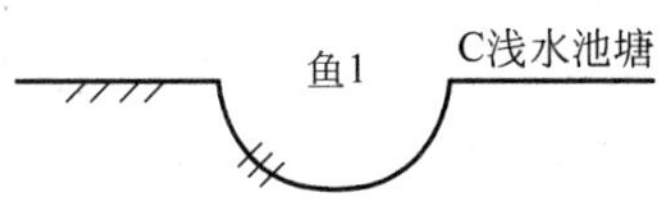

图 3.13　点思维养鱼

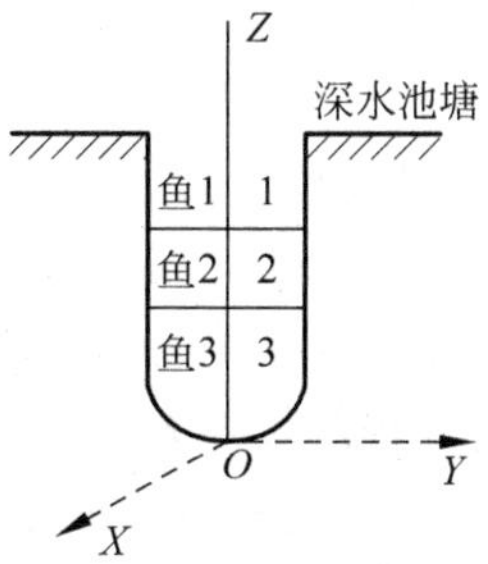

图 3.14　线思维养鱼

如果人们将养鱼具体化为对某个河段或某个水域水面的利用时，称之为二维思维或平面思维养鱼，如图 3.15 所示。

在图 3.15 中，将 Y、Z 轴看作思维的实轴，而将 X 轴看作思维的虚轴。这时，不同的水面、不同的层次平面，可以饲养不同的鱼种，形成 YOZ 平面内的布局，显然，它与线思维相比，水域利用又得到了进一步拓宽，但仍然尚不充分。

立体思维养鱼就是指人们将养鱼扩大为某个开阔的湖泊或水域的立体或空间，如图 3.16 所示。

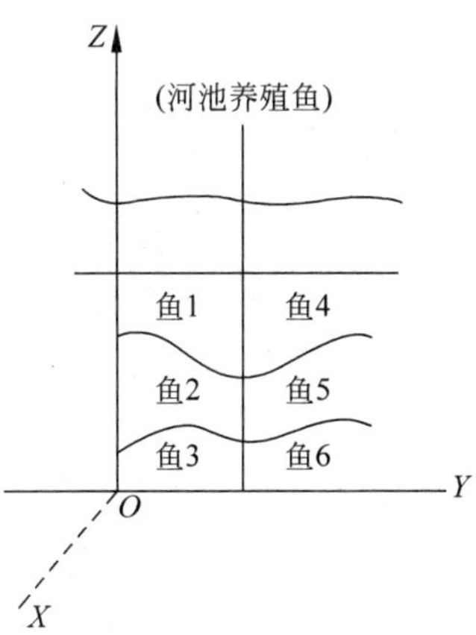

图 3.15　平面思维养鱼

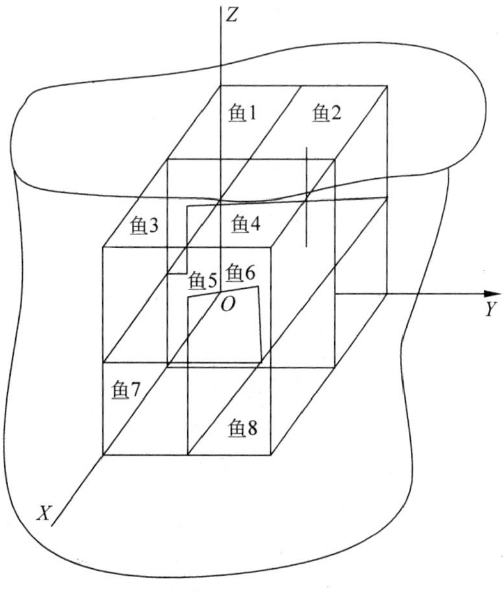

图 3.16　立体思维养鱼

人工养殖场中的 X、Y、Z 均可以看成思维的实轴，在不同的湖泊、海域的不同的层次或各个立体的方位，可以养殖不同的鱼类，形成一种立体思维的基本模型，在这种立体的海域中或河湖里，可以养殖8种鱼类，水域得到了充分的利用。

由于立体思维要反映思维客体的各个方面，因而它的认识成果是具体的、鲜明和生动的，由于立体思维要反映思维客体的各个层次，各级本质并与个别综合起来，所以，它的认识成果更加富于客观性、全面性、系统性与整体性。个别性，显示事物的多样性、丰富性、具体性；一般性，显示事物的普遍性、共性。立体思维将这两者综合在自己的认识成果中，因而使得人类的认识既有鲜明性、具体性与生动性，又有客观性、全面性与深刻性，从而使人类的认识能力，提高到了一个新的水平。

立体思维有狭义和广义的区分。狭义的立体思维，就是指含长宽高的空间三维思维和加上时间的时空四维思维。它是指最简单的、最富经典意义上的立体思维。广义的立体思维，则是指含有时空四维在内的多维思维或n维思维。这种广义的立体思维，注重从思维客体的实际出发，思维客体有多维存在，它就从多维去考察并把握思维客体，其思维的本质，就是要真正把握思维对象的外在整体和内在整体。因此，广义的立体思维，乃是包括多侧面、多视角、多方位、多层次和系统性、完全性、整体性的n维思维。

总之，立体思维就其本质而言是从事物的空间存在及其在时间中流动、变化的本来面目上去如实反映事物的思维模式。这种思维模式本来就存在于我们的大脑之中，只是由于我们人类认识的局限，未能及时地了解并揭示它的存在而已。

立体思维，也称多元思维、整体思维、空间思维，是指跳出点、线、面的限制能从上下左右四面八方去思考问题的思维方式，以占领整个立体思维空间为主导，是纵向垂直、横向水平、交叉重叠的组合体，把思维对象摆在三维空间中去思考，让思维细胞在立体中撞击和接通，扩大思维活动的跨步，拓宽可能性空间。

2）立体思维的特征

（1）具有诸多因素整体综合性

思维在由低级向高级发展的过程中，在把点式思维、线性思维、平面思维综合为立体思维的过程中，必须运用多种观察的工具、多种思维的形式，把思维对象的各个方面、各种因素综合为一个整体方可形成立体的思考。这种“综合”包括以下含义：

第一，必须把思维各个层次的规律综合运用同一个思维过程。思维是划分层次的，各个层次都有各自的规律可循。但是，在一个具体的思维过程中，各种规律都不是孤立地发生其作用的，而是以互补、互渗、互助、互制的关系共同作用于某个思维过程。

第二，必须把思维各个层次上的思维方法综合运用于同一思维过程。思维各个层次上的规律，是思维各个层次进行运动所要遵循的一般法则，这些法则要具体地指导或作用于某个思维过程，就必须借助于某个中介，即借助于某些思维方法。

如果按照思维方法的科学性质划分，也可以分为哲学的方法、自然科学的方法、社会科学的方法、思维科学的方法、数学科学的方法，或者说逻辑的方法与非逻辑的方法的综合。

把这些方法综合应用于同一思维过程，对同一思维对象进行综合的考察和研究往往可以突破原有科学的界限而创立起某门新兴的横向科学。

第三，必须把思维各个层次上的思维形式综合运用于同一思维过程。各个思维层次上的方法，要借助于各个层次上的思维形式来表现自己。换言之，各种思维方法必须借各种思维形式作为自己的表现形式。

第四，必须对思维过程中获得的一切思想片断、方面、要素加以综合。借助思维规律、思维方法、思维形式的综合，必然会为思维主体提供极为丰富的认识手段或工具，这些工具由于它的丰富性、全面性和系统性，客观上已经为反映思维的原貌创造了条件，但是在对它进行整体性综合之前，依然可以是零碎的或零乱的。为了在此基础上把握、再现思维的客体，就必须使它的各种材料、要素、方面、片断，按其了解到的思维客体的本质进行整合，以再现其各个部分相互联系、相互依存的活的机体。做到这点，立体认识才算是完成了，否则，就还是属于尚待制作的半成品。

(2) 具有纵横因素整体交织性（或称纵横要素立体交汇性）

即在纵横分析基础上，把分析所得的各个层次、各种因素、各种规定、各个方面或各种联系，相互联系、交织成某个认识的整体。

所谓纵的分析，即对认识对象进行历时性的分析。通过这一分析，了解思维对象在时间上的发展经过了哪些层次：开头怎样？后来怎样？现在如何？未来走向哪里？等等，都要进行分析，做出估计，绝不可掐头去尾、各取所需，把一件事或者一个人的某段历史当作他的全部历史。

一个医生给人看病，绝不可以只了解现状，而不了解过去的病史；一个教师疏导学生，绝不可以只注意眼前，而不了解以往的表现。同时，对于历史事件的估量，必须坚持历史主义的观点，不可把不同层次上具有的历史特征张冠李戴，混为一谈，更不可为了政治上的需要而随意割断历史，曲解历史；不要把现代人的脸谱古人化，也不要把古人的脸谱现代化；不能把处于历史发展高层次上的特征，贬低为历史发展低层次上的特征。否则，就会在根本上模糊人物的面貌，搞乱事物发展的历史线索。

在对思维对象进行了纵和横分析之后，必须把这两种分析汇合起来，按照思维对象由低到高发展的层次，用内在矛盾和外在矛盾的各个矛盾方面及其诸种规定或联系为纬线，使之织成认识之网，确定这个网上的网络、网结，再现事物的全貌。

(3) 具有各个层次、因素、方面贯通性

在立体思维的过程中，从问题的提出到问题的展开，必须按照思维自身和事物自身的层次、环节、阶段或结构，使其内容有条不紊地安排或组织起来，充分体现出立体思维的有序性。通过思维层次、因素、方面的有序排列或贯通，可以清楚地看到思维对象发展深化的具体进程，它的总体轮廓和各个层次上的性质，从而使我们的思想组织更加严密，真正实现逻辑与历史的统一。

3) 立体思维的训练

(1) 从一定的空间去考虑

世界上的万物都在一定的空间中存在，合理利用空间，使有限的空间充分发挥作用，这就是一种简单的立体思维方法。立体思维，充分考虑了事物存在的空间，这样就可以大大提高空间的利用率。

仓库中的堆货架，合理利用空间，使有限的空间充分发挥作用，大大提高了空间的利用率，这是一种立体思维。流水线，从原料开始到成品出来，十分流畅。流水线上，原料或零件在曲曲弯弯地行走，一会儿上，一会儿下，一会儿左，一会儿右，还在空中绕几个圈子。这是因为各道工序加工的复杂性不同，加工的时间不同。经过这样的空间处理之后，前后工序之间即可保持协调。立体的流水线大大节约了车间的空间。如果把这种立体的流水线全部铺成平面，那这个车间该有多长啊！

(2) 从一定的时间空间去考虑

世界上的万物都是在一定的时间中存在的，在一定的时间空间中思考问题，也是一种立体思维方法。

(3) 从万物联系的网络去考虑

世界上的万物都不是孤立存在的，而是相互联系的。在由千丝万缕的事物联系组成的网络中思考问题更是一种立体思维的方法。

例如，再说立体思维养鱼。过去在一方鱼塘内只养一个品种的鱼，水域不能得到充分的利用。人们发现各种鱼的生活习性是不一样的，有的生活在水域的中层，有的生活在上层。鱼的食料也不一样，因此人们把几种鱼混养在一个鱼塘里，组成一个立体网络。人们还在鱼塘内养蚌，采珍珠，鱼与蚌组成了一个网络。还可在鱼塘周边种上果树，使鱼和果得到很好的结合。在鱼塘旁边养猪，鱼和畜又得到了结合。

立体思维是一种高层次的系统思维和具有本质特征的形象思维。它可以帮助人们在思维中构建一种完整的思考景象，不但形成平面的思考设计，而且加入时间维度，在三维乃至四维的概念体系中构建思维体系。

3.4.5 逻辑思维与形象思维

1. 逻辑思维的含义

逻辑思维，又称抽象思维，是以逻辑推理为主的思维创新方式，它是指人们借助于概念、判断与推理、比较、分析与综合、概括与归纳等思维形式，有步骤地根据已有的知识及所占有的事实材料，导出新的认识或结论的思维过程。逻辑思维包括归纳推理即由特殊到一般的推理和演绎推理即由一般到特殊的思维形式。在数学论证、福尔摩斯侦探小说、专业文献撰写等各项领域的思维都是通过逻辑思维得以体现的。具有严密逻辑思维能力的人，无论在学习，还是在生活当中，都能更准确地对事情进行逻辑推断，从而得出一个非常合理的答案。

时钟的时针、分针和秒针完全重合次数

在一天的24小时之中，时钟的时针、分针和秒针完全重合在一起的时候有几次？都分别是什么时间？你怎样算出来的？

只有两次：假设时针的角速度是ω($\omega=\pi/6$每小时)，则分针的角速度为12ω，秒针的角速度为72ω。分针与时针再次重合的时间为t，则有$12\omega t-\omega t=2\pi$，$t=12/11$小时，换算成时分秒为1小时5分27.3秒，显然秒针不与时针分针重合，同样可以算出其他10次分针与时针重合时秒针都不能与它们重合。只有在正12点和0点时才会重合。

证明：将时针视为静止，考察分针，秒针对它的相对速度：

12个小时作为时间单位“1”，“圈/12小时”作为速度单位，则分针速度为11，秒针速度为719。

由于11与719互质，记12小时/(11 * 719)为时间单位Δ，则分针与时针重合当且仅当$t=719k\Delta$，$k\in Z$；秒针与时针重合当且仅当$t=11\mathrm{j}\Delta$，$\mathrm{j}\in Z$；而719与11的最小公倍数为11 * 719，所以若$t=0$时三针重合，则下一次三针重合必然在$t=11*719*\Delta$时，即$t=$ 12点。

肯尼将军的南太平洋之战

1943年2月，美军获悉日军的一支舰队集结在南太平洋的新不列颠岛，准备越过俾斯麦海，开往新几内亚。美国西太平洋空军司令肯尼将军，奉命拦截并轰炸这支日本舰队，从新不列颠岛到新几内亚有南北两条航线，航程都是3天。美军从气象预报得知，近3天内北路航线都是阴雨天气，南路航线天气晴朗。在这种情况下，日本舰队会选择哪条航线呢？为此，美军要派出侦察机进行搜索，力争尽早发现日本舰队。美军搜索方案有以下几种：

A. 搜索力量主要集中在北路，日本舰队也走北路。北路的天气虽然差，能见度低，但因搜索力量集中，有可能在一天内发现日本舰队，从而争取到两天的轰炸时间。

B. 搜索力量集中在北路，日本舰队走南路。南路虽然天气很好，便于搜索，但因重要力量集中在北路，只有很少的飞机在南路。这样要发现日本舰队也要花费一天时间，轰炸时间还是两天。

C. 搜索力量集中在南路，日本舰队走北路。就是说，北路只有很少的飞机在很差的天气中搜索日本舰队，要发现目标得花费两天时间，轰炸时间只剩下一天了。

D. 搜索力量集中在南路，日本舰队走南路。这样，飞机多，气象好，很快就能发现日本舰队，轰炸时间可争取到3天。

从美方来说，第四种情况最有利；就日本舰队而言，走北路最适宜。但战争不是一厢情愿的事情，双方都想趋利避害，善料敌者，应以敌之力来确定自己的对策。于是，肯尼将军运用逻辑创新思维分析后决定，把主要搜索力量使用在北路航线上，而俾斯麦海战确实在将军所预期的地点发生了，美军由此取得了胜利。

2. 逻辑思维的特征

(1) **概念化**。概念是人脑对事物的一般特征和本质属性的反映。概念是在抽象概括的基础上形成的，因此，概念是反映事物的本质属性的，而不反映事物的非本质属性。例如，关于“刚体”的概念，只反映物体无弹性的本质属性，而不反映其颜色、大小、形状等非本质属性。这是逻辑思维最大的特点。

(2) **广泛化**。信息是思维的原材料，逻辑思维必须以大量的观察资料作为基础，否则逻辑思维就成了无源之水。目前世界信息的广泛化不仅要求人们要及时发现和掌握有用信息，提高逻辑思维的能力，还要有目的地控制信息无限的膨胀，选择有价值的信息，经过逻辑思维方法的加工，从而创造出新的信息和产品，为技术、经济和社会发展服务。

(3) **多样化**。到目前为止，学术界已公认的逻辑类型有形式逻辑、归纳逻辑、数理逻辑和辩证逻辑，以它们为基础，又可以衍生出理论逻辑和应用逻辑。每一种逻辑就是一种思维工具，体现一种思维形式和思维规律，在逻辑思维过程中有着各自的用途，有时它们又交叉或者综合其作用。

(4) **抽象化**。逻辑思维撇开事物的具体形象而取其本质，因此具有抽象的特征。例如，我们根据第一量大于第二量，第二量大于第三量而做出第一量大于第三量的判断时，不必去追究这些量究竟是苹果还是鸡蛋；用直径和圆周率的乘积来计算圆周长的公式，既适用于篮球，也适用于地球。打个通俗的比喻，逻辑思维过程，就好比一个人从一个居高点向另一个居高点的攀登过程。可以说，逻辑思维是一种比较简单的“线型”思维形式。

逻辑思维通常分为形式逻辑思维和辩证逻辑思维。形式逻辑思维又分为归纳思维和演绎思维等。

3. 逻辑思维的方法分类

1）系统思维法

(1) 系统结构：系统的上下级是归属关系，同级之间是并列关系。

例如：某所高校XXX学院XXX专业系统，分为大一、大二、大三、大四这4个子系统，其中大一这个子系统又分为一班、二班。可见，系统的上下级之间（年级和班级）是归属关系，同级之间（年级之间或班级之间）是并列关系。

例如：人体由八大系统组成，即运动系统、神经系统、内分泌系统、循环系统、呼吸系统、消化系统、泌尿系统、生殖系统。其中的消化系统又由消化管和消化腺这两个子系统组成。消化管又由口腔、咽、食管、胃、小肠、大肠这些较小的系统组成。小肠又由十二指肠、空肠、回肠这些更小的系统组成。

(2) 系统中，同级的事物之间的关系。

系统中同级的事物之间，如果存在相互的关系，通常按组织结构分为合作和对立两种，按变化过程，分为因果和阶段两种。

① 合作关系。

例如，教室是一个系统，里面的教师、学生、管理服务员相互合作。

例如，消化系统中的胃和小肠是合作关系，都是在消化食物。

② 对立关系。

例如，全国大学生电子设计竞赛是一个系统，里面参赛的团队之间是对立关系。

例如，激素系统中的胰岛素和胰高血糖素是对立关系，胰岛素降低血糖，胰高血糖素升高血糖。

③ 因果关系。

例如，连续的一组化学反应（例如：糖酵解）就是一个系统，这个系统中，反应物（原因）转变为生成物（结果），而生成物（结果）又作为反应物（原因）参加下一个化学反应，从而形成一条因果链的系统。

④ 阶段关系。

例如，受精卵→胎儿→幼儿→少年→青年→中年→老年，这就是生命过程的系统。

例如，动物细胞有丝分裂期就是一个系统，由前期、前中期、中期、后期、末期这几个阶段组成。

⑤ 同级的事物之间也可能没有相互关系。

例如：简单地说，一辆满载乘客的公交车是一个系统，里面的乘客之间没有相互的关系。

(3) 系统中的连续性与无限性。

连续的事物是由有限个或无限个事物组成的。

① 一条直线作为一个系统，可以看成由无数个点所组成的，这无数个点就是这个系统中的成员，所以这个系统是一个无限大的系统。

② 实数作为一个系统，可以看成由无数个数字组成的，这无数个数字就是这个系统中的成员，所以这个系统是一个无限大的系统。

（4）系统接口。

① 系统接口是一个系统与另一个系统之间传输物质、能量、信息的通道。

例如：从地理而言，中国这个系统和印度这个系统的系统接口就是两国的边境关口，而边境关口之外的两国边界线上则不能有人或物的传输，所以不属于系统接口，如果有人或物的传输，就是非法入境了。

② 系统接口分为原样传输型和转换传输型两类：

原样传输型：系统接口不改变传输的事物的性质。

转换传输型：系统接口改变传输的事物的性质。例如，A/D 与 D/A 芯片就是转换传输型接口。

（5）系统漏洞。

系统中只要存在漏洞，就可能影响到系统的其他部分，因为系统的各部分相互依存、相互影响，要防止系统有漏洞。

（6）系统的本质特征。

① 整体性特征。系统作为一个整体具有超越于系统内个体之上的整体性特征。

② 个体性特征。系统内的个体是构成系统的元素，没有个体就没有系统。

③ 关联性特征。系统内的个体是相互关联的。

④ 结构性特征。系统内相互关联的个体是按一定的结构框架存在的。

⑤ 层次性特征。系统与系统内的个体之关联信息的传递路径是分层次的。

⑥ 模块性特征。系统母体内部可以分成若干子块。

⑦ 独立性特征。系统作为一个整体是相对独立的。

⑧ 开放性特征。系统作为一个整体又会与其他系统相互关联相互影响。

⑨ 发展性特征。系统是随时演变的。

2）组合与分解思维法

（1）组合法。组合的方式有两种。

① 中心法：以一个事物为中心，再插入各种其他的事物，形成不同的组合。

② 搭配法：不设中心的事物，按照数学上排列或组合的概念，算出各种搭配的可能性，从中挑取最好的搭配。

例如，1904 年的夏天，美国商人哈姆威在路易斯安那州的博览会场外卖甜脆薄饼，恰好他的旁边是一位卖冰淇淋的小姐，因为天气太热冰淇淋销售得很快，而哈姆威的薄饼却卖不动。哈姆威脑子一转，把自己的薄饼卷成锥形来盛放冰淇淋，从此蛋卷冰淇淋风靡全球。

（2）先分解再组合。例如，曹冲称象。河里停着一只大船，曹冲叫人把象牵到船上，等船身稳定了，在船舷上齐水面的地方，刻了一条印记。再叫人把象牵到岸上来，把大大小小的石头，一块一块地往船上装，船身就一点儿一点儿往下沉。等船身沉到刚才刻的那条印记和水面一样齐了，曹冲就叫人停止装石头。只要把船里的石头都称一下，把重量加起来，就知道象有多重了。

3）对比思维法

在对比中，同中求异、异中求同。同中求异，可以对事物按不同之处进行分类。异中求同，可以对事物按相同之处进行归类。

4）归纳与演绎思维法

归纳：从多个个别的事物中获得普遍的规则。

例如：黑马、白马，可以归纳为马。

演绎：与归纳相反，演绎是从普遍性规则推导出个别性规则。

例如：马可以演绎为黑马、白马等。

5）分析与综合思维法

分析是把事物分解为各个部分、侧面、属性，分别加以研究，是认识事物整体的必要阶段。

综合是把事物各个部分、侧面、属性按内在联系有机地统一为整体，以掌握事物的本质和规律。

分析与综合是互相渗透和转化的，在分析基础上综合，在综合指导下分析。分析与综合，循环往复，推动认识的深化和发展。

例如，在光的研究中，人们分析了光的直线传播、反射、折射，认为光是微粒，人们又分析研究了光的干涉、衍射现象和其他一些微粒说不能解释的现象，认为光是波。当人们测出了各种光的波长，提出了光的电磁理论，似乎光就是一种波，一种电磁波。但是，光电效应的发现又是波动说无法解释的，又提出了光子说。当人们把这些方面综合起来以后，一个新的认识产生了：光具有波粒二象性。

6）抽象与概括思维法

抽象是从众多的事物中抽取出共同的、本质性的特征，而舍弃其非本质的特征。具体地说，科学抽象就是人们在实践的基础上，对于丰富的感性材料通过“去粗取精、去伪存真、由此及彼、由表及里”的加工制作，形成概念、判断、推理等思维形式，以反映事物的本质和规律。

概括是形成概念的一种思维过程和方法。即从思想中把某些具有一些相同属性的事物中抽取出来的本质属性，推广到具有这些属性的一切事物，从而形成关于这类事物的普遍概念。概括是科学发现的重要方法。因为概括是由较小范围的认识上升到较大范围的认识，是由某一领域的认识推广到另一领域的认识。

7）顺序与并列思维法

很多系统中，同级之间的事物通过传输来实现合作。

顺序形式是指事物按照先后次序运行。并列形式是指事物同时运行。顺序形式分为线形结构和环形结构，线形结构表示事物在末端终止，而环形结构首尾相接，表示事物的循环。

8）反馈思维法

反馈分为正反馈和负反馈两种。

正反馈是指反馈信息与原输入信息起相同的作用，使输出信息进一步增强的调节。

例如，在排尿反射过程中，当排尿中枢发动排尿后，由于尿液刺激了后尿道的感受器，后者不断发出反馈信息进一步加强排尿中枢的活动，使得排尿一再加强，直至尿液排完为止。

负反馈是指反馈信息与原输入信息起相反的作用，使输出信息减弱的调节。

例如，血糖降低会促进使胰岛细胞分泌胰高血糖素，而当血糖恢复正常值以后又会抑制胰岛细胞继续分泌胰高血糖素。

9）模块思维法

模块作为一个局部的整体，好比一个盒子。模块有三个重要方面：输入、系统响应、输出。

10）因果思维法

由因致果。有原因产生结果后，这个结果又作为原因产生下一个结果，于是形成了因果链。

11）逆向思维法

逆向思维法与因果思维法相反，逆向思维法是由结果推理原因。

例如，受德国古典哲学中辩证思想的影响，法拉第认为电和磁之间必然存在联系并且能相互转化。他想既然电能产生磁场，那么磁场也能产生电。

12）内因与外因思维法

内因是事物变化发展的内在根据。内因是事物存在的基础，是一事物区别于他事物的内在本质，是事物运动的源泉和动力，它规定着事物运动和发展的基本趋势。外因是事物变化、发展的外在原因，即一事物和他事物的互相联系和互相影响。

唯物辩证法认为外因只是事物发展、变化的条件，外因只有通过内因才能起作用。

13）逻辑与、或、非思维法

当有多个条件时，所使用的方法。

（1）逻辑与。它指所有限定的条件都具备，才会产生指定结果。

（2）逻辑或。它指只要具备限定条件中的任何一个，就会产生指定的结果。

（3）逻辑非。它指不具备限定条件中的任何条件，才会产生指定的结果。

14）因果对应关系

（1）一因一果。即一个原因产生一个结果。

例如，细胞中，很多配体和受体之间是一对一的激活关系。

（2）多因一果。即多个原因一起产生一个结果。

例如，细胞信号传导中的整合蛋白，把多个信号整合成一个信号。

（3）一因多果。即一个原因产生多个结果。

（4）多因多果。即多个原因一起产生多个结果。

15）阴阳思维法

（1）阴阳既相互对立，又相互统一。

（2）阴阳相互包含，阴中含阳、阳中含阴。

例如，我国古代经典名著《三十六计》的第一计“瞒天过海”中说道：“阴在阳之内，不在阳之对。”有些情况下，阴在阳的里面，使人不易发现，而不在阳的明显的对立面上。“瞒天过海”的故事讲述唐太宗带大军来到海边，一位海上民宅的主人请求见驾，称已经准备好海军粮草，敬献皇帝，并邀请皇上去海上民宅做客，那个海上民宅的四周用布包围，看不见外面，其实可以漂浮，所以等皇帝发现阴谋，那个海上民宅已经漂浮到茫茫大海之中，主人早已坐船跑了。有些事情表面是好的（阳性），而里面却藏着坏事（阴性）。我国经典名著《三十六计》之所以把阴阳理论放在第一计，是因为阴阳理论十分重要，我国古代经典名著《易经》对阴阳理论有深入解释。

（3）阴阳在一定的条件下可以向对立面转化，所以有时阳多一些，有时阴多一些，阴阳并非总是均等的。

例如，人生有时快乐（阳）大于悲哀（阴），有时悲哀（阴）大于快乐（阳）。

（4）判断阴阳。很多情况下，阳性事物的常见性质：正性的、向外的、释放的、奉献的、上面的、发亮的、发热的、中心的、集中的。阴性事物的常见性质：负性的、向内的、吸收的、获取的、下面的、发暗的、发冷的、周围的、分散的。

例如，白是阳性，黑是阴性。热是阳性，冷是阴性。原子核是阳性的，周围环绕的电子是阴性的。

（5）阴阳的互补与消减。有的阴阳是互补的（例如：男人和女人），有的阴阳是相互消减的（例如：热水和冷水）。

（6）阴阳的混合与中和。很多互补的阴阳趋于混合，很多相互消减的阴阳趋于中和。

等量的红沙子和蓝沙子混合在一起，成为红蓝交织的沙子，红沙子和蓝沙子本身没有发生变化，而等量的红油漆和蓝油漆搅和在一起就成为了紫色的油漆，原来的红油漆和蓝油漆都不复存在了，可以看出这就是混合与中和的区别。阴阳可能发生混合，也可能发生中和，也可能都发生。

16）唯物辩证法

注意：*唯物辩证法和阴阳思维法不同，但是也有相似之处，尤其在矛盾的对立、统一方面。*

唯物辩证法的基本规律有三条：对立统一规律（矛盾的规律）、质量互变规律、否定之否定规律。

（1）对立统一规律：事物以及事物之间都包含着矛盾性，事物矛盾双方又统一又斗争推动事物的运动、变化和发展。

例如，理想与现实的矛盾，使人奋斗，从而把理想转化为现实。

（2）质量互变规律：事物、现象由于内部矛盾所引起的发展是通过量变和质变的互相转化而实现的。

例如，吹气球。一点一点地吹（量变），吹到一定程度，气球就爆炸了（质变）。

（3）否定之否定规律：事物的发展是通过自身的辩证否定实现的。事物是肯定方面和否定方面的统一。当肯定方面居于主导地位时，事物保持现有的性质、特征和倾向，当事物内部的否定方面战胜肯定方面并居于矛盾的主导地位时，事物的性质、特征和趋势就发生变化，旧事物就转化为新事物。否定是对旧事物的质的根本否定，但不是对旧事物的简单抛弃，而是变革和继承相统一的扬弃。事物发展过程中的每一阶段，都是对前一阶段的否定，同时它自身也被后一阶段再否定。经过否定之否定，事物运动就表现为一个周期，在更高的阶段上重复旧的阶段的某些特征，由此构成事物从低级到高级、从简单到复杂的周期性螺旋式上升和波浪式前进的发展过程，体现出事物发展的曲折性。

17）量变与质变思维法

量变与质变的关系，很多时候是渐变与突变的关系。

18）函数思维法

函数式可以体现在几个信息，以某种等量关系而组织在一起，成为函数式。也可体现为自变量与因变量的对应关系。

19）时空思维法

时间和空间是物质运动的存在形式。空间是物质运动的广延性、伸张性。时间是物质运动的持续性、顺序性。

（1）空间。空间是点、线、面、体的位置关系。点组成线、线组成面、面组成体。

（2）时间。空间和时间是事物之间的一种次序。空间用以描述物体的位形，而时间用以描述事件之间的先后顺序。

20）表格思维法

表格上的一个值，是由某一个行值和某一个列值所确定的一个值。

计算机的SQL数据库的数据就是以表格的形式展现的，随着计算机的发展，很多信息以表格的形式来组织，所以才有了“矩阵革命”这样的概念。

21）集合思维法

子集：对于两个非空集合A与B，如果集合A的任何一个元素都是集合B的元素，称集合A是集合B的子集。

交集：一般地，给了两个集合A和B，由既属于集合A又属于集合B的所有元素组成的集合，叫做A与B的交集。

并集：一般地，对于两个给定的集合A和B，把所有属于集合A或属于集合B的元素所组成的集合叫做A与B的并集。

补集：一般地，设S是一个集合，A是S的一个子集，由S中所有不属于A的元素组成的集合，叫做子集A在S中的补集。

22）建模思维法

对事物建立模型，就是按照需要，留下重要部分，去掉次要部分，从而简化事物、突出重点。

23）排除法

排除法是指已知在有限个答案中，只有一个是正确的，对于一个答案，不知道它是否正确，但是知道这个答案之外的其他答案都是错误的，所以推断这个答案是正确的。

著名侦探福尔摩斯说过：“当排除了所有其他的可能性，还剩一个时，不管有多么的不可能，那都是真相。”

24）反证法

反证法是“间接证明法”一类，是从反面的角度的证明方法，即：肯定题设而否定结论，从而得出矛盾。具体地讲，反证法就是从反论题入手，把命题结论的否定当作条件，使之得到与条件相矛盾，肯定了命题的结论，从而使命题获得了证明。

常见步骤：

第一步：假设命题结论不成立，即假设结论的反面成立。

第二步：从这个命题出发，经过推理证明得出矛盾。

第三步：由矛盾判断假设不成立，从而肯定命题的结论正确。

25）发散与收敛思维法

发散思维是从一个目标出发，沿着各种不同的途径去思考，多方位、多角度、多层次去思考，如“一题多解”“一事多写”“一物多用”等方式。

收敛思维是指在解决问题的过程中，尽可能利用已有的知识和经验，把众多的信息和解题的可能性逐步引导到条理化的逻辑序列中去，最终得出一个合乎逻辑规范的结论。

26）联想思维法

联想思维法是在不同事物之间产生联系的一种没有固定思维方向的自由思维活动。

联想思维的类型：

(1) 接近联想。是指时间上或空间上的接近都可能引起不同事物之间的联想。例如，当你遇到大学老师时，就可能联想到他过去讲课的情景。

(2) 相似联想。是指由外形、性质、意义上的相似引起的联想。

(3) 对比联想。是由事物间完全对立或存在某种差异而引起的联想，其突出的特征就是背逆性、挑战性、批判性。

(4) 因果联想。是指由于两个事物存在因果关系而引起的联想。这种联想往往是双向的，既可以由起因想到结果，也可以由结果想到起因。

27）多角度思维法

从多个不同的角度思考问题，不同的角度有不同的发现。

例如，有一家手帕厂生产的锦缎白手帕销售受阻，库存积压20万条。按照习惯思维，手帕总是用来擦手擦汗的。但销售人员换了一种思维方式，手帕除了实用的功能外，应该还有美化功能，而市场上没有一家手帕厂是以美化功能进行定位的。这个发现让他们欣喜不已，他们对库存的20万条手帕重新进行加工，在上面印上图案，配上说明书，重新投放市场，结果大受欢迎，这批滞销的手帕成了畅销商品一售而空。

28）侧向思维法

侧向思维法就是思考问题时，不从正面角度，而是将注意力引向外侧其他领域和事物，从而受到启发，找到超出限定条件以外的新思路。

例如，一百多年前，奥地利的医生奥恩布鲁格，想解决怎样检查出人的胸腔积水这个问题，他想来想去，突然想到了自己父亲，他的父亲是酒商，在经营酒业时，只要用手敲一敲酒桶，凭叩击声，就能知道桶内有多少酒。奥恩布鲁格想：人的胸腔和酒桶相似，如果用手敲一敲胸腔，凭声音，不也能诊断出胸腔中积水的病情吗？“叩诊”的方法就这样被发明出来了。

29）U型思维法

从思维方向看，有直线思维和U型思维之分。在求解问题过程中，如果能用直线思维求解，那是再好不过的了，因为直接求解的思路最短，但是许多问题的求解靠直线思维是难以如愿的，这时采用U型思维去观察思考，或许能使问题迎刃而解。

运用U型思维的基本特点就是避直就曲，让思路拐个大弯。在实际操作时，思路又怎样拐好这个弯呢？借助“第三者”的介入进行过渡思考，便是常用的拐弯技巧。

电冰箱中的冷冻机

电冰箱的冷冻机中充满着氟里昂和润滑油，如果密封不良，氟里昂和润滑油都会外漏。传统的查漏办法是直接观察，费时费力且不可靠，能否发明一种新方法实现自动检测呢？有人想到了一种避直就曲的办法：将掺有荧光粉的润滑油注入冷冻机里，然后在暗室里用紫外光照射冷冻机，根据有无荧光出现来判断是否出现渗漏和渗漏发生在何处。在这种方法中，荧光粉和紫外光就属于“第三者”。

上例中，第三者的作用主要有两个方面：

(1) 一般作用。

① 有助于我们正确认识客观事物。

② 可以使我们通过揭露逻辑错误来发现和纠正谬误。

③ 能帮助我们更好地去学习知识。

④ 有助于我们准确地表达思想。

(2) 在创新中的作用。

① 逻辑思维在创新中的积极作用。

发现问题；直接创新；筛选设想；评价成果；推广应用；总结提高。

② 逻辑思维在创新中的局限性。

常规性；严密性；稳定性。

4. 逻辑思维的训练

1) 以多元思考法提高思考能力

所谓“多元思考法”，就是每件事情不要期待只有一种答案，而应多方面思考，创造复数的解决可能性。习惯多元思考法的人，不论面对任何问题都能从不同角度与观点分析，即使再大的难题，也能找出解决办法。

那么，该如何培养多元思考能力？以下是三个不错的办法。

第一，提醒自己不可变成“被煮熟的青蛙”。

有个童话故事，主角是一只青蛙。这只青蛙不小心掉进火炉上的锅子中，因为水温20度，青蛙觉得很舒服。但慢慢的水温提高，30度、40度渐渐升上去。然而，因为水温变化缓慢，虽然觉得愈来愈热，已经习惯了的青蛙却懒得跳出来。结果，这只青蛙最后被煮熟了。

我们的工作与生活，其实也有类似状况。一旦适应了，即使环境恶化，也会认为“只要忍一忍就好”。久而久之感觉麻痹，等到问题严重到不可收拾的程度，就已回天乏术。

所以，工作出现警讯时，你必须严格提醒自己，绝对不可变成“被煮熟的青蛙”。

第二，从不同立场进行思考。

一般人其实都有相当固定的思考模式。但事情一固定，就会顾此失彼，失去多元创意的弹性。

想要锻炼多元思考能力，则必须抛弃过去习惯、换个角度重新思考，这是最根本步骤。

第三，养成边写边思考的习惯

有好想法、好点子时随时记录下来，也是培养多元思考能力的有效方法。

只在脑袋中想象，思考容易偏差、窄化。写下来则可让自己更容易掌握整体图像，发现缺点与不足之处。

2) 以论理思考训练提高逻辑思考能力

所谓“思考论理能力”，简单讲就是面对问题时不可一厢情愿地埋头苦干。

论理思考训练法，则有以下3种：

(1) “由宏观到微观”思考法。所谓“瞎子摸象”，指没办法整体掌握事情轮廓，只好以偏盖全地错误想象。

(2) MECE思考法。所谓MECE就是，处理事情能够毫无遗漏、毫无重复。养成“由宏观到微观”的思考习惯之后，不妨进一步学习MECE思考模式。需要注意的是：有“遗漏”

就会错失机会,“重复”则白白浪费力气。

(3) 使用逻辑树状图。“逻辑树状图”可说是逻辑思考方法的集大成。其特点主要是能有效处理事情的“大小关系”“因果关系”与“阶层关系”。

3) 通过活用“脑力激荡”提高创造思考能力

活用脑力激荡方式就是让各种点子尽量跑出来,采用模仿“接龙”方式,局部改良别人的点子,形成新的创意,其过程如下:

首先,点子一出来,就加以整理。根据研究,思考新点子,可让右脑活性化;整理点子的过程属于论理,则能促进左脑活泼。因此,想出点子之后加以整理,即可同时训练左脑与右脑。

其次,进行“重点化”与“分类”。活用点子,一定要经过“重点化”与“分类化”过程。“重点化”方面,首先应区别“有用的点子”和“没用的点子”,并且将各种点子排定优先顺位,最有用的先挑出来。“分类”必须把性质类似的点子放在一起,如此才能清楚呈现点子的特色。

5. 形象思维的含义

形象思维主要是用直观形象和表象解决问题的思维。形象思维的基本单位是表象。它是用表象来进行分析、综合、抽象、概括的过程。当人利用他已有的表象解决问题时,或借助于表象进行联想、想象,通过抽象概括构成一幅新形象时,这种思维就是形象思维。

1) 形象思维的分类

形象思维不仅以具体表象为材料,而且也离不开鲜明生动的语言的参与。

(1) 根据是否需要言语参与,形象思维分为初级形式和高级形式两种。

① 初级形式称为具体形象思维

具体形象思维就是主要凭借事物的具体形象或表象的联想来进行的思维。

② 高级形式称为言语形象思维

言语形象思维是借助鲜明生动的语言表征,以形成具体的形象或表象来解决问题的思维过程,往往带有强烈的情绪色彩。

言语形象思维主要的心理成分是联想、表象、想象和情感,但它具有思维抽象性和概括性的特点。

言语形象思维的典型表现是艺术思维,它是在大量表象的基础上,进行高度地分析、综合、抽象、概括,形成新形象的创造。所以,形象思维也是人类思维的一种高级和复杂的形式。

高级复杂的形象思维是对头脑中的形象进行抽象概括,并形成新形象的心理过程。它并不总是与语词紧密联系,未必进行充分的语言描述。但是,它比概念概括有着较大的稳定性、整体性,而且更加具体、更加丰富,因为概念概括要舍弃非本质的特征,而形象概括则常包容着丰富的细节。科学家、文学艺术家、技术专家常常将形象概括与概念概括相结合,从而创造出新的成果或新的形象。形象思维作为人类的高级思维形式,在学习工作或生活中经常被运用。

(2) 根据形象思维具体体现形式,形象思维可分为想象思维、联想思维、直觉思维、灵感思维。

① 想象思维

想象思维是指人脑对记忆中的表象进行加工和改造后,组合成新形象的过程。想象思维可以说是形象思维的具体化，是人脑借助表象进行加工改造的最主要形式。创新者借助于丰富的想象力，可以超越时空条件的局限，自由地驰骋于科学发现和技术发明的广阔领域，提出新的见解和设想，创造出新形象。

韩信画兵挂帅印

传说萧何月下把韩信追回来，又极力向刘邦保举让韩信挂帅带兵。刘邦被磨得没办法，就赌气说："好吧，你叫他来，我倒要看看他有多大智谋。"

韩信被请来，刘邦拿出一块五寸见方的布帛，递给韩信说："我给你一天的时间，你在上面画士兵，能画多少，我就给你多少。"站在一旁的萧何心想：这块小布帛，能画几个士兵？急得暗暗叫苦，不想韩信却毫不迟疑地接过布帛就走。

第二天，韩信按时交上布帛，上面一个士兵也没有。但是，萧何见了却大喜过望，刘邦看了也大吃一惊，心想自己确实小看了这个胯下之夫。于是就答应把全部兵马交给韩信，让他挂了帅。

那么韩信在布帛上究竟画了什么？

原来，韩信在布帛上画了一座城楼，城门口战马露出头来，一面"帅"字旗斜出。虽没见一兵一卒，却可想象到千军万马。

② 联想思维

联想思维是指根据当前感知到的事物、概念或者现象，想到与之相关的事物、概念或现象的思维活动。它和想象思维可以说是一对孪生姐妹，在人的思维活动中都起着基础性的作用。在创新过程中，运用概念的语义、属性的衍生、意义的相似性等都可以激发联想思维。一事物与其环境中的任何事物都存在相互接近的关系，从一事物到其他事物，就是联想思维的一种。

联想思维具有连续性、形象性和概括性的特点。具体表现在：它可以由此及彼、由表及里，连绵不断地进行，也可以是直接的联想，也可以是迂回曲折的联想；联想思维和想象思维一样，可以在头脑中显示一幅幅画面，具有鲜明的形象；联想思维还可以很快地把思维的结果呈现在联想者的眼前，而不需要估计细节，是一种整体把握的思维活动，具有很强的概括性。

A. 联想思维的类型

联想思维的类型主要有：

接近联想。由一种事物想到在空间或时间上与它相接近的另一种事物，是接近联想。一般来讲，在空间上接近的事物，在时间上也是接近的。所以在接近联想中，空间因素和时间因素常常同时发生作用。

相似联想。由一种事物想到在形态、性质或经验方面与它相类似的另一事物，就是相似联想。例如，由秋天想到收获，由劳动模范想到战斗英雄。一般事物，就是相似联想。一般的比喻都是借助相似联想，例如，将青少年比作早晨八九点钟的太阳，以苍松翠柏形容坚强的意志。

对比联想。由一种事物想到在特征、性质或经验等方面与它相反的另一种事物，就是对比联想，也称为相反联想。这种联想活动，可以由事物的外部特征所引起，也可以由事物的内部特征所引起。

风浪中行驶的怪船

古时有个叫赵明的县衙里的捕头，精明能干，善于观察判断。有一次，他带了几个衙役正在河边巡视，忽然刮起了大风。这时，迎面驶来了一条木船。船上没见装什么货物，却行得十分平稳。这引起了赵明的注意。他略加思考之后，决定上船察看。

几个衙役在船舱里仔细查看了一番，也没有看出什么破绽来。赵明提出要开船板看看舱底，船主惊慌起来，但又不能不照办，打开舱底一看，里面果然藏了不少东西。经过当场审讯，弄清了原来藏的正是赵明所要追查的一批赃物。

对比联想又可分为下列几种：

性质属性对立对比联想。日本的中田藤三郎关于圆珠笔的改进就是从属性对立的角度进行思考才获得成功的。1945 年圆珠笔问世，写 20 万字后漏油，后来制成的笔，书写 20 万字后，恰好油被使用完，就把圆珠笔扔掉。这里就运用了对比联想法。

优缺点对比联想。发明者从事发明时，既看优点、看长处，又要想到缺点、想到短处，反之亦然。例如，铜的氢脆现象使铜器件产生缝隙，令人讨厌。铜发生氢脆的机理是：铜在 500℃左右处于还原性气体中时，铜中的氧化物被氢脆无疑是一个缺点，人们想方设法去克服它。可是，有人却偏偏把它看成是优点加以利用，这就是制造铜粉技术的发明。用机械粉碎法制铜粉相当困难，在粉碎铜屑时，铜屑总是变成箔状。把铜置于氢气流中，加热到 500°～600°，时间为 1～2 小时，使铜屑充分氢脆，再经球磨机粉碎，合格铜粉就制成了。1861 年，法国的莫谢教授，运用对比联想法，发明设计了太阳能发动机，并取得了太阳能发动机法国专利权。

结构颠倒对比联想。从空间考虑，前后、左右、上下、大小的结构，颠倒着进行联想。例如，中国的史丰收速算法就是运用此种对比联想。一般人进行数学运算都是从右至左、从小到大进行运算，史丰收运用对比联想，反其道而行之，从左至右、从大到小进行运算，运算速度大大加快。

物态变化对比联想。即看到事物从一种状态变为另一种状态时，联想与之相反的变化。例如，18 世纪拉瓦把金刚石煅烧成二氧化碳的实验，发现了金刚石的成分是碳。1799 年，法国化学家摩尔沃成功地把金刚石转化为石墨。金刚石既然能够转变为石墨，用对比联想来考虑，那么反过来石墨能不能转变成金刚石呢？结果证明这一联想是成立的，后来人们终于用石墨制成了金刚石。

关系联想。关系联想是指由事物间的各种关系所形成的联想。例如，铅笔到铅，橡皮到擦除。注意：联想分类不是绝对的，水中养鱼、水中有鱼，前者为关系联想，后者为接近联想。相似联想、对比联想和接近联想的关系，如下例所示。

火—水—鱼—虾

（对比联想—接近联想—相似联想）

自由联想。自由联想是一种不受任何限制的联想。这种联想成功的概率比较低，大都能产生许多出奇的设想，但难以得成功，可有时也往往会收到意想不到的创造效果。

微生物的发现

荷兰生物学家列文虎克就曾从自由联想中发现了微生物。这是1675年的一天，天上下着细雨，列文虎克在显微镜下观察了很长一段时间，眼睛累得酸痛，便走到屋檐下休息。他看着那淅淅沥沥下个不停的雨，思考着刚才观察的结果，突然想起一个问题：在这清洁透明的雨水里，会不会有什么东西呢？于是，他拿起滴管取来一些水，放在显微镜下观察。没想到，竟有许许多多的"小动物"在显微镜下游动。他高兴极了，但并不轻信刚才看到的结果，又在露天下接了几次雨水，却没有发现"小动物"。过几天后，他再接点雨水观察，又发现了许多"小动物"，于是，他又广泛地观察，发现"小动物"在地上有，空气里也有，到处都有，只是不同的地方"小动物"的形状不同，活动方式不同罢了。列文虎克发现的这些"小动物"，就是微生物。这一发现，打开了自然界一扇神秘的窗户，揭示了生命的新篇章。

强制联想。强制联想与自由联想相对，是对事物有限制的联想。这种限制包括同义、反义、部分和整体等规则。悬挂式多功能组合书柜就是采用"书柜"与"壁挂"的强制联想设计成功的。壁挂是装饰手段较丰富的室内装饰物，书柜与壁挂强制联想，把书柜按照形式美的规律做成像壁挂那么美。

B. 联想思维训练

联想思维可以分为不同的类型。如果分类型进行联想训练，可以加深对各种联想思维的认识和理解。但是在实际的创造活动中，不可能预先规定好使用哪种类型的联想，而只能是自由发挥地去联想。因此，为了更好地进行创造，就很有必要在平时多进行多种联想的综合训练。

通常，这种训练可以采用综合联想链的方式进行。

综合联想训练可分3步来进行。

步骤1：从给定信息出发，尽可能多地用到各种类型联想，形成多种多样的综合联想链。如：

飞鸟 —类比→ 飞机 —因果→ 起飞 —对称→ 降落 —相关→ 机场 —相似→ 车站

在这一阶段，以追求数量为主要目标。

步骤2：给定两个没有关联的信息，寻找各种各样的联想链将它们联结起来。例如，试建立一个从"粉笔"到"原子弹"的联想链。可以这样建立联想链：

粉笔→教师→科学知识→科学家→爱因斯坦→原子弹

在这一阶段，可以不标明类型，要追求联想的速度和数量(主要是联想链的数量)。

步骤3：寻找任意两个事物的联系，可以省去联想链，但要建立两个事物间有价值的联系。并由此形成创造性设想，也有人称这一阶段为强迫联想阶段。

苏联曾有200多个发明学校，有一个发明学校进行这一阶段的训练时，每人发一本带照片的商品目录，要求任意翻出两页后对上面的商品进行强迫联想。一个工人一次翻到的两个商品是自行车和电线杆。他经强迫联想，发明了一种能爬电线杆的自行车，代替了用脚勾爬杆，使电工爬杆机械化。

③ 直觉思维

直觉思维是指当人们研究某个问题的时候，未经逐步分析，而是凭借已有的知识和经验，便能对问题的答案做出迅速而合理的判断的一种思维方式。爱因斯坦关于科学创造原理的思想可以简洁地表述成这样一个模式：经验—直觉—概念或假设—逻辑推理—理论，按照爱因斯坦的说法，“真正有价值的东西就是直觉。”直觉思维之所以具有创造性，是由于直觉的本质是在经验的前提下，大脑对思维过程进行简化、压缩或者超越后，得出事物的规律或问题答案的一种闪电式顿悟。直觉的结论往往是在没有任何先兆的情况下，突然闪现出来，以至于创造者都仿佛没有意识到自己的思维过程。当然，直觉思维一般只是形成猜想和假说，形成一个大致的判断，所以，通过直觉得出的结论，还需要加以科学的论证和检验，方可确信。

许多自然科学家，包括一些成果卓著的科学大师都给直觉思维以高度的评价。

爱因斯坦曾经明确宣称：“我信任直觉，”“我相信直觉和灵感。”

玻恩认为：“实验物理的全部伟大发现都是来源于一些人的直觉。”

德波罗意指出：“想象力和直觉都是智慧本质上所固有的能力，它们在科学的创造中起到过，而且经常起着重要的作用。”

凯德洛夫则用更鲜明的语言表示：直觉是“创造性思维的一个重要组成部分”，“没有任何一个创造性行为能离开直觉活动”。

生物化学家徐京华教授也指出：“直觉是理论科学研究不可少的推动力，因此经常出现，很难一一都加以简单的叙述。它经常推动我们去探讨一些问题。”

美国化学家普拉特和贝克曾经对许多化学家采用填调查表的方式进行调查，有 232 名化学家向他们递交了调查表，其中有 33％的人说在解决重大问题时经常有直觉出现，50％的人偶尔有直觉出现，其余 17％的人未有此现象。这种调查至少在某种数量上表明了直觉在创造中的重要地位。

A. 直觉的产生

直觉是怎样产生的呢？我国学者王国权认为：首先，直觉来自于人的本能，第一感觉。不同的人有不同的基因，决定着人有不同的本能，这种本能也可以称为先天资源或天赋。既然是本能，也就不需要明确的理论依据，可以根据直觉进行人生决策。其次，直觉来自于熟悉领域的第六感觉，由于人们在某一领域不断地探索、钻研、练习，形成了第六感觉，不需要思考就能根据某一信息产生相应的行为。第六感觉是由于人们对某一行业的熟悉而产生的本能反应，故有它自然的道理，往往会给人带来正确的决策。

美国加州大学神经科学家奎尔通过大量研究认为：人大脑的不同部分储存着不同的记忆。当我们进行一般性学习时，使用的是“陈述记忆”；而当我们对所学的东西十分稔熟时，它们就成了“程序记忆”的一部分潜入我们的意识中储存起来，这种潜意识以后在适当的条件下便能产生直觉。

B. 直觉思维的特征

直觉思维的特征包括：

直接性。直觉思维不用逻辑推理，也不需分析综合，而多靠直接的领悟，就能对遇到的事物和接触的问题直接做出反应，并能在刹那间直抵事物的本质或得出结论，或提出解决问题的方法。这是直觉思维最根本的特征。学者周义澄说：“直觉就是直接的觉察。”

快速性。直觉思维常常使人一遇到问题，很快就能萌发出答案，或想出对策。其过程非常短暂、非常快速，通常是在一念之间完成的。

例如，稍懂一点围棋的人都知道，在快棋赛或正规棋赛进入读秒阶段时，容不得棋手苦思细想，需要在短短数秒中看透令人眼花缭乱的黑白世界，迅速找到最佳的落子点。棋手这样按“棋感”行棋就体现了直觉思维的快速性。

跳跃性。直觉思维往往是从对问题思考的起点一下子就奔到解决问题的终点，似乎完全没有中间过程，跳跃式地将思维完成。

梅里美特工的直觉

梅里美是一名出色的特工。一次他接受一项任务——潜入某使馆获取一份间谍名单。这是一个艰巨而棘手的任务，因为此名单放在一个密码保险箱内，梅里美只有想方设法获知密码，才能打开保险箱安全返回，否则任务完不成还将暴露自己。根据情报透露，保险箱的密码只有老奸巨猾的格力高里知道，于是梅里美在所在机构的安排下进入使馆成为格力高里的秘书，他凭着自己的才智逐步获得了格力高里的信任。可是，尽管这样，格力高里始终没提过保险箱一事。梅里美多次试探打听也毫无结果，这时上级已经下达命令，限三天时间让梅里美交出间谍名单。梅里美焦急万分，到了最后一天的晚上他决定铤而走险。

梅里美进入格力高里的办公室，试图用自己掌握的解密码技术打开保险箱，可是一阵忙碌之后他发现一切都是徒劳，一看表就发现离警卫巡查的时间仅剩十分钟了。怎么办？突然，他的目光盯在了墙上高挂着的一部旧式挂钟，挂钟的指针都分别指向一个数字，而且从来没有走过。梅里美猛然想起自己曾经问过格力高里是否需要修钟，格力高里摇头说自己年龄大了，记性不好，这样设置挂钟是为了纪念一个特殊时刻的。想到这，梅里美热血沸腾，他立即按挂钟面上的指针指定的数字在关键的几分钟内打开保险箱拿到了名单。

梅里美的“急智”天才在同行中传为佳话。科学家把这种“急智”称为“直觉”或者“直感”，这种思维方式是与逻辑思维相对应的。梅里美对当时自己的想法也是知其然不知其所以然，用他的话就是“这部挂钟肯定与密码有关，它一定能告诉我密码”。

让我们分析一下原因：

首先，梅里美是一名经验丰富的优秀特工，他具有丰富的反间谍知识；其次，鉴于格力高里的特点——年纪较大、老奸巨猾，像密码这类重要文件应该是随身携带或放于一隐秘处，但是格力高里的阅历使他更高一筹，他用一部普通的挂钟就锁住了机密；另外，梅里美脑际中梦寐以求的问题就是密码，所以在紧要关头他能从挂钟上领悟到玄机，得到直觉的灵感。

理智性。在日常生活中，人们会经常遇到一些资深的医生，在第一眼接触某一重病患者时，他们会立即感觉到此人的病因、病源所在，而他们下一步的全面检查就会自觉地围绕这些感觉展开。医生的这种感觉就是直觉。这种直觉与他们的丰富经验、高深医学理论和娴熟技术分不开。所以，直觉思维过程体现出来的不是草率、浮躁和鲁莽行为，而是一种理智性思维的过程。

C. 直觉思维能力训练

不断积累广博的知识和丰富的生活经验。这是直觉思维训练的基础，离开了这些，就不会有直觉。

学习倾听直觉的呼声。因它不是情感，也不是理智，它是一种说不清、道不明的感觉，需要你用心体会。直觉常在选择时出现，每次做出选择的前后，你都应反复比较、对照，从而提高你的直觉能力。

培养敏锐的观察力，多注意软事实。硬事实是逻辑的、客观的、公开的；软事实则比较不正式或不明显，如印象、感觉、激动情绪。软事实主要是预感、直觉和无形的事物。

④ 灵感思维

灵感思维或顿悟思维是指人们在长期思考同一问题而不得解，思绪处于高度紧张状态时，突然受到外来信息的刺激或诱导，而“恍然大悟”解决问题的一种超常思维形式。在思维过程中，人们的认识发生飞跃的一种心理现象，会出现一种突然闪现的创造性思路，然后，导致对思维对象产生新的构思和新的观念。思想家的“豁然贯通”、发明家的“茅塞顿开”等都是灵感思维的表现。

富克斯函数的变换方法

庞卡莱于1880年在寻求富克斯函数的变换方法时，进行了长期的工作，但毫无所获。有一天，他决定暂时把工作搁下来，去乡下旅行，当他刚上车时，一个新颖的思想突然闪现，问题的答案就是那个非欧几何变换。他回忆说：“我的脚刚踏上车板，突然想到一个设想，我用来定义富克斯函数的变换方法同非欧几何的变换方法是完全一样的。”庞卡莱还谈到，在他考虑三元二次型的算术变换时，思路受到堵塞，而正当他极力避开有关这个问题的思考时，一个明确的答案却突现在脑中，他说：“在山岩上散步的时候，我突然想到，而且想得又是那样简洁、突然和直截了当：不定三元二次型的算术变换和非欧几何的变换方法完全一样。”

有机物中碳原子之间的连接

在凯库勒以前，人们就已知道碳原子是四价的，但却不知道有机物中碳原子之间是怎样结合的。凯库勒为解开这个谜，曾经废寝忘食地工作，但事与愿违，他什么也没有发现，不得已，只好放下手中的工作。他回忆当时的情景写道：事情进行得不顺利，我想该放松一下，想想别的事了，我把座椅转向火边进入半睡眠状态，这时，我看到碳原子在我眼前飞动，长长的队伍，变化多姿、靠近，一个个连接起来了，扭动着、旋转着，像蛇一样，看那是什么？一条蛇咬住了自己的尾巴，在我面前轻蔑地旋转，我如同从电掣中惊醒。那晚我为这个假说的结果工作了一整夜，苯环结构就这样诞生了。

灵感和直觉一样，是人们进行创造性思维的重要思维方式。作为一种特殊的思维方式，它具有突发性、偶然性、模糊性和瞬时性等特征。

A. 灵感思维的特征

灵感思维是在无意识的情况下产生的一种突发性的创造性思维活动。它与形象思维和抽象思维相比，主要有以下3个方面的特征：

突发性。灵感往往在出其不意的刹那间出现，使长期苦思冥想的问题突然得到解决。在时间上，它不期而至，突如其来；在效果上，突然领悟，意想不到。这是灵感思维最突出的特征。

偶然性。灵感在什么时间可以出现，在什么地点可以出现，或在哪种条件下可以出现，都使人难以预测而带有很大的偶然性，往往给人以"有意栽花花不发，无心插柳柳成荫"之感。

模糊性。灵感的产生往往是闪现式的，而且稍纵即逝，它所产生的新线索、新结果或新结论使人感到模糊不清。要精确，还必须有形象思维和抽象思维辅佐。灵感思维所表现出的这些特征，从根本上说都是来自它的无意识性。形象思维、抽象思维都是有意识地进行的，而灵感思维则是在无意识中进行的，这是它们的根本区别所在。

突逝性。灵感瞬间出现，思路贯通。许多创造者都用"闪电""电光"等来描述灵感状态下这种思路瞬时的情景。而且，灵感持续的时间是非常短的，一闪而过，转瞬即逝。创造者若稍不留意或稍一放纵，伴随灵感所出现的思想火花就会熄灭、消失或者变得模糊不清，根本无法利用。

诱发性。灵感是在某种因素的刺激和诱导下，瞬间豁然开朗而产生。

意识和思维是人脑的机能，大脑在进行思维活动时，各个部分有着分工合作关系，存在着兴奋和抑制神经中枢。一般说来，人在思维时，那些与思维活动密切相关的神经中枢处于兴奋状态，而无关的神经中枢则处于抑制状态。神经中枢是由各种神经细胞、神经元组成，当人长时间聚精会神地思考问题时，神经元处于高度兴奋状态，需要消耗大量能量、氧气。如果神经元不能及时补充能量和氧气，就会使人精神疲惫，头昏脑涨，钻牛角尖，没有思路，形成僵化的思维定势。在这种情况下，如果人们能把久思不解的问题暂时搁置起来，到户外散心，到风景名胜区旅游，参加文体娱乐活动，或者参加一些学术会议、沙龙等，经过一段时间，那些疲劳、缺氧的神经元得到恢复，在一些因素的刺激诱导下，神经中枢便会重新兴奋起来，人们就会产生灵感，从而获得创造和发明。当然，刺激和诱导人们灵感发生的因素有很多，既有客观因素，比如苹果落地、挂灯晃动、纺车歪倒等现象；也有主观因素，比如做梦、专家的观点、知识的启示等。一旦灵感来临，我们需要及时抓住它，否则它将转瞬即逝。

独创性。它指人们瞬间顿悟出的创新观点、获得的科学发现。

钱学森说："凡是有创造经验的同志都知道光靠形象思维和抽象思维不能创造，不能突破；要创造要突破得有灵感，而灵感出现于大脑高度激发状态，高潮为时很短，瞬息即过。"灵感思维带有感性特征，但又具有高度思辨、理性特征，是在外因诱发和刺激下而产生的独创性认识，是理性具体。在科学史上，因为灵感忽现而悟出创新性观点、获得重大科学发明的事例，不胜枚举。例如，阿基米德在洗澡时，悟出了浮力原理；伽利略在教堂做礼拜时，从教堂挂灯嘎嘎的摆动声音中直觉到震动规律；牛顿在花园里看到苹果落地，发现了万有引力定律；哈格里沃斯从碰倒的纺车中，发现了直立的纺锤也能转动的原理，发明了珍妮纺纱机；瓦特受水蒸气冲开水壶盖的启发，发明了蒸汽机；凯库勒因为做了一个被蛇咬的梦，所以发现了有机化合物苯分子 C_6H_6 的环状结构，等等。

情感性。它指灵感呈现瞬间的迷狂性或突然顿悟时所出现的惊喜和情绪高涨。文艺创作中的情感性最为突出。例如阿基米德在浴缸中突然领悟到王冠秘密的诀窍所表现出来的那种缺乏理智控制的神经质；爱因斯坦在创立相对论中得到灵感顿悟时所表现出来的震醒。

准备性。在灵感产生之前，人们常常是集中精力，对该问题直接进行长时间的思考、探索，也就是对该问题有直接的了解和准备。而直觉则不同，人们通常一接触到新问题、新现象，就立刻凭借自己的知识经验做出反应，以前没有对该问题进行过探讨，无直接准备。而就人们所依据的知识经验而论，如果不准备，那对该问题来说也是间接的。

结果性。灵感的产生通常使百思不得其解的问题迎刃而解，达到豁然开朗、一通百通的境界。因此，它常与问题的最后解决或关键性突破相联系，明显地体现出结果性。而直觉则主要在确定方向、选择课题、做出预见、提出假设、寻找方法等方面起作用，它与问题的最后解决还有一定的距离，一切都还有待于着手进行。

B. 灵感思维产生的规律和充要条件

客体与主体交互作用的规律。客体是进入思维领域的客观事物。在灵感产生过程中，客体的信息映射到思维主体的大脑，而思维主体在相关主客观信息的交互作用过程中，对当下正在思考的问题经过艰辛探索，一旦与某种引发信息发生接触，经过思维主体自身的能动作用，这时就能产生灵感。

引发条件激活作用的规律。当思维主体与思维客体在交互作用过程中，出现某种引发条件，思维主体往往能豁然贯通，产生灵感。这种引发条件可以是客体自身形成的，也可以是主客体交互作用过程中所产生的对解决问题具有激活作用的新的引发条件。当然，某些引发条件也可能促使思维主体突发奇想，产生与正在研究的课题基本无关或关系不大的奇思妙想。这时，可能出现非预期的新的灵感。

显意识与潜意识的交互作用及其相互转化的规律。在思维过程中，思维主体将潜意识中豁然开朗的信息与显意识贯通起来，并且转化为显意识，这时，灵感就有可能出现。

主体自身优化匹配各种条件产生灵感的规律。思维过程中，思维主体驾驭主客观条件和引发条件交互作用的复杂过程，当引发条件的激活作用出现时，思维主体实时地优化匹配各种条件，这时，灵感就会突然闪现，迸发出天才的思想火花，产生出科学研究和文艺创作中神妙的思维结果。这时，思维主体就会出现异常激奋、非常愉悦的精神状态。

以上的前三条规律只是灵感产生的必要条件，而第四条规律则是灵感产生的充分必要条件。研究灵感思维的规律，应当采用辩证思维、系统科学和复杂性科学的观点与方法，这样才能深入地探析灵感思维的发生过程及其内在的本质和规律。

C. 灵感思维和直觉思维的关系

灵感思维和直觉思维的主要区别。灵感在产生之前往往有一段时间对课题的顽强探索，直觉思维则是在很短的时间内对问题的迅速而直接的判断。灵感的产生常常出现在思考对象不在眼前，或在思考别的对象的时候；直觉思维则是对出现于面前的事物或问题所给予的迅速理解和判断。灵感可能产生于主体意识清楚的时候，也可能出现在主体意识模糊的时候；直觉思维则是出现在主体神智清楚的状态。灵感往往是在某种偶然因素的启发下使问题得以顿悟；直觉思维产生的原因则是为了迅速解决当前的课题；灵感在出现方式上带有突发性，使人出乎意料；直觉思维的产生则无所谓突然，是在人的意料之中。灵感的结果是与解决某一问题相联系；直觉思维的结果则是对该事物作出直接的判断和抉择。

灵感思维和直觉思维的共同之处。灵感思维和直觉思维也有着共同的地方，这就是它们与抽象逻辑思维相比，都属于非逻辑思维，它们都表现出跨越推理程序的不连续的跃迁性的特点，而且，灵感思维和直觉思维也并非没有联系，直觉思维往往需要借助灵感思维来实现其对问题的直接的快速的抉择；而灵感思维又常常需要借助直觉的启示而使问题得到突如其来的顿悟和理解。

D. 灵感思维的训练

培养与捕捉灵感，需要具备一些主观条件。

经验和知识是灵感产生的土壤。灵感什么时候在头脑中出现是偶然的，但它产生的原因却具有必然性。经验和知识是产生灵感的基础。柴可夫斯基说："灵感，这是一个不喜欢拜访懒汉的客人。"

法国数学家笛卡儿拥有渊博深厚的哲学知识和数学知识，他才可能获得最终导致创立解析几何学的灵感。

要对问题作较长时间的反复思考。

"没有一番寒彻骨，哪得梅花扑鼻香"。灵感是辛勤劳动的结晶，所谓"不思而至"是灵感出现时的一种假象。正如科学家巴斯德所说："灵感只偏爱那些有准备的头脑。"爱因斯坦在创立狭义相对论之前，就已经对这个问题思考了十年。德国哲学家黑格尔曾嘲讽过那些以为可以不经艰苦思索就能获得灵感的人，他说："最大的天才尽管朝朝暮暮躺在青草地上，让微风吹来，眼望着天空，温柔的灵感也始终不光顾他。"

由于自身的好奇心和求知欲，或者由于客观实践的需要，所产生的创新思考题目，是灵感的种子。不播下创新思考的题目，就不可能收获创新灵感之果。

需外部信息的刺激。灵感往往需要外部信息的刺激，例如，牛顿从苹果落地悟出了万有引力。

需放松思维以激发灵感的产生。在长时间思考后，将问题先放一放，放松思维以激发灵感的产生。长时间紧张的思考会使身心疲惫、思维迟钝，这时应转移注意，放下问题去做一些其他的事情，比如散步、运动、睡觉等，放松自己的思维，这样才能激发灵感思维。例如，四元数的形式及运算法则就是英国数学家哈密顿在与夫人散步时突然发现的。

当灵感来临的时候，要及时记下来。灵感稍纵即逝，灵感常在一闪念间出现，而且是不明踪影，一闪而过，来也匆匆、去也匆匆，难以重现。正如大诗人苏东坡的著名诗句所描绘："作诗火急追亡捕，情景一失永难摹。"特别是梦中出现的灵感，更是稍纵即逝。德国哲学家费尔巴哈指出："热情和灵感是不为意志所左右的，是不由钟点来调节的，是不会依照预定的日子和重点迸发出来的。"因此，随手记录是捕捉灵感的一个普遍使用的好方法。由于灵感稍纵即逝，所以想到时就应该及时记下来。

灵感的激发训练包括：

灵感自发训练。苦思冥想之后，突然爆发出灵感。

吉列的发明(灵感自发)

金·坎普特·吉列已经讨厌当一名瓶塞售货员。他梦想能研制出一种受欢迎的发明物，他钻研基础知识，想发明能赚钱的东西。但是，他一点想法都没有。有一天早上他正在刮脸，忽然来了灵感："为什么不做一种预先磨好的、抛弃型刀片？"他不断完善这一想法，并请一个技师来制作刀片。1985 年，他获得了专利权。11 年后，吉列凑集资金开他自己的公司，成为一个非常富有的人。

资料来源：百度文库

灵感诱发训练。中国有三上(床上、马上、厕上)文章，西方有三 B(bed，bath，bus)思考法。异曲同工，都说明灵感的产生需要一定的环境。

灵感触发训练。这种训练包括受思想启示训练、受原型启示训练、受形象引发训练、受情境触发训练、受无意识遐想启示训练和受创造性梦幻启示训练。

受思想启示训练。它指在平日阅读或电视或微信或QQ或交谈中，偶然得到他人思想启示而出现的灵感。

苏联火箭专家库佐寥夫为解决火箭上天的推力问题而苦恼万分，食不甘味，妻问其故后说："这有何难呢，像吃面包一样，一个不够再加一个，还不够，继续增加。"他一听，茅塞顿开，采用三节火箭捆绑在一起进行接力的办法，终于解决了火箭上天的推力难题。

相传我国著名书法家郑板桥，未成名时，成天琢磨前辈书法大家的体势，总想写得与前辈大家一模一样。一天晚上睡觉，手指先在自己身上练字，朦胧之中手指写到妻子身上，妻子被惊醒，生气地说："我有我体，你有你体，你为何写我体。"他从妻子的话中马上得到启示：应该写自己的一体，不能一味学人。在这个思想作用下，他刻苦用功，朝夕揣摩，终于成了自成一家的一代名书法家。

苍蝇拍的发明(思想启示)

1905年，塞缪尔·克拉姆宾博士放下所研制的消灭家蝇工作去看一场棒球赛。家蝇是一种令人讨厌的小动物，但是人们似乎对它们所带来的疾病问题漠不关心。在第八局的后半局，比分相平，这时轮到本地球队击球。观众叫嚷："用劲打！用劲打！"另外一些则高呼"重拍！重拍！"

突然间，克拉姆宾在他的大脑里把它们联系起来：拍苍蝇！他甚至没有注意到比赛是如何结束的，苍蝇拍因此发明了。

资料来源：百度文库

受原型启示训练。即通过某种事物或现象原型的启示，激发创造性灵感。

耐克鞋的诞生(原型启示)

一天早上，比尔·鲍尔曼正在吃妻子为他做的威化饼。味道很好，吃着吃着他被触动了，为什么不把这个威化饼的花样做成一种较好的跑鞋呢？它对脚有缓冲作用，与地面有较好的摩擦力…他从餐桌旁站起来，拿起他妻子做威化饼的特制铁锅躲进他的办公室就开始琢磨起来，三天不出房门，制成第一双鞋样，这就是以后有名的耐克鞋的开始。

资料来源：百度文库

受形象引发训练。受某种生动、鲜明、富有新意的形象引发创造灵感。

可口可乐瓶(形象引发)

可口可乐是人们喜爱的饮料，大家一定非常熟悉它的玻璃瓶的形状。但你知道这种瓶形是怎么来的吗？最早，美国可口可乐所用的是圆柱式玻璃瓶，又笨又重。1923年的某天上午，美国一玻璃瓶厂的工人路透久别的女朋友来看望他。他的女友当时穿着流行的紧腿裙，这种裙子在膝部附近变窄，强调了人体的线条美。见到女友的裙子后，路透突发奇想：为什么不将又笨又重的可口可乐瓶设计成这种紧腿裙的式样呢？于是，他迅速按裙子样式设计了一种流线型的新瓶子，申请了专利，并拿到可口可乐公司去推销。没想到，可口可乐公司的老板史密斯看了大为赞赏，当即与路透签订了一份合同，按销售额给予路透的报酬。现在所用的可口可乐饮料瓶就是路透从紧腿裙形状引发灵感而发明的。

资料来源：百度文库

浮力的发现(情境触发)

阿基米德(公元前287—前212)发现浮力原理的故事，一直是人们津津乐道和加以引证的例子。当希腊王叫阿基米德想出一个办法来检验金王冠是否为纯金所制，有无可能掺假时，这位“古代世界的第一位也是最伟大的近代物理学家”为此颇费心计地考虑多日，仍毫无结果。一次，他在桶中洗澡时，发现他所排出的水在体积上与他的身体相等。霎时，一道思维的光芒在他脑际划过：纯金王冠比金银合金王冠排出的水要轻，同样重量的合金体积要比同样重量的纯金体积大，因而会排开更多的水。想到这里，阿基米德不顾一切地光着身子冲到大街上，发狂地喊叫道：“我找到了！我找到了！”就这样，在经过长时间潜心思索、研究之后，由于受到浴桶中水溢出来的启发，阿基米德获得了一种“直觉的顿悟”，并由此创立了表示物体在水中所受浮力大小与物体排开水的重量关系的阿基米德原理。阿基米德的顿悟思维，也成了脍炙人口的典故。

资料来源：百度文库

受创造性梦幻启示训练。即从梦中情景获得有益的“答案”，推动创造的进程。

睡眠之时，常常也有灵感出现。格拉茨大学药物学教授洛伊在一天夜里醒来，想到一个极好的设想，他马上拿过纸笔简单地记录下来。第二天醒来他知道昨夜里产生了灵感。但使他惊愕不已的是：怎么也看不清自己所做的笔记。他在实验室里整整坐了一天，面对熟悉的仪器，总是回想不起那个设想，到晚上睡觉之时，仍然一无所得，但是到了夜间，他又一次从梦中醒来，还是同样的顿悟，他高兴极了，做了细致的记录后，才回去睡觉。次日，他走进实验室，以生物史上少有的利落、简单、肯定的试验方法，证明了神经搏动的化学媒介作用。

受无意识遐想启示训练：即在紧张工作之余，大脑处于无意识的宽松休闲情况下而产生灵感。

有人曾对821名发明家做过调查，发现在休闲场合，产生灵感的比例比较高。从科学史看，在乘车、坐船、钓鱼、散步或睡梦中都可能会涌现灵感，给人提供新的设想。德国物理学家亥姆霍兹说，在对问题做了各方面的研究以后，巧妙的设想不费吹灰之力意外到来，犹如灵感。他发现这些思想，就不是在精神疲惫或伏案工作的时候，而往往就是在一夜酣睡之后的早上，或是当天气晴朗缓步攀登树木葱茏的小山之时。达尔文在有了进化论的基本概念之后的一天，正在阅读马尔萨斯的人口论作为休息，这时，他突然想到：在生存竞争的条件下，有利的变异可能被保存下来，而不利的则被淘汰。他把这个想法记了下来，但还有一个重要问题未得解释，即由同一原种繁衍的机体在变异的过程中有趋异的倾向。而这个问题还是他在这样的情况下解决的：“我能记得路上那个地方。当时我坐在马车里，突然想到了这个问题的答案，高兴极了。”

灵感逼发训练。曹植的七步诗：“煮豆燃豆萁，豆在釜中泣，本是同根生，相煎何太急。”相传就是在曹丕步步紧逼之下的神来之作。

第4章 创造原理与技法

CHAPTER 4

【导语】 本章从创造原理和创造技法的含义入手，分析了组合原理、综合原理、分离原理、还原原理、移植原理、换元原理、迂回原理、逆反原理、仿生原理和群体原理等创造原理的内涵、特点和实施步骤，详细阐释了创造技法的使用原则和分类，讨论了智力激励技法（含其改进法）、联想技法、组合分解技法（含组合法、信息交合法、焦点法、分解法）、列举技法、形态分析技法、类比性技法（含类比法、综摄法、移植法、仿生学法）等创造技法的含义、特点、实施步骤等。

创造是一种有目的的探索活动，需要一定的理论指导。创造原理就是人们进行无数次创造实践的理性归纳，是指导人们开展新的创造实践的基本法则。创造技法属于创造工程学的范畴，是创造学工作者们从历来的创造活动实践中，经过搜集、整理、归纳、总结与提炼出来的，以原则、诀窍、思路形式来指导创造性活动、消除习惯性思维障碍、改善思维的灵活性和流畅性，促进联想、想象和直觉等非逻辑思维产生的方法。创造技法的实质，就是把各种创造性思维方式，演变成可操作的具体创造法则，以逻辑思维为主、非逻辑思维为辅。而各种不同类型的创造技法，可以从各个不同的角度来启发新思路，帮助产生灵感。创造技法具有普遍性与可操作性，实用价值较大。

4.1 创造原理

4.1.1 组合原理

组合原理是将两个及两个以上的技术因素，或按不同技术制成的不同物质，通过巧妙的组合或重组，获得具有统一整体功能的新产品、新材料、新工艺、新技术和新方法的一种创造原理。组合是“创造性的动力源泉”。据统计，现代技术中组合形式的成果约占全部发明的60％～70％。组合原理有以下几种形式。

1. 主体附加（主体添加）

主体附加是指通过在原有的技术思想中补充新内容，或在原有物质产品上增加新附件，以达到革新创造。或者是以某事物为主体，添加另外的附属事物以实现组合创造。

主体附加组合的实施步骤如下：

步骤1. 有目的、有选择地确定一个主体。

步骤 2. 运用缺点列举法，按照适应多功能的需要，全面分析主体的缺点。

步骤 3. 运用希望点列举法，对主体提出种种希望。

步骤 4. 在主体不变或略变的前提下，通过增加附属物，克服或弥补主体的缺陷。

步骤 5. 通过增加附属物，实现对主体的希望。

步骤 6. 利用或借助主体的某种功能，附加一种别的东西，使其发挥作用。

2. 异类组合

异类组合是指将两种或两种以上的不同种类的事物结合，以获得某种创造性成果；或者把两种及两种以上不同领域的技术思想和不同功能的物质产品或方案，以适当方式结合为一体，使其具有某种新的功能或新的特色。

异类组合主要特点：

(1) 组合对象(设想或物品)来自不同的方面，一般无所谓主次关系。

(2) 通过组合，参与组合的对象在意义、原理、构造、成分和功能等任一方面或多方面互相渗透，使整体发生显著变化。

(3) 异类组合是属于异类求同，因此具有很强的创造性。

3. 同物组合

同物组合也称同物自组，是指若干相同事物之间的一种组合。即把两个或两个以上的同一事物进行组合，以获取创造性成果。同物组合的原理是在保持事物原有功能或原有意义的前提下，通过量的增加，弥补原单件事物功能或性能方面的不足；或由量变形成质变，使原有事物具有新的功能和意义。

4. 重组组合

重组组合是指在事物的不同层次上分解原来的组合，然后再以新的方式重新组合起来。

重组组合的特点是，通过改变事物内部各组成部分之间的相互关系，优化事物的性能。

4.1.2 综合原理

综合是在分析各个构成要素基本性质的基础上，综合其可取的部分，使综合后所形成的整体具有优化的特点和创新的特征。综合不同于组合，它不是把研究对象进行简单的叠加或初级的组合。综合创造的主要情形有：

(1) 综合已有的不同学科原理，创造出新的原理。

(2) 综合已有的事实材料，发现新的规律。

(3) 综合已有的科学方法，创造出新的方法。

(4) 综合不同学科，创造出新的学科。

(5) 综合已有不同产品的优点，建造新的产品。

综合，可以使人的认识实现从个别到一般的转化，使人超越原有的认识水平，站得更高，看得更远，体会得更深刻，从而获得更具有普遍意义的新成果。

4.1.3 分离原理

分离原理是指把某一创造对象进行科学的分散或离散，使主要问题从复杂现象中暴露出来，从而理清创造发明的思路，便于人们抓住主要矛盾或矛盾的主要方面。

分离原理是与综合原理完全相反的另一种创造原理。

综合原理在创造发明过程中提倡聚集、综合；分离原理则提倡将事物打破、分解，鼓励人们冲破事物原有面貌的限制，将研究对象予以分离，创造出全新的概念、新的方法和新的产品等。

4.1.4 还原原理

还原原理是指从一个事物的某一创造起点出发，按照人们研究的创造方向反向追溯到其创造原点，再以原点为中心进行各个方向上的分散，并寻找其他的创造方向，用新的思想、新的技术和新的方法在新找的思维方向上重新进行创造。

还原原理就是先还原到原点，再从原点出发解决问题，或者说是回到根本上去找到问题的关键，这样往往能取得较大成功，产生突出的成果。

根据还原原理，首先需要从中抽象出问题的关键所在，即追溯到创造的原点上，或者叫做回到根本上去抓关键，所以有人也将其称为"抽象原理"。

运用创造原理，要善于透过现象看本质，回到创造对象的起点，抓住问题的关键。将最主要的功能抽取出来，并集中精力研究其实现的手段和方法，以取得创造发明的最佳成果。

4.1.5 移植原理

移植原理是把一个已知对象中的概念、原理、方法、内容或部件等运用或迁移到另一个待研究的对象之中，促进事物间的渗透、交叉与综合，使研究对象产生新的突破而导致的创造。"它山之石、可以攻玉"即是对该原理的真实写照。

移植原理的实质是借用已有的创造成果进行创新目标下的再创造，使现有成果在新的条件下进一步延续、发挥和拓展。使用移植原理时应当做到以下 3 点：

(1) 仔细观察和分析已知事物的属性；

(2) 找出关键性属性；

(3) 研究怎样将关键属性应用于欲研究的对象之中。

4.1.6 换元原理

换元原理就是把创造对象的诸多因素看成是可以改变的变量，从而针对每一个因素进行改进思考，使问题得到解决。

换元创造的一般步骤：

步骤 1. 排列出一切因素，并把这些因素视作是可以改变的变量。

步骤 2. 采用一切手段对每一个因素进行改进，直到取得满意效果为止。

4.1.7 迂回原理

迂回原理是指当在创造活动中受阻时，不妨暂停在某个疑难问题的僵持状态上，或转入下一步行动，带着未知问题继续前进；或者试着改变一下观点，注意下一个或另一个与该问题有关的侧面或外围问题。当其他问题解决后，该难题或许就迎刃而解了。

"欲速则不达"善于在困境中迂回，在迂回中创造继续前进的条件，从而逐步接近目标并取得成功。

4.1.8 逆反原理

逆反原理是要求人们敢于并善于打破头脑中陈旧的、常规的思维模式的束缚，对已有的理论方法、技术、产品等持怀疑态度，从相反的思维方向去分析和思索，以探求新的创造发明。事物的属性是多种多样的，人们往往习惯于从显而易见的一方面去考虑问题，因而阻塞了自己的思维定势。在这种情况下，如果能突破思维定势，有意识地从相反方面思考和处理问题，常常会获得意想不到的成功，产生许多未曾见过的新事物。

在实际创造中，逆反原理可进一步区分为原理逆反、属性逆反、方向逆反和大小逆反。

4.1.9 仿生原理

仿生创造是人们通过观察和模仿生物而进行发明创造的一种原理。仿生创造的类型包括：原理仿生型、结构仿生型、外形仿生型。

4.1.10 群体原理

随着现代科技的发展，创造的层次在深化，发明的难度在增加，离开集体的团结协作仅靠个人的努力，搞创造发明其困难可想而知。

群体原理是指在创造活动中结成一个研究群体，使彼此间产生积极的相互影响和促进作用，对激发创造性构想是大有裨益的。

群体原理并不意味着一个研究课题组越大越好。恰恰相反，课题组最好控制在尽量小的规模上，这样做有利于发挥每个人的才能。而人数过多，往往会使一些人处于从属和被动地位，降低创造活动的效率。这其中有一个最佳群体数量和结构的问题。

4.2 创造技法概述

4.2.1 创造技法的含义

所谓创造技法，就是创造学家根据创造性思维发展规律总结出的创造发明的一些原理、技巧和方法。在创造实践中总结出的这些创造技法还可以在其他创造过程中加以借鉴使用，能提高人的创造力和创造成果的实现率。

4.2.2 创造技法的使用原则

目前，世界上的创造技法达 300 多种，主要是一些非程式化的方法。但从整体看，每个创造技法都离不开如下基本原则：

1. 自由畅想原则

创造技法没有边界、没有禁区、没有权威、没有止境，创造没有任何框框。想象力是创造性思维能力的核心，想象也是没有任何框框的。因而，使用创造技法也必须破除一切条条框框，鼓励自由畅想、促进思维流动、让思维自由驰骋。

规定此原则的目的是：①让创造者尽可能地解放思想，不受任何传统思维和观念的束缚，不必介意自己的创造设想或思想是否荒唐可笑，自由畅想、随意想象，使创造思想始终保持在自由发射的状态，想法越新越奇越好。②让创造者充分发挥想象力，使创造思路做大幅度的回转跳跃，通过发散、侧向、逆向思维和联想、幻想、想象等形式，从广阔的学科领域寻找新颖的发明创造方案。

2. 信息刺激原则

脱离社会实践，闭门造车，既不能发现问题，也难于解决问题，是搞不出创造的。信息是打开新思路的钥匙，信息越多越有利于想象和联想；有许多不同领域的信息，更可以启发我们破除习惯性思维而开拓新思路；许多潜意识也只能在信息的刺激下涌现。因而，创造技法必须为充分调动各种信息而创造条件。

3. 集思广益原则

“三个臭皮匠，胜过诸葛亮。”集体智慧是创造力的源泉，大力开展集体创造，是创造技法的重要原则。集思广益的观念源自一种自然现象：全体大于部分的总和。即使你是“天才”，凭借自己的想象力，也许可以获得一定的财富，但如果你懂得让自己的想象力与他人的想象力结合，就定然会产生大得多的成就。我们每个人的“心智”都是一个独立的“能量体”，而我们的潜意识则是一种磁体，当你去行动时，你的磁力就产生了，并将财富吸引过来。但如果你一个人的心灵力量，与更多“磁力”相同的人结合在了一起，就可以形成一个强大的“磁力场”，而这个磁力场创造财富的力量将会是无与伦比的。这种集思广益的思维方法在当代社会已被普遍应用，它能填补个人头脑中的知识空隙，可通过互相激励、互相诱发，产生连锁反应，扩大和增多创造性设想。一些欧美国家财团采用群体思考法提出的方案数量，比同样的单人提出的方案多70%。

将集思广益的原则应用于创造创新过程，其基本心态是，如果一位具有相当聪明才智的人跟我意见不同，那么对方的主张必定有我尚未体会的奥妙，值得加以了解，这就需要沟通。

沟通可分为不同的层次：

(1) 低层次的沟通由于信任度低，遣词用句多，着重要防卫自己或强调在法律上站得住脚，力求无懈可击。这不是有效的沟通，只会使双方更坚持本身立场。

(2) 中间一层是彼此尊重的交流方式，唯有相当成熟的人才办得到。但是为了避免冲突，双方都保持礼貌，却不是一定为对方设想。即使掌握了对方的意向，却不能了解背后的真正原因；也不可能完全开诚布公，探讨其余的选择途径。

这种沟通方式通常以妥协折衷收尾。妥协意味着：一加一只等于一又二分之一，双方互有得失。集思广益，则可使一加一可能等于八、十六，甚至一千六，彼此收获更多。

沟通层次如何左右互赖关系的融洽与否？需试着寻找第三条可行之道，也就是要找到互相商量，甚至直到找出共同认可的方式，不仅能满足双方的需要，而且能使彼此感情更上一层楼。

4. 量中求质原则

习惯性思维思路很狭窄，要搞创造必须拓宽思路。因而各种创造技法都应利用发散思维和集中思维的形式，先求数量，然后从数量中寻求最佳思路。

该原则的关键是“质量递进效应”。谋求数量原则的目的是“以数量保证质量”。参与创造的人员不分上、下级，平等相待，在规定的时间内提出创造设想的数量越多越好，然后创造者要在规定的时间内，加快思维的流畅性、灵活性和求异性，从数量众多设想中寻求最佳的新设想和新思路。

5. 求异求同原则

求异求同原则是“同中求异”与“异中求同”的原则。世界上的事物千差万别，隔行如隔山，又都殊途同归、隔行不隔理。对于既有联系，又有区别的创造对象，创造者必须善于从相同中找差异，从不同中找规律，则可发现处处都是创造的天地。

1）“异中求同”与“同中求异”分析原则的客观依据

（1）事物中“同中有异”与“异中有同”是指客观世界的事物、现象之间作为对立统一的矛盾关系，既有区别也有联系，既有个性又有共性。事物的这种客观本性，要求人们分析事物应从异、同两方面把握，全面地看问题。

（2）事物之间异、同的差异性是指事物之间虽“同中有异”“异中有同”，但有些事物之间的异、同之间差异很大，有些事物之间十分相似，差异很小。

2）“异中求同”“同中求异”的实质和作用

（1）人的思维惯性是“同中求同”“异中求异”，这种思维惯性往往导致对差别明显的事物，常常不注意其联系和共同点；而对相似的事物，又往往忽视其区别。这是片面性思维的表现形式之一，也是医疗活动中“头痛治头、脚痛医脚”的症结。

（2）“异中求同”与“同中求异”的实质是逆向思维，其逆向思维是指要求对显著不同的事物，注意分析其共同点，特别排除二者有无本质上的联系；而对相似的事物，则注意分析其不同点，尤其排除二者有无本质上的区别等。这是避免认识被假象所迷惑，全面深入地看问题总是减少判断失误、提高办事效率的思维基础。

6. 需要实用原则

创造为需要，需要靠创造。创造的需要对应着需要的创造。创造从需要中选择，需要在创造中诞生。选择创造就是从形形色色的需要中发现属于创造的需要，选择可以创造而且能够创造出来的需要作为创造的起点或目标。需要实用性原则作为选择创造的第一原则，决定着创造的方向。创造的需要包含着创造的希望、创造的思想、创造的要求。需要就是创造之母。需要实用性原则不是在创造之后对创造的结果进行选择，而是在创造之前以及创造当中对创造的起点、目标、方向以及途径和结果进行预测与判断。预测是否需要这样的创造，判断这样的需要可否创造，然后决定选择还是放弃这一创造。

7. 尊重科学原则

任何创造都不能违背科学，否则将一事无成。故敢于创造绝不是乱造，尊重科学规律才能取得丰硕成果。尊重科学有很多名言警句：

科学的不朽荣誉，在于它通过对人类心灵的作用，克服了人们在自己面前和在自然界面前的不安全感。

——爱因斯坦

科学就是整理事实，以便从中得出普遍的规律和结论。 ——达尔文

不管过去还是现在，科学都是对一切可能的事物的观察。所谓先见之明，是对即将出现的事物的认识，而这认识要有一个过程。

——达·芬奇

科学研究是探索未知，科研人员既要有严肃、严密和严格的学风，又要有敢想、敢干和敢闯的精神。二者不可缺一。

——朱兆良

科学规律的本身是客观真理，是不会陈旧的。人们运用这些规律的方式和作出的相应设计方案，却是日新月异的。

——王竹溪

搞科学、做学问，要“不空不松，从严以终”，要很严格地搞一辈子工作。 ——华罗庚

科学事物，必须不断研究，认真实验，得寸进尺地深入、扩展，通过韧性的战斗，才能获取光辉的成就。

——陈佳洱

科学技术体系本身是一种现代社会组织，必须以一种现代精神原则作为运动动力，仅仅依靠增加资金与人员的投入，并不能获得所期待的科技产生。

——何家栋

8. 综合创造原则

不同而相关联的事物或现象综合起来可以组成无穷的创新演变，综合是创新的重要渠道。所谓"综合"就是不能够根据某一家、某一派的理论来构筑自己的理论体系，而应该是博采众长、兼融百家、共冶一炉、熔而铸之。所谓"创造"，即"照搬""模仿"之反，意在博采众说中的合理部分，经过辩证地分析、鉴别，进行一种新的再创造。"综合"的目的，并非仅仅出于兼收并蓄，而意在"创造"，而要创造出新的理论和方法，就必须"综合"，即博采各家之长而弃其短。

9. 实践第一原则

任何创造性思维的产生均离不开实践，任何创造技法的应用及效果均需在实践中经受检验。

4.2.3 创造技法的分类

根据有关资料统计表明，目前的创造技法多达数百种，各种技法之间不存在科学的逻辑关系，没有一个公认的标准，难以形成系统化、条理化的科学体系。这是因为：第一，绝大多数技法都是研究者根据其实践经验和研究总结出来的，缺乏统一的理论指导；第二，各种技法之间并不存在线性递进的逻辑关系，形成统一的体系较难；第三，创造性思维是一种高度复杂的心理活动，其规律还未得到充分深刻的揭示，难免出现各执一端的状况。这样，各种技法在内容上彼此交叉重叠、相互依赖、界线模糊，有些似乎已自成体系，但又很不完善。

不同的创造技法在形成过程中所依据的背景和指向的目标不同，造成了某些创造技法有较大的通用性，如智力激励法、卡片法等；而另一些创造技法的通用性较差，如缺点列举法等。总体上讲，用于科学创造、技术发明、艺术创作三大领域的创造技法有所不同。通用性较差的创造技法，运用在某些领域中，其效果往往会更好。

为了使复杂的问题变得清晰明了，便于读者从理论上掌握创造技法，从方法上把握创造技法，并能根据实际需要综合运用技法为创造发明服务，不同学者给出了不同的分类方法。

1. 国内创造创新学者的分类方法

（1）我国著名创造学家甘自恒教授按照创造原理，将通用的创造技法分为6类，并列举了18种创造技法，如表4.1所示。

表4.1 创造创新技法分类表

序号	创造技法类型	创造技法原理	具体技法名称	具体技法原理
1	问题引导型	因问题引导而促成创造的原理	（1）奥斯本检核表法	通过9个问题进行引导
			（2）和田检核表法	通过12个问题进行引导
			（3）5W1H提问法	通过6个问题进行引导

续表

序号	创造技法类型	创造技法原理	具体技法名称	具体技法原理
2	矛盾转化型	因观察和思考的主要矛盾或主要方面转化而产生新设想的原理	(1) 等价变换法	因等价物转换引起创造的原理
			(2) 变元发明法	改变事物内在要素而产生新性质、新功能的原理
			(3) 技术反转法	从技术源引进技术,又向技术源输出产品的原理
3	系统分析型	因系统分析而产生新设想的原理	(1) 价值分析法	通过分析影响价值的因素,降低成本、提高价值而创造的原理
			(2) 形态分析法	通过分析对象各要素对应的技术形态达到创造的原理
			(3) 物场分析法	通过分析和改进物场而创造的原理
4	系统综合型	系统综合创造规律	(1) 系统综合法	通过系统综合而创造的原理
			(2) 信息交合法	通过父本和母本信息交合而创造的原理
			(3) 本体附加法	通过本体附加产生新功能而创造的原理
5	交流激励型	交流激励创造规律	(1) 交流激励法	主体之间通过信息交流和激励而创造的原理
			(2) 智力激励法	通过小会交流激励而创造的原理
			(3) 竞技赛场激励法	主体之间通过多种赛场式交流而创造的原理
6	最优选择型	最佳选择创造规律	(1) 最优选择创造法	主体经过最优选择而创造的原理
			(2) 中山正和法	优选出反映发明目标的几个关键词,再优选出实现关键词的新设计的原理
			(3) 思考树协调选择法	通过思考树进行最优选择而创造的原理

(2) 胡伦贵等在《人的终极能量开发》一书中,按创造性思维方式,将创造性思维技法归纳为 3 类,即:

① **发散思维法**。其包括横向思维法、纵向思维法、逆向思维法、侧向思维法、分合思维法、颠倒思维法、质疑思维法、克弱思维法、信息交合法、头脑风暴法等。

② **聚合思维法**。其包括求同法、求异法、同异并用法、共变法、剩余法、完全归纳法、简单枚举归纳法、科学归纳法和分析综合法等。

③ **想象思维法**。其包括原型启发法、类比法、联想法、假说法和梦幻法等。

(3) 刘仲林在其著作《美与创造》中提出 LZ 分类法。他把创造技法划分为"四大家族",即四大系列:

① **联想系列(联想族)技法**。这是以丰富的联想为主导的创造技法系列,其特点是创造一切条件,打开想象大门;提倡海阔天空,抛弃陈规戒律;由此及彼传导,发散空间无穷。虽然从技法层次上看属于初级层次,但它是打开因循守旧堡垒的第一个突破口,因此极为重要。"头脑风暴法"是联想系列技法的典型代表。它所规定的自由思考、禁止批判、谋求数量

和结合改善等原则，都是为丰富的想象创造条件。

② **类比系列（类比族）技法**。以两个不同事物的类比作为主导的创造技法系列。其特点是以大量的联想为基础，以不同事物之间的相同或类似点为纽带，充分调动想象、直觉、灵感诸功能，巧妙地借助他事物找出创造的突破口。与联想族技法比较，类比族技法更具体，是更高层次的创造技法。

“提喻法”是类比族技法的典型代表。类比包括拟人类比、仿生类比、直接类比、象征类比和幻想类比等。

③ **组合系列（组合族）技法**。这是一个以若干不同事物的组合为主导的创造方法系列。其特点是把似乎不相关的事物有机地合为一体，并产生新奇。组合是想象的本质特征。与类比族相比，组合族没有停留在相似点的类比上，而是更进一步把二者组合起来，因此技法层次更高，它也是以联想为基础的。

“焦点法”是组合族技法的典型代表。它以一个事物为出发点（即焦点），联想其他事物并与之组合，形成新创造。如玻璃纤维和塑料结合，可以制成耐高温、高强度的玻璃钢。很多复合材料，都是利用这种技法制成的。

④ **臻美系列（臻美族）技法**。这是以达到理想化的完美性为目标的创造技法系列。其特点是把创造对象的完美、和谐、新奇放在首位，用各种技法实现之，在创造中充分调动想象、直觉、灵感、审美等诸因子。完美性意味着对创造作品的全面审视和开发，因而属于创造技法的最高层次。联想、类比、组合是臻美的可靠基础，而臻美则是它们的发展方向。缺点列举法、希望点列举法都是有代表性的臻美技法。找出作品或产品的缺点，提出改进的希望，使其更完美，更有吸引力。作品或产品的完美是无止境的，臻美也是一个不断努力的过程。

在四大创造技法系列（族）中，联想是基础，类比、组合是进一步发展，属于中间层次，而臻美是最高境界、最高层次。从汉语拼音的角度来说，联想、类比的首字母均为 L，组合、臻美的首字母皆为 Z，故可将上述技法分类称为 LZ 分类法。

(4) 谭迪敖在《创造性思维》一文中将创造技法划分为 3 大类，如表 4.2 所示。

表 4.2 创造创新技法分类表

序号	创造技法类型	创造技法原理	具体技法名称	具体技法原理
1	适应需求法	在调查了解社会需要的客观基础之上，经过仔细观察，充分的调查，抓住生产、生活中的某一需要，下功夫进行研究，就会提出创造课题	(1) 生理需求	维持基本生活条件的需要，如饥渴、冷暖
			(2) 安全需求	为免于生理及心理方面的伤害所要求的保护
			(3) 社交需求	包括社交欲与归属欲两方面的欲望
			(4) 尊重需求	自尊及受到他人和社会尊重的需要
			(5) 自我成就需求	充分发挥个人能力，对某种目标或理想的追求
2	联想构思法	更直接、更具体地运用联想思维进行创新发明的一种技法	(1) 接近联想	在空间或时间上相接近的事物的联想
			(2) 相似联想	对有相似特点的事物形成联想
			(3) 对立联想	有对立关系的事物形成联想

续表

序号	创造技法类型	创造技法原理	具体技法名称	具体技法原理
3	逆向构思法	人们为达到一定的目的，将通常思考问题的思路反转过来，从中引导发明构思的方法	(1) 原理逆向	把原理反过来应用
			(2) 功能逆向	使事物原有功能逆转
			(3) 尺寸逆向	将原有物品尺寸放大或缩小，产生新发明的构思方法
			(4) 缺点逆用	利用物品的缺点，来解决人们生活中的不便
			(5) 废物利用	使“废物”不废，产生新价值的构思方法

应当看到，一切创造技法都不过是创造设计的辅助工具，既要重视，又不可迷信。

2. 国外创造学者的分类方法

日本电气通信协会在其编写的《实用创造性开发性技法》著作中，曾将常用的创造技法分成 6 类：

(1) **提出问题法**。选择目标是创造、创造活动的首要环节，它决定创造的主攻方向，影响到创造设计的成败。这类技法包括缺点列举法、希望点列举法、检核表法、设问法等。

(2) **解决问题法**。技法中多属于此类。按照创造性思维形式和功能特性，还可进一步细分为 3 种类型：

① 想象联想法(如头脑风暴法、输出输入法、强制联想法等)。通过一定的方式和程序，克服妨碍想象的因素、调动激励想象力的因素，使创造性思维如泉涌，达到成功。

② 重组联合法(如形态分析法、组合法、焦点法等)。通过一定的程序和方式，将若干分立因素巧妙地结合或重组，从而获得新的创造。

③ 类比法(包括提喻法和各种类比法等)。通过两个(类)对象之间某些相同或相似来解决其中一个对象需要解决的问题。其关键是寻找恰当的类比对象，这里需要直觉、想象、灵感、潜意识等多种心理因素。

(3) **程式化法**。它是实施步骤已经按逻辑程序加以编排，且每个环节可以产生补充、配合、衔接关系，从而形成有效的创造方法体系。比较有代表性的有物场分析法和等价变换法等。

4.3 智力激励法

中国有句俗话：“三个臭皮匠，胜过诸葛亮。”它的意思是将多人的智慧集中起来，就能超过被世人称为智慧象征的人物诸葛亮。例如，“钱学森、钱三强、钱伟长”为中国杰出的“三钱”科学家，他们的集思广益，推动了我国“二弹一星”的发展，加快了我国进入航天强国的进程。

为了使众人的合作更有效地进行，并想出大量的点子来，创造工程创始人奥斯本在 20 世纪 30 年代创立了奥斯本激励法。韦氏国际大字典将该激励法定义为：一组人员通过开会方式对某一特定问题出谋献策，群策群力解决问题。按其英文(Brain Storming)简称为 BS 法，又称智力激励法或头脑风暴法或群体相互激励法。

4.3.1 智力激励法原则

奥斯本在研究人的创造力时发现，正常人都有创造潜力，都有可能产生创造性的设想，而创造潜力的开发和创造性设想的提出，可以通过群体相互激励的方式来实现，因此创造方法学的群体原理是该创造技法的理论基础。

智力激励法的特点是以一种与传统会议截然不同的方式召开专题会议，通过贯彻若干基本原则和特殊规定，给与会者创造一种主动思考、自由联想、积极创新、相互激发的特殊气氛，从而有效发挥群体智慧产生各种设想，让与会者的各种设想在相互碰撞中激发起脑海的创造性“风暴”，以获取量多、面广、质优的发明创造新设想。

群体智慧的功能不是个人智慧的简单叠加，而是在群体中人们的思维可以相互启发并相互激励，做到思维共振；人们的设想可以相互补充并相互促进，做到连环增殖。

实施智力激励法的精华和核心在于它的自由畅想、推迟评判、以量求质、综合集成、限时限人等原则。智力激励法的有效性取决于人们对这些原则的贯彻程度。

(1) 鼓励自由畅想。要求与会者不受任何条条框框限制，放飞你想象的翅膀，任思维凭空翱翔，自由畅谈，任意想象，尽情发挥。想法越新奇越好，因为设想越不易现实，就越能对下一步设想的产生过程起更大的启发作用。错误的设想是催化剂，没有它们就不能产生正确的设想。

(2) 务必延迟判断。创造性构思的产生是一个不断诱发、深化和完善的过程。在刚开始提出构思时似乎没有什么科学根据和实际用途，但它们却可能蕴藏着极好的创意。如果过早地批判，则可能会使其在萌芽阶段就被扼杀。因此，在头脑风暴活动中，对与会者提出的每一个设想当场不做评价，消除影响自由畅想的一切负面因素，鼓励发言，才能在强化信息同时不断刺激思维、诱发新思想。日本创造学家丰泽雄曾说：“过早地评判是创造力的克星。”因此，会议期间绝对不允许批评与会者提出的设想，任何人在会上不能做判断性结论。

(3) 确保以量求质。头脑风暴会议的目标是在有限时间内，获取尽可能多的设想，从中提取有价值的创造，因此与会者的设想越多越好，会议过程中设想应源源不断地提出来。为了提出更多的设想，可以限定提出每个设想的时间不超规定时间。当出现冷场时，主持人要及时地启发、提示或是自己提出一个幻想性设想使会场重新活跃起来。

(4) 发挥集成创造。与会者应认真听取他人的发言，并及时修正自己不完善的设想，或将自己的设想与他人的设想集成，确保提出更有创意的方案。奥斯本曾经指出：“最有意思的集成大概就是设想的集成。”这是一个吸收与完善的过程，也是一个相互补充一齐提升的过程。

(5) 力求限时限人。会议通常限定时间 30～60 分钟，人数 10 人左右，提倡开短会，提高会议效率，获得更多想法。

4.3.2 智力激励法程序

智力激励法的运用程序，如图 4.1 所示。

1. 准备阶段

(1) 确定会议主持人。会议主持人是否合适对智力激励会的成功有很大作用。因此，会议主持人应具备的条件包括：

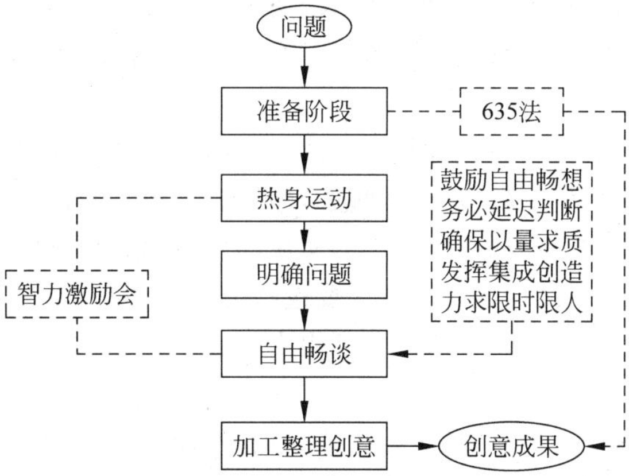

图 4.1　激励法程序

① 熟悉智力激励法的基本原理和方法，有一定的专门知识和组织管理能力；

② 对会议所要解决的问题有明确的理解，能在会议中作启发和引导；

③ 能有效贯彻智力激励法原则，充分发挥智力激励作用机制，调动与会者的主观能动性；

④ 具有公平公正立场和民主工作作风，能平等对待每位与会者，促使会议气氛和谐融洽；

⑤ 具有协调能力和灵活性，对会议中出现的各种情况能及时有效处置，确保会议按预定目标顺利进行。

(2) 确定会议主题。由会议主持人和问题提出者共同研究，充分发挥民主集中原则，确定本次会议所讨论的主题。由于智力激励法适合解决目标单一的问题，因此以一事一议为佳；对涉及面较广或包含因素较多的复杂问题需进行单一目标分解，使会议主题明确、目标单一，容易使与会者思维发散、共振和互补。

(3) 确定与会人员数量与结构

① 智力激励会的人数以 5～10 人为宜。人数过多，无法保证与会者有充分发表设想的机会，使思维目标分散而降低激励效果；人数过少，会造成专门知识面过分狭窄，达不到为解决问题所需的不同专门知识的互补，难以形成信息碰撞和思维共振的局面，也会因思考力不强与融合时间短而造成冷场，影响智力激励的效果。

② 与会人员的专业知识结构应尽可能宽广，而且对讨论的主题比较熟悉，同时也要有少量外行参加，有利于相关学科的交叉融合，克服思维定势障碍。

③ 与会者的智力水准、知识结构、职务、资历、实践经验、级别等应尽可能相近，再视情况配备其他与会人员。

(4) 确定会议地点和日期。应提前几天给与会者下达会议通知，使他们在思想上有所准备，可提前酝酿解决问题的设想。会议通知若是电子形式可通过邮箱、QQ、微信等平台下达，或书面请柬形式也好，内容包括两方面：一是会议时间和地点；二是要解决的问题及背景。最好附上几条对议题的提示或设想。

2. 热身阶段

智力激励会安排与会者“热身”的目的是使与会者尽快进入“角色”，使他们暂时忘却个人的工作和私事，形成轻松、和谐、热烈的气氛，通过做智力游戏、看有关创造方面的录像、回答脑筋急转弯问题、猜谜语、讲幽默故事等使与会者思维活跃起来，进入“临战状态”。

3. 明确问题阶段

主持人首先向与会者介绍会议必须遵守的基本原则和所需解决的问题，使与会者对会议所要解决的问题获得比较一致、准确的理解，做到有的放矢创造性地思考。主持人在介绍所需解决的问题时，要简明扼要，点出问题的实质即可，切忌将自己的初步设想也和盘托出，形成条条框框，束缚与会者的思维。主持人要选择有利于激发与会者热情和开拓思路的方式，也可以将问题分解成不同因素，从多角度提出问题。

4. 自由畅谈阶段

这是智力激励法的核心步骤，也是能否成功的最关键阶段。该阶段应极力形成高度激励的气氛，使与会者能突破心理障碍和思维定势，让思维自由驰骋，提出大量有价值的创造性设想。在自由畅谈阶段，除要遵守智力激励法原则外，还要遵守以下规定：

(1) 不准私下交谈和代表他人发言，始终保持会议只有一个目标；

(2) 不应以权威或群体意见的方式妨碍他人提出个人的设想；

(3) 应力求简明扼要地表述设想，且每次只谈一个设想，以有利于该设想引起与会者的共振和受到启发；

(4) 所提设想不分高低，一律记录或现场录音；

(5) 与会者不分职位高低，一律平等相待。

5. 加工整理阶段

会议结束后，主持人应组织专人对各种设想进行分类整理，筛选出具有实用价值的设想，进一步完善激励会上提出的大都未经仔细考虑和评价的设想。该阶段的任务和做法如下：

(1) 增加和补充设想。在会议的第二天，由主持人或秘书用电话、电子邮件、微信平台、QQ 群或面谈的方式收集与会者在会后产生的新设想。这是不可或缺的一步，因为这一步得到的设想往往会有新的突破或转换，有可能产生新的有价值的设想。

(2) 评判和筛选设想。对与会者提出的各种设想，既要进行筛选评判，又要进行综合完善。为便于筛选和评价设想，最好先根据具体问题本身的性质和解决问题的要求拟定一些评判指标。

(3) 优中选优与发展设想。对筛选评价出来的设想，必须逐一进行分析、比较、发展、完善，做到优中选优。可以一个方案为主，并吸收采纳其他方案的长处，以形成新的设想；或将两个或多个方案进行集成，优势互补，组合成新的方案。

智力激励法可以形成自由畅想、相互激励的氛围，其程序可以根据问题性质和实际条件加以变化和灵活运用。

4.3.3 衍生智力激励法

1. 默写式智力激励法(635 法)

德国人鲁尔巴赫提出了“默写式”头脑风暴法，它与奥斯本智力激励法的不同之处在于：将奥斯本智力激励法中的“自由畅谈”阶段，通过填写卡片的方法来实现。该方法规定：每次会议由 6 人参加，每个人在 5 分钟内提出 3 个设想，所以又称为“635 法”。然后，由左向右传递给相邻的人。每个人接到卡片后，在第二个 5 分钟再写 3 个设想，然后再传递出去。如此传递 6 次，半小时即可进行完毕，可产生 108 个设想。表 4.3 是 635 脑力激励表。

表 4.3　635 脑力激励表

1a	1b	1c
2a	2b	2c
3a	3b	3c
4a	4b	4c
5a	5b	5c
6a	6b	6c

将收集上来的卡片，尤其是将最后一轮填写的设想进行分类、整理，根据一定的评判原则和程序，筛选出有价值的设想。

默写式智力激励法可以避免出现由于少数人争着发言，使部分与会者失去发言机会而造成设想遗漏的情况；可以避免因为某些与会者不善于言词或不习惯当众畅谈而无法表达清楚自己的设想，影响激励的效果。

2. 卡片式智力激励法

卡片式智力激励法又可以分为 CBS 法和 NBS 法。

(1) CBS 法。CBS 法由日本创造开发研究所所长高桥诚根据奥氏智力激励法改良而成。具体做法如下：

① 会前准备阶段。先明确会议主题，再确定每次参会人数。会议由 4～8 人参加，每人持 5 张名片大小的卡片，桌上另放 200 张卡片备用。

② 会议阶段。会议 1 小时左右。最初 10 分钟，每人填写自己的设想，每张卡片上写一个设想；中间 30 分钟左右，由与会者按座位次序轮流宣读自己的设想，每次只能宣读一张卡片，宣读时将卡片放在桌子中间，让与会者都能看清楚。在宣读后，其他人可以提出质询，也可以将受激励后启发出来的设想填入未用的卡片中；最后 20 分钟内，让与会者相互交流和探讨各自提出的设想。

(2) NBS 法。NBS 法是由日本广播公司为了充分发挥智力激励的作用，把口头和书面两种激励法结合起来而提出的一种技法。具体做法如下：

① 会前准备阶段。必须明确主题，每次会议由 4～8 人参加，每人必须提出 5 个以上的设想，每个设想填写在一张卡片上。

② 会议阶段。会议开始后，与会者出示自己的卡片，并依次做出说明。在别人宣读设想时，将自己因“思维共振”而产生的新设想立即填写在备用卡片上。会议发言完毕后，将所有卡片集中起来，按内容进行分类后排列在桌上，在每类卡片上加一个标题，然后再进行讨论，从中挑选出可供实施的设想。

3. 三菱式智力激励法(MBS 法)

奥氏智力激励法虽然能产生大量设想，但由于它严禁批评，难于对设想进行及时的评价和集中。日本三菱树脂公司对此改进，创造出一种新的智力激励法——三菱式智力激励法，又称 MBS 法。MBS 法的具体做法如下：

(1) 主持人向与会者宣布主题。

(2) 由与会者各自在纸上填写设想,时间为10分钟。

(3) 与会者轮流宣读自己的1～5个设想,其他人可根据宣读者提出的设想填写新的设想,由会议主持者记录下每个人宣读的设想。

(4) 将设想写成正式提案并进行详细的提案说明。

(5) 相互质询,进一步修改提案。

(6) 由会议主持人将每位与会者的提案画出结构图贴在黑板上,让与会者评判,并把修改的意见写到相应的位置上。

(7) 组织专门人员对所有提案进行筛选,以获得最佳提案。

例如,某公司急需研制一种净化池,公司领导就召集十余名技术人员,采用三菱式智力激励法,花了半天时间就提出70种方案。他们从中选出了10种最优方案,画出结构图贴在黑板上,再将各人对新方案提出的改进设想写在纸条上,贴在相应的位置。通过公司技术人员的评审,最后得出最佳方案。

4. 卡片整理法(IQ法)

1954年,日本文化人类学家川喜田二郎(Kawakita Jiro,1920—2009)在整理他在喜马拉雅山探险中获得的资料时,尝试着使用一种称为“纸片法”技法。其特点是将所得到的有关主题的杂乱无章信息或设想记入卡片,通过排列组合方法以寻找这些卡片间的逻辑关系,形成比较系统的解决问题方案。这种方法在启发创造性思维方面有神奇功效,于1965年正式提出。此法的出现在创造学界引起了轰动,并逐步在各个领域传播开来。为了纪念川喜田二郎先生,人们以他的姓名的首字母重新命名了该方法,称为KJ法。KJ法的操作分为以下几个步骤:

(1) 准备工作。确定主持人一名,拟定4～8人参加会议,并准备好卡片和黑板。

(2) 获取设想。按智力激励法进行,以获取30～50条信息或设想(卡片)。

(3) 制作卡片。将这些设想(卡片)分别用两行左右的短语写在黑板上,并让与会者抄录一套,制成“基础卡片”。

(4) 卡片分类。①分成小组:每人按自己的思路将卡片进行分组,将某点内容相同的卡片归在一起,制成“小组卡”。不能归类的,每卡自成一组。在小组卡上写出标题。②形成中组:将所有的小组卡放在一起,共同讨论,将内容相近的小组卡归在一起,制成“中组卡”。不能归类的,每卡自成一组。在每组卡片上给出适当的标题。③归成大组:把所有中组卡放在一起,经共同讨论,将内容相近的中组卡归在一起,制成“大组卡”。不能归类的,每卡自成一组。在每组卡片上给出适当的标题。

(5) 综合求解并形成新设想。将所有的大组卡贴到黑板上,并用箭头表示不同组卡之间的相互隶属关系,形成综合求解方案。将上一步完成的图解,用文字形式表述成比较完整的新设想方案。

5. 函询智力激励法

函询智力激励法借助信息反馈,通过反复征求专家意见和见解来获得新的设想。具体做法如下:

(1) 选择相关专家作为函询调查对象。

选聘专家应遵循以下原则:①专家的专业类型要精博结合,特别要重视交叉学科专家的独特作用;②所选专家应对函询调查主题有浓厚兴趣,愿意承担任务;③专家人数要视所解决问题的性质、规模和要求而定，不要太多也不能太少。

(2) 编制函询调查表。

以函询调查表形式将问题寄给专家或通过邮箱、QQ、微信等平台发送给专家，规定期限请求回复。对函询调查表上所列问题应尽可能分门别类、简明扼要，便于专家理解和填写。力求避免先入为主，诱导专家按自己的意志回答问题。

(3) 函询调查组织和设想的加工整理。

组织者收到专家们自由思考和独立判断所获得的设想后，应对设想进行统计分类、归纳概括，将整理好的信息反馈给各位专家。此时，可根据专家的设想，优化原始调查表结构和内容，以便在其他专家设想的激励下，提出新的设想或修正自己原来的设想。如此循环多次，通过数轮函询，最终得到有价值的新设想。

4.4 联想技法

从一个概念想到另一个概念，从一种方法想到另一种方法，或从一种形象想到另一种形象的心理过程叫联想。所谓联想技法，就是在创造过程中对不同事物运用其概念、方法、模式、形象、机理等相似性来激活联想和想象机制，从而产生新颖构思、独特设想的一种创造技法。

4.4.1 联想技法原理

一般来说，人们在长期的科学研究和生产实践中获得的知识、经验和方法都存储在大脑的巨大记忆库里。虽然记忆会随时光消磨逐渐远离记忆系统而进入记忆库底层，日渐散乱、模糊甚至散失，但这种沉睡在记忆库底层快要散失的记忆，通过外界刺激—联想是可以唤醒的，从而把当前的事物与过去的事物有机联系起来，产生出新设想和方案。实际上，底层的记忆在很大程度上已转化为人的潜意识。所以，通过联想使潜意识发挥作用，产生灵感，对人们开展发明创造活动能够提供很大帮助。记忆与联想的路径关系，如图 4.2 所示。联想是发明创造活动的一种心理中介，它具有由此及彼、前后联系、触类旁通等特性，常常会将人们的思维引向深化，导致创造性想象的形成以及灵感、直觉和顿悟的发生。

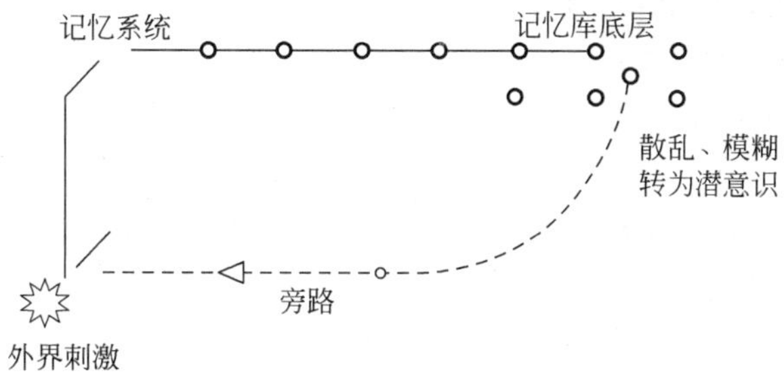

图 4.2 记忆与联想的路径关系示意图

4.4.2 联想技法的分类

1. 相似联想

根据事物之间在原理、结构、性质、功能、形状、声音、颜色、成因、规律等方面的类似之处，把记忆的材料与自己体验过的事物联结起来，往往会从这一事物引起对另一事物的联想，从而导致新的创造发明，这就是相似联想。

微波炉60载发展史

微波炉是人类最辉煌发明之一。烹调、加热、解冻、烘焙等只是基本功能，微波炉可用于蔬菜脱水、恢复食物香脆、物品长久保存、熬制中药、烘烤水粉画……是家电产品里的多才多艺动力。

起源："世纪一喷"

1945年时，美国工程师珀西·斯本塞在微波发射器旁发现，放在口袋里的巧克力融化了。

口袋里的巧克力为什么会融化呢？斯本塞抓住这一现象进行了认真分析和研究。"难道是微波起的作用？"于是斯本塞用微波先后对玉米、鸡蛋等食物在微波发射器旁进行试验，结果受热爆炸的鸡蛋喷溅他一身，这就是著名的让斯本塞坚信微波加热观点的"世纪一喷"！

实验发现某些波长的电磁波的确能引起食物发热。在此基础上，他第一个提出利用微波加热食物的设想。

乳名"雷达波"炉

在斯本塞奇特思路的设想下，一种利用微波加热的新烹饪方法产生了。

1946年，美国雷神公司与斯本塞共同研发专门烹饪用的微波炉，并获得使用微波来烹调食物的专利申请，次年获得首个微波炉专利。

1947年，世界上第一台家用微波炉推出，它有一个1700W的水冷式磁控管，重量超过340公斤，足足有6英尺高，成品检验时，只能被安放在波士顿饭店，它的价格也非常昂贵——3000美元。因为它的发明来自于雷达装置的启迪，所以最早被称为"雷达波"炉，后来才正名为"微波炉"。

斯本塞本人也因为突出成就，获得了美国海军颁发的最高公民奖"公众服务优异奖"，同时被著名学府麻省理工学院授予名誉理学博士头衔。

斯本塞在做实验时本人长期经受微波烘烤，不过这似乎对他的健康并无影响：他活到了76岁(1894—1970)，这表明微波炉危害论有些危言耸听。

元老级微波炉

1964年，日本人小仓庆志改善了微波炉磁电管，如图4.3(a)所示，大幅降低了微波炉价格。

1965年，乔治·福斯特与斯本塞共同设计了一种耐用廉价的微波炉，才在美国取得了巨大的成功。

1967年，微波炉终于瘦身成功，并且改变了人们对微波炉的看法，形体娇小且动作迅速，只需要几分钟就能完成以往可能需要花费几小时才能完成的烹饪作业。Amana推出一款售价为495美元的微波炉，如图4.3(b)所示，开始了它成为家庭厨房主力的征途。

微波炉在中国

1982年中国第一台微波炉在南京诞生；1992年9月第一台"格兰仕"品牌的微波炉正式诞生；2000年1月中国第一台网络微波炉问世；2001年6月世界第一台便携式袖珍微波炉在格兰仕美国微波炉研究中心问世，它采用了变频式、重量轻、热效率高，相对

(a) 日本第一台微波炉，1964年　　(b) Amana 微波炉，1967年

图 4.3　元老级微波炉

有效容积增大，极大方便了野外作业、外出旅游、郊外度假的人们。这是继车用微波炉、船用微波炉之后推出的便携式袖珍变频微波炉。它极大地丰富了微波炉产品，在欧美市场十分畅销。

2. 接近联想

从空间上或时间上由一事物联想到比较接近的另一事物，从而激发出新创意、新设计、新发明的过程为接近联想。一般地说，空间上接近的，时间上也必定接近；时间上接近的，空间感知也势必接近，时空的接近往往有内在联系。

德国侦察兵发现法军高级指挥部的故事

德法战争期间，德国侦察兵发现法军阵地后方的空地上有一只家猫经常出没，它每天早晨八九点时总在晒太阳，该空地是一片坟地，而坟地周围又没有村庄和房舍。这位善于联想的侦察兵从空间位置接近想到，里面很可能有个掩蔽部，而且还可能住有高级军官，因为法军中高级军官可以有家猫(接近联想)，于是向总部发出通知，德军用六个炮兵营集中轰击。事后查明，这里的确是法军的一个高级指挥部，经炮击后掩蔽部内人员全部丧生。

3. 对比联想

任何事物都是由许多要素组成的，其中包含着本身的对立面或反面。从周围事物的对立面或相反方面进行联想，从而激发出新创意、新设计、新发明的过程就是对比联想。对比联想往往在一对对立事物之间进行，既反映事物的共性，又反映事物的个性。这种联想容易使人们看到事物的对立面，具有对立性、挑战性和突破性。对比联想属逆向思维，常常会产生意想不到的效果。从不同思维视角，常用的对比联想法有：

1) 对立联想

对立联想是指从某一事物属性或特点的关注，而转向对事物相反属性或特点的关注，并由此引发联想解决某一问题。对立联想在思维方法上与对比联想有相似之处，也是从逆向角度思考问题，所不同的是它不只由正到反地思考而联想到另一事物，而且从不同的侧面找到关注点，或者直接从反面(或缺点)寻找可利用之处。因此，又有人把它称作侧向思维。显然，这种思维方式的范围更加扩大了。

对立联想不仅有对比联想的逆向性、挑战性、反常性，还有反面的利用性和思维的侧向性。

（1）**反面的侧向性**。就是直接针对反面或缺陷进行思考，考虑对它的转化或利用。像人们常说的“以毒攻毒”“变害为利”“将计就计”等，都反映了对立联想的思维特征。

（2）**思维的侧向性**。就是利用对立联想（还包括思路）的多向性，当在正反两个方向上都找不到解决问题的办法，或找不到满意的办法时，把注意力转向其他方面寻求更好的途径。

司马光砸缸的故事

有一次，司马光跟小伙伴们在后院里玩耍。院子里有一口大水缸，有个小孩爬到缸沿上玩，一不小心，掉到缸里。缸大水深，眼看那孩子快要没顶了。别的孩子们一见出了事，吓得边哭边喊，跑到外面向大人求救。司马光却没有跑，思索救人的方法。此时，救人的方法有三种途径：一是，把小孩从水缸中拽上来；二是，把水缸翻倒，把水倒出；三是，设法让水流出来。从当时的情况看，前两种方法，小小的司马光是做不到的。唯一的出路，只能从第三种途径中找到办法，司马光急中生智，从地上捡起一块大石头，使劲向水缸砸去，“砰！”水缸破了，缸里的水流了出来，被淹在水里的小孩也得救了。从创造学角度分析这件事，可能司马光的聪明机智就在于他头脑中原来就没有那么多框框。他既不必直接拽人（正向思维），也不必把缸翻倒（逆向思维），而是无论如何，让人水分离（侧向思维）。这就是流传至今的“司马光砸缸”故事。这件偶然的事件使小司马光出了名，东京和洛阳有人把这件事画成图画，广泛流传。

针对目标进行思考是创造性思维的根本所在，虽然常规性思维也是围绕目标而进行思考的，但是在对待遇到的障碍上，两者有很大的差异。常规性思维对待前进中遇到的障碍，主要是想尽方法克服，去攻破障碍。而创造性思维对待障碍却有三条路进行选择：一是，变换思路，突破它；二是，改变思维方向，绕过它；三是，灵活多变，利用它。显然，创造性思维的“活动范围”扩大了许多，特别是第三条路径，更有它的可贵之处。

卡介苗的诞生

在20世纪初的一天，法国细菌学家卡默德和介兰一起来到一个农场，他俩看见地里长着一片低矮的玉米，穗小叶黄，便向农场主问道：“玉米为什么长得这么差呀，是缺肥料吗？”农场主回答说：“不是。这种玉米引种到这里，已经十几代了，已经有些退化了。”卡默德和介兰听后不约而同地陷入沉思，他们都马上联想到自己正在研究的结核杆菌。他们想，毒性强烈给人类带来了巨大危害的结核杆菌，如果将它一代一代地定向培育下去，它的毒性是不是也会退化呢？如果也会退化的话，将这种退化了的结核杆菌注射到人体内，那它不是就能使人体产生免疫力了吗（有毒与无毒的属性对比）？正是以这样的对比联想为基础，他们俩人花费了13年时间的反复研究，培育了230代结核杆菌，最终培育出了对人类做出巨大贡献的人工疫苗。为了纪念功勋卓著的生物科学家卡默德和介兰，世人便将他们所培育出来的人工疫苗称为“卡介苗”。

这个故事是一种典型的对比联想，它是从事物的一种性质或属性联想到与之对立的另一种性质或属性。

2）结构颠倒联想

从结构颠倒角度进行对比联想，就是从空间考虑，前后、左右、上下、大小的结构，颠倒着进行联想。

3）物态变化联想

当看到事物从一个状态变化成为另一种状态时，联想到与之相反的状态。

4. 因果联想

1）因果联想的含义

客观事物之间具有一种因果关系，人们由因想到果，或由果想到因的心理活动，就叫因果联想。宽泛地说，因果联想就是由一个人或一件事想到与他们有因果关系的另一个人或另一件事。

下面这首诗是怎样运用因果联想的？

春夜喜雨

杜　甫

好雨知时节，当春乃发生。
随风潜入夜，润物细无声。
野径云俱黑，江船火独明。
晓看红湿处，花重锦官城。

这首诗题目叫"春夜喜雨"，可最后两句写的却是早晨的景象。"春夜"与"晓看"不是矛盾吗？这首诗歌不是不切题吗？表面上看，这种疑问不无道理，但请注意题目中的"喜"字。杜甫对春夜之雨，非常喜欢。怎样把这种喜欢之情表达出来呢？他想到了一场春雨下了之后，第二天一早，成都城里，一定会开满鲜花，而且鲜花上还沾着雨滴呢！有了这两句，"喜"字不就更见落实了吗？第二天的花团锦簇，正是第一天好雨"润物细无声"的结果啊！由因及果，自然美妙。富有哲理。

有时为了获得某一种发明成果，须经一连串的因果联想才能实现，叫做连锁反应的因果联想。这种连锁反应是有原因有结果，也称"输入输出法"，就是给出输入条件和输出目标，以联想有关现象和事物的"黑箱"构造为中介，把输入和输出联系起来的发明技法。

2）因果关系的特点

客观世界各种现象的相互依存性、联系性和制约性构成了它们之间的因果关系。某个或某些现象的发生会引起另一个或一些现象的发生，成为因果关系。因与果的关系大体有如下几个特点：

（1）具有互逆性。

因与果不是固定不变的，它们是可以互相转换的。在一定条件下，因可变成果，果可变成因。前一段的果，是后段的因。世界上不存在无原因的结果，也没有无结果的原因，一个事物或现象的存在，既是以前事物或现象产生的结果，又是以后事物或现象发生的原因。

（2）具有多重性。

事物的因果关系多种多样：一因一果、一因多果、多因一果、多因多果；一果一因、一果多因、多果一因、多果多因。运用因果分析法，要注意将原因与结果的关系讲清楚，不要遗漏，也不要主观臆断，而要实事求是地进行分析。

（3）具有时间积累性。

从时间上看，因发生在果之前，果产生在因之后。从因开始到果形成的这段时间，由于客观的条件、情况和本质的不同，时间的长短有极大差别。有的从因到果在很短时间内即可形成，如照相把摄影对象反映在胶片上，不到千分之一秒即可形成；森林雷击火的发生在一瞬间即可形成；而有的现象从因到果的形成时间很长，需要若干年或更长的时间，今天大自然的山川和海洋的现状以及动植物的现状，是几亿年时间形成的结果。当然，事物不会停止不前，它们还在每时每刻发生着变化，今天的现象又将成为明天结果的原因。

5. 强制联想

1）强制联想的含义

强制地运用类比、近似、对比等联想，将无不处于普遍联系和变化发展的事物外在地或内在地联系起来，根据实际情况和具体需要开发性地进行重新组合，加以调整、改造、完善，产生一种崭新的创意、设计和发明，就是强制联想创新法。

旋转万能X射线电视透视台

日本东芝电器公司设计和制造的旋转万能X射线电视透视台，背卧位能够旋转300°和−90°，由遥控任意选定病人的体位，在起、倒或起或倒的任何角度上，X射线管、增强器、电视装置和病人都能紧密地联系在一起。整体格局一反常规的对称平衡设计，以环状框架和平板卧位相结合，作动态均衡设计。局部格局一反常规的动态均衡设计，以环状框架为中心轴对称布置X射线装置、增强器、电视装置，作对称平衡设计。全局和局部之间，以同一的形态、材质、色彩作过渡和呼应。整组设备不仅呈现出稳重感和安定感，而且呈现出轻巧感；不仅方便病人和操纵者，而且渲染了宁静、亲切、安全、精密的环境氛围。该旋转万能X射线电视透视台的整体设计运用了强制联想创新法，开发性地重新组合了X射线透视机、电视摄像机、可调节手术台三大原本看似毫无关联的主要设计。

2）强制联想方法优点

（1）有利于克服联想定势和思维定势，把联想从熟悉的领域扩延到陌生的领域，甚至是意想不到的领域；

（2）不仅充分发挥既有设计及其相互组合的潜力和效益，而且强化和深化开发性重新组合的创造性和新颖性；

（3）既能够自成一体、连续更新和开发，又能够同其他方法相结合，构成大量非常规的新设想、新设计、新方案。

3）强制联想法使用注意事项

（1）多方面、多角度、多层次地把不同的事物和不同的设计强制联想起来，差异性和跳跃性越大就越容易打开思路、超常组合。

（2）强制联系以发散式联想和思维为主，越广阔越好；强制结合以收拢式联想和思维为主，越集约越好。

（3）借助矩阵排列和电子计算机辅助设计，把各种强制联系和强制结合划分成已有的、平庸的、改进的、新颖的、奇特的五大类，去掉第一、第二类，保留第三、第四类，变换和修正第五类。

4.5　组合分解技法

组合现象是十分普遍，也是极为奇妙复杂。组合创造技法早就引起人们的注意，并在技术创造实践中得到广泛应用；而分解创造却长期被人们忽视。创造实践表明：分解一件事物的创造比组合两个或三个以上事物的创造更艰难，然而，一旦掌握了分解创造技法，就能化难为易，取得意想不到的创造效果。所以，更有必要很好地了解和运用分解创造技法。

4.5.1　组合法

在自然界和人类社会中，组合是宇宙十分普遍的现象，原子组合成分子，分子组合成细胞，细胞组合成组织、器官、系统直到人体；个人组合成家庭，家庭又组合成社会。组合现象又是极为奇妙复杂的。同样是碳原子，以不同的晶格构造便可形成性质迥异的物质：坚硬的绝缘体金刚石和脆弱的导体石墨。而在人与人、物与物、人与物的组合中，更是千变万化，各不相同。

1. 组合法的含义

组合一词在《现代汉语词典》中被解释为"组织成为整体"或"组织起来的整体"。从思维原理和操作形式来看，组合不同于综合。组合既可以是自然组合，也可以是人工组合。硅晶体是由硅原子按一定规律周期性组合而成，属自然组合；组合得好的石头能成为建筑，组合得好的词汇能成为漂亮的文章，组合得好的想象和激情能成为优美的诗篇，属人工组合。

组合不是胡乱的拼凑，系统、巧妙的组合有时能够导致重大的发明创造。

瑞士军刀

瑞士军刀又常称为瑞士刀(Schweizer Messer)、万用刀，是由瑞士人埃尔森纳发明的，他是制帽匠的儿子，长大后去了刀具厂学习制刀。埃尔森纳对制刀很痴迷，业余时间也在关注行业内的动态，并且尝试制造了一些新的刀种。这种万是含有许多工具在一个刀身上的折叠小刀，由于瑞士军方为士兵配备这类工具刀而得名。在瑞士军刀中的基本工具常为：圆珠笔、牙签、剪刀、平口刀、开罐器、螺丝刀、镊子等。要使用这些工具时，只要将它从刀身的折叠处拉出来，就可以使用。

瑞士军刀在应用设计上已发生了巨大的转变。首先从长度(刀柄)巨细上一般都有3种规格，以维诺斯刀为例，分别是5.8cm、9.1cm及11.1cm的小、中、年夜3种。小号刀在组合功能上适合女性、少年，和钥匙链别在一路随身携带，多用于家居糊口，如"孺子军""迷你冠军"等。中号刀因为其适中的长度，既可以作为常用工具带到野外旅行，也是家居生活及工作的好辅佐，例如，"经典型""董事长"等型号。而年夜号刀一般是握手型的刀柄，手感舒适，是野外旅行、爬山探险及一些工作的好辅佐，例如，"猎手""工作冠军"等型号。除了在巨细设计区别外，瑞士军刀首要针对不同用途及使用，组合了上百种型号，有针对野外旅行、探险爬山的"露营者""攀缘者""爬山家"等；有适合垂钓的"垂钓之王""渔夫"等；有适合驾车者的"爱车一族""工匠"等；有专门为司理们设计的"司理""老板"刀等，甚至还有专为左撇子设计的合用刀型。

这种方便的多功能袖珍刀很快就极受欢迎，而且开始收到越来越多的来自国外的订单。

刀的功能也不断在改进，很快刀上又加了木锯和剪刀等工具。不久，大螺丝刀上加了一个瓶盖起子，罐头起子上加了个小螺丝刀。而后，刀上又加了指甲锉，牙签，镊子，带金属锉的金属锯，带吐钩器和标尺的除鳞器，十字螺丝刀，钥匙圈和放大镜。瑞士军刀可以有一百种以上的组合功能。在各种各样的军刀中，“旗舰”是有 31 种功能的“瑞士冠军”，这种刀的所有工具总重量仅有 185 克，因而它便于携带。纽约现代艺术博物馆和在慕尼黑的德国实用艺术博物馆都将 VICTORINOX“冠军”作为“工业设计精品”收藏。“瑞士冠军”由 64 个独立零件构成，在生产过程中需经历 450 多道工序。

从瑞士军刀的发明可以知道，组合法是指按照一定的技术原理或功能、目的，将现有的科学技术原理或方法、现象、物品作适当的组合或重新安排，从而获得具有统一整体功能的新技术、新产品、新形象的创造技法。而何谓创造中的组合技法呢？所谓组合技法是指运用创造性思维，将已知的两个以上的事物，巧妙地加以组织而成为一个较佳的事物的创造技法。

能被称之为创造的组合，必须具有 3 个要素：

(1) 由多个特征组合在一起；

(2) 所有特征都为单一的目的共同起作用，它们相互支持、促进及补充；

(3) 产生一个新的效果，就如系统论中所描述的那样，系统的效果必须大于系统各元素单独效果之和，即 $1+1>2$。

2. 组合法的分类

1) 同类组合

它是指将若干相同或相似的事物进行组合，通过数量变化弥补功能上的不足或得到新的功能的技法。

同类组合的特点包括：①组合对象为两个或两个以上同类事物或同一事物；②参与组合的对象，组合前后的基本原理、基本结构一般没有实质性变化；③组合的产物往往具有一致性或对称性的趋向；④由于组合的角度不同、形式不同、方法不同、目的不同，产生的结果就不同。

图 4.4 是两把刀组合在一起，得到的组合物为一把剪刀。

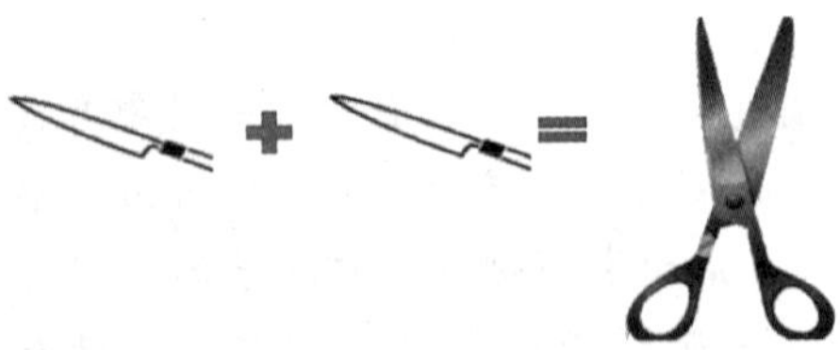

图 4.4　两把刀的组合

2) 异类组合

异类组合是指将两种或两种以上不同种类的事物组合，产生新事物的技法。这种技法是将研究对象的各个部分、各个方面和各种要素联系起来加以考虑，从而在整体上把握事物的本质和规律，体现了创造原理。

异类组合是新事物的最佳创造生长点，它可以是物与物的组合，也可以是事与物或事与事的组合。根据已经了解的异类组合的一般规律，就可以尝试进行创造发明活动了。

异类组合的特点：①组合对象(设想和物品)来自不同的方面，一般无明显的主次关系；②组合过程中，参与组合的对象从意义、原理、构造、成分、功能等方面可以互补和相互渗透，产生 $1+1>2$ 的价值，整体变化显著；③异类组合是异类求同，因此创造性较强。

异类组合的类型包括：元件组合、功能组合、材料组合、方法(原理)组合、现象组合和增减组合等。

(1) 元件组合也称部件组合，就是将两种以上的现有部件或产品进行新的组合，变成一种具有多功能的新产品(往往可拆卸)。

(2) 功能组合就是将多种功能组合在一个部件或整机上(往往不可拆卸)。例如，电话遥控热水器、多媒体计算机等。

(3) 材料组合就是将两种以上材料组合成一种新的材料。例如，钢＋铜＝钢芯铜线；钢＋塑＝钢塑耐腐管；磁料＋塑料＝磁性塑料；磁料＋橡胶＝磁性橡胶；软毛(外围)＋硬毛(里面)＝牙刷。

(4) 方法(原理)组合就是将两种以上的独立方法或原理组合起来，成为有明显效果的发明。例如，灭菌法是激光和超声法的组合；索尼磁二极管 SMD 是霍尔效应和磁阻效应的组合，应用于触点开关、无刷直流电机、无接触电位器等；喷气式发动机是喷气推进原理和燃气轮机的组合；晶体电子显微镜是光学衍射原理和电子显微镜的组合。

(5) 现象组合就是把不同的科学现象组合起来，会出现新的技术现象，对新现象加以研究，形成新的技术原理，从而获得创新成果。例如，日本索尼研究所的山田敏之把“霍尔效应”与“磁阻效应”两个现象组合后，取得了磁半导体的研究成果。

(6) 增减组合就是在原有产品的基础上，通过增减其中的元件，从而获得创新产品。这种组合可以让产品具有新的功能，形成新的产品。例如，潜水服加上加热装置，复印机加上翻译功能，净水装置加入高温处理过滤装置以杀死寄生虫卵等。这些在原产品上增加的元件，都使原产品增加了新的功能。有些产品的结构，它们具有相同的部件装置，若把它们组合在一起，就可共用一个装置，从而减少零部件，降低成本。例如，把电视机、播放器、录像机组合成一台新的多功能电视机，大大降低了成本并减少了体积。

异类组合的实施步骤如下：

步骤 1. 明确组合的目的。据此确定创造选题。

步骤 2. 确定创造起点。选定从事或物的切入角度，进行创新。

步骤 3. 选定组合内容。选定进行组合的物或事的内容，并考虑怎样将它们组合起来。

步骤 4. 研究组合效果。看组合关系是否能够实现，将自己的思路写下来。

电子黑板

电子黑板是由日本电气工业株式会社的几个“臭皮匠”集思广益而产生的。他们的思路是：“在讲习会或其他会议上，听讲者总要一个字一个字地对着黑板抄笔记，真麻烦。不如把黑板和复印机组合在一起就好了……”于是，他们就将两者组合起来，发明了“电子黑板”。这种黑板上写的内容，只要按一下右方的电钮，便全部复印成一页页，发给听讲者作为笔记，方便极了。很快风靡全日本，成为畅销产品。

世界首台自动洗澡机

世界首台自动洗澡机是日本美容器材和化妆品制造商 AVANT 所开发，机内装有 13 种喷嘴，可自动喷出温水，发出红外线和暖风，并有洗净露、沐浴泡沫和润肤乳，除脸部和头发外，全身上下均可清洗，全程18分钟，收费1000日元，公司总共花了两年时间，100万美元才制造了10台，其售价相当于5辆轿车价格。

3）附加组合

附加组合是指以某事物为主体，再增添另一附属事物，以实现组合创造的技法。使用这种技法能起到补充和完善主体的作用，这种技法又称为主体附加法。例如，在琳琅满目的市场上，我们可以发现大量的商品是采用这一技法创造的。如在铅笔上安装橡皮头，在电风扇中添加香水盒，在摩托车后面的储物箱上装上电子闪烁装置，都具有美观、方便又实用的特点。

附加组合的特点：①主体附加法是一种创造性较弱的组合，人们只要稍加动脑和动手就能实现，但只要附加物选择得当，同样可以产生巨大的效益。②主体附加法的创造性在很大程度上取决于附加物的选择是否使主体产生新的功能和价值，以增加其实用性。

附加组合的运用步骤如下：

步骤1. 有目的地选定一个主体；

步骤2. 运用缺点列举法，全面分析主体的缺点；

步骤3. 运用希望点列举法，对主体提出希望；

步骤4. 考虑能否在不变或略变主体的前提下，通过增加附属物以克服或弥补主体的缺陷；

步骤5. 考虑能否利用或借助主体的某种功能，附加一种别的东西使其发挥作用。

步骤6. 研究组合效果。看组合目标是否能够实现，将自己的思路写下来。

一种昂首引吭的雄鸡昂首鸣型玻璃酒瓶

1993年为鸡年，法国人比尔1992年在中国考察时了解中国人春节前后有走亲访友带礼物的过年风俗，他还了解中国十二生肖的作用。于是，他回国后立即制造了一种昂首引吭的雄鸡昂首鸣型的玻璃酒瓶，作为1993年鸡年人们探亲访友的首选礼品，应景应时，再好不过。其中装的是法国的白兰地。比尔把这种商品销往东南亚等地区，受到各地华人的欢迎，取得很大的成功。

4）重组组合

任何事物都可以看作是由若干要素构成的整体，各组成要素之间的有序结合，是确保事物整体功能和性能实现的必要条件。人们囿于有限的实践，往往习惯于原有的模式，似乎只有自己熟知的结构才是合理的。如果有目的地改变事物内部结构要素的次序，并按照新的方式进行重新组合，以促使事物的功能和性能发生变化，从而取得新的较佳效果，这就是重组组合。

"前掠"机翼和"鸭式布局"的飞机

第二次世界大战结束前，飞机的机翼都是平直的。德国人在风洞试验中发现，飞机在较高速飞行时，机翼后掠阻力较小。盟军在战后接收的资料中获得了试验数据，并迅速应用在新型飞机上。现有飞机的机翼基本上采用后掠机翼。

然而，后掠机翼有一个无法弥补的缺陷：由于机翼在负荷下的弹性变形，在俯冲拉起时会出现突然上仰的现象。为此，有人设想把“后掠”反过来变为“前掠”。试验表明，前掠机翼不仅基本上克服上仰现象，还能提高机动性、防止尾旋，有较好的低速操纵性及在音速附近阻力较小的优点。不过，前掠机翼有一个“气动发散”的问题，直到高级复合材料出现后，这个问题才得以解决。

飞机通常要靠机翼之外再设置一个辅助翼面来实现飞行的稳定性和操纵性，辅助翼面由垂直翼和水平翼构成。

垂直翼历来都是装在飞机的尾部，因为只有安置在重心的后面，才能提供稳定的力矩，垂直翼保证横向的稳定和操纵。

水平翼的布局则经历了几番周折。莱特兄弟发明的飞机是把水平翼安置在机翼的前面，这种配置被称为“鸭式布局”。后来，人们把它移至尾部，因为尾部离重心最远，力臂最大，况且能与垂直尾翼形成一个整体，结构上也比较轻巧。但是，水平尾翼在大部分飞行过程中产生的是负升力，尤其在起飞和着陆时，这个向下的力就更大，实际上就等于人为地增加了飞机的重量，对于斤斤计较飞机重量的设计师来说，他们绝不会满意这种结果。于是，人们把目光再次投向“鸭式布局”。虽然“鸭式布局”会增加一点结构重量，但是水平翼和机翼在飞行中都产生升力，升力的增值足以抵消增加的结构重量。“鸭式布局”不仅能减少飞行阻力，而且前置的水平翼产生的气流对机翼形成有利的干扰，具有不易失速的特点，飞机的安全性得到进一步提高。

重组组合的特点：①重组组合是先分解再组合，改变的是各组成部分的相互关系；②重组组合的切入点是：在结构上打主意，从调整位置或顺序方面做工作。③重组组合是在一件事物上进行内部调整，一般不增加新的东西。④重组组合是一种创造性较强的技法，它简单易行、行之有效，效果出乎意料。

重组组合的步骤如下：

步骤 1. 解剖事物的组成部分；

步骤 2. 分析各部分的独立功能；

步骤 3. 找出原结构或形式的不足；

步骤 4. 确定重组方案；

步骤 5. 验证重组效果。

5）聚焦组合

聚焦组合是指以解决特定的问题为目标，广泛寻求与解决问题有关的信息，聚焦于问题之上，形成各种可能的组合，以实现解决问题的目标的创造技法。

阿波罗登月

1969 年 7 月 16 日，美国的“阿波罗 11 号”宇宙飞船点火升空，经 77 小时的飞行到达月球附近，开始绕月球飞行。7 月 21 日格林尼治时间 2 时 56 分，飞船指挥长尼尔·阿姆斯特朗第一个离开登月舱踏上月球。他所说的“这一步，对于一个人来说，是很小一步，但对整个人类来说，是一个巨大的飞跃”，已成为宇航史的名言。为了实现阿波罗登月计划，飞船的全部构件有 300 多万个，调动了两万家企业，120 所大学实验室的 42 万多研究人员，经历了 11

年的工作，才把3名宇航员送到月球并返回地球。其关键是什么呢？阿波罗登月总指挥韦伯说："阿波罗飞船计划中，没有一项是突破性新技术，关键在于综合。"这里的"综合"，实际上就是高水平的多元组合，即聚焦组合。

中国最大也是世界最大的望远镜

位于贵州省平塘县的500米口径球面射电望远镜(FAST)是中国最大也是世界最大望远镜，如图4.5所示，该望远镜已于2016年9月底正式投入使用，并向全世界开放。

图4.5 世界最大的望远镜

1995年，我国天文学家提出了在喀斯特洼地中建造500米口径球面射电望远镜的设想，并选址于贵州省黔南州平塘县的大窝凼洼地。2007年，该项目获得国家审批立项，成为我国九大科技基础设施之一。FAST项目是三大自主技术创新的综合：一是在世界上首次利用天然地貌建设巨型望远镜；二是采用主动反射面技术，整个反射面由4600多块可运动的等边球面三角形叶片组成；第三项创新是轻型索拖动馈源支撑技术，将万吨平台降至几十吨，实现了毫米级的动态定位精度。这种综合实际上就是高水平的多元组合，即聚焦组合。

6）辐射组合

辐射组合是以一种新技术或令人感兴趣的技术为中心，与多方面的传统技术结合起来，形成技术辐射，从而导致多种技术创新的创造技法。

以家用电器为例，由于电进入家庭，由电的辐射组合，现已发展了众多的家用电器。例如，电视机、电冰箱、全自动洗衣机、空调机、电炉、电饭堡、洗碗机、电热毯、抽油烟机、电烤箱、电取暖器、电子游戏机、电吹风，等等。图4.6为电的辐射；图4.7为激光的辐射；图4.8为卫星的辐射。

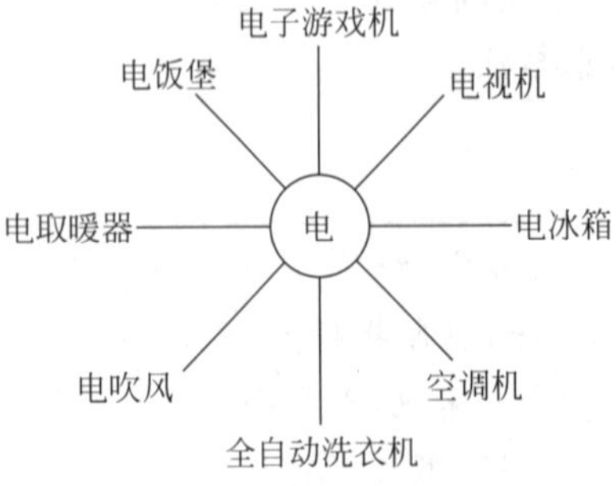

图4.6 电的辐射

7）强制组合

强制组合是指某事物寻求改进或创新，以此事物作为中心点，与一些与改进事物毫不相干的甚至风马牛不相及的事物强行组合，往往也可以从中找到有价值的方案。

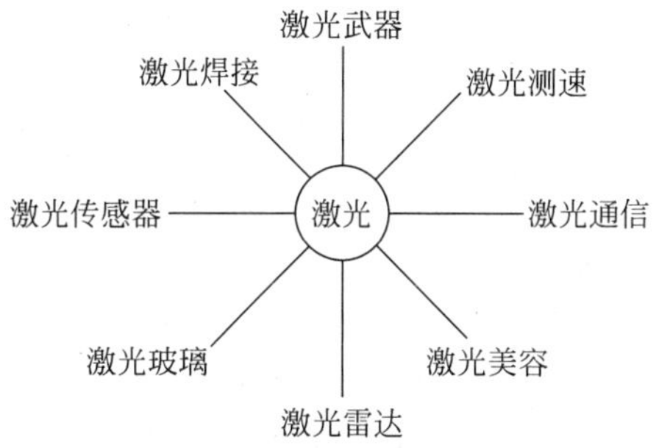

图 4.7　激光的辐射

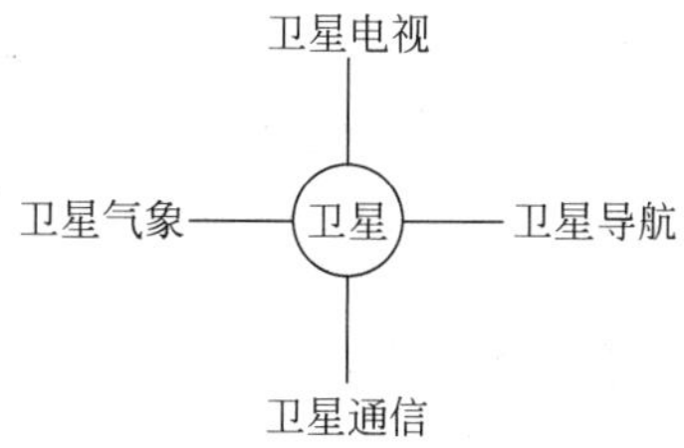

图 4.8　卫星的辐射

强制组合法的规则：①尽量远的原则，列举的物品在属性、功能、结构等方面要尽量远。②延迟评判原则，不要急于对组合的对象进行评价，立即否定会对思路的流畅性有影响。强制组合法可以让我们尽量地考虑两个看似没有联系的事物之间的关系，积极动脑，发挥想象力，时间久了对创新意识和联想能力的锻炼很有效。

强制组合的操作步骤如下：

步骤 1. 列举事物。把所能想到的物品都列举出来；

步骤 2. 强制组合。任意选其中两项以上进行强制组合；

步骤 3. 筛选方案。经过分析，找出具有可行性的方案。

3. 组合创造法流程

如图 4.9 所示为组合创造法操作程序图。

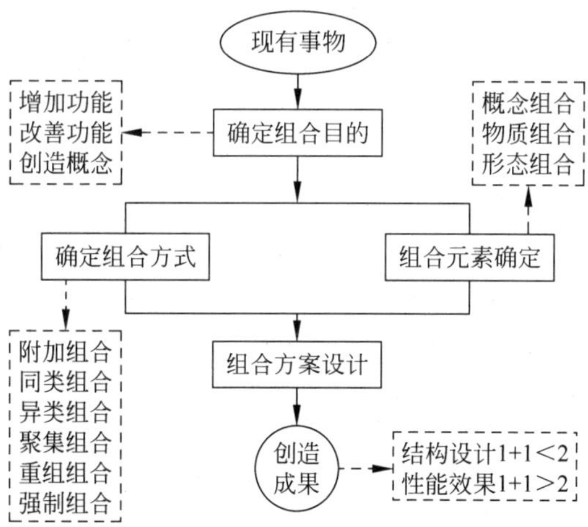

图 4.9　组合创造法

4.5.2　信息交合法

1. 信息交合法的含义

信息交合法，又可以称为“要素标的发明法”，或称为“信息反应场法”。信息交合法是由我国创造专家许国泰经过多年的反复研究、验证，于 20 世纪 80 年代首创的创新思维方法。许国泰认为，人的思维活动的实质，是大脑对信息及其联系的输入、运行过程及其结果的表达，一切创造活动都是创造者对自己掌握的信息进行重新认识、联系的作用过程。

信息交合法的产生

1983 年 7 月，中国创造学第一届学术讨论会在南宁召开。会上除了国内诸多学者、名流参加外，还请了日本专家村上幸雄与会。村上先生给大家作了精彩的演讲，演讲中，他突然拿出一把曲别针说："请大家想一想，尽量放开思路来想，曲别针有多少种用途？"与会代表七嘴八舌议论开了："曲别针可用来别东西——别相片、别稿纸、别床单、别衣物。"有人想的要奇特一点："钮扣掉了，可用曲别针拉长，连接东西。""可将曲别针磨尖，去钓鱼。"……归纳起来，大家说出了 20 来种用途。在大家议论的时候，有代表问村上："先生，那你能讲出多少种？"村上故作神秘地莞尔一笑，然后伸出三个指头。代表问："30 种？"村上自豪地说："不！300 种！"人们一下子愣住了，真的！村上先生拿出早已准备好的幻灯片，展示了曲别针的各种用途。

在与会代表中就有许国泰，看着村上先生颇为自负的神态，他心里泛起浪潮：在硬件方面，或许我们暂时还赶不上你们，但是，在软件上——在思维能力即聪慧上，咱们倒可以一试高低！与会期间，他向村上先生说："对曲别针的用途，我能说出 3 千种、3 万种！"人们更惊诧了："这不是吹牛吗？"许国泰登上讲台，在黑板上画出了图，然后，他指着图说，"村上先生讲的用途可用勾、挂、别、联 4 个字概括，要突破这种格局，就要借助一种新思维工具——信息标与信息反应场。"他首先把曲别针的若干信息加以排序：如材质、重量、体积、长度、截面、韧性、颜色、弹性、硬度、直边、弧等等，这些信息组成了信息标 X 轴。然后，他又把与曲别针相关的人类实践加以排序：如数字、文字、物理化学、磁、电、音乐、美术等等，并将它们也连成信息标 Y 轴，如图 4.10 所示。两轴相交并垂直延伸，就组成了"信息反应场"。

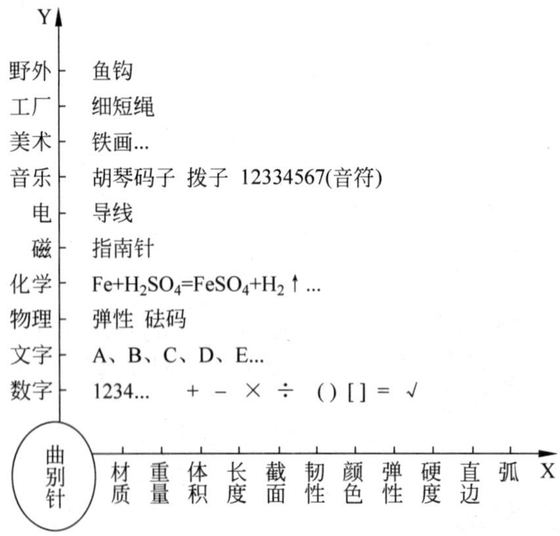

图 4.10 曲别针的诸种用途

从信息交合法的提出过程可知：信息交合法由信息、信息标和信息反应场组成。信息交合法是一种在信息交合中进行创新的思维技巧，即把物体的总体信息分解成若干个要素，然后把这种物体与人类各种实践活动相关的用途进行要素分解，把两种信息要素用坐标法连成信息标 X 轴与 Y 轴，两轴垂直相交，构成“信息反应场”，每个轴上各点的信息可以依次与另一轴上的信息交合，从而产生新的信息。

2. 信息交合法原理

信息交合法是一种在信息交合中进行创新的思维技巧信息交合法，基于以下两条基本原理：

(1) 不同信息的交合，可以产生新的信息。

该原理表明，心理世界的构象即人脑中勾勒的映像，由信息和联系组成。

① 不同信息、相同联系所产生的构象。例如，轮子与喇叭是两个不同信息，但交合在一起组成了汽车，轮子可行走，喇叭则发出声音表示“警告”。

② 相同信息、不同联系产生的构象。例如，同样是“灯”，可吊、可挂、可随身携带(手电筒)，也可做成无影灯。

③ 不同信息、不同联系产生的构象，例如，独轮自行车本来与盒、碗、勺没有必然联系，但杂技演员将它们交合在一起，构成了杂技节目这一物像。

(2) 不同联系的交合，可以产生新的联系。

该原理表明，具体的信息和联系均有一定的时空限制性，没有相互作用就不能产生新信息、新联系。所以“相互作用”(即一定条件)是中介。当然，只要有了这种一定条件，任何的信息均可以进行联系。例如，手杖与枪是风马牛不相及的不同信息，但是，在战争范畴(条件)内，则可以交合成“手杖式枪支”。

3. 信息交合原则

1) 本体交合原则

本体交合是自身分裂，原信息标系和中因子依次“相乘”能给人以改革设想。这种本体交合一定要注意整个系统必须有 X、Y、Z，缺一不可，还要舍去 X、Y、Z 不适合需要的方案构思。例如，由搪瓷杯内壁裸出的一片薄银，能知液体(酒等)是否有毒掺入；若是铜内壁与酸性果汁接触会有化学反应等，可能提供上千百种构思。

2) 功能拓展原则

思维一旦有定势，思想常被定势束缚。打破思维定势，任何事物的功用或任何产品的功能都可拓宽。例如，水杯内壁刻上刻度可当量具，用秸杆可以做纸杯。

3) 异体杂交原则

即以本体信息标为“母体标”，引进非同类信息做“父本”，按本体交合法实施操作。例如指南针，与笔交合，可产生旅游笔；引进温度计，与笔相交合，可产生钢笔式温度计；引进数学，与笔相交合，可产生“九九歌”钢笔，等等。

4) 立体动态原则

把空间方位轴、时间轴引入反应场。例如，杯盖上嵌指北针，盖上画出方位，这样的旅行杯可使人知方向、经度和时间变更。再根据杯盖可旋转引进数学标，可制函数杯、对数杯等。引入人生坐标，可制成生辰杯。把磁引入可制磁化水杯，可延寿祛病等。

此外，不少实践证明，越是“远缘杂交”越难，但越出奇效。例如日本田熊先生把锅炉与人体血液循环放在一起“杂交”，发明高效“田熊式锅炉”。

4. 信息交合法的实施步骤

现以信息交合法在毕业设计选题中应用为例，说明信息交合法分五步实施。

信息交合法在电子信息类专业毕业设计中，简单易做，又与专业和教师科研项目联系紧密，被选用紧密的就是电子信息处理系统设计与实现方面的。但在年复一年的毕业设计选题中，这种选题的创新性和多样性变化是应该做到的，但是往往变化不大。以电子信息处理系统设计与实现为对象，运用信息交合法对毕业设计进行创新，可以产生大量的具有创新性的题目供学生选择，信息交合图如图 4.11 所示。

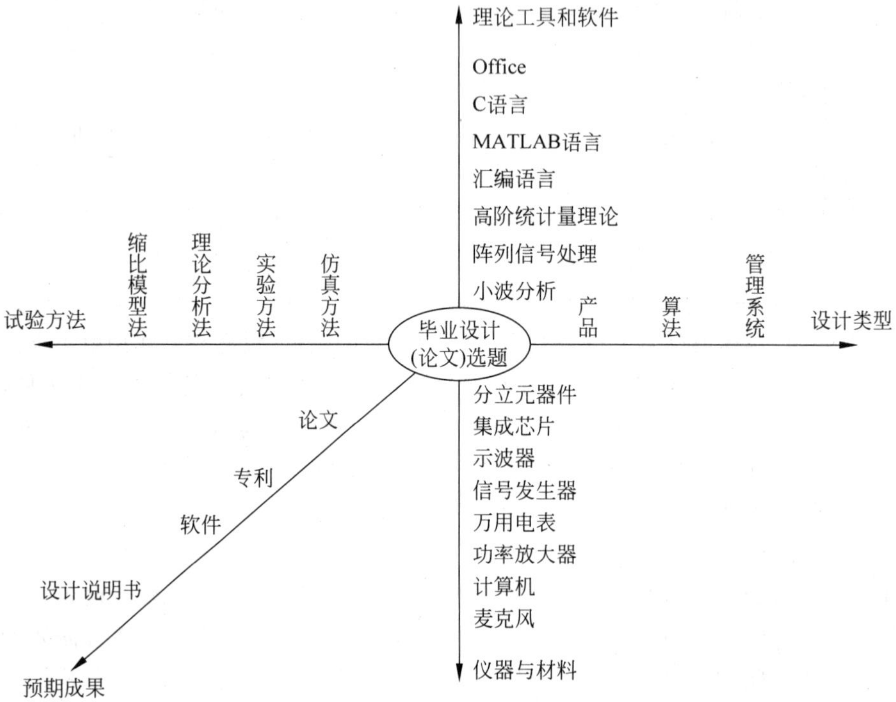

图 4.11 信息交合图

步骤 1. 确定课题目标，即定中心。也就是说，你思考的问题是什么，你要解决的课题是哪个，你研究的信息为何物，要首先确定下来。所研究的信息及联系的上下维序的时间点和空间点，也就是零坐标。在这里是以毕业选题为中心点。

步骤 2. 确定信息轴。根据“中心”的需要，确定划多少条坐标线，并用矢量标串起信息序列。这里需根据电子信息类专业毕业选题的特点及论文写作的要求，从中心点出发，以设计类型、试验方法、仪器与材料、理论工具与软件划标线，并用矢量标串起这些信息序列。

步骤 3. 分割信息，即注标点。在设计类型轴上分割为产品、算法与管理系统；在试验方法轴上，分解成仿真方法、实验方法、理论分析法和缩比模型法；在仪器与材料轴上，标出分立元器件、集成芯片、示波器、信号发生器、万用电表、计算机、麦克风和功率放大器；在理论工具和软件轴上，标出小波分析、阵列信号处理算法和高阶统计量理论、汇编语言、MATLAB 语言、C 语言，Office 和 SPSS；在预期成果产出轴上，标出论文、专利、软件和设计说明书。

步骤 4. 信息交合(相交合)。分别选择各坐标轴上的要素，进行信息交合，组合起来就是一个可供选择的毕业设计题目，如小波变换理论和高阶统计量理论可以用来进行信号变换和去噪声处理；MATLAB 语言和 C 语言可以实现仿真分析。如何将高阶统计量理论和 MATLAB 语言相结合，用于对卫星云图进行处理，为提高天气预报的准确性提供一种有效手段，就是一个很有创新的毕业设计选题，通过这种信息交合可以得到数百个设计题目。

步骤 5. 筛选方案(结晶筛选原则)。通过对方案的筛选，找出更好的方案。因为这些信息的组合都是粗选的题目。在实际选题过程中，还要针对粗选题目的可行性、创新性、专业性、实践性等指标进行评价，对粗选题目进行摒弃、改进和优化，选出适合于学生开展毕业设计的题目。

4.5.3 焦点法

1. 焦点法的含义

焦点法是美国 C. H. 赫瓦德提出的一种创造技法，也是一种典型的强制联想法。

焦点法是以一预定事物为中心(要解决的问题)作为焦点，随便选择一个事物做刺激物(参考物)，通过刺激物和焦点之间的强制联想点，寻求新产品、新技术、新思想的推广应用和对某一问题的解决途径。焦点法的特点是与发散思维、收敛思维、联想思维中的强制联想融会在一起。

焦点联想法的实施步骤如下：

步骤 1. 选择研究对象，并以此作为研究焦点。

步骤 2. 选择任一个物体为参考物。

步骤 3. 列出参考物的各种特征，再由这些特征出发进行发散联想。

步骤 4. 把由这一事物引起的联想与焦点联系，进行组合联想，并列出设想方案。

步骤 5. 对设想方案进行评价、选优。

2. 焦点法的应用实例

1) 新式电子日历的设想方案

本设计以“新型电子日历”作为焦点、分别以“兔子”为参考物，应用焦点组合法提出新式电子日历的设想方案。

步骤 1. 确定焦点：新型电子日历；

步骤 2. 参考物：兔子(参照物可起一个触发物的作用)；

步骤 3. 列出兔子的各种特征，再由这些特征出发进行发散联想：

(1) 爱吃胡萝卜—眼睛里的血丝(毛细血管)反射了外界光线，透明的眼睛就显出红色—红宝石似的眼睛(红红的眼睛)—是夜行动物，它的眼睛能聚很多光(聚光)—眼睛长在脸的两侧，因此视野宽阔。

(2) 喜欢蹦蹦跳跳(活泼、好动)—竖着的大耳朵(听到声音，耳朵就前后摇摆起来)—反应敏捷。

(3) 喜欢干净—前腿较短—后腿较长—适于跳跃、奔跑。

(4) 喜欢干净—嘴巴是三瓣嘴—领域性强，会在自己的地盘上做记号—有一定的连锁反应。

(5) 圆圆的、短短的尾巴—会发出声音—会咕咕叫。

步骤 4. 将列出的各种启发性特征与焦点新式电子日历联系，并由此进行组合性联想。

可以得到以下方案：

选(1)：主色调是红颜色的，带“眼睛”(带照明灯的)、带轮子；带“后备厢”的新式电子日历(可折叠的；材质轻巧＋折叠设计，是一个很好的小储物柜)；配置也很丰富的(可以带一些孔)。

选(2)：有立体感，高低错位、层次分明，有视觉上一致性效果，营造空间层次感。

选(3)：具有轻巧线条和曲线感；让空间在视觉上更有层次感，防尘又美观。

选(4)：使用了人机工程学原理，使用了一体化设计，可以最大限度地利用空间，利用了隔断兼容。

选(5)：圆形的电子日历；球形的电子日历；能移动的；便于清洁的。

步骤5. 再次进行联想发散，并将结果再次与电子日历进行强制组合，具有以下特点：

流线型——造型严谨的流线型，既给整个造型增添了不俗的气质，又给人一种稳定的感觉。

多功能——方便拆装的元素，帮助您改变电子日历的功用。

一体化——形成多种形式、多重变换的工作组，以其完善的功能，适合不同场合，满足现代生活的不同需求。

灵活性——可以灵活移动、灵活放置、倾斜度可调。

人性化——集和谐均衡、简洁轻快、整体完美于一体。

多样性——组合的多样性成就灵活的思维。

层次性——合理规划、层次分明、空间感强。

2) 可行方案的分析

将列出的各种启发性特征与新式电子日历相联系，并由此进行组合性联想。可以得到以下方案：

从以上分析中，我们可以从兔子得到造型严谨的流线型、多功能、一体化、层次感、灵活的、人性化，可自由组合，多样性等，这些是可以和新式电子日历设计结合的元素。可以得到以下方案：

方案A：流线型＋灵活的＋电子日历

外形漂亮，空间大小合适，新式的移动电子日历，它的外观将灵活性与美观性融合在一起，带有可折叠的“硬币存储罐”的新式电子日历，有异曲同工之妙。

方案B：倾斜度可调＋多功能一体化＋层次化的电子日历

将具体功能进行局部细分，分层次布局，整体倾斜度角度可调，具有视觉上一致性效果；营造空间层次感。

方案C：流线型＋空间化＋多功能＋层次化＋人性化的电子日历

造型简洁、现代、大气的外观设计，与使用场合的环境浑然一体，将现代生活和现代办公的概念导入产品的设计中。此外，在背面、左右侧面、上方设置可旋转的隐藏装置，以增加功能、增加层次感、培加美感。

方案D：可自由组合＋一体化＋多样性＋人机组件的电子日历

形成多样、功能完善、适合不同大小空间，可以嵌入、可侧挂、可平放，能满足现代生活的不同需求，简洁轻快、和谐均衡，可以做成圆球形、圆柱形、箱子形、四面体形等。

本设计经过筛选，选择以多功能、倾斜度可调、一体化、多款式和层次感作为设计的要点，进行电子日历的造型设计，可以产生多种可能的创新发明目标。

4.5.4 分解法

1. 分解法的含义

从数学的因式分解、力的分解、化学的分解反应等学习过程中可知，分解的基本原意就是将一个整体分成若干部分或者分出某部分。而创造学中的分解法是指把整体化为局部，把大问题分解为小问题，把系统分解为子系统、子子系统的创造技法。这样，就把复杂的问题和难解的问题分解，使其变成许多小的、简单的、易解的问题，就可以用已有的创造技法加以解决。

例如，拖拉机可分为底盘和发动机两部分，底盘又可分为前桥、后桥等，也可再分解。轮胎也是一个构件，申请专利的轮胎就不少，有“辐射式”轮胎、偏重轮胎等。

2. 分解法分解方式

1）按功能分解

按照分解前后的功能对比，可以将分解法分成两类。

（1）**原功能分解**。将某个整体分成若干部分或分出某一部分作为一个新整体时，其功能结构同整体时的功能目的一样，这样的分解创新叫做原功能分解。虽然原功能分解的功能目的、功能结构基本不变，但由于经过分解，功能的性能、效果、表现形式、载体、代价、寿命、意义等发生了变化，就可能产生新的价值。

例如，可组装的广告灯箱，可组装的家具，给生产和运输带来了方便。又如，马路两旁原连片的固定、水泥人行路面，分解成水泥砖，甚至用彩色水泥砖，其材料不仅易运输、易施工、易更换，还易于变换图案。

（2）**变功能分解**。将某个整体分成若干部分或分出某一部分，作为一个新的整体和新的组合整体时，结构基本不变，而功能却不同于整体原来的功能，这样的分解创新叫做变功能分解。变功能分解创新，追求的是功能的变化。

例如，将自行车进行分解成为独轮自行车，虽然其功能结构基本不变，但是其功能目的发生了变化，其用途不再是代步，而成为杂技表演的道具供演员使用。

2）按矛盾分解

事物的矛盾各种各样，但都可分解为许多小矛盾。要想解决问题的矛盾，必须从分解的小矛盾中找出主要矛盾，主要矛盾解决了，问题的总矛盾也就迎刃而解了。如果是对技术矛盾分解，可按物理矛盾、化学矛盾、生物矛盾进行分解，每类矛盾还可细分。分解后，还必须抓住主要矛盾去分析解决。

例如，汽轮机冷凝器胶球清洗装置，按国家规定，胶球回收率应不低于90%。但大都达不到。哈密瓜电话设备成套设计研究所辅机设备厂的渠斌工程师对这一问题进行了矛盾分解。这里，滤网、导向角度、流速、胶球尺寸及硬度、管径等都可影响胶球的回收率。他对各个矛盾分别分析，找出了主要问题是在出口处产生回旋。因为对30万千瓦机组水流量加大，排水管径不够，在排口处就产生了回旋流，使胶球压向滤网。

3. 分解组合法的步骤

分解组合法的运用步骤如下：

步骤1. 选择和确定分解的对象。分解的对象与组合对象不同，分解创新的对象只是一个事物。经过分解创新，该事物的局部结构或局部功能产生脱离整体的变化。

步骤 2. 分解。对于任何一个整体，只要能分解成异于原先的状态，区别于原先的功能，或者分解出新的事物，就具有进行分解创新的意义和价值。在分解过程中，接触事物各层次的结构、功能、分解各层次的结构，会看到很多巧妙结构，学到许多结构设计的方法。

步骤 3. 组合。将用分离规律研究的结果，按一定方式进行组合或相乘。

4. 分解组合法巧解基因自由组合题

就一对基因而言，遵循分离定律；对多对基因而言，如果控制相对性状的基因位于多对同源染色体上，则遵循自由组合定律。

分解组合法是提高自由组合定律解题效率的简便方法，其原理是将多对基因决定的复杂的综合问题分解为多个一对基因的简单的问题，按分离定律逐对进行分析，然后根据数学概率中的加法原理和乘法原理再彼此组合。

1）分解原理

基因自由组合定律的实质是在生物体进行减数分裂产生配子时，一对等位基因与其他等位基因的分离是独立的，非同源染色体上的非等位基因的分离或组合是互不干扰的。因此，在多对性状或多对等位基因组合在一起时，如果逐对性状或基因考虑，同样符合基因的分离定律。

2）组合原理

基因自由组合概率计算中的组合原理：乘法原理和加法原理。

（1）加法原理。

做一件事，完成它可以有 n 类办法，在第一类办法中有 m_1 种不同的方法，第二类办法中有 m_2 种不同的方法，……，在第 n 类办法中有 m_n 种不同的方法，那么完成这件事共有 $N=m_1+m_2+m_3+\cdots+m_n$ 种不同方法。每一种方法都能够直接达成目标。例如：肤色正常(A)对白化病(a)是显性，一对夫妇的基因型都是 Aa，他们孩子的基因组合就有 AA、Aa、Aa、aa 四种可能，概率都是 1/4。然而，这些基因组合都是互斥事件。所以，一个孩子表现正常的概率是：1/4(AA)＋1/4(Aa)＋1/4(Aa)＝3/4。

（2）乘法原理

做一件事，完成它需要分成 n 个步骤，做第一步有 m_1 种不同的方法，做第二步有 m_2 种不同的方法，……，做第 n 步有 m_n 种不同的方法，那么完成这件事共有 $N=m_1\times m_2\times m_3\times\cdots\times m_n$ 种不同的方法。例如，生男孩和生女孩的概率各为 1/2，由于第一胎不论生男孩还是生女孩，都不影响第二胎所生孩子的性别，因此属于两个独立事件，所以一对夫妇连续生两胎都是女孩的概率是 1/2×1/2＝1/4。

3）应用举例

（1）已知某生物体的基因型，求其产生的某一种类型的配子所占的比例。规律：某个体产生某种配子的概率等于该个体中各对基因单独形成的配子种类的概率乘积。某一基因型的个体所产生配子种类＝$2n$ 种（n 为等位基因对数）。

例如，基因型为 AaBbCC 的个体，产生基因组成为 AbC 的配子的几率为多少？（设此题遵循基因的自由组合规律）

① 分解：Aa→A 的概率为 1/2，Bb→b 的几率为 1/2，CC→C 的几率为 1。

② 组合：产生 AbC 配子的几率＝1/2×1/2×1＝1/4。

(2) 配子的组合方式问题规律：两基因型不同个体杂交，配子间结合方式种类数等于各亲本产生配子种类数的乘积。

例如，已知基因型为 AaBbcc 与 AaBbCC 的两个体杂交，其产生的配子有几种组合方式？

① 分解：Aa→A 和 a 两种配子，Bb→B 和 b 两种配子，CC→C 一种配子，cc→c 一种配子，AaBbcc→4 种配子，AaBbCC→4 种配子。

② 组合：AaBbcc×aaBbCC→4×4＝16 种。

(3) 求子代某种表现型的个体所占的比例规律：某一子代表现型所占比例应等于按分离定律拆分，将各种表现型所占比例分别求出后，再组合并乘积。

例如，已知 A 和 a、B 和 b、C 和 c 分别位于 3 对非同源染色体上，基因型为 AaBBCc 和基因型为 aaBbCc 的个体杂交，求后代中表现型和亲本不同的概率？

① 分解：Aa×aa 产生与亲本表现型相同的概率为 1；BB×Bb 产生与亲本表现型相同的概率为 1；Cc×Cc 产生与亲本表现型相同的概率为 3/4，与亲本表现型不相同的概率为 1/4。

② 组合：子代表现型与亲本不相同的概率为＝1×1×1/4＝1/4。

4.6 列举技法

列举法是在美国内布拉斯加(Nebraska)大学教授克劳福特(Robert Crawford)创造的属性列举法基础上形成的，人为地按某种规律列举出创造对象的要素分别加以分析研究，以探求创造的落脚点和方案的创造技法，是具体运用发散性思维来克服思维定势的。

4.6.1 列举法

1. 列举法的含义

列举法运用了分解和分析的方法，作为一种基本的创造技法，列举法应用广泛，常用于简单设想的形成与发明目标的确定。列举法的要点是将研究对象的特点、缺点、希望点一一罗列出来，提出改进措施，形成有独创性设想的一种创造技法。

2. 列举法的特点

(1) 列举法采用了系统分析方法，重视需求分析，创造过程具有系统化、程序化特征。

(2) 列举法运用了分解和分析方法，是基于详细分析上的列举。

(3) 列举法具有直接、简单、实用的特征，特别适用于新产品开发、旧产品改造的创造性发明过程。

(4) 列举法不仅是创造性发明的主要技法，而且为创造性解决问题提供了方向和思路。

3. 列举法的类型

按照所列举对象的不同，列举法可以分为属性列举法、缺点列举法、希望点列举法、成对列举法和综合列举法等。

1) 属性列举法

针对事物的所有属性进行创造思考的方法就是属性列举法，其要点是首先针对某一事物列举出其重要部分或零件及属性等，然后就所列各项逐一思索是否有改进的必要性或可能性，促使创新产生。

2）缺点列举法

该方法将事物的缺点具体地一一列举出来，然后针对发现的缺点，有的放矢地进行改革，从而获得创造发明的成果。

3）希望点列举法

该方法是通过列举事物被希望具有的特征来寻找创造目标和方向的方法。

4）成对列举法

该方法是在属性列举法和焦点法的基础上形成的，利用列举法务求全面的特征，又吸取了强制组合法易于产生新颖想法的优点，更容易产生独特的创意。

5）综合列举法

该方法是将属性列举法、缺点列举法和希望点列举法综合起来运用的一种方法。

4. 列举法原理

1）分解和分析法

列举法的分解和分析，就是将整体分解为各方面、各部分，然后一一罗列出来的一种行为操作。分解是主体将客体分为若干互不交错、互相重叠的小类或部分；被分解的对象可以是物体、目标、程序等。分析是主体将客体的属性从它存在的"背景"中区分出来，分析后的各子项间相互交错，分析的对象可以是属性、性格、功能、优缺点、希望点等。属性列举法既使用了对结构的分解，又使用了对属性的分析；缺点列举法是分析事物属性；希望点列举法是分析事物被希望的属性；综合列举法是以上分析的综合。

2）**巧用联想法**

在属性列举法、缺点和希望点列举法中经常用到观察联想法。任何创新创造都需要对事物用心观察和分析，在联想时要注意克服联想定势和思维定势，把联想从熟悉的领域扩延到陌生的领域，甚至是意想不到的领域。强制联想法在成对列举法中得到很好的应用。应用时注意多方面、多角度、多层次地把不同的事物和不同的设计强制联想起来，差异性和跳跃性越大，就容易打开思路，超常组合。

3）**突破思维定势和心理定势法**

创造性思维是智力活动的重要部分，它鼓励在发散性思维的基础上进行聚合思维或集中思维，创造性地解决问题。在列举法中，如果受到思维定势的束缚，就会阻碍思维创新。因此，在列举法中，必须排除心理定势和思维定势，确定追求完美的目标；需要克服为了维护自身已有的利益，不愿吹毛求疵、不愿主动找问题的心理定势。

4）综合运用发散思维和集中思维法

在运用列举法时，列举过程以发散式联想和思维为主，联想越广阔越好、思维越发散越好；新设想的分析选择过程以集中式联想和思维为主，越集中越好。缺点逆用法是发散思维的典型运用，而利用认知图对新设想进行选择则是集中思维的方法。

5）**与列举法配套使用的分析方法**

与列举法配套使用的分析方法有：与信息获得相关的市场调查法，与信息的分析相关的认知图分析法和定量测量法。其中，市场调查法和认知图分析法是定性测量法。

（1）市场调查法

对用户意见和市场需求进行调查分析是创造活动成功的基石。在列举法中，市场需求和满足这些需求的方式是创新的重要来源,体现用户意见的新设想总会具有更高的成功率;详细深入精准的调查能够得到对市场需求的创造性理解。在列举法中,市场调查法主要有:档案查询法、主题列举会、用户问卷法和计算机辅助调查法。需要注意的是,调查方法的选择依据研究对象和列举技法特点,也与同一个技法的不同阶段有关。

(2) 认知图分析法

认知图代表了用户在基本需要上感觉到的产品定位,认知图在列举法中有两个用处:

利用认知图,通过比较同类相近产品,发现同类相近产品的核心利益和优缺点,为设计更具有竞争力的新型产品提供参考。

审视认知图中的空白处,处于这个位置的新设想将更具有市场潜力,认知图的分析为新设想的选择提供了一种方法。

图 4.12 是消费者在三个基本需要上对交通服务的认知图。

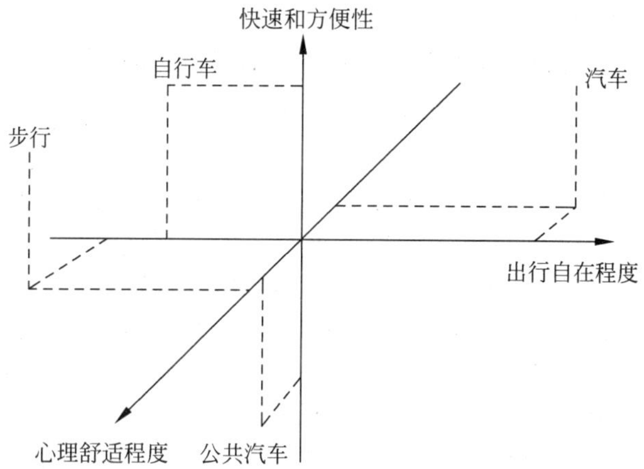

图 4.12 消费者在三个基本需要上对交通服务的认识

图 4.12 从以下几个方面体现了消费者对交通服务的认知。

从快速和方便方面看,反映了某种出行方式无须乘客长时间等待即可快速到达目的地,需要时即可获得来去自由的能力。

从出行自在程度看,合适的温度,恶劣的天气下也不难受,省力、有意思、容易携带行李或带小孩一同出行。

从心理舒适程度看,心情放松、不必担心受到袭击或伤害、不会由于其他人而感到不舒服或被打扰等方面。

(3) 定量测量法

定量测量法是寻找事物的关键点并以此为核心提出新设想的有效方法。

运用列举法一定要找准关键点,对产生的各种设想必须进行分析、分类,剔除无效设想,识别有效设想。

重要性测量表是一种常用的关键点鉴别方法,我们可以对用户直接调查,并将调查结果填入测量表中,各个属性重要程度的平均得分是鉴别关键点的依据,对事物而言得分更高的属性更为关键。表 4.4 是一张重要性测量表的样表。

表 4.4　重要性测量表的样表

重要性程度	不重要(1)	比较重要(2)	重要(4)	很重要(4)	相当重要(5)
属性 1					
属性 2					
属性 3					
属性 4					

4.6.2 属性列举法

列举事物的所有属性，针对这些属性来进行创造思考的方法就是属性列举法。属性列举法是列举法的典型技法，其要点是首先针对某一事物列举出其重要部分或全部属性，然后就所列各项逐一思索是否有改进的必要性或可能性，促使创新产生。

1. 属性列举法及特点

属性列举法，通过对研究对象进行分析，一一列出其属性并以此为起点探讨对研究对象进行改进方法，该方法通过列举、分析属性、应用类比、移植、替代、抽象的方法变换属性，获得创造的目标。

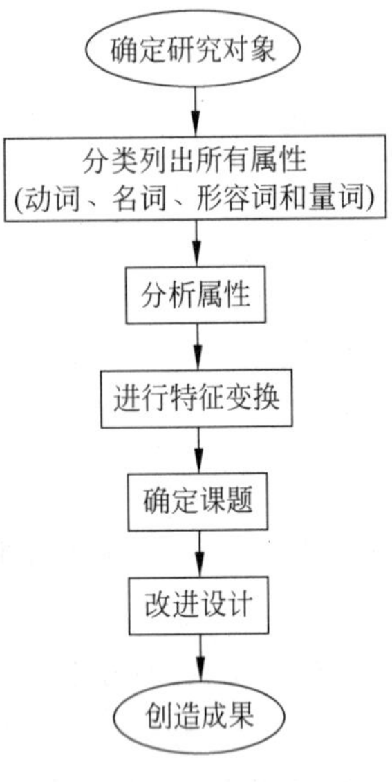

图 4.13　属性列举法流程

属性列举法具有的特点：①属性列举法常用于事物的改造创新；②属性列举法的过程，强调观察、分析及发现关系等技能。属性列举法的操作步骤如图 4.13 所示。

步骤 1. 界定一个明确的需要进行创新的问题，也就是要确定一个目标明确的研究对象。

步骤 2. 了解事物现状，熟悉其基本结构、工作原理及使用场合，通过分析、分解及分类方法对研究对象进行一些必要的结构分解。

研究对象的属性按所用描述性词语一般可以分为名词、形容词、动词和量词四个方面的属性。名词属性主要指事物的结构、材料、整体、组成部分、制造工艺等。形容词属性主要指事物的性质，描述的是人对事物的感性认识，如视觉(色泽、大小、形状、颜色、图案、明亮度、厚薄等)、触觉(轻重、冷暖、软硬、虚实等)。动词属性主要指事物的功能特性，包括事物的主要功能、辅助功能、附属功能及其在使用时所涉及到的重要动作等项目。量词属性主要指事物的数字特征，包括用数字来描述的耗电量、包装数量、使用寿命、保质期等项目。

步骤 3. 从需要出发，对列出的属性进行分析、抽象，与其他物品进行对比，通过提问的方式来诱发创新思想，采用替代的方法对原属性进行改造。

步骤 4. 应用综合的方法将原属性与新属性进行综合，寻求功能与属性的替代、更新与完善，提出新设想。

2. 属性列举法应用注意事项

(1) 研究对象应宜小不宜大。对于较为庞大、复杂的课题，应先分解为若干个小课题，分别运用属性列举法进行分析研究,然后再综合考虑。

(2) 列举属性时,应注意越细越好。

(3) 进行思维变换时,要打破思维定势。

(4) 提出新设想时,对提出的创新点要运用集中思维,通过分析与比较,从众多信息中寻找合适、有良好效果的若干新设想。

(5) 由于不同的属性对事物的特征和功能影响程度有很大的不同,对于大量列举点,必须进行分析和鉴别,从中找出影响大的主要方面作为创造的目标。

4.6.3 缺点列举法

1. 缺点列举法及特点

缺点列举法是把认识的焦点集中缺点上,一一列举出现有事物的缺点,分析缺点产生原因并提出具有针对性的改进方案,从而创造出新事物来实现现有事物功能的创造技法。

缺点列举法要求创新者具有敏锐的观察力和批判性思维,能发现事物尤其是物品的缺点,然后加以改进。缺点列举法直接从社会需要的功能、审美、经济、实用等角度出发,针对具体的创新对象的缺陷,提出改进方案。它的优点在于,以具体的实物为参照,比较容易寻找切入点;它的缺点在于,创新者往往为已存在事物的某些属性所束缚,限制了思维的空间。在对原有产品性能的完善上,缺点列举法是一种很具有针对性的方法,但是如果开发全新的产品,单纯依靠缺点列举法就难以做到了。

缺点列举法的特点:①缺点列举法从研究对象的问题出发,直接列举缺点,简捷、高效。②缺点列举法中强调了问题意识,有利于打破思维定势。③缺点列举法适用于对产品的改造及各种问题的分析。

2. 操作步骤

缺点列举法的操作步骤,如图 4.14 所示。

步骤 1. 选择需要研究的对象或被列举的事物;

步骤 2. 从各个方面(如事物的性价比、方便性、实用性、安全性、外观等)对要研究的对象或被列举的事物进行分析与评价,尽可能地把它的所有缺点都列举出来;

步骤 3. 将缺点加以归纳整理,按重要性进行排序;

步骤 4. 分析形成主要缺点的原因,尽量揭示出深层矛盾;

步骤 5. 综合运用创造学中的其他方法针对研究对象的主要缺点,提出改革设想,并付诸实现。

3. 缺点列举法使用注意事项

(1) 综合运用多种创造技法分析列举的缺点,找出解决问题的途径。创造过程是没有任何禁锢的,借助其他的创造技法来分析问题往往能够克服思维定势,提出更具创新精神的设想。

(2) 在创造活动中,各个技法的运用要相互结合、相互穿插。

(3) 可以利用头脑风暴法的原则开缺点列举会列举缺点,也可以利用缺点逆用法来变弊为利。

4. 缺点逆用法

一般而言,缺点列举法的核心内容是列举缺点、分析并提出改进方法,这是一种顺向思维的方法。将逆向思维的方法引入缺点列举法，不以克服事物的缺点为目的，而是对缺点进行研究，从缺点的有用性和启发性出发，通过发散思维，寻求将缺点以某种方式转变为优点，创造出另一种新事物的方法。这是一种缺点逆用的创造技法。

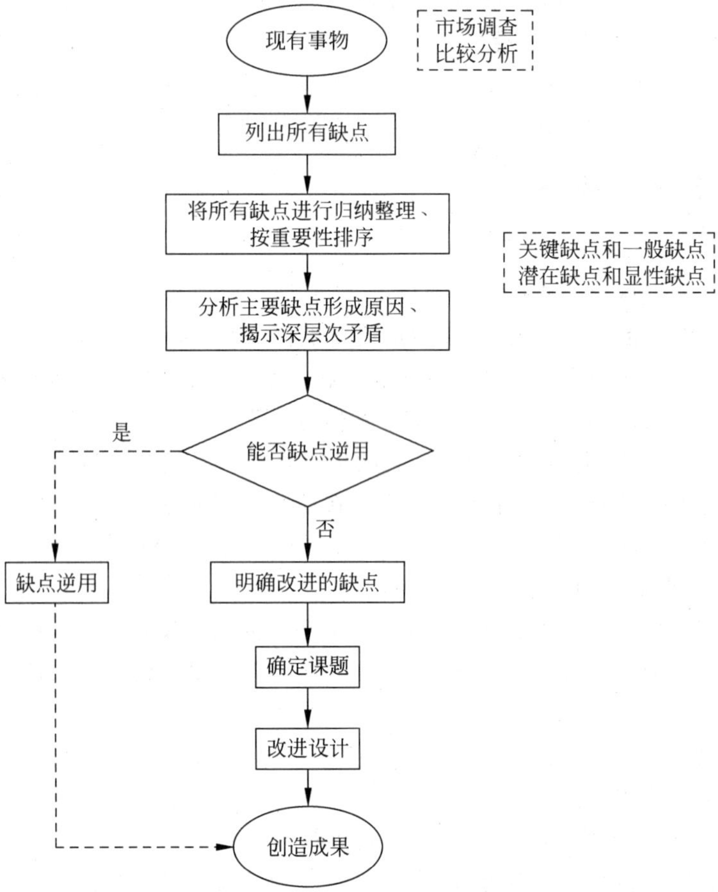

图 4.14　缺点列举法图解

“王致和”臭豆腐

“王致和”臭豆腐今天已是许多人口中的美味，但或许很少有人知道，这臭豆腐竟然是因一次错误而生产出来的。相传康熙年间，安徽青年王致和赴京应试落第后，决定留在京城，一边继续攻读，一边学做豆腐谋生。夏季的一天，他所做豆腐剩下一些卖不出去，只好用小缸把豆腐切块腌好。但日子一长，他竟把这缸豆腐忘了，等到秋天时才想起来，他揭开缸一看，腌豆腐已经变成了“臭豆腐”。王致和正想把“臭豆腐”扔掉，但又舍不得，看看还能不能吃，一吃才知，臭豆腐闻起来虽臭，吃起来却非常香。于是，他又让别人尝尝，吃的人都赞不绝口，一致公认臭豆腐美味可口。从此，王致和弃学经商，他借助和利用自己的错误，专门做起臭豆腐，生意越做越大，而影响也越来越广。最后，连慈禧太后也闻风尝了尝，并对其大力赞赏。王致和的臭豆腐由此身价倍增，不仅上了书，还列为御膳。直到今天，许多外国友人到了北京，都还点名要品尝所谓“中国一绝”的王致和臭豆腐。

缺点逆用法的步骤如下：

步骤 1. 发现事物可以利用的缺点。

步骤 2. 透过现象，认清缺点的本质，抽象出缺点背后所隐藏的可以利用的基本原理和表现为缺点的现象本身的特性。

步骤 3. 根据所揭示缺点的本质寻找利用缺点的用途和驾驭它的办法，提出新设想。

4.6.4　希望点列举法

1. 希望点列举法及特点

希望点列举法是根据有需要、有愿望就会有创造的原理而主动去发现需要，寻找愿望，列举各方面的希望点来开展创造的发散思维创造技法。将希望点转化为明确的创造对象并提出完成课题的途径，是希望点列举法的基本内容，也是这种方法具有创造功能的基本原理。希望点列举法提出的希望有些是从缺点直接转化而来的，对事物某方面的不满，转变为对此改进的希望。但与缺点列举法相比，它能从正面、积极的因素出发考虑问题，不受现有事物的约束，可以把旧事物整个看成缺点，易产生大的突破，能够在更大程度上开阔思考问题的空间。

希望点列举法的特点：①由列举希望点获得的发明目标与人们的需要相符，更能适应市场；②希望是由想象而产生的，思维的主动性强，自由度大，所以希望点得到的发明目标含有较多的创造成分。

2. 希望点列举法的类型

按照是否有明确固定的研究对象，希望点列举法可以分为目标固定型和目标离散型两大类别。

(1) 目标固定型或“找希望”型。将列举法的目标集中在已确定的创造对象上，通过列举希望点，形成该对象的改进和创新方案。

(2) 目标离散型或“找需求”型。将列举法在开始时没有固定的创造目标和对象，通过对全社会、多方位、各层次的人在各种不同的时间、地点、条件下的希望点一一列举，寻找发明创造的落脚点并形成有价值的创造对象。为了相对集中，也可以在列举前规定一个范围。

3. 操作步骤

希望点列举法的操作程序如图 4.15 所示。

步骤 1. 列举对被研究对象的希望点。

步骤 2. 对希望点进行归类整理，区分出短期内可以达到的与暂时不可达到的希望点。

步骤 3. 对合理的设想进行完善，形成方案，进入实施；对暂时做不到的设想可进行改善，供以后参考。

4. 希望点列举法使用注意事项

(1) 要注意表面希望与内心希望的鉴别，现实希望与未来希望的鉴别。

(2) 注意不要轻易放弃“不可能的希望”，对于一些看似“荒诞不经”的意见，要应用创造的观点来分析，不要做轻易的判断。凡尔纳说：“一些人能够产生想象，另一些人就能够将这些想象变为现实。”一些超前的、看似不可能实现的希望可能就是克服了思维定势的好创意。

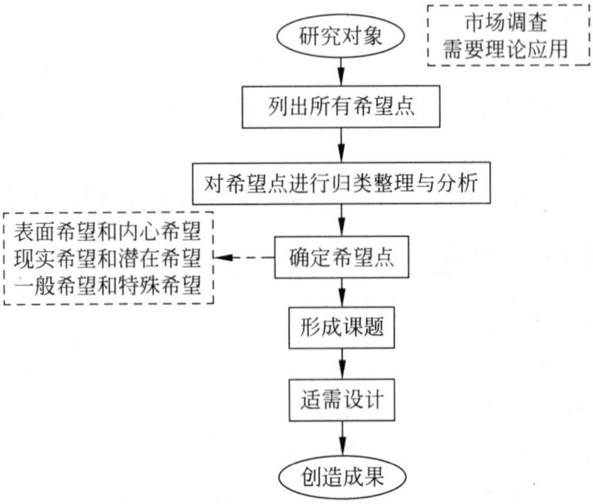

图 4.15　希望点列举法图解

4.6.5 成对列举法

1. 成对列举法及特点

研究目标的确定是创造活动的起点，当人们想要创造发明，却又找不到题目时，可以利用成对列举法得到启发，从而找到好题目。成对列举法是通过列举两种不同事物的属性，并在这些属性间进行组合，通过相互启发而发现发明目标的方法。

2. 成对列举法与属性列举法和焦点法的比较

属性列举法先是列出研究对象自身的特征或属性，然后分析这些特征或属性，再找出新特征或属性，引出新产品的设想，其过程与其他事物无关；成对列举法是同时列出两个事物的特征或属性，并在列举的基础上进行事物特征或属性间的各种组合，从而获得发明设想的方法。成对列举法克服了属性列举法中没有具体方法进行特征或属性变换的弱点。焦点法是选一个焦点和一个参考物，列出参考物的特征或属性后向焦点上聚焦；成对列举法是将列出的两个事物互为焦点与参考物，列出一个事物的特征或属性，向另一个事物上聚焦，并由此引发发散联想。

3. 操作步骤

成对列举法的步骤如下：

步骤 1. 确定两个事物为研究对象。

步骤 2. 分别列出两个事物的属性。

步骤 3. 将两事物的属性一一进行强制组合，如图 4.16 所示；通过分析、筛选可行的组合，形成新的设想。

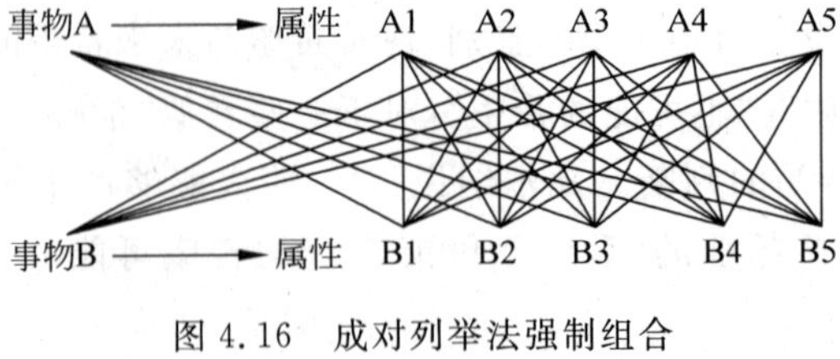

图 4.16　成对列举法强制组合

4.6.6 综合列举法

1. 综合列举法及特点

属性列举法、缺点列举法和希望点列举法都只偏重于某一方面来开展创造性思维，因而在一定程度上也给创造带来一定的束缚。从根本上讲，创造应该是没有任何限制的，因此，我们在开展发散思维的时候，可以综合运用上述方法，这就是综合列举法。

综合列举法是针对所确定的研究对象，从属性、缺点、希望点或其他任意创造思路出发列举出尽可能多的思路方向，对每一思路方向开展充分的发散思维，然后进行分析筛选，寻找最佳的创新思路的创造技法。

综合列举法的特点：①从多角度出发列举出尽可能多的思路方向；②采用发散思维，要求对每一思路方向开展充分的发散思维。

2. 操作步骤

综合列举法的步骤如下：

步骤 1. 确定研究对象。

步骤 2. 对研究对象应用属性列举法进行分析和分解，列举各项属性。

步骤 3. 运用缺点列举法和希望点列举法对逐项属性进行分析。

步骤 4. 综合缺点与希望点对事物原特征或属性进行替换，综合事物的新老特征或属性，提出创造性设想。

4.7 形态分析技法

要设计一种火车站运货的机动车，根据对此车的功能要求和现有的技术条件，可以把问题分解为驱动方式、制动方式和轮子数量三个基本因素。对每个因素列出几种可能的形态。例如，驱动方式有柴油机、蓄电池；制动方式有电磁制动、脚踏制动、手控制动；轮子数量有三轮、四轮、六轮，则组合后得到的总方案数为 18(2×3×3)种。然后，筛选出可行方案或最佳方案，这也是一种创造技法。

4.7.1 形态分析法

1. 形态分析法的含义

形态分析组合法也称形态分析法，是瑞典天文物理学家卜茨维基于 1942 年提出的，它的基本理论是：一个事物的新颖程度与相关程度成反比，事物(观念、要素)越不相关，创造性程度越高，即易产生更新的事物。该技法原理是：将发明课题分解为若干相互独立的基本组成部分或因素，找出实现每个组成部分或因素功能所要求的可能的技术手段或形态，然后对某一个基本组成部分单独进行处理，分别提供各种解决问题的办法或方案，最后形成解决整个问题的总方案。这时会有若干个总方案，因为是通过不同的组合关系而得到不同的总方案的。所有的总方案中的每一个是否可行，必须采用形态学方法进行分析。形态分析法实际上是应用数学中的排列组合而进行的枚举分析法。

形态分析组合的特点：①具有全解系性质；②具有形式化性质，它需要的主要不是发明者的直觉和想象，而是依靠发明者认真、细致、严谨的工作及精通与发明课题有关的专门知识；③具有较高的实用价值，它不仅运用于发明创造，而且也适用于管理决策，科学研究等方面，从而引起人们的普遍重视。

4.7.2 形态分析组合法的一般步骤

步骤1. 确定对象。准确表述所要解决的课题，包括该课题所要达到的目的及属于何类技术系统等。

步骤2. 因素分析。确定发明对象的主要组成部分(基本因素)，编制形态特征表；确定的基本因素在功能上应是相对独立的，在数量上应以3个为宜，数量不宜过大。

步骤3. 形态分析。要揭示每一形态特征的可能变量(技术手段)，应充分发挥横向思维能力，尽可能列出无论是本专业领域的还是其他专业领域的所有具有这种功能特征的各种技术手段。在形式上，为便于分析和进行下一步的组合，往往采取列矩阵表的形式，一般表格为二维的。每个因素的每个具体形态用符号 P_j 表示，其中 P 代表因素，j 代表具体形态。对较复杂的课题，也可用多维空间模式的形态矩阵。

步骤4. 形态组合。根据对发明对象的总体功能要求，分别把各因素的各形态一一加以排列组合，以获得所有可能的组合设想。

步骤5. 优选方案。选出少数较好的设想后，通过进一步具体化，最后选出最佳方案。

以形态分析组合法在拉链头装配方案设计中的应用为例，说明形态分析法的实施。

拉链头装配方案设计

中国是拉链生产的大国，年产量居世界首位。但由于技术等诸多因素的影响，拉链业一直是一种劳动密集型产业，尤其是拉链头一直靠人工装配，效率低、可靠性差，已成为制约我国拉链业发展的一个重要因素，为此研制拉链头自动装配机是十分必要的。

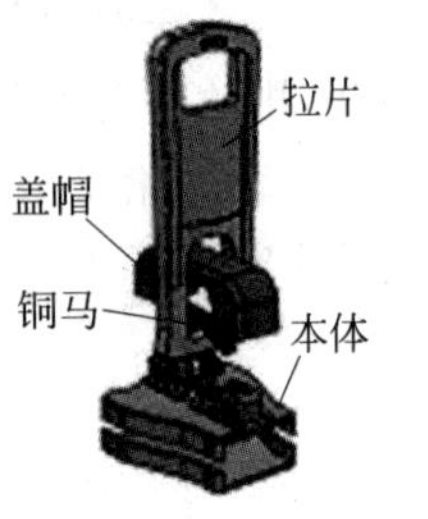

图4.17 拉链头的组成

自动装配机由理料、隔料、给料机构、装配机构、卸料机构和控制装置等组成，各组成部分的具体结构和配置取决于装配的方法，而装配方法又取决于各装配零件在装配过程中的形状与姿态。由于拉链头各装配零件(见图4.17)尺寸小，装配难度大，因此拉链头自动装配机设计成功与否的关键在于选择好拉链头各零件在装配时的装配形态。在拉链头自动装配机的设计中，根据拉链头装配具体情况，对原设计流程进行了一些改进，在形态组合后增加了方案筛选、初步设计两个环节。形态分析法为如何确定零件的装配形态，提供了帮助。

第1步，确定研究课题为拉链头自动装配方案。该装配方案中包含了将铜马、拉片和盖帽准确装入本体中(见图4.17)，并完成盖帽的冲紧等工序。

第2步，要素提取。确定的基本要素在功能上是相对独立的。本研究课题的基本要素有4个，如图4.18所示。

(a) 本体(P_1)　(b) 铜马(P_2)　(c) 拉片(P_3)　(d) 盖帽(P_4)

图4.18 拉链头基本要素

第 3 步，形态分析。列出各要素全部形态。经研究分析本体有 7 种可能的形态，铜马有 7 种可能的形态，拉片有 6 种可能的形态，盖帽有 5 种可能的形态。

第 4 步，编制形态表。将上述的分析结果，按照装配顺序编入形态表内。要素以 i 表示，要素的形态以 j 表示，每个要素的具体形态用符号 P_i^j 表示。其形态分析表如表 4.5 所示。

表 4.5 拉链头装配形态分析表

形态 j	要素 i			
	1	2	3	4
1				
2				
3				
4				
5				
6				
7				

第 5 步，形态组合。按照对设计对象的总体功能的要求，分别将各要素的不同形态方式进行组合，以获得尽可能多的设计方案。本研究课题的形态可按 $P_1^1P_2^1P_3^1P_4^1$、$P_1^2P_2^1P_3^1P_4^1$、$P_1^3P_2^1P_3^1P_4^1$，…，$P_1^6P_2^1P_3^1P_4^1$ 进行组合，考虑装配可能性，最终组合出 7 种有装配可能性的方案，即 $P_1^1P_2^1P_3^1P_4^1$、$P_1^1P_2^3P_3^3P_4^1$、$P_1^3P_2^3P_3^1P_4^2$、$P_1^4P_2^4P_3^1P_4^3$、$P_1^5P_2^6P_3^4P_4^4$、$P_1^7P_2^7P_3^6P_4^5$、$P_1^5P_2^6P_3^1P_4^4$ 分别称为方案 1、方案 2，……，方案 7。

第 6 步，方案筛选。在实践中发现，形态组合仅从各零件的装配可能性出发，组合得到尽可能多的装配方案。但在实践设计中，光凭装配的可能性并不能说明是有实用价值的装配方案，因此还必须根据设计的要求对上述 7 种装配方案进行进一步的筛选。

经分析在拉链头的装配中，最关键的是如何将铜马和拉片准确地装入本体中。由于拉链头的尺寸很小，其装配应考虑使自动装配机的执行机构要有足够的装配精度和可靠性。

先从铜马的装配过程来筛选，上述几种方案中第1方案(即 $P_1^1P_2^1P_3^1P_4^1$)经试验证明，如果拉片和铜马是自由落体掉入本体内的，即使这个下落距离非常小，也会因为碰撞造成弹出或倾斜等问题。所以，方案1($P_1^1P_2^1P_3^1P_4^1$)不符合要求。方案4($P_1^4P_2^4P_3^1P_4^3$)的本体倒放，给其他零件的定位和装配造成困难，也不符合设计要求。再从拉片等的安装方面来考虑，经分析比较，逐步筛选出第3、7两种为有效的装配方案。

第7步，初步设计。对经过筛选后得到的装配方案进行结构设计。例如，上料滑道设计、隔料机构设计、驱动装置设计及检测控制方案的制定等，以便进行更为具体的分析和比较。

第8步，方案优化。根据装配机设计的原则，对初步设计后的装配方案进行进一步分析比较，并通过一定的实验，选出最佳方案。从保证质量、装配快捷、操作方便、结构简单等几方面考虑，对经初步设计后的两种装配方案进行进一步的优选。综合考虑上述几个方面，方案7：$P_1^5P_2^6P_3^1P_4^4$(见图4.19)的各部分安装位置较适当，且装配可靠性高、结构简便紧凑，最后该方案被选为最终设计方案(见图4.20)。

图4.19 方案 $P_1^5P_2^6P_3^1P_4^4$ 的装配示意

图4.20 方案 $P_1^5P_2^6P_3^1P_4^4$ 的装配机构的三维设计

4.8 类比性技法

300多年前的一天，一位医生找到意大利物理学家、天文学家伽利略，请求他发明一种能准确测量体温的仪器来诊断病情。伽利略想：要找到一种东西随着体温升高而升高，随着体温下降而下降。这时，他想起白天给学生上的实验课，水罐中的水随着温度的升高，水的体积增大，水就膨胀而上升；而温度下降时水也下降。那么，从水的体积变化，不是也可以测出温度的变化吗？他马上做了实验，用手握住试管的底部，让管内的空气渐渐变热，然后把试管的上端插入冷水中，松开手时发现水在试管里被慢慢地吸上一截去；再握住试管，水又渐渐从试管中被压了下去。尽管从水的上升下降可看出管内温度的变化，但还看不出变化的程度，而且用一根试管和一盆水也太复杂了，但它就是世界上第一个温度计。这里，伽利略用的实际上是类比的方法。他通过水位的高低类比体温的高低。

4.8.1　类比法

“类比”是在两个事物之间进行比较，找出事物之间相似之处，从中产生新的设想。特点是异中求同，同中求异，从而诱发人的想象力，提出创造性设想。类比技法的实质是利用事物的普遍性、共同性。任何事物都是共性和个性辩证的统一，两者相同的一面形成了普遍性、共性；两者相异的一面形成了个性、特殊性。有意识地、强制性地使某个事物与解决问题的对象进行类比，有助于克服常规思维或定势思维，从而产生创造性设想。类比实际上也是一种移植，把甲身上的某些特性应用于、移植于自己的研究对象中去。

类比又称类推或类比推理。“类比”一词源自希腊文 analogia，原意之一为比例，后经引申，衍化为事物的相似之比。它以对象之间某些属性的相同点为依据，从而断定它们在其他属性上也可能相同。

类比法的基础是比较，它的运作机制原理包括两个方面：异质同化和同质异化。

异质同化是指在创造发明新事物时，借助现有事物的知识进行分析研究，找出待创造事物和现有事物之间的相同点或相似点的过程。类比法中的比较必然是建立在不同的两个事物之间，所谓的异质就是指这两个不同的事物，其中之一是待创造的事物，另一个是现有的事物。同化就是指找出这两个不同事物的相同点或相似点。

同质异化是指把决定现有事物与待发明事物相同点或相似点的原理、结构、形状或其结合运用于发明创造，创造出具有该相同点或相似点的新事物。

在运用类比法时，异质同化和同质异化两个方面缺一不可。

异质同化是前提和基础，同质异化是创造发明的关键环节。一个新事物的创造发明必须把这两个方面结合起来，运用辩证统一的观点，分析解决问题。

类比思考程序如图 4.21 所示。

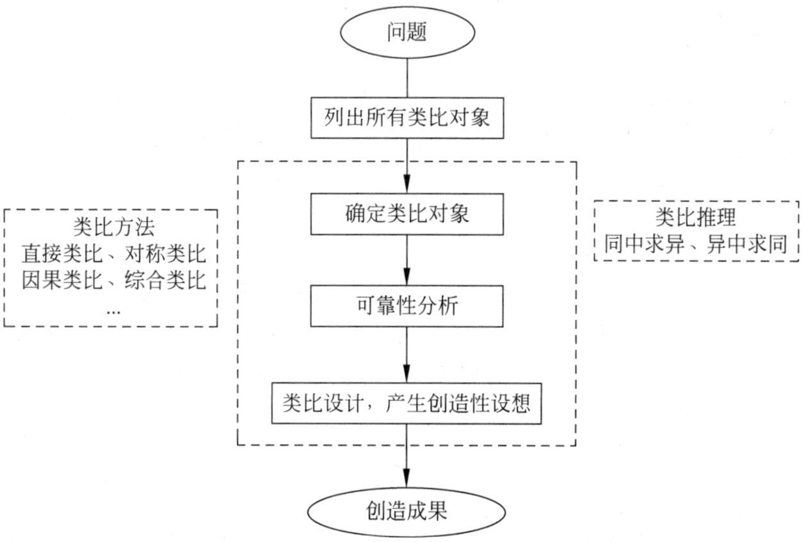

图 4.21　类比技法流程

类比技法，可根据不同的类比形式分为许多种，下面就以此介绍其训练方法。

1）仿生类比

仿生类比就是模仿生物中的某些“特异功能”，把它应用于自己的研究对象中去，从而创造新产品、新方法和新技术的类比方法。蝙蝠是由超声波来定位和检测物体的，它的喉内能发出人耳听不到的频率为 2～12 万赫兹的超声波，与物体相遇后被反射回来，由蝙蝠耳内的超声波接收器接收，据此判定物体的方位和距离，人们正是根据“回声定位”的原理发明了声呐。

2）拟人类比

拟人类比法又被称为“亲身类比”或“角色扮演”，是指在解决某些问题时，让我们设想自己变成了问题中的某些事物，从而去设身处地、身临其境地感受体验问题的本质。模仿人的某些特性和功能来开发某些机器。例如，模仿人的手和臂的动作发明了挖土机。

3）原理类比

原理类比是将某些领域里的原理，应用到其他领域里，从而创造新产品、新方法和新技术的类比方法。某些领域里的原理，往往也能在其他领域里得到应用。例如，海绵所以柔软，是因为橡胶里加进了发泡剂，产生了许多小气孔，把这一原理用到塑料中去就发明了泡沫塑料。

4）因果类比

他山之石，可以攻玉，原因和结果也可进行类比。两个事物之间都有某些属性，各属性之间可能存在着同一种因果关系，根据某一个事物的因果关系推出另一个事物的因果关系，这种类比就叫作因果类比。在创造过程中，掌握了某种因果关系并进行触类旁通，有可能获得新的启发，产生新的创意。

台风的旋向问题

美国麻省理工学院谢皮罗教授发现，放洗澡水时，水流出浴池总是形成逆时针方向的旋涡。这是什么原因呢？专家告诉他，旋向与地球自转有关，由于地球是自西向东不停地旋转，所以北半球的洗澡水总是逆时针方向流出浴池。在明白了浴池水流旋向的道理后，谢皮罗教授想到了台风的旋向问题，并进行了因果推理，他认为北半球的台风同样是逆时针方向旋转的，其道理与洗澡出现的旋向是类似的。他还断言，如果在南半球，情况则恰恰相反。

5）幻想类比

幻想类比就是将幻想中的事物与要解决的问题进行类比，由此产生新的思考问题的角度。借用科学幻想、神话传说中的大胆想象来启发思维，在许多时候是相当有效的。在这里要强调的是，幻想类比只是运用幻想激发想象力，它就像帮助我们过河的垫脚石，只是一个工具，幻想并不是我们马上要实现的目标。

6）直接类比

直接类比是指从自然界的现象或人类社会已有的发明成果中寻找与创造对象相类似的事物，并通过比较启发出创造性设想的类比。锤子是从人的拳头直接类比来的。汽艇上的控制系统则直接模仿了汽车上的控制系统。

7）对称类比

自然界中许多事物存在着对称关系，对称是事物的一种普遍属性。在创造过程中，运用对称类比，也可能获得某种创造的一种类比方法。英国物理学家狄拉克据此对原子结构提出了"正负电子说"，纠正了原先认为的"自由电子说"。

8）综合类比

根据一个对象要素间的多种关系与另一对象综合相似而进行的类比推理，叫做综合类比。两个对象要素的多种关系综合相似，就意味着它们的结构相似，由结构相似可推出它们的整体特征和功能相似。

虚拟心脏

"虚拟心脏"是美国《自然》杂志最近提出的新概念，国际医学界目前尚没有人从分子水平进行"虚拟器官"的研究。"虚拟心脏"并非解剖学上的概念，说得形象一点，是计算机假装出来的心脏，但具备真正心脏的所有生理特性。它是将心脏的变化规律转化为各种方程式，用计算机运行方程式来演示心脏疾病分子水平的病变过程。目前正在研制中的这一"虚拟心脏"已经"得了"先天性心脏病、心力衰竭、扩张性心肌病和心律失常这几种最常见的或危及生命的心脏病。

9）象征类比

所谓象征是一种用具体事物来表示某种抽象概念或思想感情的表现手法。在创造性活动中，人们有时也可以赋予创造对象具有一定的象征性，使它们具有独特的风格，这叫象征类比。象征类比应用较多的是在建筑设计中。例如：设计纪念碑、纪念馆，需要赋予它们有"宏伟""庄严""典雅"的象征格调。相反，设计咖啡馆、茶楼、音乐厅就需要赋予它们有"艺术""优雅"的象征格调。历史上许多名垂千秋的建筑，就在于它们的格调迥异，具有各自的象征。

4.8.2 综摄法

1. 综摄法的含义

人类的知识已庞大到惊人的地步，这就驱使人们去开发各种高效率地利用知识的方法，以发挥人的潜在创造能力。

1952年，美国麻省理工学院的康顿教授发明了旨在开发人的潜在创造力的技法，叫做综摄法。综摄法通过已知的东西做媒介，将毫无关联的、不相同的知识要素结合起来，来打开"未知世界的门扉"，勾起人们的创造欲望，使潜在的创造力发挥出来，产生众多的创造性设想。

综摄法作为一种创造技法虽然诞生于美国，但是，早在1921年，我国著名的学者梁启超在《中国历史研究法》一文中，就提出过："天下古今，从无同铸一型的史迹，读史者于同中观异，异中观同，则往往得新理解焉。"这里讲的"同中观异，异中观同"正是综摄法的精髓，但它要比美国的康顿提出相类似的思想早三十年。

综摄法的基本思路是：在构思设想方案时，对将要研究的问题适当抽象，以开阔思路，扩展想象力。将问题适当抽象要根据激发创意的多少，逐步从低级抽象向高级抽象演变，直到获得满意的改进方案为止。这种做法,国外称之为抽象的阶梯。其实质与功能定义中的适当抽象是一致的。

综摄法的基本方法是拟人类比(模拟)、直接类比(模拟)、想象类比(模拟)和象征类比(模拟)。

2. 综摄创造的两个基本原则

实现综摄创造要遵循“异质同化”和“同质异化”两个基本原则。

1) 异质同化

异质同化就是“变陌生为熟悉”的过程,是一种设法把自己初次接触到的事物或新的发现联系到自己早已熟悉的事物中去的思维方式。它是把陌生的事物看成熟悉的事物,用熟悉的观点和角度认识陌生事物,认为陌生的事物具有与熟悉事物同样的性质、功能、构造、用途等,从而达到把陌生事物熟悉化,把陌生问题转为熟悉问题,得到关于新事物的创造构思。

变陌生为熟悉,就是要了解问题,查明问题的主要方面以及各个细节。两种常见的误解是:一是认为创造性主要体现在解决问题阶段,而把了解问题阶段忽略了。二是认为在分析问题、了解问题,变陌生为熟悉的过程中,就会产生各种小小的发现和得到一些比较肤浅的答案,因此,人们往往把这个了解问题的阶段误认作解决问题的阶段。

2) 同质异化

同质异化就是“变熟悉为陌生”的过程,它是通过新的见解找出自己非常熟悉的事物中的异质观点。就是要用陌生的眼光看待熟悉的事物,达到利用与以往的观点和角度完全不同的观点和角度来观察已知的事物,找出已知事物的新性质、新用途、新功能、新结构、新结合等。

3. 综摄法的模拟技巧

为了加强发挥创造力的潜能,使人们有意识地活用异质同化、同质异化两大原则,戈登提出了 4 种极具实践性、具体性的模拟技巧。

1) 人格性模拟

它是一种感情移入式的思考方法。先假设自己变成该事物以后,再考虑自己会有什么感觉,又如何去行动,然后再寻找解决问题的方案。

2) 直接性模拟

它是指以作为模拟的事物为范本,直接把研究对象范本联系起来进行思考,提出处理问题的方案。

3) 想象性模拟

它是指充分利用人类的想象能力,通过童话、小说、幻想、谚语等来寻找灵感,以获取解决问题的方案。

4) 象征性模拟

它是指把问题想象成物质性的,即非人格化的,然后借此激励脑力,开发创造潜力,以获取解决问题的方法。

4. 综摄法的实施过程

综摄法的实施流程,分为 5 个阶段。

第 1 个阶段:提出问题,分析问题。

创新就是不断提出问题并解决问题,这个问题可以是外界提出来的,也可以是创意小组自己提出来的。分析问题，就是对问题进行简短的分析，先由专家对问题进行解释和概要的分析，这个过程是将陌生的东西熟悉化(异质同化)。

第 2 阶段：模糊主题，类比设想。

主持人引导小组成员讨论，将与问题本质相似的同质问题在会议上提出，而把原本的问题隐匿起来。将具体问题包含在广义的问题中提出，营造一种可以使构思自发产生的条件，以引起广泛的设想，从而激发创造力，然后使广义的问题逐步清晰和具体化，最终完成创意。

第 3 阶段：自由联想，无限延展。

这一过程可以视为一次远离问题的"假日"，也正是综摄法的关键所在。因为目标十分抽象，与会者可以对问题的讨论进行延展。当某些见解对于揭示主题有利时，主持人及时加以归纳、予以引导。这一阶段的目的是在于使熟悉者陌生(同质异化)。

第 4 阶段：架构互传，牵强配对。

这一阶段有两种做法，戈登的做法是把类比联想的事物与主题牵强地进行配对，在这种情况下，通常会激发创意产生。而另一种做法是把两种元素牵强地联系在一起，同时展开幻想并与主题联系起来。不管采用哪一种做法，小组成员均需要围绕主题和类比元素展开讨论和研究，直到找出表现主题的创意为止。这一阶段由分而合的目的在于使陌生者熟悉，并针对联想与主题进行链接，链接的结果可发展为创新的立足点。

第 5 阶段：实用配对，制定方案。

在此阶段，要结合解决问题的目标，对上一阶段类比联想所得的启示进行可行性研究，将创意构思转化为问题的解决方案，并将方案具体化。

广告创意中的综摄法

2008 年第六届国际大学生 DAF 皮革设计大赛，不要求作品中出现特定的文案，只需要设计者传达以下理念：穿着皮革服饰是残忍的行为，皮革是非时尚的，它们并非生活的必需品。经过分析，可以知道这是个很具体、明确的主题，是异质同化的过程。

主持人将与广告创意本质相似的问题在会议上提出并讨论，而把创意广告的主题目标和具体要求隐匿。例如，将"穿皮革是残忍的行为"抽象为"恶行"这样一个没有什么限定且抽象的词汇，这样做的目的就是为了让思维更广阔、更自由，打破思维的恒常性。

对"恶行"这个概念进行类比联想，这是一个同质异化的过程。

"恶行"的类比联想：赌博、抢劫、偷盗、谋杀、精神摧残、歧视等。

与上述主题强行链接，如动物、屠杀、刀；动物、拆散家庭、剥皮；动物、虐待、针刺等。

形成方案后，这一阶段将链接的一些素材画面化。图形为一把猎刀，猎刀的刀面映射出一只流血动物。用刀、动物、血等画面元素来控诉残忍的行为。图形为两张全家福：第一张为动物的三口之家，第二张是爸爸、妈妈的位置为皮靴和皮包代替，暗示一个家庭中的爸爸、妈妈都被虐杀制成皮制品，深刻地揭示了人类对皮革制品的过分追求是建立在动物痛苦基础之上的。两个小狐狸在一个商店橱窗前看着被制成大衣领子的妈妈，呼唤着妈妈回家的场景，以拟人化的手法呼唤人们反思残忍的消费行为。使用同构手法，把一个可爱小狐狸的胡须用钢针替换，画面极富冲击性，控诉人类虐待动物的行为。

也有一些广告的主题本身就很抽象，如第三届"东十西"海报大赛的选题"源"这个主题。这个主题很抽象，具有很大的可塑性，不同的设计师可以从不同的角度加以解读，如文化思想方面：文化之源、知识是资源、人类起源、同根同源、快乐之源、邪恶之源、文明之源等。水资源保护方面：污染之源、生命之源、保护水资源、节约水资源等。其他资源：保护海洋资源、保护地球能源、保护绿色资源、保护动物资源等。这些都可以当作成分主题。

“源”的类比联想：母亲、始祖、开端、发源地、三江源、资源、开始、渊源、黄河、炎黄、开天辟地、创始人、受精卵、本身、本原、本来、太阳、水、雨、伞、树木、光合作用、绿色生命、氧气、进化等。

与上述分主题进行强行链接：生命之源、本身、绿色生命、树木；生命之源、水、母亲；珍惜水资源、水、伞。

提炼成方案：以文字“本”为主要形象，将“本”下部的“一”画作不同处理，形成了两个字：“本”“木”，很巧妙地表达了森林是生命的根本的含义。以汉字“母”为视觉形象，将“母”字笔画中的两点和外形做形象化的处理，成为正负阴阳形水滴。用水滴、正负转换、母亲等几个元素表达了水是生命源头的概念。在雨中打伞，雨水经过伞檐洒落地面是常见的景象。但在雨中打着一把反向的伞，雨水收集伞中。这是现实生活中不可能存在的场景，却能很好地表达珍惜水源的主题。

作为推动设计创意的手段，综摄法最大的价值是在创意过程中，因其具有模糊主题的作用，避免了思维上的狭窄性，任思维在较为抽象的主题中运用类比，使创意的陌生感大增，有利于创意表现的新奇性，从而有效拓展了创意领域的广度和深度。

4.8.3 移植法

1. 移植法的含义

所谓移植技法，是指把某一领域已发现的新原理、新技术、新方法或早已运用的原理、结构、方法、材料等移植或应用或渗透到其他学科、技术领域之中，得以改变和创造新事物的创造技法。正如我们常说的：“它山之石，可以攻玉。”

现代科学技术的发展，使得学科与学科之间的概念、理论、方法等相互交叉、移植、渗透，从而产生新的学科、新的理论、新的事物和新的成果，这是现代科技突飞猛进的巨大动力之一。现代任何一项新创造或新发明，其中约 90%的内容均可通过各种途径从前人或他人已有的科学成果中获取，而独创性发明只占 10%。这一事实告诉人们，发明创造既可以纵向继承前人的智慧结晶，也可以横向借鉴他人的思维成果，从而使自己的发明创造周期缩短、成功率提高。可见，移植法就成了科学创造的一种应用极其广泛的重要的创造技法。移植法也称渗透法或知识横移法，它是通过相似联想、相似类比和灵感等技法，力求从表面上似乎是毫无相关的两个事物或现象之间，发现它们内在直接或间接联系。因此，从思维的角度看，移植法可以说是一种侧向思维方法，它通过相似联想、相似类比和灵感启示，将表面上看来毫不相关的两个事物或两种现象之间寻找它们的内在联系，从而产生新的设想。但它与类比法、启发联想法都有着密切联系，在很多情况下还与灵感思维方法有关。这里的关键，是要发现不同问题之间类似的地方。许多科学家都善于寻找这种类似，善于移植思考。

美国科学家 W. I. 贝弗里奇曾说：“移植是科学发展的一种主要方法。大多数的发现都可应用于所在领域以外的领域。而应用于新领域时，往往有助于促成进一步的发现。重大的科学成果有时来自移植。”纵观人类科技发展史，处处闪耀着人们运用技术移植的方法进行发明创造的智慧光芒。16 世纪时，意大利医学家散克托留斯把伽利略发明的温度计加以改良并移植到医疗中，用它来测量病人的体温，作为诊断疾病的依据。19 世纪时，英国物理学家麦克斯韦把流体力学的模型和方法移植到电磁场的研究中，完成了对电磁场的理论概括。此外，技术移植的思想和方法还可以在人们日常生活的各个领域中得到广泛运用。

2. 移植法的分类

移植法可以分为原理移植、结构移植、方法移植、材料移植 4 大类。

1）原理移植

原理移植是将某一领域中的某种科学原理向新的研究领域推广和外延，以创造新的技术产物。众所周知，一项技术发明的原理本身往往都有广泛的适用性，通过对其进行深入研究并合理移植，就可能产生发明创造成果。

太阳能炊具的发明

太阳能炊具，很像倒放着的雨伞。而雨伞同太阳能炊具毫无关联。然而，雨伞与太阳能炊具的逆向形状，引起太阳能科技工作者和雨伞设计师们的深思：能不能把太阳能炊具的集热原理移植到雨伞上呢？于是，采用镀铬条形物，制成了十分轻巧的伞面。雨天用它挡雨，晴天可把伞倒放在阳光下，并使伞柄指向太阳。这种新型双功能伞通过聚焦太阳光，可产生 500℃的高温，再配上一个支架，就可以用来烧水或做饭。这种新产品在国内外市场都很广阔。

叩诊法的发明

在医院里，有时医生会将左手指贴在病人的胸壁上，用右手中指头轻叩左手指，细细辨析胸廓发出的声音，以诊断心肺有无疾病——这就是胸部叩诊法。发明叩诊方法的是 18 世纪奥地利医学家约瑟夫·奥安勃鲁格(1722—1809 年)。当时，维也纳的肺部疾病特别是肺结核的发病率很高，在尸体解剖中常发现，患者的胸腔里充满了积水。奥安勃鲁格想：如果我们早点知道他有胸腔积液，就可从肋骨之间插入一支空针，将积液抽掉，可能会拯救患者的生命。

可是，怎样才能判断胸腔内有没有积液呢？这个难题昼夜萦绕在奥安勃鲁格的脑际。

他苦思冥想，凭着较深的音乐造诣和执著的探索精神，终于想到凭借“声音”诊查胸腔积液的方法。

他回想起童年时代，经营酒业的父亲常带他到地窖去，察看每只酒桶里还有多少酒。酒液上面是空气，当敲击酒液上方的桶壁时，声音很清脆；若敲击酒液所在的部位的桶壁，声音就很沉闷。用手指敲打酒桶，凭借其发出的清、浊声音，便可用来估计桶内酒量的多少。人体的胸腔不也可以用手指叩击，从发出的不同声音来判断胸腔内有无积液吗？

奥安勃鲁格经过不断地摸索，做了 7 年的试验，终于发明了叩诊法，并于 1781 年在维也纳出版了一本仅 95 页的书，书名叫《通过叩击胸部来探查胸腔内疾病的一种新发明》(简称《新发明》)，详细介绍了叩诊法。

具体方法是：让病人屏住呼吸，医生用“并拢、伸直的手指，慢慢地、轻轻叩击”。奥安勃鲁格还画出胸腔叩诊的清音范围，指出心前区和肝区叩诊浊音。他还描述了各种疾病的叩诊音特点，如胸腔积液、肺部空洞、心包积液、心脏扩大，等等。

像许多创造发明一开始总是受冷遇一样，奥安勃鲁格的叩诊法很少有人赏识，连他的老师也持冷淡态度，甚至遭到了当时一些名医的冷嘲热讽，讥讽这是“愚蠢的叩诊法”。

直到18世纪末，曾任拿破仑御医的法国名医柯尔维莎(1755—1821年)对奥安勃鲁格的叩诊法产生了巨大兴趣。1808年，他将《新发明》一书译成法文，并推荐给法国的各大医院应用，终于使叩诊法在奥安勃鲁格去世前一年被医学界接受。

李斯特发明的外科消毒法

约瑟夫·李斯特是发明和推广外科防腐技术的外科专家。他于1827年生于英国尤普顿。他是伦敦大学医学院的优等生，于1852年在该院获得医学学士。1861年他成为格拉斯哥皇家医院的外科医生，一直干了八年。也就是在这个时期他发明了外科防腐技术。

在格拉斯哥皇家医院，李斯特主持新外区病房工作。他深为这里出现的术后高死亡率而感到惊恐不安。严重的感染如坏疽等是一种常见的术后并发症。李斯特尽力使病房保持十分清洁，但是这并不足以避免高死亡率的发生。许多医生坚持认为医院周围的“瘴气”(有毒蒸汽)是引起这些感染的原因，但是这一解释并不能使李斯特感到满意。

随后在1865年，李斯特读到了路易·巴斯德的一篇论文，豁然开朗，认识了疾病细菌学说。这给李斯特提供了关键的思想。如果感染是由细菌造成的，那么防止术后感染的最好办法是在细菌进入暴露的伤口之前就将其消灭。李斯特用石炭酸做灭菌剂，建立了一套新的灭菌法。他不仅在每项手术前认真洗手，而且还确保要使用的器皿和敷料都做彻底的卫生处理。实际上他在一个时期里甚至向手术室空中喷洒石炭酸，结果术后死亡率有了戏剧性的下降。1861年到1865年期间，男性急诊病房中的术后死亡率为45％，到1889年则减少到15％。

李斯特第一篇杰出的灭菌学论文发表于1867年。他的观点并未即刻被人们所接受。1869年他被任命为爱丁堡大学临床外科学教授。在任职七年期间，他名扬四海。1875年他到法国观光，宣讲他的思想方法，翌年他在美国做了一次类似的旅行；但是尚未能说服大多数听众。

1877年李斯特被任命为伦敦皇家学院临床外科教授，一任就是十五年之久。他在伦敦做的灭菌外科演示实验，引起了医学界的浓厚兴趣，接受他的思想的人在不断增多。到李斯特享尽天年之时，他的灭菌原理在医学界被普遍接受。

李斯特由于其开拓性的贡献而得到了许多荣誉。他就任皇家学会主席达五年之久，是维多利亚女王的私人外科医生。李斯特结过婚，但无子女。1912年在英国的瓦尔摩，他正准备欢度八十五大寿，不幸溘然长逝。

李斯特的发现使外科学领域发生了彻底的革命，拯救了千百万人的生命。今天不仅死于术后感染的患者极为少见，而且也救活了许多这样的人：如果感染的危险还像前一个世纪一样大的话，他们是不会愿意接受手术治疗的。而且现在的外科能够做那些早先认为感染危险如此之大以致被列入禁区的复杂手术。例如，一个世纪前，开胸手术一般不予以考虑。虽然现今的无菌外科技术和李斯特的灭菌方法有所不同，但是前者与后者所涉及的思想基本相同，是李斯特原理的扩展。

人们可能会认为李斯特的思想显然是巴斯德思想的必然产物，因而不应该把任何重大功劳归于李斯特。然而，需要人们注意的是：尽管巴斯德发表了疾病细菌学说的论文，但约瑟夫·李斯特才是真正发明和推广灭菌技术的人，也正是李斯特在这方面发表的论文、推广演讲和演示实验使整个医学界认识到了在医疗中使用灭菌法的重要性。

2）结构移植

结构移植是将某种事物的结构形式或结构特征向另一事物移植，以创造新的技术产物。结构是由人们设计和建造的，是事物存在和实现功能目的的重要基础。同样的结构功能，可以有很多不同的具体结构形式，而同一种结构功能又可以体现在不同技术、不同行业和不同类别的物品上。所以，某种产物的结构功能，同另一个待创造物所需要的结构功能相近时，该结构就有可能满足待创造物的某些使用功能或原理功能。因此，将某种事物的结构形式或结构特征向另一事物移植，是结构变革的基本途径之一。例如，常见的机床导轨是滑动摩擦导轨，其摩擦阻力较大，如果在摩擦面间加设滚子，可使滑动摩擦导轨变成滚动摩擦导轨，如图 4.22(a)所示。与普通滑动摩擦导轨相比，滚动摩擦导轨具有运动灵敏度高、定位准确性好、摩擦力低、牵引力小、润滑系统简单、维修保养方便等优点。其发明思路是借鉴普通平面滚动轴承的结构形式，如图 4.22(b)所示，是结构移植的产物。

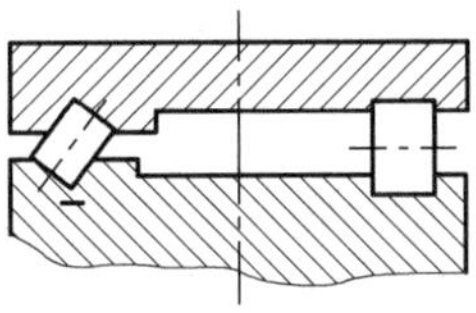

(a)

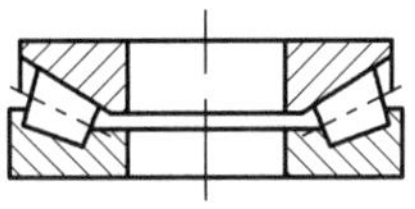

(b)

图 4.22 滚动摩擦导轨结构示意图

3）方法移植

方法是发明创造获得成功的思想工具。笛卡儿说：“最有价值的知识，是关于方法的知识。”因此，科学研究和技术创新从某种意义上讲，就是方法的进步与创造。科学研究和技术发明的方法包括：发现问题、观察事物、思维分析、统计计算、加工制造、实验和试验等方法。科学研究每提出一种新的理论，技术创造每完成一项新的发明，都伴随着方法上的更新与突破，而这种方法的诞生和推广，其意义要比科学研究和技术创造的成果本身重要得多，方法的移植转移面更大，它能在很多领域的科研和技术创造中发挥启迪和催化作用。方法的生命力往往超过成果自身的生命力。

定向爆破技术

利用炸药爆炸的作用，把某一地区的土石方抛掷到指定的地区，并大致堆积成所需形状的爆破技术，主要用于修坝(水坝或尾矿坝)、筑路(路堤和路基)、平整土地(工业场地和农田建设)等。对于劳力缺乏，交通不便以及无施工场地的工点尤为适宜。这种技术的基本原理是，弹药包爆破时，爆破漏斗中的介质大部分以接近于最小抵抗线的方向抛出，如图 4.23 所示。

箭头方向大致为抛掷方向，W 是最小抵抗线；AB 是坡面；Q 是药包位置。

工程实际中很少使用单药包爆破，多采用群药包爆破。同时又较多地采用等量对称的药包布置形式，如图 4.24 所示。

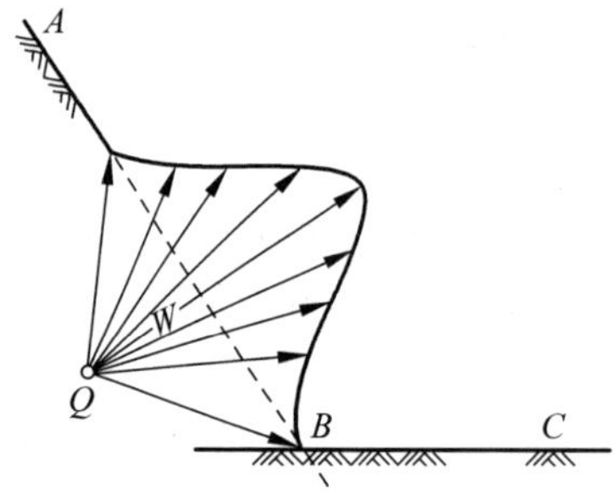

图 4.23 单药包定向爆破原理示意图

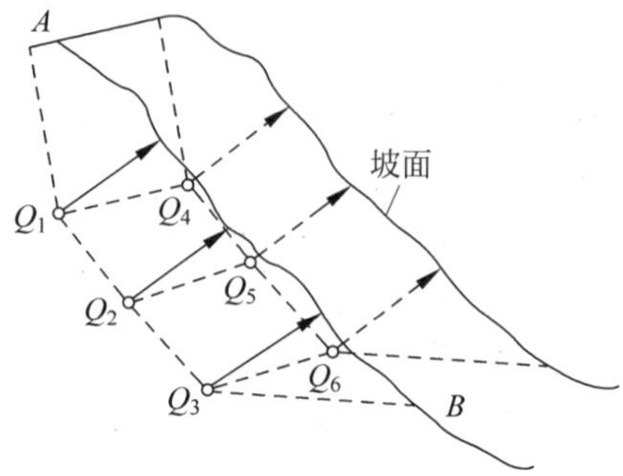

图 4.24 群药包定向爆破的药包布置方式

箭头所指方向为抛掷方向 $Q_1,Q_2,\cdots,Q_6$。

在这种情况下，可找到通过各药包中心的一个空间曲面(称为布药面)。这个面的法线方向大致就是抛掷方向。有时由于爆破区地形的限制，采用等量对称的布药形式不能满足工程对抛掷方量和抛掷距离的要求，就要适当选择和安排药包的位置和药量的分配，以控制抛方的抛速大小和方向，达到预期目的。

由此可见，为使爆破达到"定向"的要求，必须考虑爆破区的自然地形。选择适当地形或人工改造地形是定向爆破的技术问题之一。通常要求山高和坡度合适，坡面平整，坡面长度足够，山体较厚等。如果自然地形不满足上述理想条件，就须用人工改造地形。定向爆破的另一技术问题是计算抛掷距离和堆积形状，计算是否准确，直接决定爆破的成败。

移植法对发展科学技术、促进发明创造具有重大意义。贝弗里奇曾说："使用移植法可以促进科学的进展，也许这就是为什么研究人员对自己狭窄的研究范围之外的发展至少是重大的发展要有所了解的主要原因所在。"今天，科学原理与技术方法的互相交叉和互相渗透趋势愈加突出，我们应把握全局、抓住机会，深刻理解这种趋势的价值。因此，在开展发明创造活动时，不能局限于一个很小的科学技术领域，要拓展知识面、解放思想、开阔思路，运用技术移植法来创造奇迹。

3. 移植创造的一般程序

应用移植创造法的一般程序，如图 4.25 所示。

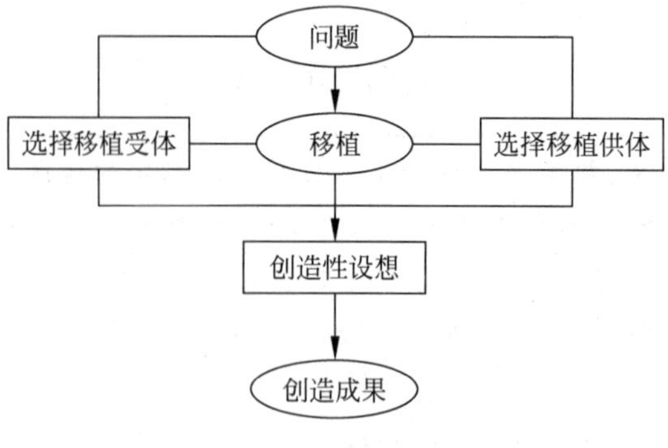

图 4.25 移植创造流程

实施移植创造，可按以下两种思路进行操作：

(1) 成果推广型移植。这是主动地考虑将已有的科技成果作为“移植供体”向其他领域拓展延伸的移植。采用这种思路移植，首先要搞清“移植供体”的基本原理及适用范围，然后思考“移植受体”是谁，即已有的科技成果还可以应用到哪些领域并能否产生出新的成果。

(2) 解决问题型移植。这是从待研究的问题出发，为了解决其中有关基本原理、功能方法或结构设计方面的矛盾而考虑移植法的应用。采用这种思路移植，首先要分析“移植受体”存在的问题，然后借助联想、类比等手段，找到恰当的“移植供体”，确定移植的具体形式和内容，并通过实验研究和设计活动实现创造。

4.8.4 仿生学法

地球上的生物在漫长的进化过程中，经过自然选择，构成了许多行之有效的器官或形状，其结构的精巧和可靠达到了令人难以置信的地步。例如，螳螂能在0.05秒的瞬间，计算出眼前小昆虫的速度、方向和距离，并能将其一下子捕获。蝙蝠是靠超声波定位的，蝙蝠的超声波定位器只有几分之一克，但是它能精确地导向，蝙蝠能依托它迅速捕到昆虫，上万只蝙蝠在一个山洞里飞翔互不碰撞。生物具有各种丰富多彩的功能，具有复杂和精巧的机构，其奇妙程度是难以想象的。我们能否把生物的这些功能、机构运用到技术发明上去呢？

现有一门称作仿生学的学科，它就是把各种生物零碎所具有的功能原理和作用机理作为生物模型进行研究，希望在发明创造中利用这些原理和机理，完成新的技术设计并制造出更好的新型仪器、机械等。

尼龙搭扣的发明

大约在1948年，一位名叫乔治·特拉尔的工程师发现，他每次打猎回来，总有一种大蓟花植物粘在他的裤子上。有一天，他好奇地用显微镜观看残留在裤子上的植物，发现每朵小花上都长满了小钩钩，他明白了这些小东西为什么紧紧钩住衣服。当他解开衣裤扣子时，一个新设想冒了出来：能不能仿造大蓟花的结构发明一种“新扣子”呢？经过一段时间的研制，他终于设计出可以代替扣子、拉链或系带的“尼龙搭扣”，并获得了许多国家的专利权。

1. 仿生学与仿生法的含义

所谓仿生学是指为解决创造中的难题而应用生物系统知识的一门学科；运用仿生学的思想对自然系统生物分析和类比的启发而进行创造的方法，就是仿生学法，它是类比法的一种引申。自然界的动植物以其精妙绝伦的结构和性能为人类孕育出来新事物和新方法提供了学习样板。

随着仿生学的不断发展，仿生学研究的内容不断扩大，包括电子仿生、控制仿生、机械仿生、化学仿生、医学仿生、建筑仿生等，仿生学法的运用将更加广泛，人类社会的仿生产品将更加丰富。

2. 仿生学法的分类

为了深入地对仿生学进行研究，生物学家们已把仿生学划分为4个部分，即结构仿生学、分子仿生学、能量仿生学、信息仿生学等。据此，我们举几类运用仿生学法进行创造的例子。

1）结构仿生

结构仿生是指在新的创造中，仿照某种生物的结构形式或特征的技法。

纸蜂窝墙板与偏光天文罗盘的发明

蜜蜂往往被称为昆虫界中的“建筑师”，这是因为蜜蜂能在一昼夜中用大批的蜂蜡建造上千间生儿育女的蜂房。听说有一种黄蜂，它能用不到半两的蜂蜡，建起数十间的蜂房。而人类建造房屋用的砖，每立方米的质量约有1.8吨之多。看来，蜜蜂采用了“轻型材料”建房。按照蜂窝的结构，人们制成一种纸蜂窝墙板。纸蜂窝墙板是将厚约2.5毫米的石棉水泥和纱管纸，按一定方法粘结起来的新型建筑材料。目前，这种材料不只用于建筑业，而且可用来制造家具。用相反原理制成的高强度纸蜂窝墙板还运用于火箭和飞机机翼的制造中。

蜜蜂的复眼因为具有特殊的结构，能够看到太阳偏振光的振动方向，而这种方向与太阳的位置有确定的关系，所以蜜蜂能够随时辨别太阳的方位，确定自身的运动方向，准确无误地找到蜜源或回巢。人们按照蜜蜂复眼的结构特点和工作原理，制成了一种根据天空偏振光导航的航海仪器——“偏光天文罗盘”。应用这种罗盘，即使在阴云密布、黎明或傍晚看不到太阳的时候，也不会迷失方向。特别是在不能使用磁罗盘的靠近南北两极的高纬度地区，使用这种偏光罗盘就更具优越性。

2）功能仿生

能量仿生是指在新的创造中，仿照某种生物功能的技法。

复眼透镜的发明

蜻蜓和苍蝇的复眼由许多单眼组成。在每一只小方角形的单眼中，都有一小块角膜。这种角膜像照相机一样单独成像。在蜻蜓和苍蝇的复眼前边，即便只放一个目标，但经过一块块角膜，可以看到许许多多个相反的影像。人们仿照复眼的这个功能，把许多光学小镜陈列组合起来，发明了复眼透镜。用这种复眼透镜制成照相机，一次就可以拍千百张相反的影像。

3）结构能量综合仿生

结构能量综合仿生是指在新的创造中，既仿照某种生物结构的形式或特征，又仿照其功能和质量的技法。

我国研制首台蛇形机器人

在我国，蛇形机器人的研究刚刚起步，但是进步较快。哈尔滨工业大学机器人研究所、上海交通大学等单位首先进行了蛇形机器人仿生方面的一些研究工作。上海交通大学崔显世、颜国正于1999年3月研制了我国第一台微小型仿蛇机器人样机，该机构由一系列刚性连杆连接而成，步进电机控制相邻两刚性连杆之间夹角，使连杆可以在水平面内摆动，样机底面装有滚动轴承作为被动轮，用以改变纵向和横向摩擦系数之比，其后又相继作了一些相关的理论研究。2002年，国防科学技术大学研制了一个蛇形机器人样机，该样机不但可以实现平面内运动，而且采用密封外皮后，能在水面上实现蜿蜒运动。我国研制首台蛇形机器人的目的是制造生物机器人，能够在有辐射、有粉尘、有毒的环境下及战场上执行侦察任务，在地震、塌方及火灾后的废墟中寻找伤员，在狭小和危险环境中探测和疏通管道等。

4）生物钟仿生

生物钟仿生是指在新的创造中，仿照某种生物昼夜节律的技法。

每天天刚破晓，公鸡便引吭高歌，喔喔地准时报晓。鸡叫三遍，天光大亮，豆类植物幼苗的叶子，白天抬起，早晨下垂。生物学上称这种景象为昼夜节律。生物界的许多活动还跟季节有关，植物的开花结果，候鸟的迁徙，鱼类的洄游，都有这个规律。人的体温、血压、基础代谢、脉搏、细胞分裂和血液成分等，都呈昼夜性变化。人们一旦揭开生物钟的奥妙，将有更多发明给人类消费、生活带来不可估量的好处。

5）生物言语仿生

生物言语仿生是指在新的创造中，仿照某种生物语言特征或动物通讯的技法。

鸟语广播台的发明

动物也有言语，称为“动物通讯”。有一次，一位科研人员把动物的声响用录音机录上去，同时细心观察该动物的相应行为动作，发现了它们之间有互相的关系。如把一支灵敏度很高的话筒放到人工孵卵器里，发现一种非常奇特的景象：原来在小鸡出壳前三天，就已“吱吱”地说话了。起先声响很低，后来把耳朵凑到鸡蛋上就能听得到。这些信号似乎在说：“我太热了”或“我冻坏了”，孵蛋鸡就根据这些要求翻动它们，改变着孵蛋动作：离开或孵在蛋上。据此，人们一旦掌握了动物言语的秘密，就可以指挥动物的举动了。目前，有的飞机场、菜园、养鱼场等为了不受鸟的危害，按照鸟语设立“鸟语广播台”。这种广播台播放鸟类遇到风险时发出的惊叫声，以吓跑飞鸟。

3. 仿生学法的运用要点

运用仿生学法进行创造，要掌握以下要点。

（1）可以根据要解决的问题，去寻找生物界有哪些与此相似的现象或事物，对生物界的相似物进行研究，归纳出原理，再用来解决的问题。

（2）从生物界了解到一类奇异现象时，可以将其原理应用到各类要解决的问题。去寻找与之相似的问题，解决这些问题就是创造。

（3）懂得一些仿生学的知识，对运用仿生学法进行创造会有较大的帮助。

第5章 发明创造实施流程

CHAPTER 5

【导语】 本章从创造发明的共性流程出发，详细阐述了创造课题选择阶段的选题原则、选题来源和选题方法等，解决课题阶段的调查研究、思考酝酿、产生创造性设想、模型建立、实验研究等，在完成课题阶段，着重探讨了发明创造成果的评价指标、评价方法和推广应用机制。

从事发明创造与进行科学研究相同，也需要一定的程序。尽管创造发明的实际过程是非常复杂和千差万别的，但是也有共性，任何的创造发明过程都是由3个阶段构成的，即选择课题阶段、解决课题阶段、完成课题阶段，如图5.1所示。

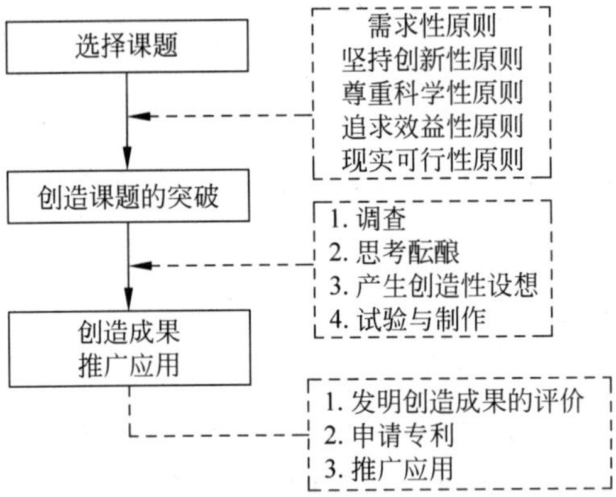

图5.1 创造发明的3个阶段

5.1 选择创造课题

选择课题阶段的实质是寻求、发现、产生有价值的问题，并以此作为发明的起点。虽然在我们的生活、学习和工作中，在我们的身边也存在大量的有待解决的问题，但很多的人都是视而不见；或看到了、发现了问题，却没有解决问题的愿望和动机。所以，这一阶段，首先要靠一个人的创新意识和直觉。只有一个人有了强烈的创新意识和一定的直觉能力，去积极主动地寻求、发现问题并力图解决问题，才可以说这个人真正地开始了创造发明的进程。这一阶段，主要解决两个问题：一是如何产生尽可能多的课题；二是如何从众多的课题中选定有价值的和力所能及的课题。

5.1.1　选题原则

创造工作者在难以计数且纷繁复杂的科学和技术问题面前，如何正确地选择适合自己能力和条件的创造课题显得尤为重要。很显然，在这方面没有固定的模式和套路，但一般来说，必须遵循以下几条基本原则。

1. 需求性原则

需求性原则是指科学研究与技术发明应符合学科理论发展或技术创新发展或社会经济发展的需要，注重科学与技术发展中的"热点""难点""前沿""超前"等问题，这是创造选题的首要原则，它体现了创造过程的最终目的性。基础性研究要从学科理论发展的需要出发，包括开拓科学领域的需要、更新科学理论的需要、改进科学方法的需要等；应用性研究要致力于解决国民经济发展和社会生活中所面临的实际科学技术问题，其任务在于把理论推进到应用的形式，要充分注意发明创造成果的经济价值、经济效益、社会效果、对环境的影响等现实性问题。

需要性原则也可理解为目的性原则，具有针对性、重要性、必要性、价值性等属性。

2. 创新性原则

创新性原则就是要求创新课题具有先进性、新颖性和突破性，发明创造就是要解决前人没有解决或没有完全解决的问题，并预期能够产生创造性成果。创新性要体现"先一步、高一手、上一层"的特点。先一步，就是搞前人没有搞过的创新，先出同一成果；高一手，就是立意新颖独特，并有摘取创新成果的非常能力和技术路线；上一层，就是创新成果，比现有的同类事物先进，绝非仅指填补空白，而翻新、利用或改造旧事物，使其带来新的意义和价值，都是创新。创新性是创造活动的最根本特点，是创造过程的灵魂，其主要表现在三个方面，一是概念和理论上的创新；二是方法上的创新；三是应用上的创新(包括解决新的实际问题和开拓新的应用领域)。总之，创新不仅是纯理论的狭义创新概念，而是广义创新概念，涵盖了新理论、新技术、新工艺、新方案、新管理、新服务、新应用、新市场等诸多方面。

3. 科学性原则

科学性原则是指选题必须以科学事实、科学理论、技术原理等为依据，按客观规律办事，将选题置于当时的科技背景和社会发展时代之下，使之成为在科技上和实践上可以成立和可以探讨的问题，要持之有故、选之有理；同时，还要随着基础事实和背景理论的进步、变化而对选择的课题及其内容进行必要的调整，至少是局部调整和方案调整；否则，就会失去科学性而陷入没有应答域的假问题。违背科学规律和技术原理将一事无成。"永动机"就是最好的例证。在热力学第一定律(能量守恒原理)确立以前的几个世纪里一直有许多人呕心沥血地企图造出不需要能量的"永动机"，而热力学第一定律肯定了"永动机"不可能造成，但时至今日，还有人热衷于"永动机"的发明。无论他们的构思多么巧妙，结果都逃不出失败的命运。

4. 效益性原则

效益性原则一是指选题过程中要根据具体情况单独或综合着眼于社会效益、经济效益、生态效益等；二是指创造过程所需的人力、物力、财力、时间应该合理分配和安排利用；虽然某些基础研究一时难以产生直接的经济效益，但从长远利益和整体利益的观点看，最终还是要反映到经济效益和社会效益上来。

5. 可行性原则

可行性原则指选题应与自身的主、客观条件相适应：一是根据已经具备的条件；二是根据经过努力可以创造具备的条件。符合需求、创新性和科学性强的选题并非都是自己可以力所能及的，这一原则要求选题时不能胡思乱想、胡编乱诌，不能想当然；要有理论和可行性依据，不可好高骛远地“开空头支票”。

在主观方面，要分析科研力量的结构、各种人才的配置和研究人员的素质、能力、对科研课题的认识程度、研究兴趣等因素，要求科研人员务必具备科学判断科研形势和科学精神的能力和素质。

在客观上，要充分考虑科研经费、实验设备、试验材料、情报资料、时间期限和外部环境、国家政策、学术交流等因素。

创新处于激烈的竞争中，不顾课题的现实可行性，则或者无法进行，或者半途而废，或者长期不见成效。这会挫伤创新者的信心，会错过承担其他创新的良机，即使有一天攻下这个课题，也会因历时太久而失掉创新的原有意义和价值。

创新选题的这 5 项基本原则，既相互区别，又相互联系，形成创新选题的原则体系。从客观条件看，创新者应当充分注意和考察课题得以完成的客观物质技术基础，从人力、物力、财力 3 个方面确保创造课题顺利进行；从主观条件看，创新者应当充分考虑自身的条件，做到量力而行和扬长避短。

5.1.2 选题来源

创造选题范围十分宽广，可以是科技进步、经济建设、社会发展中需要发展和解决的各种科技理论和实际问题，包括理论、技术、生产、生活、管理与决策等方面的问题。科学和技术问题作为客观事物内部矛盾的反映，来源于各种不同的途径。最常见的有以下几种来源：

1. 已有理论与经验事实之间的矛盾及其理论演绎拓展

这类矛盾问题的出现要么是经验有误，要么是理论有缺陷。这类矛盾可能是新事实与旧理论之间的矛盾，也可能由理论得出的结论与客观事实之间的矛盾。

2. 科学技术理论体系之间的矛盾

这类矛盾表现为：①同一科技理论体系内部包含的逻辑矛盾；②同一学科不同理论之间的矛盾；③不同科技理论体系之间的矛盾。

3. 经济社会发展需要与现有科技条件之间的矛盾

经济建设、社会发展、人类生活的需要随时都会提出理论上和技术上的各种新需求，这些新需求是应用性研究最直接、最广泛、最有价值的选题来源。

4. 科学与技术的空白区、交叉区和边缘区

不同科学和技术的空白区、交叉区和边缘区是凝练科学与技术问题的生长点，这类问题往往是复杂程度高、层次性强、价值性大的高水平发明创造选题。例如，维纳等人在数学、物理学、自动控制、电子技术等学科相互渗透的边缘地带，开拓了控制论研究领域，创立了控制科学与技术学科。

5. 发明创造中的灵感思维、直觉思维和意外发现

在具体的发明创造过程中，可能出现的各种新发现、新灵感、新意识、新思路、新线索等或科研人员对其研究方向和研究范围富有浓厚的探索兴趣，偶然迸发出的想象、灵感、直觉以及意外发现等，往往是创造选题的机遇和重要来源。

6. 经济科技发展规划和科技项目指南

我国从国家到省市再到地方的各行业、各部门和综合科技管理部门，会根据实际发展需要和集合各方面的意见而制定经济发展和科技发展规划，甚至科技项目指南，创造者可从中直接选题，也可围绕这些规划选题。

5.1.3 选题方法

创造发明选题本身就是一种科学研究与发明创造工作和过程，没有固定模式，应是不拘一格的。但一般来说创造发明选题方法和步骤包括问题调研、课题选择、课题论证和课题决策等过程。

1. 选题调研阶段

选题调研是选题的准备阶段，创造者根据科技发展需要、社会经济发展需要和自身的知识背景，首先，应确定研究方向；然后，明确研究领域、研究范围及研究层次；再跟踪国内外在同一科技领域或学科领域或应用领域的研究进展和趋势，明确创造的意义、地位和作用，明确已解决和未解决的问题等，为最后选定具体的创造课题和创造内容做准备。这一阶段需注意以下几个方面：

(1) 信息来源。选题调研的信息源或科学事实源主要来自于文献（报纸、期刊、图书、专利、标准、档案、科技报告、会议文献等）、国际互联网、科研部门、情报部门、专业数据库服务部门、具体的专业工作实践、社会实践等；目前的网络资源作用颇大，可重点利用，要学会网上搜索引擎的使用技巧和检索手段的灵活应用。

(2) 信息判断。选题调研中对创造课题有关信息了解的是否准确，不取决于信息的有无，而是取决于判断，要自觉地防止陷入搜集"破烂信息"从而误导创造选题的泥潭，因此，要采取多种有效的方式和途径予以克服和解决。

(3) 信息追踪。坚持调研、追踪和分析有关问题与信息，"冰冻三尺，非一日之寒"，如果不注重平时积累，临时抱佛脚是无法高质量完成创造选题的。

2. 课题选择

课题选择是提出并确定拟创造的具体课题与创造内容的阶段，根据问题的调研结果，运用选题原则，从调研时所拟定的问题中择优选出备选课题。

3. 课题评议

课题论证是为了确保课题选择正确而对课题及其方案做出论证和全面评审，根据选题的基本原则，对课题依据、实施条件、社会与经济效益及对科技发展的潜在价值依次逐项剖析、审议；一般采取同行专家评议、领导参与决策、管理部门决策结合的方式进行。

4. 课题决策

课题决策就是最终确定创造课题的取舍，经过论证与评议，最后做出决策，课题若通过论证则可确定为待创造课题或立即立项实施，否则被淘汰出局而另选课题。

总之，选题是一个不断反馈并反复调整的过程，常常需要反复调研、调整、更改和多次论证。

5.2 课题创造方案构思

解决课题阶段是创造过程的核心，是最富有创造性的阶段。这一阶段的实质是提出解决课题的原理、方法和设想。这一阶段主要靠创造发明者的信息占有量、创造性思维方法和个性品质。

5.2.1 调查阶段

调查是围绕初步选定的课题，广泛收集资料。首先，要查清此课题所涉及的内容是否已研究？结果如何？如果存在不足，原因何在？其次，对所涉猎类似的发明创造，针对优点与不足，寻找可取之处。再次，除整体调查外，随着调查的深入，还要做分解调查，通过分解调查分别寻求解体的同类事物。最后，调查该项技术创造所需要的知识和技能自己是否具备，确定自己有没有独立进行该项技术创造活动的能力，这些都必须搞清楚，才能着手实施，否则会造成浪费。

5.2.2 思考酝酿

思考酝酿是在占有大量与技术创造课题有关的基础上，运用创造技法进行深层次的科学思维。思考酝酿的重点一般应是科技创造的关键点和难点。例如，采用什么工作原理和结构来实现创造要求？思考酝酿要做到能进能退、能直能曲、思想解放、尊重科学，既能深钻细研，又不钻牛角尖。思考酝酿是创造性很强的活动阶段，要在思考酝酿中最大限度的发挥自己的创造力。创造性设想能不能产生出来，关键就看思考酝酿阶段的孕育。在思考酝酿阶段要注意以下几点：

(1) 思考酝酿需灵活运用创造技法。

思考酝酿有多种形式和方法，需针对不同的科技创造对象和不同的技术难点，灵活运用创造技法，充分利用各种时间和环境进行变换思考，做到思想不保守、课题不保密(确系需要保密的除外)，多请教于人，敢于公开技术创造的难点和自己的对策，善于倾听旁人的意见。思考酝酿阶段的创造技法大致分为 4 类：

① 排除错误法。思考酝酿阶段会产生思维上的各种猜测，并通过不断实践来排除错误的猜测，找出需要的解决方案。用这种方法进行发明创造，能否取得成功主要取决于发明家的机遇与个性品质。

② 发散思维法。这类技法的最主要特点是，让思维无拘无束地处于高度自由状态，以产生大量新颖的解决问题的设想。由于创造发明本身就是做前人所未做、想前人所未想的事，创造发明的课题必无现成答案可供选用，因此只有让思维的触角向四面八方充分伸展，充分借助联想、类比等思维方式或把未知事物同已知事物联系起来，获得解决问题的方案。这类技法的运用效果受创造发明者本身的经验和知识等限制。

③ 分析逻辑推理法。这类技法的主要特点是通过对收集来的信息进行严密的分析、整理和再加工，达到发现问题、解决问题的目的。从信息论的角度看，创造发明的过程实质就是对获得的信息进行分割、剪裁、重组的过程。因此，在当今的信息时代里，这类技法有着特殊的作用。

④ 程控法。这类技法就是通过控制创造发明者的思维方向，让思维按照严格的程序或步骤去解决课题，其最主要特点是发明者可以避免大量无效的思维过程，而快速逼近答案。但是，这类技法是一种解决发明课题的程序，并不能代替具体的思考；在执行程序的过程中，可以对程序进行改造，以适应其他各类创造。

（2）思考酝酿不要急于求成

思考酝酿是时间较长的创造性活动阶段，不能急于求成。在整个创造性活动过程中，要能及时调节思维、减轻疲劳并激发灵感。对复杂的问题，要经过一个时间或短或长的酝酿阶段，这就是解决问题的孕育阶段。这种孕育过程，有时还不得不暂时将问题搁置下来，这又叫潜伏阶段，是酝酿解决方法所不可缺少的。孕育阶段大多是属于潜意识的思考过程，它很可能孕育了解决问题的新办法或新观念，一旦酝酿成熟，就会脱颖而出。

5.2.3　创造设想

围绕一个目标进行持久不懈地多方位观察，学习消化有关知识，加工处理有关情报，反复思考酝酿，就在头脑中灌输和储存下大量与创造对象有直接联系或间接联系的信息。在想象力的作用下，驱动这些信息在头脑中不断地运动着、互相交织，一些同创造发明毫无关系的信息也可能被卷入这种思维活动中，经过归纳演绎、分析综合等独特的思维方式加工已知的知识，异变已有事物，创造出新表象和新概念。

创造性设想的产生给发明创造带来了生机。没有创造性设想，就没有发明创造，围绕一个课题产生的创造性设想越多越好，创造性设想是制订创造发明方案的依据。发明创造的各个方案经过分析、论证和筛选，确定了最佳方案后，技术创造活动的重心就开始向建立模型、设计和制作阶段转移。

5.2.4　建立模型

1. 模型及其分类

模型是通过主观意识借助实体或者虚拟表现、构成客观阐述形态、结构的一种表达目的的物件（物件并不等于物体，不局限于实体与虚拟、不限于平面与立体）。现介绍以下几种模型。

1）草模

它是用在设计产品造型的初期阶段，可以把设计构思用立体模型简单地表示出来，供设计人员深入探讨时使用。

2）概念模型

它是用于设计构思初步完成之后，在草模的基础上，用概括的手法表示产品的造型风格、布局安排、人机关系，从整体上表现产品造型的整体概念，侧重对产品造型的考虑而制作的模型。

3）结构模型

它是为了研究产品造型与结构的关系，清晰地表达产品的结构尺寸和连接方法，并进行结构强度试验而制作的模型，侧重对产品结构的构思。

4）功能模型

它用于研究产品的各种性能以及人机关系，同时也用于分析、检查设计对象各部分组件的尺寸与机体的相互配合关系，并在一定条件下用于试验，以及对产品功能的进一步完善。

5）数学模型

数学模型是针对现实世界的某一特定对象，为了一个特定的目的，根据特有的内在规律，做出必要的简化和假设，运用适当的数学工具，采用形式化语言，概括或近似地表述出来的一种数学结构。它或者能解释特定对象的现实性态，或者能预测对象的未来状态，或者能提供处理对象的最优决策或控制。数学模型既源于现实又高于现实，不是实际原形，而是一种模拟，在数值上可以作为公式应用，可以推广到与原物相近的一类问题，可以作为某事物的数学语言，可译成算法语言，编写程序进入计算机。

2. 模型建立过程

现以建立一个实际问题的数学模型为例，说明模型建立过程。建立一个实际问题的数学模型，需要一定的洞察力和想象力，筛选、抛弃次要因素，突出主要因素，做出适当的抽象和简化。全过程一般分为表述、求解、解释、验证 4 个阶段，并且通过这些阶段完成从现实对象到数学模型，再从数学模型到现实对象的循环，如图 5.2 所示。

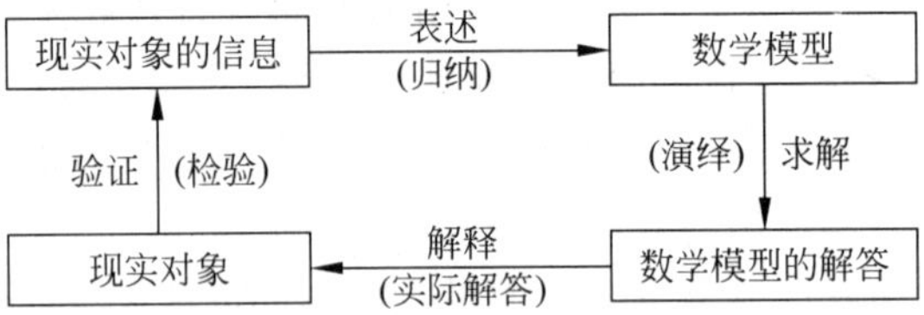

图 5.2 数学模型建立流程

1）表述阶段

根据建立数学模型的目的和掌握的信息，将实际问题翻译成数学问题，用数学语言确切地表述出来。这是一个关键的过程，需要对实际问题进行分析，甚至要做调查研究，查找资料，对问题进行简化、假设、数学抽象，运用有关的数学概念、数学符号和数学表达式去表现客观对象及其关系。如果现有的数学工具不够用时，可根据实际情况，大胆创造新的数学概念和方法去表现模型。

2）求解阶段

选择适当的方法，求得数学模型的解答。可以采用解方程、画图形、证明定理、逻辑运算、数值计算等各种传统和现代的数学方法，特别是计算机技术。

3）解释阶段

数学解答翻译回到现实对象，提供实际问题的解答。对模型解答进行数学上的分析，有时要根据问题的性质分析变量间的依赖关系或稳定状况，有时要根据所得结果给出数学上的预报，有时则可能要给出数学上的最优决策或控制，不论哪种情况都常常需要进行误差分析、模型对数据的稳定性或灵敏性分析等。

4）验证阶段

检验解答的正确性。把数学上分析的结果翻译回到实际问题，并用实际的现象、数据与之比较，检验模型的合理性和适用性。这一步对于建模的成败是非常重要的，要以严肃认真的态度来对待。当然，有些模型如核战争模型就不可能要求接受实际的检验了。模型检验的结果如果不符合或者部分不符合实际，则问题通常出在模型假设上，应该修改、补充假设，重新建模。有些模型要经过几次反复，不断完善，直到检验结果获得某种程度上的满意。

5）模型应用

应用的方式自然取决于问题的性质和建模的目的。例如，随机性人口模型建立过程如下：

一个人的出生和死亡应该说是随机事件，无法准确预测。之所以能用确定性模型描述人口的发展，因为考察的是一个国家或地区的数量很大的人口，用对总数而言的平均生育率、死亡率代替出生、死亡的概率，将人口作为连续变量处理。如果研究对象是一个自然村落或一个家族的人口，数量不大、需作为离散变量看待时，就要利用随机性人口模型来描述其变化过程了。时刻 t 的人口用随机变量 $X(t)$ 表示，$X(t)$ 只取整数值。记 $P_n(t)$ 为 $X(t)=n$ 的概率，$n=0,1,2,\cdots$。下面要在对出生和死亡的概率作出适当假设的基础上，寻求 $P_n(t)$ 的变化规律，并由此得出人口 $X(t)$ 的期望和方差，用它们在随机意义下描述人口的发展状况。

表述与假设阶段。这一阶段主要作模型假设。

若 $X(t)=n$，对人口在 t 到 $t+\Delta t$ 的出生和死亡作如下假设（Δt 很小）。

① 出生一人的概率与 Δt 成正比，记作 $b_n\Delta t$；出生二人及二人以上的概率为 $o(\Delta t)$。

② 死亡一人的概率与 Δt 成正比，记作 $d_n\Delta t$；死亡二人及二人以上的概率为 $o(\Delta t)$。

③ 出生与死亡是相互独立的随机事件。

④ 进一步设 b_n 和 d_n 均与 n 成正比，记 $b_n=\lambda n, d_n=\mu n$，λ 和 μ 分别是单位时间内 $n=1$ 时一个人出生和死亡的概率。

建模与求解阶段。为了得到 $P_n(t)$ 的方程，考察随机事件 $X(t+\Delta t)=n$。

根据假设①～③，与出生或死亡一人的概率相比，出生或死亡二人及二人以上的概率，出生一人且死亡一人的概率均可忽略。这样，$X(t+\Delta t)=n$ 可以分解为仅仅 3 个互不相容的事件之和：

$X(t)=n-1$ 且 Δt 内出生一人，其概率为 $b_n\Delta t$；

$X(t)=n+1$ 且 Δt 内死亡一人，其概率为 $d_n\Delta t$；

$X(t)=n$ 且 Δt 内人口未变，其概率为

$P\{\text{人口未变}\}=1-P\{\text{人口增加或减少 1 人}\}=1-b_n\Delta t-d_n\Delta t$

按照全概率公式有

$$\begin{aligned}&P\{\text{时刻 } t+\Delta t \text{ 有 } n \text{ 个人}\}\\&=P\{\Delta t \text{ 增加 1 人}\}P\{\text{时刻 } t \text{ 有 } n-1 \text{ 个人}\}\\&\quad+P\{\Delta t \text{ 减少 1 人}\}P\{\text{时刻 } t \text{ 有 } n+1 \text{ 个人}\}\\&\quad+P\{\Delta t \text{ 人口未变}\}P\{\text{时刻 } t \text{ 有 } n \text{ 个人}\}\end{aligned}$$

即

$$P_n(t+\Delta t)=P_{n-1}(t)b_{n-1}\Delta t+P_{n+1}(t)d_n\Delta t+P_n(t)(1-b_n\Delta t-d_n\Delta t) \tag{5.1}$$

即

$$\frac{P_n(t+\Delta t)-P_n(t)}{\Delta t}=P_{n-1}(t)b_{n-1}+P_{n+1}(t)d_n-(b_n+d_n)P_n(t)$$

令 $\Delta t\to 0$，得关于 $P_n(t)$ 的微分方程为

$$\frac{\mathrm{d}P_n}{\mathrm{d}t}=b_{n-1}P_{n-1}(t)+d_{n+1}P_{n+1}(t)-(b_n+d_n)P_n(t) \tag{5.2}$$

特别地，在假设④($b_n=\lambda n, d_n=\mu n$)的情况下，方程(5.2)变为

$$\frac{\mathrm{d}P_n}{\mathrm{d}t}=\lambda(n-1)P_{n-1}(t)+\mu(n+1)P_{n+1}(t)-(\lambda+\mu)nP_n(t) \tag{5.3}$$

若初始时刻($t=0$)人口为确定数量 n_0，则 $P_n(t)$的初始条件为

$$P_n(0)=\begin{cases}1, & n=n_0\\ 0, & n\neq n_0\end{cases} \tag{5.4}$$

式(5.3)对于不同的 n 是一组递推方程，在条件④下的求解过程非常复杂，并且没有简单的结果。幸而，通常人们对式(5.3)的解 $P_n(t)$并不关心，感兴趣的只是 $X(t)$的期望 $E\{X(t)\}$。令

$$期望\ E(t)=E\{X(t)\},\quad E(0)=n_0$$

$$方差\ D(t)=D\{X(t)\},\quad D(0)=0$$

而它们可以由式(5.3)与(5.4)直接得到，因为按照定义，有

$$E(t)=\sum_{n=1}^{\infty}nP_n(t) \tag{5.5}$$

对式(5.5)求导并将式(5.3)代入，得

$$\frac{\mathrm{d}E}{\mathrm{d}t}=\lambda\sum_{n=1}^{\infty}n(n-1)P_{n-1}(t)+\mu\sum_{n=1}^{\infty}n(n+1)P_{n+1}(t)-(\lambda+\mu)\sum_{n=1}^{\infty}n^2P_n(t) \tag{5.6}$$

注意到

$$\sum_{n=1}^{\infty}n(n-1)P_{n-1}(t)=\sum_{k=1}^{\infty}k(k+1)P_k(t)=\sum_{n=1}^{\infty}n(n+1)P_n(t)$$

$$\sum_{n=1}^{\infty}n(n+1)P_{n+1}(t)=\sum_{k=1}^{\infty}k(k-1)P_k(t)=\sum_{n=1}^{\infty}n(n-1)P_n(t)$$

代入式(5.6)，得

$$\begin{aligned}\frac{\mathrm{d}E}{\mathrm{d}t}&=\lambda\sum_{n=1}^{\infty}n(n+1)P_n(t)+\mu\sum_{n=1}^{\infty}n(n-1)P_n(t)-(\lambda+\mu)\sum_{n=1}^{\infty}n^2P_n(t)\\&=(\lambda-\mu)\sum_{n=1}^{\infty}nP_n(t)\end{aligned}$$

利用式(5.5)，则有

$$\frac{\mathrm{d}E}{\mathrm{d}t}=(\lambda-\mu)\sum_{n=1}^{\infty}nP_n(t)=(\lambda-\mu)E(t) \tag{5.7}$$

由于

$$E(0)=n_0 \tag{5.8}$$

显然，方程(5.7)的解为

$$E(t)=n_0\mathrm{e}^{(\lambda-\mu)t}=n_0\mathrm{e}^{rt},\quad r=\lambda-\mu \tag{5.9}$$

从含义上看，随机性模型(5.9)中出生概率 λ 与死亡概率 μ 之差 r 可称为净增长概率，人口的期望值 $E(t)$呈指数增长。

对于方差 $D(t)$，按照定义有

$$D(t)=\sum_{n=1}^{\infty}n^2P_n(t)-E^2(t)=G(t)-E^2(t) \tag{5.10}$$

式中，$G(t)=\sum_{n=1}^{\infty}n^2P_n(t)$。显然，$G(0)=n_0^2$。

由于

$$\frac{dP_n}{dt} = \lambda(n-1)P_{n-1}(t) + \mu(n+1)P_{n+1}(t) - (\lambda+\mu)nP_n(t)$$

有

$$\frac{dG}{dt} = \lambda\sum_{n=1}^{\infty} n^2(n-1)P_{n-1}(t) + \mu\sum_{n=1}^{\infty} n^2(n+1)P_{n+1}(t) - (\lambda+\mu)\sum_{n=1}^{\infty} n^3 P_n(t)$$

注意到

$$\sum_{n=1}^{\infty} n^2(n-1)P_{n-1}(t) = \sum_{k=1}^{\infty} k(k+1)^2 P_k(t) = \sum_{n=1}^{\infty} n(n+1)^2 P_n(t)$$

$$\sum_{n=1}^{\infty} n^2(n+1)P_{n+1}(t) = \sum_{k=1}^{\infty} k(k-1)^2 P_k(t) = \sum_{n=1}^{\infty} n(n-1)^2 P_n(t)$$

从而

$$\begin{aligned}\frac{dG}{dt} &= \lambda\sum_{n=1}^{\infty} n(n+1)^2 P_n(t) + \mu\sum_{n=1}^{\infty} n(n-1)^2 P_n(t) - (\lambda+\mu)\sum_{n=1}^{\infty} n^3 P_n(t)\\ &= 2(\lambda-\mu)\sum_{n=1}^{\infty} n^2 P_n(t) + (\lambda+\mu)\sum_{n=1}^{\infty} nP_n(t)\\ &= 2(\lambda-\mu)G(t) + (\lambda+\mu)E(t)\end{aligned}$$

那么

$$\frac{dG}{dt} - 2(\lambda-\mu)G(t) = (\lambda+\mu)E(t)$$

解上方程，得

$$\begin{aligned}\int[-2(\lambda-\mu)]dt = -2(\lambda-\mu)t &= \int(\lambda+\mu)E(t)e^{\int[-2(\lambda-\mu)]dt}\\ &= (\lambda+\mu)n_0\int e^{(\lambda-\mu)t}e^{-2(\lambda-\mu)t}dt\\ &= n_0(\lambda+\mu)\int e^{-(\lambda-\mu)t}dt\\ &= -n_0\frac{\lambda+\mu}{\lambda-\mu}e^{-(\lambda-\mu)t}\end{aligned}$$

方程的通解为

$$\begin{aligned}G(t) &= e^{-\int[-2(\lambda-\mu)]dt}\left(-n_0\frac{\lambda+\mu}{\lambda-\mu}e^{-(\lambda-\mu)t}+C\right)\\ &= e^{2(\lambda-\mu)]t}\left(-n_0\frac{\lambda+\mu}{\lambda-\mu}e^{-(\lambda-\mu)t}+C\right)\\ &= -n_0\frac{\lambda+\mu}{\lambda-\mu}e^{(\lambda-\mu)^t}+Ce^{2(\lambda-\mu)t}\end{aligned}$$

由于 $G(0)=n_0^2$，有

$$n_0^2 = -n_0\frac{\lambda+\mu}{\lambda-\mu}+C \quad => \quad C = n_0^2 + n_0\frac{\lambda+\mu}{\lambda-\mu}$$

从而

$$\begin{aligned}D(t) = G(t) - E^2(t) &= -n_0\frac{\lambda+\mu}{\lambda-\mu}e^{-(\lambda-\mu)t} + Ce^{2(\lambda-\mu)t} - n_0^2 e^{2(\lambda-\mu)t}\\ &= -n_0\frac{\lambda+\mu}{\lambda-\mu}e^{-(\lambda-\mu)t} + n_0\frac{\lambda+\mu}{\lambda-\mu}e^{2(\lambda-\mu)t}\end{aligned}$$

所以

$$D(t)=n_0\frac{\lambda+\mu}{\lambda-\mu}e^{(\lambda-\mu)t}[e^{(\lambda-\mu)t}-1] \tag{5.11}$$

$D(t)$的大小表示了人口$X(t)$在期望值$E(t)$附近的波动范围。式(5.11)说明这个范围不仅随着时间的延续和净增长概率$r=\lambda-\mu$的增加而变大，而且即使当r不变时，它也随着λ和μ的上升而增长。这就是说，当出生和死亡频繁出现时，人口波动范围变大。

应当指出，并不是所有建模过程都要经过这些步骤，有时各步骤之间的界限也不那么分明。建模时，不应拘泥于形式上的按部就班，需采取灵活的表述方式。

5.2.5 实验研究

实践是检验真理的唯一标准。在提出技术方案后，要通过科学实验和样品试制，验证新模型、新技术、新方法和新产品发明方案构思的正确性。

1. 制定实验计划

实验计划是指导实验工作的依据，也是对实验方案的科学论证。发明创造者应掌握制定实验计划的基本方法。

(1) 明确实验目的和任务。实验目的、任务必须十分明确，这是确定实验工作的基础。整个实验活动都要围绕实现实验目的进行。

(2) 实验设计。实验设计是对实验内容、实施程序做出具体的安排，目的是保证实验结果的精准性、科学性，以及在此前提下，尽可能地减少实验次数，降低试验费用，缩短试验时间。

(3) 实验方法。实验设计必须讲究方法。目前，已有许多科学的试验设计方法可供使用，包括0.618法、降维法和正交设计法等。

(4) 器材选择与制备。方案设计工作完成之后，要根据实验内容考虑制作什么样的实验装置，选择和制备哪些器材和测试仪器，条件齐备，才能有条不紊地进行实验。

2. 实验测试与结果分析

实验不一定一次就能完成。实验中，必须仔细观察，警觉意外的变化，多疑善思，搜寻各种值得追踪的线索，这对于抓住一些有价值的东西和改进试验都是有益的。实验工作的最后一个阶段，是处理试验数据和分析试验结果，从中才能得出有价值的结论。

3. 修改实验模型

从发明设想到最终得到发明成果，要进行许多实验研究。发明成果往往需要通过实验不断改进，逐步完善。发明创造过程中的实验不是在最终发明成果上进行的，而是需要通过模型实验后，重复实验证明其原理、功能及结构的新颖性、合理性，才可制作样品。

免扣带是怎么发明的？

在衣服、鞋子上有一种一扯即开的“免扣带”，它以方便省时而大受现代人欢迎。但它是怎样发明的呢？“免扣带”是一位名叫马斯楚的瑞典人发明的。它的发明纯属偶然。1948年的一天，他和朋友兴致勃勃地去登山。登上顶峰后，他们随便坐在草地上吃午餐。这时，马斯楚突然觉得臀部又痛又痒。他知道这又是鬼针草的“恶作剧”，于是坐不住了，不耐烦地把鬼针草一根一根地从裤子上摘下来，但摘不胜摘。回家后，他把残留在裤子上的鬼针草取下来，想弄清楚它为什么“粘”人，结果发现鬼针草的结构十分特殊，粘在裤子上拍不下来。

马斯楚顿时萌生了一个想法："如果模仿它的结构，做一种钮扣或别针，那该多好！"

一念之间，一项新发明创造诞生了。马斯楚先生制成了一种合上就不易分开的布，即一块布织成许多钩子，另一块布织成很多圆球，两者合起来，产生拉链的效果。他将试制品命名为"免扣带"，申请了专利，然后与一家织布公司合作生产。由于"免扣带"的使用范围很广，马斯楚足足赚了3亿多美元。

在生活中被鬼针草的"恶作剧"伤害的人，几乎天天都有，但能从中引出发明创造的思想火花的人，马斯楚则是第一人。这是一种联想的感悟，是一种创造性思维的魅力，也是一种稍纵即逝的冲动。感悟是科学发明的"激光"。一旦这种"激光"闪现了，你就要善于运用它去撞击科学发明的大门，敢于去吃第一只"螃蟹"。那些纸上谈兵式的人物，是难于领略创造发明者的喜悦的。

一个好的机遇不会出现两次。机遇来了，你就要当机立断地抓住它，莫失之交臂。马斯楚抓住了机遇，并立即付之于行动，他就获得了巨大的成功。英国作家乔叟说得好："每人都有一个好运降临的时候，只看他能不能领受；但他若不及时注意，或竟顽强地抛开机遇，那就并非机遇或命运在捉弄他，实在唯有归咎于他自己的疏懒与荒唐。"这话真是说得深刻极了。当幸运之神与你擦身而过时，请不要怨天尤人，而是要首先反思一下：我是不是有点疏懒？

就此而论，马斯楚的成功经验，对我们从事创造发明来说，是很有启发的。

5.3 完成课题阶段

发明创造进行了实验研究之后，就进入了完成课题阶段。这一阶段的主要任务在于确定科技创造成果是以何种形式表达出来，是论文？专利？产品？还是软件？对科技成果又如何进行评价呢？如果是论文成果，论文如何撰写？如果是专利成果，专利如何申请？如果是产品成果，产品又如何推广和产业化？如果是软件成果，又如何进行保护？等等……这些都是需要完成的内容。由于科技论文写作、专利申请和软件著作权保护将分别在后面的第6章、第7章和第8章进行详细阐述，故本节主要对发明创造成果评价内容和方法及推广应用进行讨论。

5.3.1 发明创造成果的评价指标

1. 技术指标

(1) 创新性。这是指该项发明创造成果必须是首先提出来的，主要从技术成果的创新点、原始创新所占比重、技术成果的创新复杂度与难易度等方面进行评价。

(2) 先进性。主要分析评价技术成果在同行内的领先程度、技术的战略性及前瞻性等。

(3) 稳定性。主要评价技术成果的可靠程度、可操作性、在规定时间内和规定条件下无故障地发挥规定性能的概率、技术寿命周期的长短等。

(4) 成熟度。主要从技术成果距离产业化程度与转化实用程度进行评价。

(5) 研究基础。主要反映技术成果的理论依据是否科学、研究基础是否坚实、技术成果研究者的学术背景是否扎实等。

(6) 知识产权。主要从专利授权、标准制定、软件著作权、发表论文、获得奖励等方面进行评价。

2. 效益指标

应用技术开发类成果具有较强的应用目的性,因而经济效益是重要的效益评价指标。评价过程中应结合社会生态效益,全面反映农业科技成果的综合效益。主要包括:

(1) 经济效益,主要从成本利润率、已取得的交易额或销售收入额、推广面积或销售数量、市场占有率、年利润净额等方面进行分析。

(2) 社会效益,主要从促进或带动相关产业发展情况、带动从业人员数量等方面进行分析。

(3) 生态效益。主要从减少环境污染、降低能耗数量等方面分析评价。

3. 风险指标

(1) 技术风险,主要从技术成果是否存在潜在的权益纠纷、是否会带来社会伦理的风险或危害、是否会带来科技发展的风险或危害、是否会带来生产安全的风险或危害等方面评价。

(2) 市场风险,主要从科技成果是否难以进入市场、科技成果是否能够实现收益等方面评价。

(3) 政策风险,主要从是否符合产业政策、是否符合区域政策等方面评价。

5.3.2 发明创造成果的评价方法

1. 同行评议法

同行评议法是由从事该领域或相关领域的专家来评定一项发明创造成果的学术水平或重要性的一种方法。此法简单易用,但难以设定统一评价标准,在评价对象数量较多时,结果误差较大,应慎重使用。

2. 德尔菲法

德尔菲法是通过对分散的评价意见进行反复的综合、整理、反馈和数理统计的处理,使之趋于收敛,从而获得所需评价结论。此方法简单方便、易于操作,可反映出专家群体之间的一致性意见,但由于受主观因素影响较多,对评价对象的判断往往会产生一定偏差。

3. 综合评价法

综合评价法能较全面地考虑评价指标体系的各个层面,在对事物的全面评价方面比其他方法更有优势,可满足单层次或多层次的评价需要,但计算过程中所需各指标权重系数,则需通过其他方法求出。

4. 层次分析法

层次分析法(Analytic Hierarchy Process,AHP)是一种多层次权重解析方法。它把复杂问题分解为各个组成因素,将这些因素按照某种相互作用的方式和相互联系的规则分组,形成有序的递阶层次结构,通过各个层次的两两比较判断方式,确定每一层次中因素的相对重要性,然后在递阶层次结构中进行合成,得到决策因素相对于总目标重要性的顺序。AHP的最终结果是得到相对于总目标各决策方案的权重,据此做出决策。对发明创造成果评价而言,则是得到了评价指标体系中,各指标相对于评价总目标的权重值。所以,在发明创造成果评价过程中,它可以作为一种确定指标权重的有效方法加以应用。

5. 模糊综合评价法

模糊综合评价法在进行评价时，一些具有模糊概念的评价对象很难用确切的数字来表达，这时可以借助模糊数学理论，运用模糊数学方法对受到多种因素制约的事物或对象做出一个综合评价，即模糊综合评价法。它能较好地解决模糊的、难以量化的问题，适合于各种非确定性问题的解决。

6. 模糊层次线性加权综合评价法

本方法按下列步骤进行。

1）确定评价等级

根据成果类型和目标确定评价等级。例如，如果成果鉴定，可将评价等级确定为先进、较先进和一般；若是成果评奖，可将评价等级确定为一等奖、二等奖和三等奖。

2）确定评价指标体系

根据评价指标的分类情况，构造如图 5.3 所示的发明创造成果或奖项评价指标体系结构。

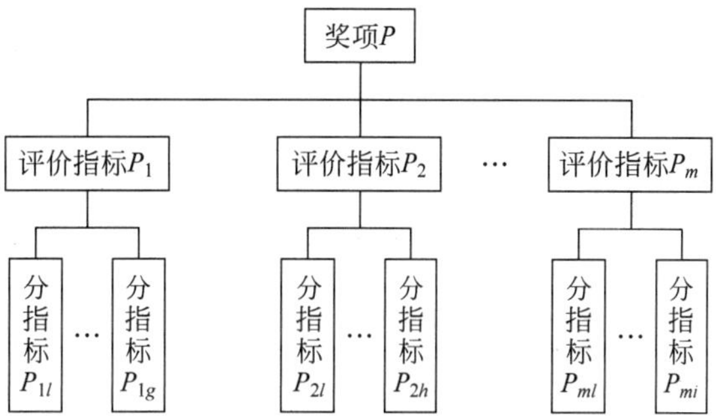

图 5.3　科技成果评价指标体系结构

3）建立评价模型

(1) 确定科技成果评价指标层次结构模型，如图 5.3 所示。

(2) 根据专家代表的判断，构造两两比较判断矩阵为

$$A=\begin{vmatrix} A_k & B_1 & B_2 & \cdots & B_n \\ B_1 & b_{11} & b_{21} & \cdots & b_{n1} \\ B_2 & b_{12} & b_{22} & \cdots & b_{n2} \\ \cdots & \cdots & \cdots & \cdots & \cdots \\ B_n & b_{1n} & b_{2n} & \cdots & b_{m} \end{vmatrix}$$

式中，A_k 为成果上层评价指标中第 k 个指标；B_1，$B_2 \cdots B_n$ 为由 A_k 指标分解得到的下一层次 B 中的指标；b_{ij} 为 B 层次指标 i 与指标 j 两两比较相对于 A_k 上层指标的相对重要程度的标度值，如表 5.1 所示；n 代表判断矩阵的阶数。

表 5.1　1～9 标度发各级标度含义

标度	含　义
1	表示两个元素相比，具有同样重要性
3	表示两个元素相比，前者比后者略重要

续表

标度	含　义
5	表示两个元素相比,前者比后者重要
7	表示两个元素相比,前者比后者明显重要
9	表示两个元素相比,前者比后者绝对重要
2,4,6,8	表示介于上述相邻判断的中间值

(3) 层次单排序及一致性检验。通过专家代表判断矩阵 A 的特征根,解方程

$$AW = \lambda_{\max} W$$

得到解向量 W,经归一化后即为同一层次相应指标。对于上一层次指标相对重要性的权重,采用的是方根法计算 $\lambda_{\max}$ 和 W,并利用一致性指标

$$CI = \frac{\lambda_{\max} - n}{n - 1}$$

得到随机性指标 RI,再根据公式

$$CR = \frac{CI}{RI}$$

是否<0.1,判断矩阵的一致性是否可接受,否则需要重新调整判断矩阵,使之满足一致性检验,如表 5.2 所示。

表 5.2　矩阵阶数与随机一致性指标 *RI* 对照表

矩阵阶数	1	2	3	4	5	6	7	8	9	10
RI	0.00	0.00	0.58	0.90	1.12	1.24	1.32	1.41	1.45	1.49

(4) 层次总排序及一致性检验。在计算各级要素指标对于上一层指标的相对重要度之后,即可从最顶层开始,自上而下求出各层次上不同指标对于成果或奖项总体的综合重要度(也称组合权重)。如果上一层所有元素 A_1、$A_2 \cdots A_m$ 的组合权重已知,其权重分别为 $a_1, a_2, \cdots, a_m$,本层包含 n 个元素 $B_1, B_2 \cdots B_n$,那么,它们对于因素指标 A_i 的层次单排序权值则分别为 $b_{1i}, b_{2i}, \cdots, b_{ni}$(当 B_j 与 A_i 无联系时,$b_{ji} = 0$),则本层次元素的组合权重为

$$b_j = \sum_{i=1}^{m} a_i b_{ji} \quad j = 1,2,\cdots n$$

即某一级的综合重要度是以上一级因素指标的综合重要度为权重的相对重要度的加权和。

然后再由层次总排序的一致性公式,得

$$CR = \frac{CI}{RI} = \frac{\sum_{i=1}^{m} a_i CI_i}{\sum_{i=1}^{m} a_i RI_i} \quad i = 1,2,\cdots m$$

当 CR<0.1 时,认为层次总排序的计算结果具有满意的一致性,否则需要对本层次的各个判断矩阵进行调整,使层次总排序具有满意的一致性。

(5) 根据上述层次分析法得到的组合权重 $b_j(j=1,2,\cdots n)$ 对德尔菲法得出的底层指标权重 $f_j(j=1,2,\cdots n)$ 进行修正，假设两者的权重系数分别为 c_1 和 c_2（可根据侧重点不同进行比例调整），最终底层评价指标权重 w_j 计算公式为

$$w_j = \frac{c_1 b_j + c_2 f_j}{2} \quad j = 1,2,\cdots n$$

(6) 将 $w_j(j=1,2,\cdots n)$ 的值赋予线性加权法相应该层次的权重指标 $x_j(j=1,2,\cdots n)$，将其分别与专家对指标 x_j 的打分值 $p_j(j=1,2,\cdots n)$ 相乘，并由线性加权综合评价法计算出单个专家的评分值为

$$S_i = \sum_{j=1}^{n} p_j x_j$$

这里为了实现量化的评分结果，需将每个指标 x_j 按评价标准分为不同等级，并进行对应分数的量化，为此根据等级适中原则，按照 1～10 分的十分制量化规则对指标 x_j 进行打分，这样可使评分结果以人们较熟悉的十分制或百分制的形式输出，如表 5.3 所示。

表 5.3 指标 x_j 对应等级十进制量化规则表

分数	10	9	8	7	6	5	4	3	2	1
评价等级	优秀	好	良	较好	及格	中	较差	差	很差	极差

由综合平均公式计算出科技成果的评价分数为

$$S^* = \frac{1}{l}\sum_{i=1}^{l} S_i = \frac{1}{l}\sum_{i=1}^{l}\sum_{j=1}^{n} p_{ij} x_j$$

或

$$\begin{aligned} S^* &= \frac{1}{l-2}\left(\sum_{i=1}^{l} S_i - S_i^{\max} - S_i^{\min}\right) \\ &= \frac{1}{l-2}\left(\sum_{i=1}^{l}\sum_{j=1}^{n} p_{ij} x_j - \max\sum_{j=1}^{n} p_j x_j - \min\sum_{j=1}^{n} p_j x_j\right) \end{aligned}$$

式中，l 为评审专家总数，p_{ij} 为第 $i(i=1,2,\cdots l)$ 位专家对于第 $j(j=1,2,\cdots l)$ 项指标的评价等级分数赋值，$S_i^{\max} = \max\sum_{j=1}^{n} p_j x_j$ 为专家打分最高赋值，而 $S_i^{\min} = \min\sum_{j=1}^{n} p_j x_i$ 为专家打分最低赋值，然后将成果或奖项的评价分数 $S^*(k=1,2,3)$ 相比较，就可评定出该项成果（或奖项）所获得的等级；S_1^*，S_2^*，S_3^* 分别为先进（或一等奖）、较先进（或二等奖）、一般（或三等奖）的等级分数线，当 $S^* \geqslant S_1^*$ 时，该成果获先进（或一等奖），当 $S_2^* \leqslant S^* < S_1^*$ 时，该成果较先进（或二等奖），当 $S_3^* \leqslant S^* < S_2^*$ 时，该成果一般（或三等奖）。

4) 应用实例

在实际评审系统中，应用上述评价模型和评价指标体系，以技术发明奖的评价计算为例，阐述其计算过程。

(1) 确定奖项评价指标层次结构（评价指标体系）。建立技术发明奖评价综合指标体系，其层次结构如图 5.4 所示。

(2) 构造两两比较判断矩阵。这里聘请该领域评审专家代表采用 1～9 标度值法（见表 5.1）对评价指标的相对重要性进行量化，构造如表 5.4 所示的判断矩阵列表。

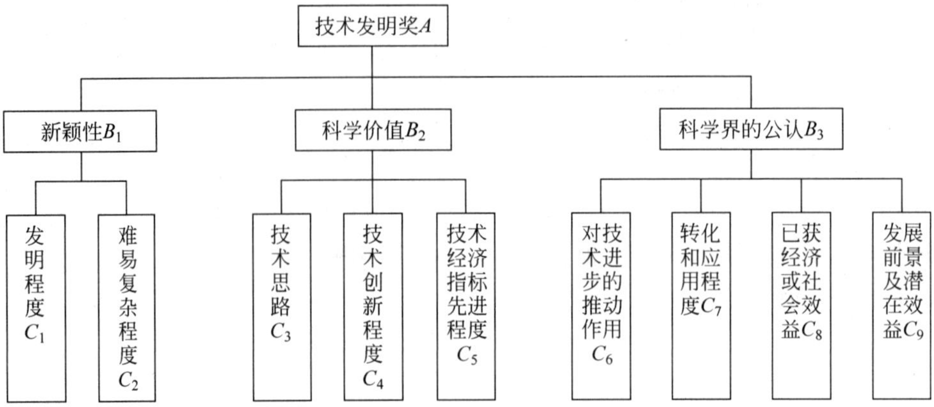

注：为表达方便，将技术发明奖T的三层评价指标按 A、B_1～B_3、C_1～C_9表示

图 5.4 技术发明奖评价综合指标体系

表 5.4 判断矩阵列表

A	B_1	B_2	B_3
B_1	1	1/3	1/2
B_1	3	2	1
B_1	2	1/2	1

B_1	C_1	C_2
C_1	1	5
C_2	1/5	1

B_2	C_3	C_4	C_5
C_3	1	1/3	1/3
C_4	3	1	2
C_5	3	1/2	1

B_3	C_6	C_7	C_8	C_9
C_6	1	1	3	4
C_7	1	1	2	3
C_8	1/3	1/2	1	2
C_9	1/4	1/3	1/2	1

(3) 计算单一准则下元素的相对重要性(层次单排序)及一致性检验。采用方根法来计算 λ_{max}和 W,并根据一致性指标 $CI=\dfrac{\lambda_{max}-n}{n-1}$和公式 $CR=\dfrac{CI}{RI}$进行一致性检验。

(4) 层次总排序及一致性检验。计算 C 层次各指标的组合权重,如表 5.5 所示,并进行一致性检验。

表 5.5 层次总排序表

层次 C	层次 B			C 层次元素组合权重
	B_1	B_2	B_3	
	$b_1=0.1634$	$b_2=0.5396$	$b_3=0.2970$	
C_1	0.8333	0	0	0.1362
C_2	0.1667	0	0	0.0272
C_3	0	0.1396	0	0.0753
C_4	0	0.5279	0	0.2849

续表

层次 C	层次 B			C 层次元素组合权重
	B_1	B_2	B_3	
	$b_1=0.1634$	$b_2=0.5396$	$b_3=0.2970$	
C_5	0	0.3325	0	0.1794
C_6	0	0	0.4013	0.1192
C_7	0	0	0.3375	0.1002
C_8	0	0	0.1638	0.0487
C_9	0	0	0.0974	0.0289

$$CI_{总}=\sum_{i=1}^{3}b_iCI_i=0.1634+0.5396\times0.0627+0.297\times0.0103=0.0175$$

$$RI_{总}=\sum_{i=1}^{3}b_iRI_i=0.1634\times0+0.5396\times0.52+0.297\times0.89=0.5449$$

当 $CR_{总}=\frac{CI_{总}}{RI_{总}}=\frac{0.0175}{0.5449}=0.032<0.1$ 时，层次总排序具有满意的一致性。

$(0.1362,0.0272,0.0753,0.2849,0.1794,0.1192,0.1002,0.0487,0.0289)^T$ 即为量化后 C 层权重指标向量，且相对重要次序为 $C_4>C_5>C_1>C_6>C_7>C_3>C_8>C_9>C_2$。

(5) 群体评价专家用迭代德尔菲法($\Delta_{ji}\leqslant0.005$ 即认为收敛)得到 C 层指标权值，如表 5.6 所示。

表 5.6 迭代德尔菲法确定的 C 层权重指标

指标	C_1	C_2	C_3	C_4	C_5	C_6	C_7	C_8	C_9
权重	0.30	0.07	0.13	0.02	0.12	0.08	0.10	0.11	0.07

由于专家代表个人的量化评价结果与专家群体定性化的评价结果对于权重系数的互补性很好，可认为两者的相对重要程度基本相同，因而可令两者的权重系数 $c_1=c_2=50\%$，则由计算公式 $w_j=\frac{b_j+f_j}{2}(j=1,2,\cdots,9)$(式中 b_j 和 f_j 分别为两种方法确定的 C 层指标权重)的结果作为本层次最终的评价指标权重 w_j。由此得到了最终确定的 C 层指标权重，如表 5.7 所示。

表 5.7 最终确定的 C 层权重指标

指标	C_1	C_2	C_3	C_4	C_5	C_6	C_7	C_8	C_9
权重	0.22	0.05	0.10	0.15	0.15	0.10	0.10	0.08	0.05

(6) 最后根据表 5.7 中确定的 C 层指标权重值作为线性加权综合评价法的底层指标权重系数，计算出成果或奖项的综合平均分数，并与技术发明奖的“分数阈值”相比较即可确定其获奖等级。

5.3.3 发明创造成果的推广应用

1. 发明创造成果推广应用的意义

迅速使发明创造成果推广应用，形成生产力，对一个国家、企业和个人来说都是具有重大意义的。

从国家方面来说，发明创造成果，特别是一些重大科研成果物化于劳动资料中，将会实现技术革命。它不仅是推动社会进步的动力，而且是提高一个国家综合国力的源泉。18世纪，纺织机、蒸汽机的发明和广泛应用，不仅使英国称雄于世界，而且促使人类从铁器时代进入机器时代；20世纪40—50年代，原子能、电子计算机和空间技术的创新与应用，使美国成为当前世界上最强大的国家，同时也使人类由机器体系生产进入智能机器体系生产，把社会推到信息时代。

从企业方面来说，自20世纪50年代后，企业间在科技创新方面的竞争更加加剧，形成了你追我赶、相互企图击败对方的新局势，这就要靠企业的创新成果大量应用才能在市场占有一席之地。

从个人来说，发明创造成果物化的速度，直接关系到个人的利益和事业的成败。

2. 发明创造成果推广方案

1）指导思想

发明创造成果的推广应用是项目取得效益的直接体现，也是发明创造成果普及的过程，推广实施实际上是在更广阔的企业中通过再实践去完善原有成果的科学性、普适性和成熟度。

2）基本思路与内容

通过评估筛选、转化、验证、普及、深化5个环节的操作研究，探索出推广发明创造成果的运行机制；力求通过成果的转化研究，探索出能促使发明创造成果在企业推广的机制。

（1）重点与方向。

首先，在理念层面上，以实现企业效益为目的，最终达到个人与企业共赢。其次，在操作层面上，有利激发工作人员的主动性、积极性，不断发挥效率，充分体现价值观。

（2）基本原则。

① 坚持理论联系实际的原则。在推广领导小组和专家的指导下，在实践基础上进行验证、检验，使理论与实践有机结合，以统一思想，统帅推广研究工作。在推广研究过程中，坚持理论与实际相结合，凸显发明创造成果推广的操作性和实效性。

② 坚持点面结合、循序渐进的原则。发明创造成果在推广过程中，需贯彻点面结合的原则。一方面，注重整体性：不断摸索推广经验，从局部向整体铺开，互相共赢。另一方面，注重全面性：必须面向整个企业，全方位、多角度、多层面地实施推广，最大限度实现发明创造成果的最大效益。

③ 坚持主体性原则。充分发挥推广领导小组主导作用，以现场实际实施效果为最终目标。

3）基本方法与实施步骤

为了保证发明创造成果推广达到预期目的，结合企业实际，确定发明创造成果推广研究周期，具体分为3个阶段：

(1) 试点推广阶段。确定一个单位为重点推广探索，给出具体方法和积累经验。由推广领导小组组织，具体开展推广实施。

(2) 分区域选点推广实施阶段。选定一个区域几家单位重点推广。

(3) 整个企业推广实施阶段。全方位、多层面地实施推广。加强各单位日常交流与研讨，对推广研究进程、成果、典型事例、出现的问题及原因等进行全方位的反馈、总结、分析，集体讨论，提出修订意见。整理有关研究材料，对推广研究取得的成果进行评估、深化推广。推广领导小组写出研究报告，召开整个企业发明创造成果推广表彰大会。聘请企业总经理、专家组鉴定验收推广研究成果。

4) 基本措施

(1) 加强跟踪，明确发明创造实施、推广的目的。

成果推广领导小组要定期组织跟踪项目实施系列成果，总结跟踪；不定期对发明创造实施和推广情况通报，对具体操作实施进行研究方法培训，促进指导；采取多种形式具体实施进行培训与指导。

(2) 分解实施，加强协作促进。

发明创造成果推广由发明创造领导小组定期组织召开推广工作交流会，了解推广应用和研究情况，总结经验，探讨解决带有共性的问题。

(3) 加强交流，深化研究成果。

发明创造成果推广小组和专家指导小组不定期举办一次成果推广论坛，总结改进。

(4) 机制促进，激励推动。

制定相应奖励政策，对发明创造推广研究工作中取得显著成效的员工或团队进行奖励兑现。

(5) 做好档案资料工作。

建立发明创造推广实施档案，推广实施过程中的有关研究资料，如研究原始数据及相关统计数据，员工等相关人员的反馈、评价资料，实施成功或失败的情况及反思的资料，专家指导、评价的资料，照片、课件、录音、录像等资料。

5) 条件保障

(1) 组织保障。

首先，成立发明创造成果推广领导小组。推广领导小组主要构成如下。

组长：***

副组长：***

成员：***、***、***、***、***

职责：负责发明创造成果推广工作的领导、组织、协调和管理及各种活动的组织策划和条件保障，对发明创造成果研究中的重大问题作出决策，制定并实施激励政策，保证投入。

其次，成立发明创造成果推广专家指导小组。专家指导小组的主要构成如下。

组长：***

副组长：***、***

成员：***、***、***、***、***

职责：为发明创造成果提供理论支持；制订发明创造成果推广研究方案；主持发明创造成果推广研究工作；统一指导企业发明创造成果的推广研究；总结发明创造成果研究成

功经验，组织交流、宣传推广成果应用研究的新经验，推进推广工作稳步、健康地展开。

(2) 经费保障。

根据成果推广工作的需要，设立成果推广专项经费，保证研究活动的顺利开展，用于培训、成果推广应用研究、经验交流与推广以及表彰奖励在推广工作中作出突出成绩或贡献的员工或团队。

第6章 科学研究与科技论文写作

CHAPTER 6

【导语】 本章从科学研究的含义出发，阐述了科学研究的基本过程(确定科研课题、理论研究、实验研究和发表文献等)；从科技论文的含义出发，分析了科技论文的功能及特点；从科技论文的结构出发，阐释了科技论文的撰写方法。

6.1 科学研究概述

6.1.1 科学研究的含义、特点及分类

科学研究一般是指利用科研手段和装备，为了认识客观事物的内在本质和运动规律而进行的调查研究、实验、试制等一系列的活动，为创造发明新产品和新技术提供理论依据。科学研究的基本任务就是探索、认识未知。科学研究还需具备一定的条件，如一支合理的科研队伍，必要的科研经费，完善的技术装备以及试验场所等。

由科学研究的定义可以看出科学研究有其自身的特点，主要体现在：

科学研究具有高度的自觉性和组织性。它是围绕研究课题有组织、有计划、有目的的认识活动，而一般的认识活动就没有科学研究那样明确与集中。

科学研究具有继承性与创造性。科学研究以认识世界为目的，这就必然要继承一切人类的科学知识，又因为要提供新的理论和信息，这也就必然决定其具有创造性，而不是仅仅为了验证。

科学研究具有极强的探索性。科学研究是要认识未知世界，认识人类尚未认识的客观规律，因而决定科学研究具有探索的特点。

由科学研究定义及特点可以知道并非采用科学方法的过程都是研究。例如在解决电视机为什么只有图像而没有声音这类问题的过程中，使用科学方法可以得出结论，但这不能称之为科学研究。因为它没有正规地确立课题、形成假设、系统地、严密地进行观察分析和总结，也没有发现和发展原理或理论的目的。

根据科学研究任务和方法的不同，科学研究通常划分为基础研究、应用研究和开发研究。基础研究是对新理论、新原理的探讨，目的在于发现新的科学领域，为新的技术发明和创造提供理论前提。应用研究是把基础研究发现的新理论应用于特定目标的研究，它是基础研究的继续，目的在于为基础研究的成果开辟具体的应用途径，使之转化为实用技术。开发研究又称发展研究，是把基础研究、应用研究应用于生产实践的研究，是科学转化为生产力的中心环节。基础研究、应用研究、开发研究是整个科学研究系统三个互相联系的环节，

它们在一个国家、一个专业领域的科学研究体系中需要协调一致地发展。

按照研究目的划分，科学研究可分为探索性研究、描述性研究和解释性研究。探索性研究是指对研究对象或问题进行初步了解，以获得初步印象和感性认识，并为日后周密而深入的研究提供基础和方向。描述性研究是指正确描述某些总体或某种现象的特征或全貌的研究，任务是收集资料、发现情况、提供信息，描述主要规律和特征。解释性研究是指寻找某种假设与条件因素之间的因果关系，探寻现象背后的原因，揭示现象发生或变化的内在规律。

6.1.2 科学研究的基本过程

科学研究的基本过程是指在科学研究中所采用的最基本、最有成效的步骤。研究领域不同，科研的基本过程亦有所不同。自然科学研究的基本过程主要包括以下 4 个步骤。

1. 确定科研课题

科研课题，即研究的题目，是依据研究目的、通过对研究对象的主客观条件进行分析而确定要研究的问题。课题使研究的目标具体化，使研究活动指向特定的对象和内容范畴，选题是科学研究的起始环节，掌握不好，会“差之毫厘、失之千里”。著名的物理学家爱因斯坦说过，提出一个问题比解决一个问题更重要。他认为解决问题也许仅是一个数学上或实验上的技能而已，而提出新的问题却需要有创造性的想象力，而且标志着科学的真正进步。孔子讲过，“疑是思之始、学之端”。陶行知指出“发明千千万，起点是一问”。这都说明了围绕工作实践提出问题，确定课题的重要性。选题是一个深思熟虑的创造性认识过程，它需要研究者遵循一定的原则、规律，使用科学的方法。好的课题应界定研究的范围、内容及所采用的主要研究方法。

科研课题的确定是一个循序渐进的过程，包括如下几步：①最初提出笼统的课题，往往是在阅读、研究有关领域的文章或在教育教学实践过程中，受到某一点启发，产生联想，从而形成一个初步的研究课题。②查阅有关资料，弄清前人在这方面的研究成果，采用的研究方法以及所遇到的障碍等。③根据主客观条件确定研究课题。随着思考的深入和所掌握的资料，原来朦胧的想法逐渐变得集中、清晰和明确，形成了如何进一步研究该问题的初步思路，就可以确定研究课题了。

科研课题的确定原则可归纳为如下几点：①需要性原则，应从自己教育教学实际出发，以应用性研究为主，课题宜实不宜虚，宜近不宜远，宜新不宜旧，避免空洞、抽象、不好操作。②科学性原则，课题的科学性是指选题有事实依据和理论依据，必须符合科学原理和具有科学价值。③创造性原则，研究课题宜新不宜旧，争取有所发现、有所创新，避免“吃别人嚼过的馍”，重复他人。

2. 理论研究

理论研究是科学研究的一个重要组成部分，它通常需要采用一些相对比较抽象的方法来完成。主要有：

(1) 分析与综合。分析是把研究对象整体分解为各个部分，把复杂事物分解为简单的部分、单位、环节、要素并分别加以研究。从而揭示出各自的属性和本质的科研方法。它是一种从未知到已知，从全局到局部的一个逻辑方法。综合跟分析正好相反，是从已知到未知，从局部到全部的一个逻辑过程。分析和综合对立统一、互相依存，也是可以互相转化的。

(2) 抽象与具体。抽象是从感性的具体认识上升到理性的抽象认识，然后再从理性的抽象认识上升到思维的抽象规定。具体是从抽象物化成具体的东西，它具有多样性、统一性的特点。这两者的关系也是可以相互转化的。

(3) 归纳与演绎。归纳是对一些个别的经验事实和感性材料进行概括和总结，然后从中凝练出一般的公式原理和结论的一种方法，是从个别到一般的逻辑方法。归纳法受条件所限，往往受到样本的全面性约束，所以要注意归纳法不能忽视差异性，不能以偏概全。演绎是从已知的公理、原理、定理、法则、概念出发，推论出新的结论的一种科研方法，也就是从一般到个别的逻辑推理方法。这里逻辑必须满足一定条件。

3. 实验研究

这一步是科学研究的实践阶段，就像真理需要实践来证明一样，科学的理论需要通过实验来验证。实验是科学研究的关键，实验进行的成功与否关乎着整个科研的成败，所以设计课题的实验时，要对课题所涉及的实验内容非常了解，包括实验材料，实验步骤，实验仪器，实验注意事项等等。实验有时候工作量比较大，我们要注意分工合作，同时确保实验的准确性与真实性，切不可弄虚作假。

实验的设计应遵循如下原则：①科学性原则。实验目的要明确，实验原理要正确，实验材料和实验手段的选择要恰当。②简便性原则。设计实验时，要考虑到实验材料是否容易获得，实验装置是否比较简单，实验时间是否比较短等。③单一变量原则。不论一个实验有几个实验变量，都应做到一个实验变量对应一个反应变量；即控制其他因素不变，只改变其中某一变量，观察其对实验结果的影响。④对照原则。通过设置实验对照对比，既可排除无关变量的影响，又可增加实验结果的可信度和说服力。从理论上说，由于实验组与对照组的无关变量的影响是相等的，被平衡了的，故实验组与对照组两者之差异，则可认定为是来自实验变量的效果，这样的实验结果是可信的。⑤平行重复原则。控制某种因素的变化幅度，在同样条件下重复实验，观察其对实验结果影响的程度。任何实验都必须能够重复，这是具有科学性的标志。

实验完成后，对所获得实验数据或现象进行仔细的分析，通过计算机相关软件处理，然后总结或归纳出比较有创新性的科学理论或成果。这一步是总结收获阶段，一个伟大的科学家也许对实验不会非常在行，但他却善于总结，善于从实验中发现我们常人不能发现的结论，这需要平常的观察与锻炼。

4. 发表文献或者将研究成果应用到实际中

前面三步都是为这一步服务的，一项研究要想被同行或者大众接受，就必须将它推广开来。发表文献与实际应用是实验研究成果推广开来的最好途径。发表文献时要注意文献的写作格式以及科学的语言，选择合适的期刊投稿，不可盲目投稿，同时要注意投稿时间的选择，不能让他人抢先一步，古往今来因晚他人一步而使自己的研究成果胎死腹中的事情数不胜数。只有将实验成果推广开来了，自己的研究才能说得上是开了花结了果。因此本章后续内容将主要介绍科技论文的写作。

6.2　科技论文的概念及分类

我国著名物理学家严济慈教授说："在理工科大学开设科技写作课，对于提高学生的科技写作能力，培养高质量的科技人才是十分重要的。"作为高等学校学生，应当熟悉科技论文的有关标准和规定，并通过写作实践，不断提高自己的写作能力，从而使自己能够在以后的工作中得心应手地写出符合要求的论文或报告。那么什么是科技论文呢？简而言之，科技论文是对科研工作中取得的新进展、新成果进行科学总结的一种文体。关于科技论文更为严格的表述在中华人民共和国国家标准 GB 7713—87《科学技术报告、学位论文和学术论文的编写格式》(后文简称 GB 7713—87)中给出，GB 7713—87 将科技论文分为科学技术报告，学位论文和学术论文。

科学技术报告是描述一项科学技术研究的结果或进展或一项技术研制试验和评价的结果；或是论述某项科学技术问题的现状和发展的文件。它通常是为了呈送科学技术工作主管机构或科学基金会等组织或主持研究的人等。科学技术报告中一般应该提供系统的或按工作进程的充分信息，可以包括正反两方面的结果和经验，以便有关人员和读者判断和评价，以及对报告中的结论和建议提出修正意见。

学位论文是表明作者从事科学研究取得创造性的结果或有了新的见解，并以此为内容撰写而成、作为提出申请授予相应的学位时评审用的学术论文，包括学士论文，硕士论文和博士论文。①学士论文应能表明作者确已较好地掌握了本门学科的基础理论、专门知识和基本技能，并具有从事科学研究工作或担负专门技术工作的初步能力。②硕士论文应能表明作者确已在本门学科上掌握了坚实的基础理论和系统的专门知识，并对所研究课题有新的见解，有从事科学研究工作或独立担负专门技术工作的能力。③博士论文应能表明作者确已在本门学科上掌握了坚实宽广的基础理论和系统深入的专门知识，并具有独立从事科学研究工作的能力，在科学或专门技术上做出了创造性的成果。

学术论文是某一学术课题在实验性、理论性或观测性上具有新的科学研究成果或创新见解和知识的科学记录；或是某种已知原理应用于实际中取得新进展的科学总结，用以提供学术会议上宣读、交流或讨论；或在学术刊物上发表；或作其他用途的书面文件。学术论文应提供新的科技信息，其内容应有所发现、有所发明、有所创造、有所前进，而不是重复、模仿、抄袭前人的成果。

6.3 科技论文的功能及特点

6.3.1 科技论文的功能

让我们从一个例子讲起，信号处理中的快速傅里叶变换(FFT)是一种实现高效离散傅里叶变换(DFT)的快速算法。该算法是 1965 年 J. W. Cooley 和 J. W. Tukey 在 *Mathematics of Computation* 杂志上发表的题为 *An algorithm for the Machine Calculation of Complex Fourier Series* 论文的主要贡献点，自此，FFT 算法被看做数字信号处理这门学科兴起的一座极为重要的里程碑，也是一直以来应用最为广泛的数字信号处理算法之一。其实人们很早就认识到，用 DFT 可以有效进行信号的频率分析，但是因为 DFT 运算量很大，在数字计算机发明以前、运算效率普遍很低的年代，DFT 更多的是一种理论分析工具，很难被应用到实际的系统中。FFT 的提出破解了这一历史性难题，极大地促进了数字信号处理这门学科的应用和发展，有人甚至以 FFT 算法提出的 1965 年作为数字信号处理这门学科的诞生之年。

现在人们普遍将 FFT 提出者的桂冠戴在 Cooley 和 Tukey 头上，很多文献也将 FFT 算法称作 Cooley-Tukey 的算法。但许多人不知道的是，可能早在 1805 年，人类历史上最伟大的数学家之一高斯就提出过类似 FFT 算法的一种计算傅里叶系数的快速算法。但是高斯的这种快速算法并没有公开发表，而是收录在 1860 年出版的《高斯论文集》第 3 卷中，据研究人员推测 FFT 算法为高斯所提出的第 1001 种算法，可能完成于 1805 年。那么高斯所提算法在时间上不仅要早于 Cooley-Tukey 算法，更早于傅里叶发表的关于傅里叶级数论文的时间(1822 年发表于法国科学院学报上)。倘若果真如此，傅里叶变换说不定就要改称为高斯变换，离散傅里叶变换就要改称为离散高斯变换了。当然历史没有假设，高斯的论文毕竟没有公开发表出来，虽然这无损于他在人类科学史上的地位，傅里叶几经挫折发表了关于傅里叶级数的论文，也在历史上打下了深深的印记，Cooley 和 Tukey 所做的工作发表后在事实上成为数字信号处理这门学科发展的助推剂。

这个例子说明"发表科技论文"在科学研究工作中占有重要的位置。一项科研成果，如果不能最后写成论文公布于众，那么一切见解和观点，一切创造与发明，都不过是科学家、科研人员个人头脑里的一些思维，别人无法了解和采用，也无法将科学技术转化为生产力，以推动社会的进步。因此科技论文有其自身的功能，主要可以概括为 4 个方面。

1. 科技论文写作是科技工作的重要组成部分

英国著名科学家法拉第的名言说明在科学研究中有 3 个阶段：第一阶段是科研开始，其次完成，最后是发表(There are three necessary steps in useful research: the first to begin it, the second to end it and the third to publish it.)。科技论文写作是科研工作者进行科学技术研究与开发的延续，是科研成果的必然总结。实际上，科研课题的准备工作就已经进入论文写作阶段，开题报告就是论文写作的前奏，写作则是研究完成阶段的工作过程，也是创造性成果得到进一步深入、完善和发掘的再创造过程。现在科学技术工作已趋于综合化、社会化。一个重大科研项目的研究和实施，不是一个人或者几个人所能承担的，通常需要一群人的通力合作。科技工作与社会各方面的联系也十分密切，没有这些联系，科研工作就寸步难行。这种合作和联系，都离不开运用文字等书面符号来传递信息、沟通情况、协调步骤和关系。一项科学研究，从它的选题到资料收集，从科研的设计到研究报告和论文的写作，每一道程序对于整个科研活动都起着举足轻重的作用，哪一项工作做得不好，都会对科研工作造成重大的损失。所以说，科技论文写作是科技工作不可缺少的一个组成部分。

撰写论文，不只是文字表达，论文质量的高低，也绝不仅取决于作者的语文水平，而是与作者的思维能力以及科学研究方法息息相关。可以说，完整的科技论文写作过程，是同整个科学研究过程相重合、相一致的；论文的写作过程也就是科学研究的过程；论文题目的确定，也就是研究课题的选择；论文内容的形成，也就是研究成果的取得。研究成果的取得，是离不开对课题的研究，而课题研究是论文写作过程中的关键环节，也是科学研究的重要步骤。可以说，论文的写作首先是研究成果的深化和整理，是科学研究的继续，是科研工作的重要组成部分。

2. 科技论文写作是科学技术研究的必要手段

科学技术研究是一种创造性的思维活动，这种思维活动，是在人类现有知识的基础上进行的。语言是思想的物质外壳，人们的思维活动都是通过语言来进行的，而复杂的思维活动还经常通过写作来进行。因为光用脑子想、用嘴说，思考的内容仍是游移不定、看不见、摸不着的，难以斟酌推敲；而一旦写到纸上，用文字等书面符号使思维活动"物质化""视觉化"，就能表现出思考的过程，便于反复研究，仔细斟酌，把思考一步一步地引向纵深、宽广的境地。这样，朦胧的意识可以明确化，疏漏的思想可以严密化，肤浅的见解可以深刻化。由此可见，科学技术研究是一种十分复杂的思维活动，它需要借助一定的仪器、设备等物质条件，但也不能离开语言文字的运用，通过写作来记录思维的过程，开拓思维的深度和广度，对于研究工作尤为重要。

科技论文写作并不仅仅是简单地把科学研究中已经取得的思维成果用文字等书面符号表达出来，而其本身就是科学研究的思维过程。写作过程中，往往能对自己所研究的课题做出更加深入的探讨，发现和弥补原先的不足，或者引发新的联想，新的思索，产生新的认识，从而使研究工作达到新的阶段。有时还会在写作中爆发出极为宝贵的思想火花，甚至找到有重大价值的新的研究课题。因此，要善于运用写作这一重要手段来促进科学研究。

3. 科技论文是科技成果的重要标志

科技工作者所发表的科技论文的数量和质量，是其创造性劳动的效率和成果公认的指标。当今社会，科学技术的新发展、新发明，比过去任何时候都多。在这样的情况下，及时准确地发表科技成果，具有特别重要的意义。这不仅是使科技成果尽快地成为社会生产力的需要，而且也是世界科学竞争的需要。已发表的科技论文是确认科技工作者的某项发现或发明有优先权的基本依据。如果由于科技写作能力低下，一项科技成果不能尽早地以科技论文的形式公之于世，得到社会的承认，那么对于科技工作者来说，是一个莫大的损失。因此，科技论文写作能力是科研人员实现社会价值、衡量专业技术水平的标尺，是卓有成效地完成本职工作的重要标志。

4. 科技论文的发表对推动科技进步具有重要意义

英国著名文学家萧伯纳有一段发人深省的论述："倘若你有一个苹果，我也有一个苹果，而我们彼此交换这些苹果，那么，你和我仍然是各有一个苹果；但是，倘若你有一种思想，我也有一种思想，而我们彼此交流这些思想，那么，我们每个人将有两种思想。"科技史上有很多重大的发明、发现、革新，都是从交流开始的。在今天所面临的信息时代，交流对于科学技术的发展，具有重要意义。虽然科技交流有多种多样的渠道，但是通过科技写作形成的科技论文则是其中的重要形式。这是因为，科技论文是传递、存储科技信息的良好载体，可以不受地域、时间的限制飞度海外，传播后世。虽然，其他先进的科技信息载体，如声像资料、微缩资料、计算机资料等的应用越来越普遍，但其制作一般也要以文字材料为底本。可以说，科技写作是科技交流的基础。科技工作者通过阅读科技论文来了解前人已经做过的和别人正在做的科技活动，从中汲取经验和教训，就可以在已有成就的基础上继续把科学推向前进。

6.3.2 科技论文的特点

有了好的成果并不一定等于有了好的论文，成果与论文之间并不是内容与形式之间的关系。科技论文写作必须做到科学性强，又有一定的实用价值，条理要清楚，文体要符合一定的规范，也就是说科技论文有其自身的特点。

1. 科学性

科学性是科技论文的生命，是科技论文区别于一切非科技论文的主要特征，它是由科学研究的任务所决定的。科学研究的任务是揭示事物发展的客观规律，探求客观真理，成为人们改造世界的指南。无论自然科学还是社会科学，都必须根据科学研究这一总的任务，对本学科中的研究对象进行深入的探讨，揭示其规律。这就要求科技论文必须具备科学性。具体而言，科技论文的科学性主要表现在两个方面：内容上，所反映的科研成果是客观存在的自然现象及其规律，是被实践检验的真理，并能为他人提供重复试验，具有较好的实用价值，即论文内容真实、成熟、先进、可行，从不肆意夸大，伪造数据，谎报成果，甚至剽窃抄袭，也不因个人偏爱而随意褒贬，武断轻信，以至弄虚作假，篡改事实。表现形式上，结构严谨清晰，逻辑思维严密，语言简明确切，对每一个符号、图文和表格及数据，都力求做到准确无误，达到表述准确、明白、全面的水准。

2. 创造性

创造性是衡量科技论文价值的根本标准。创造性大，论文的价值就高；创造性小，论文的价值就低；如果论文没有创造性，则对科学技术的发展自然没什么作用。一篇论文价值的大小，不是看它如何罗列现象，重复别人已经取得的成果，而是看它能否创造出前人所没有过的新技术、新工艺、新理论，并具有普遍性和公开性。当然，要提出一个有价值、有意义、新的学术见解并非易事，因此，要从实际出发，论述某一具有创造新研究的过程或结果；或者对某一时期、某一学科、某一专题的研究成果进行系统、全面的综述或评论；或者针对某一方面问题把所有相关的信息高度综合集中，浓缩和系统化；或者专门对某一方面问题进行科学的动态分析；或能够采用新的研究方法，从一个新的角度重新对已有的理论观点加以阐述等，也应当算是带有不同程度的独创性、创新性。

3. 理论性与实践性结合

由于科技论文侧重于对事物进行抽象地概括或论证，描述事物发展的内在本质和规律，一般来说，科技论文具有论证色彩，既要求所论述的问题有较高的学术性，还要求作者经过周密的思考、严谨而富有逻辑的论证。所以，论文中的客观事物不像记叙文中那样完整、具体、形象，而是按照思维的认识规律被解剖、抽象地反映。这不是一般的认识和议论，而是系统化的理性认识，是思维活动反复和深化的结果，即是理论性的认识。除此之外，科技论文往往也是理论与实践的结合，实践表现在它的可操作性和可重复试验验证上。例如，按照论文报告的原材料选用配方比例、试验方法和条件控制等要素，便可以重复得到论文所述的结果。正是科技论文的这一特点，才衬托出科技论文的重大价值和论文的珍贵。我国古代的许多重要材料著作，正是因为不具备最直接的实践性这一要求，从而降低了可操作性，后人无法按照其记叙的方法加以复制、验证、应用及推广，也大大降低了其自身的价值和重要性。

4. 可读性

可读性指的是要用通俗易懂的语言表述科学道理，不仅要做到文从字顺，而且要准确、鲜明、和谐，力求生动，切忌难懂、语句过长。科技论文讨论的是复杂的、抽象的真理，用的是专门术语，只有深入浅出地表达才容易为人们所理解，才能达到描述科研成果的目的。并且做到论文逻辑性强，论题、论点、论据之间的联系一环扣一环，设计合理，避免牵强附会，虎头蛇尾，空洞无物。科技论文要求简洁，这不同于一般通俗读物需要注意修辞和华丽的辞藻，而要求行文严谨，重点突出，文字语言规范、简明，能用一个字表达清楚的就不用两个字，总之，尽量用简洁的文字说明要阐述的问题，使读者用较短时间获得更多的信息。

6.4 科技论文的写作方法

作为科技信息源的科技论文，其表达的规范化是实现信息处理与传播的需要，只有实现编写格式的标准化和各个细节表达的规范化，才能真正体现科学的内涵，从而有利于传播、储存、检索和利用。另一方面，科技论文表达得规范与否反映出作者是否具有严谨的治学态度和优良的写作修养。诚然，一篇论文能否被期刊采用，主要取决于论文报道的研究成果是否有发表价值，但是，表达规范与否也是不能忽视的因素，特别地，对于稿源丰富的刊物，当在 2 篇都有发表价值的论文中只能选用 1 篇时，被选中的肯定是表达比较规范的那一篇，因为它的编辑加工量小，或者不必经过作者再修改，从而可以保证出版质量，缩短发表周期；因此，为了使确有发表价值的论文能得到及时发表，避免因表达不规范被退稿或推迟发表，作者努力提高论文的写作质量，使之达到规范表达的要求，是很有实际意义的。

6.4.1 科技论文的构成

GB 7713—87 规定了科学技术报告、学位论文和学术论文的编写格式，指明报告与论文由前置部分与主体部分两大部分构成，如图 6.1 所示。

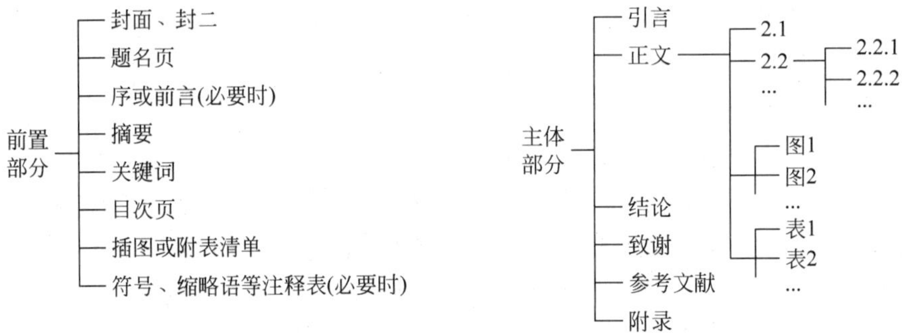

(a) 前置部分　　(b) 主体部分

图 6.1 GB 7713—87 规定的科技论文构成

前置部分中的有些内容不是必需的，下面逐一介绍这一部分。封面是报告、论文的外表面，提供应有的信息，并起保护作用，封面不是必不可少的。学术论文如作为期刊、书或其他出版物的一部分，无须封面；如作为预印本、抽印本等单行本时，可以有封面。封面上可包括的内容，如表 6.1 所示。

表 6.1 封面包含的内容

(1) 分类号。在左上角注明分类号，便于信息交换和处理。通常采用《中国图书资料类法》或《国际十进分类法 UDC》的类号。
(2) 本单位编号。一般标注在右上角。学术论文无必要。
(3) 密级。按国家规定的保密条例，在右上角注明密级，如系公开发行，不注密级。
(4) 题名和副题名或分册题名。用大号字标注于明显地位。
(5) 卷、分册、篇的序号和名称，如系全一册，无须此项。
(6) 版本。如草案、初稿、修订版等，如系初版，无须此项。

题名页是对报告、论文进行著录的依据。学术论文无须题名页。题名页置于封二和衬页之后，主要包括下列各项：单位名称和地址，在封面上未列出的责任者职务、职称、学位、单位名称和地址，参加部分工作的合作者姓名。

序或前言一般是作者或他人对本文基本特征的简介，如说明研究工作缘起、背景、宗旨、目的、意义、编写体例，以及资助、支持、协作经过等；也可以评述或对相关问题的研究进行阐述。序或前言并非必要。

长篇报告、论文可以有目次页，短文无须目次页。目次页由报告、论文的篇、章、条、附录、题录等的序号、名称和页码组成，另页排在序之后。

报告、论文中如果图表较多，可以分别列出清单置于目次页之后。图的清单应有序号、图题和页码。表的清单应有序号、表题和页码。

符号、标志、缩略词、首字母缩写、计量单位、名词、术语等的注释说明汇集表，应置于图表清单之后。

就一篇科技论文而言，必须包括的内容有：题目、作者及单位、摘要、关键词、引言、正文、结论、致谢、参考文献、附录等。下面逐一介绍写作这些内容的方法及注意事项。当然，有些文献建议在正式写作之前需要编写提纲，从提纲本身来讲，它是作者构思谋篇的具体体现。所谓构思谋篇，就是组织设计论文的篇章结构。因为论文的写作要用大量的资料，较多的层次，严密的推理来展开论述，从各个方面来阐述理由、论证自己的观点。因此，构思谋篇就显得非常重要，建议编制写作提纲，以便有条理地安排材料、展开论证。有了一个好的提纲，就能纲举目张，提纲挈领，掌握全篇论文的基本骨架，使论文的结构完整统一；就能分清层次，明确重点，周密地谋篇布局，使总论点和分论点有机地统一起来；也就能够按照各部分的要求安排、组织、利用资料，决定取舍，最大限度地发挥资料的作用。

6.4.2　题名

题名(Title)，又叫文题、题目、标题(或称“总标题”，以区别于“层次标题”)，是论文的总纲，GB 7713—87 规定：“题名是以最恰当、最简明的词语反映报告、论文中最重要的特定内容的逻辑组合。”

这个规定中有 3 处用“最”字强调了对题名拟定的要求。“最恰当”指题名应能准确地表达论文的中心内容，恰如其分地反映研究的范围和达到的深度，不能使用笼统的、泛指性很强的词语和华而不实的辞藻。表 6.2 给出了在拟定题名时的几个错误观念。

“最简明”指出了对词法、修辞的要求。GB 7713—87 规定题名“一般不宜超过 20 字”。在保证能准确反映“最主要的特定内容”的前提下，题名字数越少越好。英文文题不超过 10 个实词，并且尽量少用或不用“的研究”“的探讨”“的观察”等词。如果题名意犹未尽，则可利用副标题补充说明论文的特定内容。有许多作者从思想上不重视题名的拟定，事实上，只阅读题名的读者要比阅读全文的读者要多出许多倍。另外，拟定题名还必须便于检索，题名所用词语必须有助于选定关键词和编制题录、索引等二次文献，以便为检索提供特定的实用信息。

表 6.2 拟定题名时的错误观念及解释

错误观念	解释
题名包含的面大，而实际内容窄	“新能源利用关键技术研究”这个题名中的新能源有很多种，太阳能，风能，核能等，涵盖面太广，而科技论文中往往只讨论一种新能源，关键技术也往往不止一个，因此原题过于泛指和笼统。可改为“改进太阳能在阴雨天效能的关键技术研究”就更为具体，明确
题名一般化，不足以反映文章内容的特点	“论电子商务在我国工业现代化建设中的作用”一文有着十分明显的特点，就是首次提出了对于这一论题的定量分析的方法，通过建立数学模型和进行一系列的计算，得出了比较有说服力的结论；因此改为“电子商务在我国工业现代化建设中作用的定量分析”，就反映了这篇论文的特定内容“定量分析”，即有别于其他的一般性论述文章
不注意分寸，有意无意拔高	有的论文研究深度并不大，却常常把“……的机理”、“……的规律”一类词语用在题名上。比较客观的做法是，除确实弄清了“机理”、掌握了“规律”而外，一般地取名为“……现象的(一种)解释”“……的一种机制”等比较恰当，比较慎重，也留有余地

6.4.3 作者及单位

19 世纪以前，作者署名(Author)是不存在问题的。因为那时的科学研究还未完全职业化，也不存在激烈的竞争。19 世纪以来，特别是 20 世纪后，科学研究从小科学进入大科学时代。大科学时代的显著特征是科研项目的高度综合性，靠一个人的力量是很难再维系下去了。合作研究的兴起，导致多人署名现象的出现，客观上就为一些违规署名提供了可能性。

一篇论文一定有作者，作者也是在一定的研究机构(Affiliation)或者单位完成了这篇论文的相关工作，因此对作者及单位做出具体规定是有现实意义的。作者在自己撰写的论文中署名有以下 3 个方面的意义：

(1) 署名作为拥有著作权的声明。《中华人民共和国著作权法》中规定：“著作权属于作者”；著作权包括“署名权，即表明作者身份，在作品上署名的权利”。在发表的论文中署名，是国家赋予作者的一种权利，当然受到国家法律的保护。

(2) 署名表示文责自负的承诺。所谓文责自负，就是论文一经发表，署名者即应对论文负起责任。如果论文中存在剽窃、抄袭的内容，或者政治上、科学上或技术上存在错误，那么署名者就应完全负责，署名即表示作者愿意承担这些责任。

(3) 署名便于读者同作者联系。署名也是为了建立作者与读者的联系。读者阅读文章后，若需要同作者商榷，或者要询问、质疑或请教，以及求取帮助，可以直接与作者联系。

GB 7713—87 规定：在封面和题名页上，或学术论文的正文前署名的个人作者，只限于那些对于选定研究课题和制订研究方案、直接参加全部或主要部分研究工作并做出主要贡献，以及参加撰写论文并能对内容负责的人，按其贡献大小排列名次。至于参加部分工作的合作者、按研究计划分工负责具体小项的工作者、某一项测试的承担者，以及接受委托进行分析检验和观察的辅助人员等，均不列入。这些人可以作为参加工作的人员一一列入致谢部分，或排于脚注。这项规定充分肯定了劳动成品与劳动者的关系，遵守这项规定可以解决署名之争，遏制不正之风。一些高级别刊物对署名有明确的规定，如 *Nature* 杂志对作者署名排序问题提出了基本原则：①杂志不会给作者名单来排序；②不希望作者排名时过分强调相对地位；③提供作者选择的方式；如果确有必要说明两个以上的作者在地位上是相同的，可用一个符号来区分，并说明“这些作者对研究工作的贡献是相同的(These authors contributed equally to the work)”；④可以使用“共同第一作者”(joint first authors)。作者在确定署名时的注意事项，如表 6.3 所示。

表 6.3　作者在确定署名时的注意事项

注意事项	解　　释
作者不同意或被迫同意署他人姓名	往往是一些人为了不劳而获或少劳多获，利用自己的权势或者利用作者的某种不利地位，来达到署名为合作作者的目的。
作者同意或主动要求署他人姓名	为了提高作品发表的几率，或为了扩大作品的销量和影响，作者主动要求一些没有参加创作的名人在自己的作品上署名；单位同事之间为了达到职称所规定的论文数量要求、高校同学之间为了完成学校所规定必须发表的一定数量论文而商定互相挂名；或为感谢他人在作品完成过程中所给予的帮助，主动将他人的姓名列入作者名单等。前两种属于借名人之名，第三种现象属于“搭车”署名，最后一种现象则混淆了署名作者与应致谢人员的界限。
作者姓名在附注汉语拼音时应符合标准	作者的姓和名应分写，姓前名后，姓和名的开头字母大写，名连成一词，不加连字符，不缩写。例：巴金 Ba Jin；沈从文 Shen Congwen。如向国外投稿，姓名的汉语拼音参照国际通常用法。

6.4.4　摘要

GB 7713—87 规定：摘要(Abstract)是报告、论文的内容不加注释和评论的简短陈述；报告、论文一般均应有摘要，为了国际交流，还应有外文(多用英文)摘要；摘要应具有独立性和自含性，即不阅读报告、论文的全文，就能获得必要的信息。中文摘要一般不宜超过300 字，外文摘要不宜超过 250 个实词。除了实在无变通办法可用以外，摘要中不用图、表、化学结构式、非公知公用的符号和术语。报告、论文的摘要可以用另页置于题名页之后，学术论文的摘要一般置于题名和作者之后、正文之前。

摘要的作用主要有：一是让读者尽快了解论文的主要内容，以补充题名的不足。科技文献数量大，读者不可能一拿到文章就通读。读者是否需要通读某篇论文，从题名上进行判断后，主要的就是根据摘要来决定，所以，摘要担负着吸引读者和介绍文章主要内容的任务。二是为科技情报人员和计算机检索提供方便。论文发表后，文摘杂志对摘要可以不作修改或稍作修改而直接利用，从而可避免由他人编写摘要可能产生的误解、欠缺和错误，这就为科技文献的检索和利用提供了极大的方便。

通常将摘要分为报道性摘要、指示性摘要和报道——指示性摘要 3 种类型。

(1) 报道性摘要即资料性摘要或情报性摘要。它用来报道论文所反映的作者的主要研究成果，向读者提供论文中全部创新内容和尽可能多的定量或定性的信息，尤其适用于试验研究和专题研究类论文，多为学术性期刊所采用。篇幅以 200～300 字为宜。

(2) 指示性摘要即概述性摘要或简介性摘要。它只简要地介绍论文的论题，或者概括地表述研究的目的，仅使读者对论文的主要内容有一个概括的了解。篇幅以50～100字为宜。

(3) 报道——指示性摘要是以报道性摘要的形式表述论文中价值最高的那部分内容，其余部分则以指示性摘要形式表达。篇幅以100～200字为宜。

以上3种摘要形式作者都可选用。一般地说，向学术性期刊投稿，应选用报道性摘要形式，只有创新内容较少的论文，其摘要可写成报道——指示性摘要。摘要形式选用不合适，尤其是对价值较高的论文若采用指示性摘要形式，往往会给文献检索带来麻烦，可能失去较多的读者，将直接妨碍研究成果的应用和推广。有人认为随文摘要可以写得“概括”或“简短”一些，理由是“全文就在后边”。实际上，摘要的形式及其字数的多少不能依随文不随文而定，即使是随文摘要，也应根据论文价值的大小、刊发刊物的类型和论文中有用信息的多少来决定，否则摘要就可能失去应有的作用。

摘要中应写的内容一般包括研究工作的目的、方法、结果和结论，而重点是结果和结论。作为一种可供阅读和检索的独立使用的文体，摘要通常只用第三人称而不用其他人称来写。尽可能用规范术语，不用非共知共用的符号和术语。不得简单地重复题名中已有的信息，并切忌罗列段落标题来代替摘要。

大多数期刊都要求有英文摘要，英文摘要需注意时态的运用：①一般现在时用于说明研究目的、叙述研究内容、描述结果、得出结论、提出建议或讨论等；涉及公认事实、自然规律、永恒真理等，也要用一般现在时。②一般过去时用于叙述过去某一时刻的发现、某一研究过程(实验、观察、调查、医疗等过程)。用一般过去时描述的发现、现象，往往是尚不能确认为自然规律、永恒真理，只是当时情况；所描述的研究过程也明显带有过去时间的痕迹。③现在完成时把过去发生的或过去已完成的事情与现在联系起来，而过去完成时可用来表示过去某一时间以前已经完成的事情，或在一个过去事情完成之前就已完成的另一过去行为。采用主动语态或者被动语态，既要考虑摘要的特点，又要满足表达的需要。一篇摘要很短，尽量不要随便混用，更不要在一个句子里混用。

6.4.5 关键词

关键词(Keywords)是为了满足文献标引或检索工作的需要而从论文中选取出的词或词组。关键词包括主题词和自由词2个部分：①主题词是专门为文献的标引或检索而从自然语言的主要词汇中挑选出来并加以规范的词或词组；②自由词则是未规范化的即还未收入主题词表中的词或词组。每篇论文中应专门列出3～8个关键词，它们应能反映论文的主题内容。其中主题词应尽可能多一些，它们可以从综合性主题词表，如《汉语主题词表》和专业性主题词表(NASA(美国国家航空航天局)词表、INIS(国际核信息系统)词表、MeSH(医学主题)词表等)中选取。那些确能反映论文的主题内容但现行的主题词表还来不及收入的词或词组可以作为自由词列出，以补充关键词个数的不足或为了更好地表达论文的主题内容。关键词作为论文的一个组成部分，列于摘要段之后。当然，有些期刊不要求有关键词。在实际的写作中，有很多作者对关键词不够重视，或了解不多，致使写作比较随意，所用词语不能准确地反映文章的主要内容，起不到应有的作用。

6.4.6 引言

引言(Introduction)又称前言、导言、序言、绪论，它是一篇科技论文的开场白，由它引出文章，所以写在正文之前。引言内容不得繁琐，文字不可冗长，应能对读者产生吸引力。学术论文的引言根据论文篇幅的大小和内容的多少而定，一般为200～600字，短的可少于100字，长则可达1000字左右。比较短的论文可不单列"引言"一节，在论文正文前只写一段文字即可起到引言的效用。引言不可与摘要雷同，不要写成摘要的注释。如何合理安排以上这些内容，将它们有条有理地给读者描绘清楚，并非容易之事。写论文的作者都有体会，引言其实是全文最难写的部分。这是因为作者对有关学科领域的熟悉程度，作者的知识是渊博还是贫乏，研究的意义何在、价值如何等问题，都在引言的字里行间得以充分体现。引言书写时的几个原则，如表6.4所示。

表6.4　引言写作的基本原则

原　　则	解　　释
直奔主题	科技论文的读者多为本领域的同行，甚至是专家，阅读文章的目的是想更多地了解最新研究动态。因此，科技论文引言强调开门见山，落笔直奔主题，一语道破
言之有物	引言的内容要准确具体，简述研究背景能使读者了解研究的意义及可能解决的问题。如果引言写得过于简单，易使读者不明白此项研究或工作的价值，进而可能对此研究意义产生疑惑
富有新意	在引言中，一般教科书中定论的知识，或人所共知、显而易见的功用或意义不必赘述，也不必罗列一些与本研究无关或关系不大的文献
评价客观	对问题的提出要客观，用词严谨，要尊重前人所做的工作和成果，切莫轻易批评、否定或蓄意贬低，以免引起不良效果。对自己工作的评价要实事求是，但也要注意避免不必要的套话，水平如何读者自有公论，而存在的错误也绝非客套话所能遮掩。作者在引言里不必对自己的研究工作或自己的能力过于谦虚，但也不能自吹自擂，抬高自己，贬低别人

在科技论文中，引言一般分为3～4个层次。每个层次都有各自的任务与目的。而在语言上也有各自的特点，掌握这些特点会使写作过程化难为易。

(1) 第一个层次是告诉读者论文所涉及的研究领域及其意义是什么。一篇论文的基础源于某项研究，而该研究的意义即为什么要做这项工作，就是吸引读者的一个因素。任何研究工作都有其潜在的社会意义和用途，有些研究本身就是一项应用工作。即使某些基础性较强的研究，也可大致预测应用于某些方面。所以，在引言中应指明本项成果可用在哪个领域，或可间接起到何种作用，这都无疑会给读者一个完整的概念，也是吸引读者仔细阅读论文的一种手段。如在混响时间估计的一篇论文的引言中写道："混响效应是室内声学的一个重要现象，它是由声音在封闭空间中经多次反射而产生。描述混响效应强弱的一个重要参数是混响时间，其定义为当声源停止发声后，残余的声能在室内往复反射，经反射面吸收而强度逐渐减弱，声能密度衰减60 dB所需要的时间。混响时间不仅是厅、堂、馆、舍音效设计中的重要评价标准，也是语音增强、自动语音识别等音频信号处理技术中的重要参数，因此混响时间的估计方法一直是声学领域的研究重点。"该引言就很好地指出了本文的研究意义。

（2）第二个层次是研究背景及现状。牛顿说自己是站在巨人的肩膀上。第一层次说明了自己的研究是很有意义的，那么有意义的问题大多有人已经做了一些工作，目前状况或水平如何？这是需要在第二层次中交代的，通常是以文献综述的方式展开。文献综述是学术论文的重要组成部分，是作者对他人在某研究领域所做的工作和研究成果的总结与评述，包括他人有代表性的观点或理论、发明发现、解决问题的方法等。在援引他人的研究成果时，必须标注出处，即这一研究成果由何人在何时何地公开发表。

（3）第三个层次是本文的主要研究内容，也就是自己的工作，其中一个重要的支撑点就是论文的创新性。创新是科技发展的动力，创新性在科技论文中尤为重要，以至于在期刊编审工作中，成为决定论文是否被采用的重要依据。所以作者在引言中对论文创新之处的叙述在简明扼要的基础上，应尽量具体。如在论文"多级好氧工艺分段污泥回流的实验研究"中，引言部分如下："对生活污水进行生物处理主要是通过微生物的有效繁殖来去除污水中的有机物，当细菌繁殖和生物膜脱落达到最佳结合点时的处理效果最好。有研究表明：分段污泥回流能提高活性污泥反应器的处理效果。本实验的目的是为了取得各反应段回流的最佳比例，从而使多级好氧工艺达到最理想的处理效果。"从本引言中可以看出原来的方法存在哪些问题，想解决或改善什么问题以及实验目的等。

值得注意的是，引言中各个层次所占的篇幅可以有很大差别。这一点与摘要大不一样，摘要中的目的、方法、结果、结论四项内容各自所占的篇幅大体比例一样。而在引言中，第一个层次往往占去大部分篇幅。对研究背景和目前的研究状况进行较为详细的介绍，研究目的可能会比较简短。

6.4.7 正文

正文(Main parts)即论证部分，是论文的核心部分。论文的论点、论据和论证都在这里阐述，因此它占主要篇幅。由于论文作者的研究工作涉及的学科、选题、研究对象和研究方法、工作进程、结果表达方式等差异很大，所以对正文要写的内容不能作统一规定；但是总的要求是相通的：①明晰，即论点明确，论据充分，论证合理。②准确，即事实准确，数据准确，计算准确，语言准确。③完备，即内容丰富，条理清楚，逻辑性强，表达形式与内容相适应。④简洁，即文字简练，避免重复、繁琐。⑤合法，即不泄密，对需保密的资料应作技术处理。

正文部分乃至整篇论文总是以作者的基本观点为轴线，要用材料（事实或数据）说明观点，形成材料与观点的统一。观点不是作者头脑里固有的或主观臆造的，正确的观点来自客观实际，来自对反映客观事物（比如研究对象）特征的材料（比如实验结果）的归纳、概括和总结。在基本观点上，对新发现的问题要详尽分析和阐述，否则得不出正确的、有价值的结论，说服不了读者，更不会为读者所接受；而对一般性的问题只需作简明扼要的叙述，对与基本观点不相干的问题则完全不要费笔墨，哪怕只有一句一字。这里以理工类学术论文为例介绍正文部分的写法。

理论分析部分亦称基本原理，包括论证的理论依据，对所作的假设及其合理性的阐述，对分析方法的说明。其要点是，假说、前提条件、分析的对象、适用的理论、分析的方法、计算的过程等。写作时应注意区别哪些是已知的（前人已有的），哪些是作者首次提出来的，哪些是经过作者改进的，须交待清楚。

实验材料和方法部分中的材料的表达主要指对材料的来源、性质和数量，以及材料的选取和处理等事项的阐述。方法的表达主要指对实验的仪器、设备，以及实验条件和测试方法等事项的阐述。实验对象，实验材料的名称、来源、性质、数量、选取方法和处理方法，实验目的，使用的仪器、设备(包括型号、名称、量测范围和精度等)，实验及测定的方法和过程，出现的问题和采取的措施等。材料和方法的阐述必须具体、真实。如果是采用前人的，只需注明出处；如果是改进前人的，则要交待改进之处；如果是自己提出的，则应详细说明，必要时可用示意图、方框图或照片图等配合表述。由于科学技术研究成果必须接受检验，介绍清楚这些内容，目的在于使别人能够重复操作。

实验结果及其分析部分是论文的价值所在，是论文的关键部分。它包括给出结果，并对结果进行定量或定性的分析。给出实验结果时应尽量避免把所有数据和盘托出，而要对数据进行整理，并采用合适的表达形式如插图或表格等。在整理数据时，不能只选取符合自己预料的，而随意舍去与自己料想不符或相反的数据。有些结果异常，尽管无法解释，也不要轻易舍去，可以加以说明；只有找到确凿证据足以说明它们确属错误之后才能剔除。以绘图和(或)列表(必要时)等手段整理实验结果，通过数理统计和误差分析说明结果的可靠性、再现性和普遍性，进行实验结果与理论计算结果的比较，说明结果的适用对象和范围，分析不符合预见的现象和数据，检验理论分析的正确性等。

结果分析时，必须从辩证唯物主义的认识论出发，以理论为基础，以事实为依据，认真、仔细地推敲结果，既要肯定结果的可信度和再现性，又要进行误差分析，并与理论结果做比较(相反，如果论题产生的是理论结果，则应由试验结果来验证)，说明存在的问题。分析问题要切中要害，不能空泛议论。要压缩或删除那些众所周知的一般性道理的叙述，省略那些不必要的中间步骤或推导过程，突出精华部分。此外，对实验过程中发现的实验设计、实验方案或执行方法方面的某些不足或错误，也应说明，以供读者借鉴。

对结果进行讨论，目的在于阐述结果的意义，说明与前人所得结果不同的原因，根据研究结果继续阐发作者自己的见解。写作要点是：解释所取得的研究成果，说明成果的意义，指出自己的成果与前人研究成果或观点的异同，讨论尚未定论之处和相反的结果，提出研究的方向和问题。最主要的是突出新发现、新发明，说明研究结果的必然性或偶然性。

6.4.8 结论

结论(Conclusions)又称结束语、结语。它是在理论分析和实验验证的基础上，通过严密的逻辑推理而得出的富有创造性、指导性、经验性的结果描述。它又以自身的条理性、明确性、客观性反映了论文或研究成果的价值。

结论要概括准确，措辞严谨。对论文创新内容的概括应当准确、完整，不要轻易放弃，更不要漏掉一条有价值的结论，但也不能凭空杜撰。措辞要严谨，语句要像法律条文那样，只能作一种解释，清清楚楚，不能模棱两可，含糊其词。肯定和否定要明确，一般不用“大概”“也许”“可能是”这类词语，以免使人有似是而非的感觉，怀疑论文的真正价值。

结论要明确具体，简短精练。结论段有相对的独立性，专业读者和情报人员可以只看摘要和(或)结论而能大致了解论文反映的成果和成果的价值，所以结论段应提供明确、具体的定性和定量的信息。对要点要具体表述，不能用抽象和笼统的语言。可读性要强，如一般不单用量符号，而宜用量名称，比如，说“T 与 ρ 呈正比关系”不如说“××温度与××压力呈正比关系”易读。行文要简短，不再展开论述，不对论文中各段的小结作简单重复。语言要锤炼，删去可有可无的词语，如“通过理论分析和实验验证，可得出下列结论”这样的行文一般都是废话。

结论一般不作自我评价。研究成果或论文的真正价值是通过具体“结论”来体现的，所以不宜用诸如“本研究具有国际先进水平”“本研究结果属国内首创”“本研究结果填补了国内空白”一类语句来做自我评价。成果到底属何种水平，是不是首创，是否填补了空白，读者自会评说，不必由论文作者把它写在结论里。

具体而言，结论通常包含以下 3 个层次：

① 本研究结果说明了什么问题，得出了什么规律性的东西，解决了什么理论或实际问题。

② 对前人有关本问题的看法做了哪些检验，哪些与本研究结果一致，哪些不一致，作者做了哪些修正、补充、发展或否定。

③ 本研究的不足之处或遗留问题。

其中，层次①是必需的，而②和③视论文的具体内容可以有，也可以没有；如果不可能导出结论，也可以没有结论而进行必要的讨论。如果结论段的内容较多，可以分条来写，并加以编号，每条成一段。结论里应包括必要的数据，但主要是用文字表达，一般不再用插图和表格。

6.4.9 致谢

致谢(Acknowledgements)的对象包括：凡对本研究直接提供过资金、设备、人力，以及文献资料等支持和帮助的团体和个人。“致谢”段可以列出标题并贯以序号，如“6 致谢”放在如“5 结论”段之后，也可不列标题，空一行置于“结论”段之后。现代科学技术研究往往不是一个人能单独完成的，而需要他人的合作与帮助，因此，当研究成果以论文形式发表时，作者应当对他人的劳动给予充分肯定，并对他们表示感谢。

6.4.10 参考文献

“参考文献”(Reference)是指“文后参考文献”，是为撰写或编辑论著而引用的有关图书资料。在引言和正文部分的参考文献标注称为参考文献的文内标注。按规定，在科技论文中，凡是引用前人(包括作者自己过去)已发表的文献中的观点、数据和材料等，都要对它们在文中出现的地方予以标明，并在文末(致谢段之后)列出参考文献表。这项工作叫做参考文献著录。参考文献著录有其自身原则：①只著录最必要、最新的文献。②只著录公开发表的文献。③采用标准化的著录格式。

对于一篇完整的论文，参考文献著录是不可缺少的。归纳起来，参考文献著录的作用主要体现在以下 5 个方面。

(1) 著录参考文献可以反映论文作者的科学态度和论文具有真实、广泛的科学依据，也反映出该论文的起点和深度。

(2) 著录参考文献能方便地把论文作者的成果与前人的成果区别开来。论文报道的研究成果虽然是论文作者自己的，但在阐述和论证过程中免不了要引用前人的成果，包括观点、方法、数据和其他资料，若对引用部分加以标注，则他人的成果将表示得十分清楚。这不仅表明了论文作者对他人劳动的尊重，而且也免除了抄袭、剽窃他人成果的嫌疑。

(3) 著录参考文献能起索引作用。读者通过著录的参考文献，可方便地检索和查找有关图书资料，以对该论文中的引文有更详尽的了解。

(4) 著录参考文献有利于节省论文篇幅。论文中需要表述的某些内容，凡已有文献所载者不必详述，只在相应之处注明见何文献即可。这不仅精炼了语言，节省了篇幅，而且避免了一般性表述和资料堆积，使论文容易达到篇幅短、内容精的要求。

(5) 著录参考文献有助于科技情报人员进行情报研究和文献计量学研究。

国际上有多种参考文献的著录方法，我国国家标准《GB 7714—87 文后参考文献著录规则》中规定采用"顺序编码制"和"著者-出版年制"这两种。其中，顺序编码制为我国科学技术期刊所普遍采用，所以这里只介绍这一种。采用顺序编码制时，在引文处，按它们出现的先后用阿拉伯数字连续编码，并将序码置于方括号内，视具体情况把序码作为上角标，或者作为语句的组成部分。例如："……文献[1]在 Richard [2] 和 Porponth 等人[3] 工作的基础上，……"这里，[2]和[3]用了上角标形式表示，而[1]是语句的组成部分，未写成角标。

参考文献表置于"致谢"段之后，"附录"段之前。采用顺序编码制时，在文后参考文献表中，各条文献按在论文中的文献序号顺序排列，项目应完整，内容应准确，各个项目的次序和著录符号应符合规定，特别需要注意的是，参考文献表中各著录项之间的符号是"著录符号"，而不是书面汉语或其他语言的"标点符号"，所以不要用标点符号的概念去理解。

6.4.11 附录

附录(Appendix)是论文主体的补充项目，并不是必需的。为了体现整篇论文材料上的完整性，但写入正文又可能有损于行文的条理性、逻辑性和精练性，这类材料可以写入附录段。附录段大致包括如下一些材料：①比正文更为详尽的理论根据、研究方法和技术要点的叙述。②由于篇幅过长或取材于复制品而不宜写入正文的资料。③不便于写入正文的罕见珍贵资料。④一般读者并非必要阅读，但对本专业同行很有参考价值的资料。⑤某些重要的原始数据、数学推导、计算程序、框图、结构图、统计表、计算机打印输出件等。

附录段置于参考文献表之后，依次用大写正体编号，如以"附录 A""附录 B"做标题前导词。附录中的插图、表格、公式、参考文献等的序号与正文分开，另行编制，如编为"图 A1""图 B2""表 B1""表 C3""式(A1)""式(C2)""文献[A1]""文献[B2]"等。

6.4.12 科技论文中的图表

在论文的正文部分，图(Figure)和表(Table)的应用通常是必需的，很多作者在写论文时往往忽视图表的作用，其实打开任何一篇理工科科技论文，毫无例外都有图表。我国曾于1990、1993、1997、2003、2013 年先后出版了《编辑作者常用国家标准》等一系列标准对科技书刊中的图表进行明确规定和要求，可见图表的重要性。因此这里单独用一节来介绍科技论文中的图表处理方式。那么图表在科技论文中有什么作用呢？图表的作用可以归纳为以下几点：

(1) 图表是自然语言和普通文字表述的延伸，用以扩大语言文字在时间和空间上的交流功能。图表是一对孪生姐妹，是以文字表述为主体的科技论文的两翼。图是形象、直观、真实、准确的信息系统，它表达、展示某物质的形态、结构、特性、相互关系及变化动态、规律与趋势。表，尤其是数表可以表达大量系列化和系统化试验研究和调查观察、统计运算所得的各种数据。它是由文字和数据组合而成的集成块，是重要试验研究数据的浓缩区和发散点。图绘制的准确、规范，表格设计的简明、合理，不仅可以使论文论述清楚、明白，还可以起到活跃、美化、节省版面，提高读者阅读兴趣的效果。

(2) 图表反映的信息真实可靠，是文字论述的重要依据和最有说服力的第一手资料。论文的目的是力求说服读者了解作者的研究工作，承认作者研究工作的真实性。假如没有图表，读者不清楚作者是否做了实验，做了哪些实验，如何做的实验，难免对作者写的论文持有怀疑态度。例如：论文文字表达"该监测系统体积小、携带方便、作出的样品得到用户的好评，有极大的推广价值"，可是读者可能会半信半疑。但如果补充："试制的样品照片见图6所示，重量仅为200克，可用于现场便携使用"，读者一看照片就立刻站到了作者一边，相信了作者的论点，知道作者的工作进展到了出样品阶段，距离推广应用已经不远。俗语说"百闻不如一见"就是这个道理。

(3) 图表是忠实记录测试结果的原始数据，有了图表所提供的实验对象、条件和结果，作者才可能展开进一步的议论。例如：文字表达"采用这种电路结构使得输出特性的线性得到了显著改善，满足了设计指标"，却不提供任何测试结果，就显得有些空口说白话，无法进一步展开讨论，如改为"为了验证采用该电路结构的输出线性度，在输入信号从0V到100V的范围内进行了输入输出特性的测试，结果如图1的曲线1所示，可见本方法的线性度为0.5%，比A方法(曲线2)提高了2.6个百分点"。就很有细节，充实，读者一下子就明白了作者的研究结果。

一般而言，科技论文中的图包括照片和线条图两种类型。以下情况下最好有照片：①已经做出了初步的产品，例如器件样品、机器的实验模型、电路板等。②作者要显示数据的真实性，特别是用带有图像的仪器测量出的数据，例如示波器波形，超声探伤器的输出特性等。③作者要用照片提供更生动的场景，例如现场实测场面、仪器安装环境等。④不用照片无法说明的情况，例如构件的缺陷、龟裂、表面温度热像分布等。

使用照片应注意图片清晰度要好，对比度要合适。图中需标注文字、数字或符号时，尽量使用计算机适当添加，使图片清楚、美观、协调，并提供电子文件。实物照片涉及尺寸者，比例尺应同时照排。

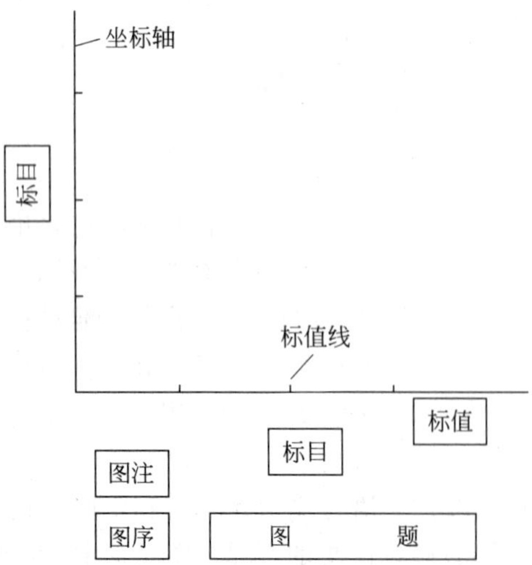

图 6.2 图的构成要素

线条图是科技论文撰稿中最常使用的一种表达方式，图的构成要素示例如图6.2所示，一般由图序、图题、标目、标值、坐标轴、图注等6部分组成。线条图的设计要合理，符合统计学与规范化的要求。图形要简明、完整、清晰地表述主题内容。全图外廓以矩形为宜，高与宽的比例约为5∶7左右，应避免过于扁或长。图中文字说明要简明，需要时可用数码或代号表示，并附以图注说明。要有纵坐标和横坐标，并标明量和单位，同时要有图例及图例说明。下面逐一说明图中的各要素。

(1) 图序和图题。插图应按文中出现的先后顺序用阿拉伯数字连续编码给出图序和图题。图题应以最准确、最简练的并能反映该图特定内容的词语的逻辑组合，一般是词组(很少用句子)，而且绝大多数是以名词或名词性词组为中心语的偏正词组(很少用动宾词组)。图序、图题在图的正下方标明。

(2) 标目。它是说明坐标轴物理意义的必要项目，由物理量名称(或物理量名称符号)和相应的单位组成，比如“压力/MPa”或“压力/MPa”，也可用“P(MPa)”。不用容易引起歧义的表示方法，如“P,MPa”。百分号“%”虽然不是单位，但在这里也可按单位处理，如“完成比例/%”。物理量的符号应使用国家标准规定的斜体字母标注，单位符号应该使用国家标准规定的正体字母标注。

(3) 标值。标值是坐标轴定量表达的尺度，位于坐标轴外侧，紧靠标值短线的地方。要通过改用标目中单位的方法使标值的数字应尽量不超过3位，或小数点后不多于1位，如将“50000 m”改为“50 km”，“0.005 g”改为“5 mg”等。

(4) 坐标轴。具有具体标值时，因标值的大小已明确表述了增量的方向，就不应在给出标值的同时，再重复给出箭头标志。只有当坐标轴表述的是定性的变量，即没有给出具体值时，坐标轴的末端才应按增量方向画出箭头，并标注 x、y 及原点。

(5) 图注。图注说明语既可放在图中，也可放在图外，但要简洁准确，表述规范。

适当运用同类曲线的重叠可以加强对比效果，当有2条以上曲线具有同一参变量时，可以将这些曲线描绘在同一幅图上，即共用一个横坐标轴，而分立左右两条纵坐标轴，此时两个纵坐标轴的标目和标值都要标注。

表是表达统计资料的一种重要方式，具有表达力强、易得要领、便于计算和分析比较及节省版面等优点。制表的基本要求是简单明了、层次清楚、有自明性。表的结构要简单，使人一目了然。表的种类样式繁多，如无线表、文字表、卡线表等。三线表被大多数科技期刊所采用。其主要构成要素，如图6.3所示。

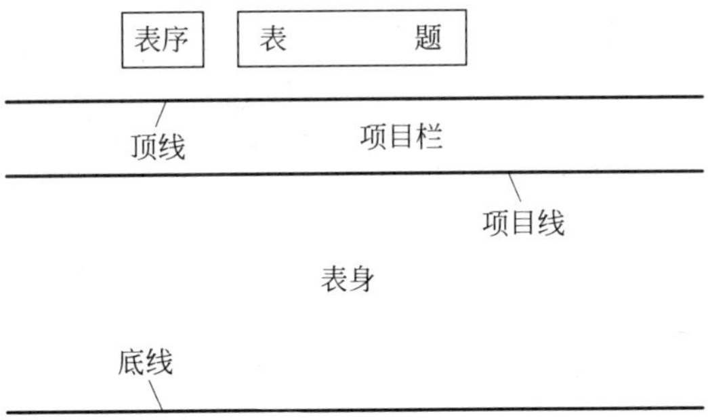

图6.3　三线表的构成要素

(1) 表序和表题。表必须有表序、表题，表序按其在文中出现的先后，用阿拉伯数字连续编号。表题是指表的名称，要准确得体，简短精练，必要时注明时间和地点。避免使用泛指性的词语作表题，如“计算结果”“对照表”等，这样的表题缺乏专指性，不能使人一目了然。表序、表题在表格上方。

(2) 项目栏。项目栏中左边第一列为处理项，上边第一行为观测内容和结果项，不能将处理项和观测项目、结果颠倒。项目栏中一般要放置多个“栏目”，当栏目中的项由量的名称组成时，其表述方法与图中标目的表示方法相同。如果表内全部栏目中的单位均相同时，可以将单位提出来标识在表顶线上方的右端，不必在每个栏目上标注，凡是相同栏目要归并在一起，做到同一栏目只加注一项，避免重复出现。

(3) 表身。上、左相邻栏内的文字或数字相同时，应重复写出，不可以用"同上""同左"等字样表示。表中未测或无此项应用"空白"表示，不能用"—"或"/"表示。表中内容不能与文章内容重复，数据要完整、准确。同一指标小数点有效位数要一致，小数点上下对齐。表的线条不宜过多，以免干扰视线。

(4) 辅助线。对于某些比较复杂的表，单靠三线表是不够的，可以在项目栏或表身添加横向的辅助线。根据需要辅助线加几条都行，这时仍称其为三线表。项目栏的辅助线可以解决栏目多层次的问题，不加辅助线，不同层次的栏目隶属关系就不清楚。

(5) 表注。表传递的某些信息需要注释时，可以在表身加备注栏。备注栏通常放在表的右端。表注也可以在表底线下集中加以标注。如果表注不止 1 条，应将每条表注编上序号，顺序排在表下。

论文中图表并不是越多越好，运用图表时一定要贯彻始终两个主要原则。

(1) 有针对性。一篇短短的论文不可能把作者的大量实验一一记录下来，那样就成了流水账了。介绍实验工作的结果是为宣扬作者的结论服务的，如果论文作者想说"该系统与传统方法相比具有高可靠性的优点"，那实验就要在高可靠性上下功夫，要找到"传统方法"在可靠性上的不足，论文中方法在高可靠性上的特长，最好是做对比实验。作者想要说明成果具有高灵敏的特点，就要做灵敏度实验，尽量排除别的因素。切忌不明确实验的目的、条件、想要说明的问题，只是把一大堆数据给读者看，导致读者一头雾水。

(2) 对图表要加以文字分析。有些作者在论文中扔下一个图或表就不管了。有的甚至就在标题下边给出一个图或表，就结束这章，图或表前面没有交待实验条件、目的、方法，图或表后边没有对图表加以说明，不知道要向读者灌输什么观点。

科技论文中常用的图片格式有 bmp、tif、wmf、emf、jpg 等。bmp 是位图，保存方法原始，体积大，质量高；tif 兼容性好，而且提供预览图，缺点是体积大，但它是论文和书刊等出版物支持最广的图形文件格式，打印出来清晰度特别好；wmf 和 emf 是一种矢量图形格式，它的特点是放大后图像不会失真，和分辨率无关，文件占用空间较小，适用于图形设计、文字设计和一些标志设计、版式设计等；jpg 是一种常用的有损压缩方案，用来压缩存储批量图片。不论采用哪种格式，尽量用白底的图片，一定不能用黑底的图。黑底的图费墨，这是出版社很忌讳的事情，如果只能得到黑底的图片，可以用软件反相处理。不论采用哪种格式，图片分辨率要高。这里所说的分辨率不是我们拍照时所说的总像素数，它的单位是 dpi(dot per inch)，它代表了一英寸中的点数，科技杂志的要求一般是 600dpi，这也是打印机的最高分辨率。

处理图片需要借助一些软件，常用的图片绘制与处理软件有 SnagIt、Photoshop、画图、Visio、Origin、AutoCad、MATLAB 等。SnagIt 是非常好用的一种抓图软件，它可以抓取活动的窗口，还可以抓取任意大小的图片，并可以将图片保存成 tif、bmp、jpg 等格式，同时还可以录制视频文件。Photoshop 是图片处理界的老大，功能强大，但科技论文一般只用到它的部分功能，如调节图片大小、亮度、对比度、锐度、柔和度，或者擦除图元、颜色反相、以任意角度旋转图像等。一些简单的任务，如调节图片尺寸、擦除图元等，用画图就可以完成，方便快速。Visio 是微软公司推出的一款矢量绘图软件。该软件提供了一个标准、易于上手的绘图环境，并配有整套范围广泛的模板、形状和先进工具。与 Word 联合使用，效果很好，可以将图片保存成 tif、bmp、jpg、emf、eps 等格式。Origin 为 OriginLab 公司出品的较流行的专业函数绘图软件，是公认的简单易学、操作灵活、功能强大的软件，既可以满足一般用户的制图需要，也可以满足高级用户数据分析、函数拟合的需要。

下面以图 6.4～图 6.7 和表 6.5～表 6.7 来说明论文中图表处理的技术细节。

图 6.4 中的右图分辨率过低，而左图看起来比右图分辨率高出很多，清晰许多。

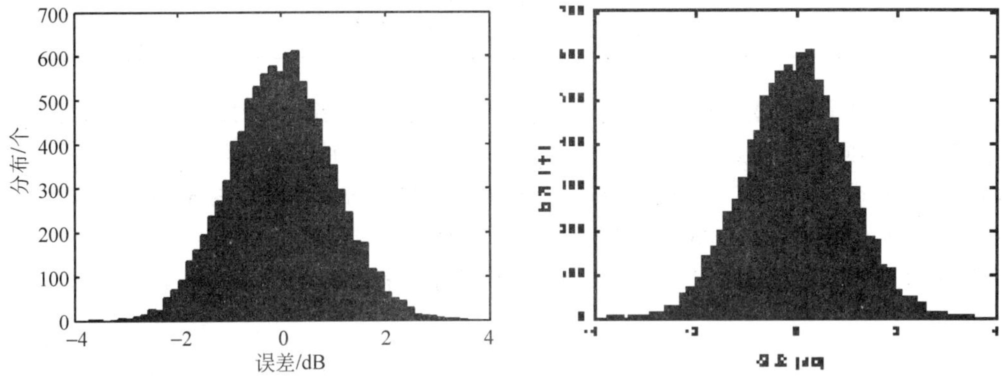

图 6.4　不同分辨率的图片对比

图 6.5 中的纵轴可以适当缩小范围，以减小不必要的空间浪费。直观来看，图 6.5 中的上半部分没有任何有效数据和信息传递给读者。

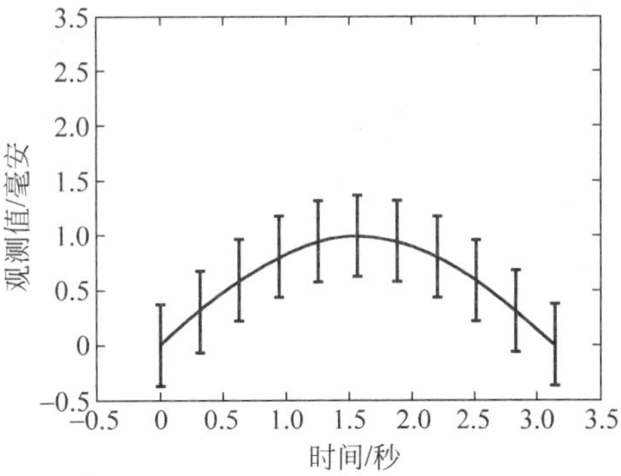

图 6.5　浪费图片空间的例子

表 6.5 所示的三线表不够简洁明了，如某一列的共用单位等，可以改成表 6.6 所示的三线表。

表 6.5　*X*、*Y* 和 *Z* 指标的测试结果

化合物	溶剂	λ/nm	*A*/ppm
X	*E*	418,448,600,632,636	−202.6
	F	418,450,602,634,652	−202.8
Y	*G*	420,438,450,592,656	−191.2
	H	422,438,452,594	−189.4
Z	*I*	418,448,464,606	−201.5

表 6.6 X、Y 和 Z 指标的测试结果

化合物	溶剂	λ/nm	A/ppm
X	E	418,448,600,632,636	−202.6
	F	418,450,602,634,652	−202.8
Y	G	420,438,450,592,656	−191.2
	H	422,438,452,594	−189.4
Z	I	418,448,464,606	−201.5

图 6.6 是一个为数据选择有效的图形表达方式的例子，图 6.6 的上图，选择时间为横坐标轴，将 5 种不同的处理方式(Cerebral cortex 等)分别用 5 种不同的线型来填充柱形图，给人眼花缭乱的感觉。而图 6.6 的下图，以 5 种不同的处理方式为横坐标轴将数据重新组织，把处理的时间(0,1,2,6,12 小时)标记在柱形图的底部。如此，一方面不要以 5 种不同的线型来填充柱形图，读者一目了然；另一方面，下图看起来比上图要清爽利索得多，打印出来也很经济。

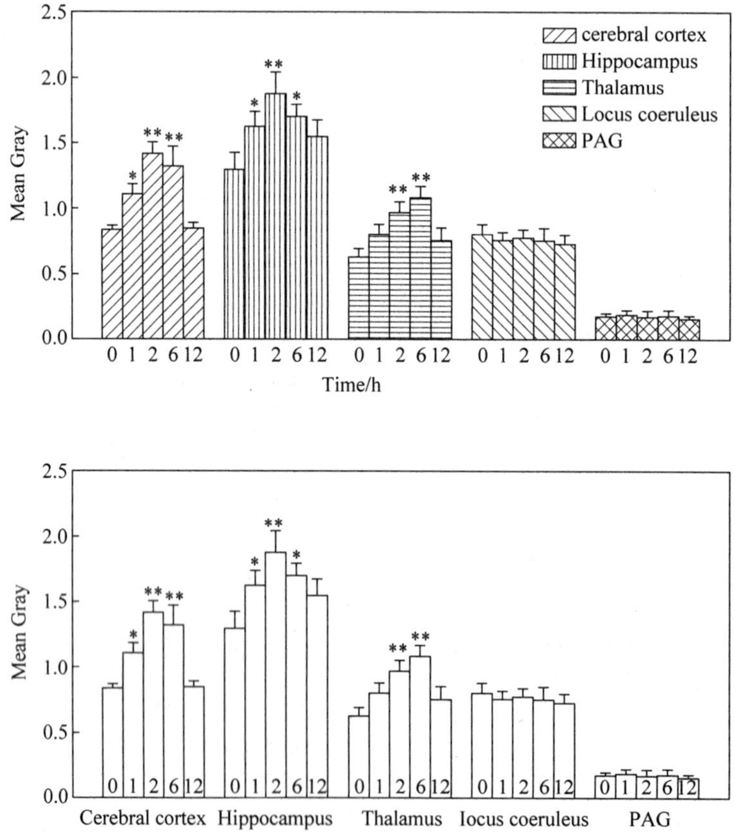

图 6.6 为数据选择有效的图形表达方式

虽然图和表都能直观、高效地表达复杂的数据，启发思考数据的本质、分析数据揭示的规律，以较小的空间承载较多的信息，但是二者还是各有长短。一般而言，表适于呈现较多

的精确数值，或无明显规律的复杂分类数据等。图侧重表现关联、趋势、因果关系等。表 6.7 是将数据分列在三线表中，包含若干对(X,Y)数据值，虽然这个表详尽地显示了数据的细节，但是读者看完表格很难直接归纳出有用的信息和结论。而如果采用散点图的形式来画出数据中的每一组(温度，合格率)数值，将表 6.7 改为图 6.7，读者容易看出两者之间的趋势和关系。

表 6.7 温度与合格率的关系

温度/℃	合格率/%
100	45
110	51
120	54
130	61
140	66
150	70
160	74
170	78
180	85
190	89

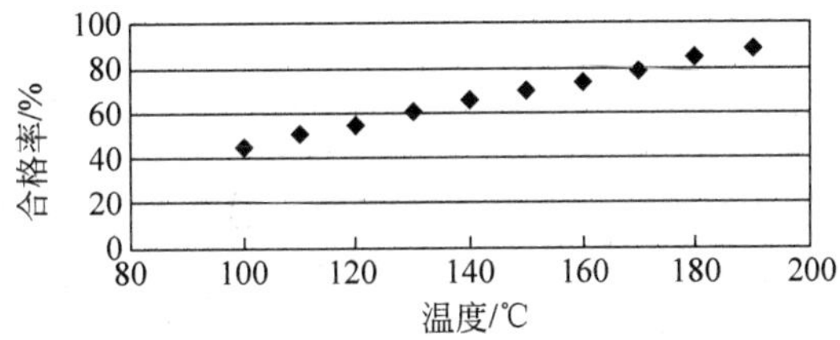

图 6.7 在图形和表格中做好取舍

第7章 技术发明及专利申请

CHAPTER 7

【导语】 本章从科学发现与技术发明的含义出发，分析了科学发现与技术发明的联系与区别；从技术发明的特征出发，讨论了按创新程度、发明的理论应用程度、技术发明的成果形式、发明是否取得专利权的分类标准进行的分类；从专利制度的起源与发展现状出发，分析了专利的国际、国内分类及专利的特征；从专利申请文件的构成出发，阐述了专利申请文件的撰写方法、写作技巧和注意事项，给出了专利申请文件撰写案例；最后，讨论了专利申请与审批流程。

7.1 科学发现与技术发明

7.1.1 科学发现

科学发现是人们在科学活动中对未知事物或规律的揭示，找到前人尚未知晓的，对于促进科学发展有重要作用的客观存在，是对自然界中客观存在的未知物质、现象、变化过程及其特性、规律的发现和认识。主要包括事实的发现和理论的提出，科学发现是科学进步的主要标志。基本特点有两点：第一，前人尚未知晓的；第二，对于促进科学发展有重要作用的。作出科学发现是一切科学活动的直接目标，重要事实或理论的发现也是科学进步的主要标志。这两类发现又是互相联系、互相促进的。重大的科学发现，特别是重大理论的提出，往往构成某一学科甚至整个科学的革命。科学理论的发现是创造思维的结果，它往往求助于直觉、想象力的作用，这就必然要涉及科学家的文化素养、心理结构甚至性格特征等复杂的个人因素，有时还往往具有很大的偶然性，但这并不意味科学发现毫无规律可循。科学史上有大量所谓“同时发现”的记载说明，任何发现归根结底都是在一定社会文化背景中的社会实践和科学自身需要的产物，特别是事实的发现往往直接受到社会生产水平和仪器装置制造技术的制约。因此，科学发现在科学发展的总进程中是必然的，合乎规律的。它具有自己的“逻辑”，有人还明确地称之为科学发现的逻辑。这种“逻辑”有别于单纯从事实归纳出理论或者从理论演绎出事实的形式逻辑。

在科学发现的过程中，是否拥有正确的科学研究方法，是能否对科学事业作出贡献的关键。正确的科学方法可以使研究者根据科学发展的客观规律，确定正确的研究方向；可以为研究者提供研究的具体方法；可以为科学的新发现、新发明提供启示和借鉴。因此，现代科学发现中尤其需要注重科学方法论的研究和利用。

在科学发现的过程中，要充分认识到实践不仅是理论的源泉，而且也是检验理论正确与否的唯一标准。在科学发现过程中,开展科学实验是重要的实践活动。科学实验就是自然科学理论的源泉和检验标准。特别是现代自然科学研究中,任何新的发现、新的发明、新的理论的提出都必须以能够重现的实验结果为依据。科学实验的类型有两种:①探索性实验,即探索自然规律与创造发明或发现新东西的实验,这类实验往往是前人或他人从未做过或还未完成的研究工作所进行的实验;②人们为了学习、掌握或教授他人已有的科学技术知识所进行的实验。实际上两类实验是没有严格界限的,因为有时重复他人的实验,也可能会发现新问题,从而通过解决新问题而实现科技创新。但是,探索性实验的创新目的明确,因此科技创新主要由这类实验获得。

7.1.2　技术发明

1. 技术发明的含义

所谓"发明",是指运用有关的科学理论知识做出的技术创造。关于"发明",可以有狭义和广义两种理解。狭义的理解指国家专利法所承认的发明,即"对产品、方法或者其改进提出的新的技术方案"。广义的理解指所有新颖的、独特的、具有一定社会意义和价值的技术成果,包括那些未获专利的技术创造。人们通常所说的技术"小发明",特别是青少年科技活动中的"小发明",大都出于广义的理解。

技术发明是运用自然规律和科学原理,为解决人类生产、生活中某一特定技术问题而提出创新性方案、措施或最后成果。作为一项新的技术解决方案,技术发明是发明人的一种思想、构思和设想,不管发明以何种形态表现出来,发明实质是一种创造性的智力成果。

2. 技术发明的特点

技术发明作为人类从无到有的一种技术创造活动,有着其自身的基本特点。

1）新颖性

新颖性可以说是技术发明最根本的特点,技术发明成果不仅要是前所未有,而且要比以往技术成果更为先进。如果某项发明成果与现有同一领域或技术体系中的某项成果在属性、功能、特征或形态上具有相同性,则该项发明就不具有新颖性;反之,它的新颖性成立。但需要指出的是,如果某项技术发明成果在属性、功能、特征或形态上与已有技术具有相同性,但二者不属于同一领域或技术体系中,则前者仍不失其新颖性。这也是近年来学科交叉的一个必然结果,这个领域里一个已经很成熟的方法,被应用到另一领域去可能会产生令人意想不到的效果。

2）先进性

先进性是反映发明创造的技术价值大小和技术水平高低的标志,主要体现在三个方面:技术原理的进步、技术构成的进步和技术效果的进步,具体表现为新的技术功能的增加、原有技术功能的提高和劳动生产率的提高,以及劳动强度的减轻和工作生活环境的改善等方面。从本质上讲,先进性主要是指某项新发明的技术成果较原有技术具有更高的科技含量。

3）科学性

某项发明必须建立在一定的科学技术背景之下,根据当时的科学技术发展状况和一定程度而进行技术原理的构思和开发研究。主要体现在三个方面:第一,所发明的技术原理要符合科学规律,任何违背自然规律、凭空想象、宗教迷信的发明项目切不可选;第二,"巧妇难为无米之炊",技术发明应根据当时的科学技术发展水平而进行,而不能超越特定的社会历史条件；第三，技术发明的具体过程千变万化、丰富多彩、错综复杂，而大体上都遵循着一般程序中几个环节。一般有两种观点，一种是三环节，一种是五环节。三环节包括：①课题的形成与选择；②方案的构思与设计；③发明的物化。五环节包括：①选题；②准备；③酝酿(创造)；④验证；⑤实施。

4）经济性

任何一项发明除了要追求它的社会需要外，更多的是追求它的经济性，特别是在市场经济的条件下，这一特点就显得更加突出。一项发明成果要真正投入实际使用，首先碰到的就是成本问题。如果一项技术发明具备了一定的新颖性、先进性和科学性，但由于生产成本过高、造价昂贵，或由于使用成本过高、消费档次太高，就可能导致该项发明的技术不能被广泛应用和推广，不能形成商业性的生产和制造。

5）社会性

技术发明不仅具有自然属性，更具有社会属性。就社会属性而言，主要表现在两个方面：第一，技术发明创造应该针对社会需要而进行，没有社会需要的发明则是徒劳的；第二，技术发明创造必须符合一个国家、地区或国际性的法律和道德，一切不利于人类生存、社会进步和生态环境保护的研究开发项目，显然应该是不被允许的。

7.1.3 科学发现与技术发明的联系

考察科学发现与技术发明的关系史可以看到，18 世纪，技术发明多领先于科学发现，科学发现亦未能成为技术发明的先导；19 世纪至 20 世纪中期，重大的技术发明无不以先前的科学理论为基础；而当代的重大技术研究与发展则直接推动了科学进步，二者的同步性逐渐增强。当代科学技术的融合化趋势也表明，对科学发现与技术发明已不能作出明显的分割。

1. 科学发现与技术发明形成互动关系

从 19 世纪开始，科学发现与技术发明便逐渐相互渗透，战争和经济活动对垄断利润的追求，共同推动了科学发现与技术发明的加速融合。在当代高技术领域，人们已不能分清究竟是科学发现在先，还是技术发明在先，科学发现与技术发明表现了鲜明的同步性特征。

从二者互动视角看，科学发现为技术发明提供理论基础，技术发明是科学发现的动力，技术需要推动着科学进步，技术为科学的发展提供研究手段，特别是科学实验的装备，技术为科学概括和分析提供资料和经验事实，技术实践可以检验科学认识的真理性。在科学领域中，如果没有实验工具、实验装置及实验方法的发明，科学发现将只能成为人类的梦想与空谈。科学发现只有在发明的有力帮助下，才会不断前进。

总的来看，这一互动关系包含两层含义：一是科学发现本身就是技术发明，二者具有高度的统一性，在高技术领域尤其如此；二是科学发现过程中产生了相关或不直接相关的技术发明，或在技术创新过程中，因技术问题解决的需要推动了科学发现。无论何种情形，同质或不同质的科学发现与技术发明之间已经出现了连续产生、互为因果的趋势。

2. 科学技术连续体的出现

在 19 世纪中叶以前，科学活动基本上是学院式的，从 19 世纪下半叶开始，为适应市场经济发展的需要，在资本主义国家纷纷建立起工业实验室。世界上第一个工业实验室是爱迪生于 1876 年建立的“发明工厂”。它打破了科学家与技术人员的界限。工厂内部，科学家与技术人员合作进行发明创造，并且很快将研究成果投入生产。20 世纪 70 年代以来，随着第四次科技革命的发展，科学技术与生产之间的关系日益密切，世界各国纷纷建立科技工业园区、高科技产业开发区、高科技产业联盟。在科技园区中，研究与开发、中试和批量生产的界限已很模糊。各种科技园区和高科技产业联盟的出现，加快了科学发现、技术发明与生产之间的一体化进程。

7.1.4 科学发现与技术发明的区别

从科学发现与技术发明的互动关系和科学技术连续体的出现视角分析，科学发现与技术发明都是人类智慧和人类思维发展的体现，都是人类特有的理性和非理性相统一的思维活动和实践活动，都是系统的知识体系。两者并非界限分明，而是互为因果、互相促进的。尽管如此，我们仍然不能忽视两者相互区别的事实，不能对两者混淆不分。两者的差别是由科学与技术、发现与发明之间多方面的差别所决定的。具体说来，这种区别表现在以下几方面。

1. 科学与技术的相互区别

从概念视角，科学是主体借助于手段和条件，揭示并获得自然、社会、人自身固有的本质、规律的知识体系和认知活动；技术是主体借助于手段和条件，革新客体，实现预定目的方式和机制的创造出客观没有的人工人造物的能力体系和创造活动。

从本质视角，科学的本质主要体现在认识论意义上，是精神生产力，是探索自然固有的未知的实践活动，是一种理论理性的创新，是一种逻辑过程，是一种认识世界的科学方法和社会建制；技术的本质主要体现在改造、变革意义上，是直接的、现实的生产力，是在机器上实现的科学，是革新客体创造人工自然的实践活动，是一种操作过程，是从思想中引出现实，从精神中引出实在的革新客体的方法和社会建制。

从研究对象视角，科学的对象是独立于人类之外的自然系统，主要是认识和揭示自然界的本质、结构、性能、规律，是科学事实和科学理论的发现，它担负的主要任务是探求自然的真理，弄清自然系统的事实和规律，解释和预见自然事物、现象和过程，直接解决对自然的认识问题；技术的对象是人工人造自然系统，主要是改造、革新、控制自然的方式和机制，是人工自然的发明、开发、应用，它的主要任务是改造、变革和控制人工自然，直接解决对人工自然的变革、改造、控制的实践操作问题。

2. 发现与发明的相互区别

发现主要是揭示未知事物的存在及其属性，是指客观已存在的事物被人们意识到并被揭示出来。例如，考古学方面，恐龙化石的发现、东巴象形文字的发现、北京山顶洞人的发现等；生物学方面，DNA 的发现、人的血液循环的发现、细胞和细胞核的发现、遗传密码的发现等。这些都是已存在的事物被人意识到并揭示出来。

发明主要是创造出过去没有的事物。按专利法的定义，发明是指“对产品、方法或者其改进所提出的新的技术方案”，是指客观自然没有的人工人造的新事物被人意识并被揭示出来。例如，在农业社会，人们发明了冶炼铜、发明了铜器、发明了冶炼铁、发明了铁器、发明了铁的工具等；在工业社会，发明了蒸汽机，发明了发电机、电动机，发明了无线电设备，发明了宇宙飞船等。这些发明促使生产力飞速发展。人类用发明改变了自己，改变了自己的生存环境。以上这些是自然没有的事物，是人工人造的事物。发明应该包括科学技术幻想中在未来能够实现的事物。

3. 科学发现与技术发明的相互区别

科学发现是科学家在科学探索过程中，凭借智慧，以问题为导引，对科学要素进行有效整合或实验运作，发觉、观测、揭示出自然界固有的前所未知的以科学知识体系表现出来的科学事实、科学理论的活动，是对自然界、对事物进行认识的过程；技术发明不同于科学发现，技术发明是指技术专家在改造自然对象过程中，凭借智慧，以知识驱动、科技推力、需求拉力为导引，对技术要素进行思维整合和实体运作，创造出具有一定结构、功能、方法的客观没有的人造物与技术方案，创造出自然界和社会中前所未有的产品、技术、方法与方案等，这是对自然界和人类生活进行改造的过程。简而言之，科学发现要回答“是什么”“为什么”的问题，是认识出客观固有的规律；技术发明要回答“做什么”“怎么做”，是创造出人为的人造物。

从本质视角，科学发现是以探索未知为目的，寻求或寻找已有的客观存在着的而对人类来说是前所未知和前所未有的东西。这种发现是从实践中产生思想，又使思想符合客观实在，是使主体顺应客体，并使客体在现实和思维中再现。而技术发明本质上是以把自然科学的成果转化为直接生产力为宗旨，以改造自然、造福人类为目的，是历史上某个时期某个人头脑中的想象怎样变成人类文明的进程，它是主体能动地变革、改造自然客体，使想象变为现实，使世界与我们的意图、愿望相符合的过程，是一个“我想象，我创造”的过程。

从研究对象和研究方法视角，虽然两者都用已知知识求解未知问题，但一个以自然存在的事或物为研究对象，研究的是天然自然，一个以人造存在的事物为研究对象，研究的是人工自然；在研究方法上，科学发现更多地运用逻辑思维，技术发明更多地运用形象思维，技术发明的研究方法具有更强的实践性、综合性和社会性。

从结果视角，科学发现的结果是发觉、观测、揭示出自然界已存在的前所未知的以科学知识体系表现出来的科学事实、科学理论，表现为发现新事物、新现象、新特性，得出新概念、新关系、新原理、新定律，提出新假说、新理论，形成新学科。而技术发明的结果是首创或创制出自然界和社会前所未有的新产品、新工艺、新流程、新技术、新方法，成果具有可感知性和创造性。

例如，浮力定律公式是科学发现，轮船是技术发明；导线切割磁力线产生电流是科学发现，发电机是技术发明；铀元素、放射性、质能转换公式是科学发现，原子弹是技术发明；电子轨道跃迁、量子受激辐射理论是科学发现，激光器是技术发明；万有引力公式、宇航三定律是科学发现，而人造卫星、宇宙飞船是技术发明。

7.1.5 技术发明的分类

关于技术发明的分类，目前还没有统一的划分标准，按照不同的标准进行区分，其类别也不一样。

1. 按照创新程度分类

按照创新程度进行分类，目前有 3 种分类观点。

1）二级分类

（1）开创性技术发明。这种发明，其新技术方案所依据的基本原理与已有技术有质的不同，又称基本技术发明。近代和现代的开创性技术发明大都以科学原理的突破为条件，自觉地应用新的科学原理来解决技术问题。科学上的许多重大突破，都会导致技术上的开创性发明。

（2）改进性技术发明。这种发明是在基本原理不变的情况下，对已有技术作程度不同的改变和补充，又称改进性技术发明。改进性技术发明以开创性技术发明为基础，开创性技术发明依靠改进性技术发明得到完善和发展。改进性技术发明可能以新的科学发现为前提，但在很多情况下是靠长期的经验积累和经验摸索。没有科学原理的根本性突破，也可能做出有重大价值的改进性技术发明。改进性技术发明与开创性技术发明的区分是相对的。

2）三级分类

（1）全新发明。全新发明是指对自然界某个新领域或原领域中的某一新现象的本质、规律、特性的新认识，或运用科学原理于某一新领域，或前所未有的在某一技术方面所创造的新发明成果。这种类型的技术发明目前在技术创新领域被称之为原始性创新，一旦被应用到技术或生产领域，可能将导致技术革命和产业革命的产生。

（2）再造发明。再造发明是指某一领域里的技术成果包括原始性创新的成果转到新的领域进行应用，并实施再创造所形成的发明。这实际上是一种跨学科、跨专业、跨领域的技术性借鉴和移植。

（3）改进发明。改进发明是指针对某一领域、某项技术或某个物品所进行的技术功能、物品形状等方面的改进所形成的创造发明。其特点是基本技术原理不变，仅作局部性的改造。

3）五级分类

一些专门从事发明研究的专家对不同形式的发明进行分类，其中最为科学有效的发明分类方法是著名的TRIZ理论（发明问题解决理论），它将发明按照新颖程度分为5个等级，深入分析和研究不同等级发明的特点，并开发出面向不同等级的科学创新方法和工具。TRIZ理论定义的5个发明等级是按照创新程度从低到高依次排序的。

第一级，最小型发明。指那种在产品的单独组件中进行少量的变更，但这些变更不会影响产品系统的整体结构的情况。该类发明并不需要任何相邻领域的专门技术或知识。特定专业领域的任何专家，依靠个人专业知识基本都能做到这类创新。例如，以厚度隔离减少热损失，以大卡车改善运输成本效率等。据统计，大约有32%的发明专利属于第一级发明。

第二级，小型发明。此时产品系统中的某个组件发生部分变化，改变的参数约数十个，即以定性方式改善产品。创新过程中利用本行业知识，通过与同类系统的类比即可找到创新方案。例如，中空的斧头柄可以储藏钉子。据统计，大约有45%的发明专利属于第二级发明。

第三级，中型发明。产品系统中的几个组件可能出现全面变化，其中大概要有上百个变量加以改善，它需利用领域外的知识，但不需要借鉴其他学科的知识。例如，原子笔、登山自行车、计算机鼠标等。据统计，大约有19%的发明专利属于第三级发明。

第四级，大型发明。指创造新的事物，需要数千个甚至数万个变量加以改善的情况，它一般需引用新的科学知识而非利用科技信息，该类发明需要综合其他学科领域知识的启发方可找到解决方案。例如，内燃机、集成电路、个人计算机等。据统计，大约有4%的发明专利属于第四级发明。

最高级，特大型发明，即第五级。主要指那些科学发现，一般是先有新的发现，建立新的知识，然后才有广泛的运用。例如，蒸汽发动机、航天飞机、激光等。据统计，大约有0.3%的发明专利属于第五级发明。

平时我们遇到的绝大多数发明都属于第一、二和三级。虽然高等级发明对于推动技术文明进步具有重大意义，但这一级的发明数量相当稀少，而较低等级的发明则起到不断完善技术的作用。

2. 按发明的理论应用程度分类

1）原理性发明

原理性发明是指直接建立在科学原理或科学发现基础上的技术发明。这种发明的核心是寻找科学原理物化为技术原理的可能性和途径。例如，晶体管的发明是建立在量子力学、固体力学、能带论、扩散理论、导电机理模型等科学理论基础之上的。

2）经验性发明

经验性发明是指以技术经验为基础的或由偶然性发现（如蒸汽机的发明）所导致的技术发明，其关键在于发明者在某一技术领域所积累的经验和构思的起点。

3. 按发明是否取得专利权分类

1）专利发明

专利发明是指依据有关专利法的申报程序，获得专利局批准的受国家法律保护的创造发明。我国专利法中明确规定，构成专利发明的成果必须具备新颖性、创造性和实用性。

2）非专利发明

非专利发明是指除不具有专利权的其他所有的创造发明，同时还包括具备申报专利条件而未申报的发明等。

4. 按技术发明的成果形式分类

技术发明的核心在于构思一种新的技术原理，或创造一种新的技术物品（如新材料、新设备、新产品等），或创造一种新的技术方法（如新工艺、新程序等）。因此，可以概括出技术发明的成果形式主要有：技术原理的发明、技术物品的发明和技术方法的发明。

1）技术原理的发明

任何技术系统的建构都是根据一定的技术原理而形成的，原理的发明往往都是技术物品和技术方法发明的前提和基础。通俗地讲，技术原理就是一个技术系统进行运转的工作原理，是指在技术发明创造过程中帮助人们将多种不同的技术要素联结成具有特定技术特性和功能的技术系统的理论依据。

技术原理的发明的最大特点就是它的知识属性，它往往是以知识形态的方式存在。例如，元素周期表的发明。

2）技术物品的发明

技术原理体现的是技术的知识形态，而技术物品则体现的是技术的实物形态。从发明创造的结果来讲，技术物品较技术原理更贴近现实生活，更有利于技术的普及和应用。技术物品是技术的实物载体，主要体现为工具、机器、仪器和设备等。技术物品的实质就是物化了的知识，即把知识形态的东西转化为实物形态的东西。例如，2004 年，英国科学家 Andre Geim 和 Konstantin Novoselov 通过物理剥层的方法首次获得了之前一直被认为不能稳定存在的石墨烯，这就属于一种技术物品的发明。

3）技术方法的发明

技术方法的发明，其成果形成仍然是知识形态的东西，主要包括文字、图形、符号、软件等。一般体现为设计方案、研究报告、图纸、说明书、工艺流程、程序、规则等技术资料和技术文件。它主要回答在技术发明创造过程中，怎样做的问题，其本质是一种程序性、方法论的认识。同样，以石墨烯为例，在首次制备出之后，吸引了大量科学家的兴趣，他们通过不同的方法（氧化还原法、化学气相沉积法等）合成出了结构不一、性质各异的石墨烯材料，这些就属于技术方法的发明。

7.2 专利制度与专利分类及特征

据韦氏大学词典(Merriam-Webster's Collegiate Dictionary)的解释,专利(Patent)一词有两个含义,其一指特定权力,即某种发明的独占权或控制权;其二为官方文件,记录发明人在一定时期内对一项发明所具有的制造、使用和销售的独占权。因此专利既可理解为专利权又可理解为专利文献。

专利一词来源于拉丁语 litterae patentes,意为公开的信件或公共文献,是中世纪的君主用来颁布某种特权的证明,后来指英国国王亲自签署的独占权利证书。在有关专利制度起源的早期文献中,人们更经常使用的概念为 monopoly,意为"垄断""独占"或"专利"。在现代,专利一般是由政府机关或者代表若干国家的区域性组织根据申请而颁发的一种文件,这种文件属于专利文献,它记载了发明创造的内容,并且在一定时期内产生这样一种法律状态,即获得专利的发明创造在一般情况下他人只有经专利权人许可才能予以实施。这就是专利制度,它是一种利用法律和经济手段鼓励人们进行发明创造,以推动科技进步、促进经济发展的一种保障制度。专利文献是专利制度的产物,专利文献的出现标志着具有现代特点的专利制度的最终形成。

专利文献作为技术信息最有效的载体,囊括了全球 90%以上的最新技术情报,比一般技术刊物所提供的信息早 5~6 年,而且 70%~80%发明创造只通过专利文献公开,并不见诸于其他科技文献,相对于其他文献形式,专利更具有新颖、实用的特征。

7.2.1 国外专利制度的起源与发展

下面将专利制度的起源及专利文献的产生分为三个阶段进行论述。

1. 专利制度的萌芽阶段——授予独占权和专利证书

最早的专利出现在欧洲。据史料考证,专利的萌芽产生于公元前 500 年,在今意大利南部以生活奢侈著称的古都 Sybaris(当时为希腊殖民地),一种烹调方法被授予为期一年的独占权。以后,经过漫长的发展阶段,到了 12 世纪,以英国为代表的资本主义萌芽较早的国家开始了引进技术和建立新工业的运动。1236 年,西法兰西及英格兰的亨利三世向一名波尔多(法国港口城市)人授予在该城市生产花布的独占权,期限为 15 年。1324—1377 年间,在英国爱德华二世至三世统治期间,很多外国织布工人及矿工作为新技术的引进者被授予使用该技术的专有权,即垄断权,以鼓励他们在英国创业,使英国从畜牧业国家向工业化国家发展。专利萌芽阶段影响最大的是 1421 年意大利建筑师布鲁内来西获得的在 Arno 河上运输重物的方法的三年独占权。这一时期,专利权主要以 monopoly(独占权)为表现形式,用来鼓励建立新工业,但权力经常被滥用。在英国,这种权力经常以专利证书(Letters Patent)形式授予,意为敞开的证书,证书只在底部盖有封印,而不像普通的证书那样密封,它以官方通知的方式将授予的权力告知公众。

2. 现代专利制度的建立阶段

(1) 现代专利制度的雏形——以威尼斯共和国的专利法为标志。

15 世纪,位于地中海沿岸的一些意大利城市共和国,一度成为东西方航海和贸易中心。

首先把专利加以制度化的是工商业比较发达的威尼斯共和国。1474 年 3 月 19 日，威尼斯共和国颁布了世界上第一部专利法，正式名称为《发明人法规》(*Inventor Bylaws*)，从 1475 年到 16 世纪，在威尼斯许多重要的工业发明，如提水机、碾米机、排水机、运河开凿机等被授予 10 年的特许证。

1449 年资产阶级工业革命的发源地英国产生了最早的发明专利。当时的亨利六世国王向佛兰芒人 John of Utynam 授予为伊顿公学"制造彩色玻璃的方法"专利。1545 年，德国查尔斯五世国王颁发了"风轮机和水轮机"的 12 年专利权。1551 年，法国授予了"测距仪"专利权，荷兰和西班牙也涌现一些专利。1552 年诞生了英国历史上第 2 件有记载的专利，是"有关诺曼底玻璃的制造方法"。伊丽莎白女王统治时期，专利授权活动出现小的高潮，1561—1590 年间，英国女王批准了有关刀、肥皂、纸张、硝石、皮革等物品制造方法的 50 项专利。1594 年在威尼斯，物理学家伽利略发明的"以单匹马提升水的方法"被授予专利权。遗憾的是，此时的专利制度声望不佳，授权专利的名实不符及专利权人滥用权力的现象普遍存在。于是，从 17 世纪开始，英国开始了专利制度改革，首先废除了先前所有专利，1617 年的编号为 1 的专利是英国历史上第 1 件有专利号的专利。

(2) 现代专利法的鼻祖——以《垄断法》出现为标志。

1624 年是专利史上的重要一年，英国的 *Statute of Monopolies*(一般译为垄断法)开始实施。《垄断法》宣告所有垄断、特许和授权一律无效。《垄断法》规定：专利只授予真正的发明人；授予专利的发明必须具有新颖性；专利权人有权在国内垄断发明物品的制造和使用权；凡违反法律、妨碍贸易及损害国家利益的专利一律无效；专利权有效期 14 年等。《垄断法》被公认为现代专利法的鼻祖，该法废除了过去封建特权制度，同时建立了对真正的发明予以专利保护的制度。《垄断法》成为现代专利制度诞生的标志。它包含的一些基本内容及原则规定，为以后各国制定专利法提供了榜样，对资本主义专利制度的建立产生了重大影响。其后，欧美其他国家纷纷效仿。美国的第 1 件专利出现于 1641 年，是关于食盐制造的方法专利。1787 年的美国联邦宪法规定"为促进科学技术进步，国会将向发明人授予一定期限内的有限的独占权"。1790 年，以这部宪法为依据，又颁布了美国专利法，它是当时最系统、最全面的专利法。依据美国专利法授权的第 1 件美国专利出现在 1790 年 7 月 31 日，是有关碳酸钾的制造方法。法国第一部专利法出现在 1791 年。这期间各国专利法的共同特征是专利授权时都没有明确的权利要求，而且都不进行检索和技术审查。随后，1800—1888 年间，大多数工业化国家都颁布了本国专利法，它们是：荷兰(1809 年)、奥地利(1810 年)、俄罗斯(1812 年)、瑞典(1819 年)、西班牙(1826 年)、墨西哥(1840 年)、巴西及印度(1859 年)、阿根廷及意大利(1864 年)、加拿大(1869 年)、德国(1877 年)、土耳其(1879 年)、日本(1885 年)。

(3) 现代专利法的进一步完善——以专利强制审查制度为标志。

1877 年的德国专利法突出了强制审查原则，德国是最早实行专利审查制度的国家。1902 年修订的英国专利法规定审查员须对 50 年来的英国专利进行检索，1905 年起英国正式开始实行专利申请检索制度。1932 年修订的专利法又将专利申请的检索范围扩大到英国以外的国家。专利制度在世界范围内发展迅速，据统计，世界范围内实行专利制度的国家在 1873 年有 22 个，1890 年有 45 个，1925 年有 73 个，1958 年有 99 个，1973 年有 120 个，1984 年有 158 个。到目前为止，世界上建立起专利制度的国家和地区已经超过 175 个。

专利制度诞生后，世界上许多重要的、对人类文明产生重要影响的发明被授予专利权。例如，1752 年富兰克林发明的避雷针，1812 年斯蒂文森(Stephenson)发明的火车，1867 年诺贝尔发明的炸药，1887 年爱迪生发明的留声机以及 1893 年狄塞尔发明的内燃机等。

如果以威尼斯共和国的专利法为专利制度的起源，专利制度已有 500 年的历史；若以英国议会的垄断法为开端，专利制度也经历了 300 年的发展历史。尽管各国专利法各有特点，但都反映了专利制度的两大基本功能：即法律保护和技术公开。以出版专利文献的形式来实现发明创造向社会的公开和传播是专利制度走向成熟的最显著特征。

3. 现代专利制度的最终形成——以专利文献出现为标志

早期的专利没有专利说明书。1449 年第 1 项英国专利的所有人 John of Utynam 被授予对彩色玻璃加工制造方法的为期 20 年的垄断权时，被要求将该方法传授给当地的英国人，这与现代通行的出版专利说明书有着类似的功效。《垄断法》颁布时也未对专利说明书做出明确规定，直至 1709—1714 年英国安娜女王统治时期，法规中才对描述发明内容的专利说明书有了明确要求。提交专利说明书的时间规定为授权后 6 个月内。英国专利史上最重要的变革是 1852 年《专利法修改法令》(The Patent Law Amendment Act 1852)，依据该法令，英国建立了现代意义上的专利局，并且明确要求发明人在提交专利申请时必须充分陈述其发明内容，提交专利说明书，并将说明书予以公布，公布日期为申请日起三周内。专利申请时提交的说明书可以是临时的，但在 6 个月内必须提交完整的(其后，1883 年修订的专利法又将完整专利说明书的提交时间规定为授权之前，专利在申请后无论是否授权都要公开出版)。英国专利局内建立了专利说明书处，专门负责专利说明书的印刷和出版。这是出版专利文献首次在专利法中有了明确规定，它标志着具有现代特点的专利制度的最终形成。从 1852 年起英国开始正式出版专利说明书并向前追溯出版，配给专利号。现存第一份英国专利文献号码是 1/1617(1617 年的第 1 件专利)。从 1852 年起，还陆续编制了各种索引及分类文摘等文献。1857 年，英国专利局图书馆(现科学参考与信息服务部)正式开放。英国专利局成立后，专利申请量迅速增大，1852 年从原来的 400 件增加到 2000 件，1883 年达到 6000 件，1884 年专利申请量又激增到 17000 件。从 1617 年英国第 1 件专利说明书的出版到 1907 年，英国出版的专利说明书累计达 37500 件。

美国现存的第 1 件有正式编号的专利说明书是 1836 年 7 月 15 日颁发的专利，另外在 1790 年至 1836 年间还有 9957 件未编号的美国早期专利说明书。目前，部分国家保存的第 1 件专利说明书的时间，如表 7.1 所示。

表 7.1　部分国家第 1 件专利说明书的保存时间

国　家	年　份	国　家	年　份
英国	1617	奥地利	1899
美国	1836	澳大利亚	1904
德国	1877	荷兰	1903
瑞典	1885	波兰	1924
瑞士	1888	韩国	1948
丹麦	1894	中国	1985

7.2.2 我国专利制度的发展

1. 中国近代专利制度的萌芽阶段——以《资政新篇》为标志

19 世纪中叶前，中国人民历史上曾有过的许多发明创造没有采取任何保护和鼓励措施。19 世纪中叶后，最早把西方专利思想介绍到中国的是太平天国洪秀全的堂弟洪仁玕。1859 年，他到南京后被委以要职，主持朝政，提出了具有资本主义色彩的《资政新篇》，鼓励发明创造，提出了建立专利制度的主张。“倘若能造如外邦火轮车，一日夜行七八千里者，准其自专其利，限满准他人仿做”。机器发明创造以“益民”为原则，给不同的发明创造不同的保护期。“器小者，赏 5 年；大者，赏 10 年；益民多者，年数加多。无益之物有责无赏，期满准他人仿做”。“有能造精奇信利者，准其出售。他人仿造，罪而罚之”。这些主张和现在专利制度精神基本吻合，但因太平天国革命的失败，未能实现。

2. 中国近代专利制度的诞生——以《振兴工艺给奖章程》为标志

中国近代专利史上第一个有关专利的法规是 1898 年清朝光绪帝颁发的《振兴工艺给奖章程》。该章程规定，大的发明如造船、造炮或用新法兴办大工程（如开河、架桥等），可以准许集资设立公司，批准 50 年专利；其方法为旧时所无的，可批准 30 年专利；仿造西方产品，也可批准 10 年专利。由于戊戌变法的失败，该章程也未能实行。真正具有现代意义的专利法是由国民党政府 1944 年颁布、1949 年 1 月 1 日实施的专利法。中国台湾省至今沿用这部专利法。

3. 中国现代专利制度的发展

1）中国现代专利制度的建立

新中国成立以后，1950 年政务院颁布《保证发明权与专利权暂行条例》。该条例对保障专利权，专利申请条件、手续、审批程序、异议制度、专利权人权利、义务，保护期及违法者的法律责任等，都做了规定。颁布该条例，说明党和政府在建国初期就认识到了建立专利制度对我国社会主义建设的重要性。但该条例从 1953 年到 1957 年只批准 4 项专利权和 6 项发明权。1957 年以后，该条例已名存实亡。1963 年 11 月，国务院明令废止。1963 年我国发布了新的《发明奖励条例》。该条例未及实施便进入 10 年动乱时期。1978 年 12 月，我国又颁布了修订的《发明奖励条例》，并依照条例规定，评选出了一大批发明创造成果，颁发了证书并予以奖励。

2）中国现代专利制度的完善

（1）《中华人民共和国专利法》正式公布与第一次修改。

为适应改革开放和经济建设的需要，1980 年经国务院批准成立国家专利局。1980 年 3 月，中国参加了联合国知识产权组织。1984 年 3 月 12 日，《中华人民共和国专利法》（简称《专利法》）正式公布，并于 1985 年 4 月 1 日起开始实行。这标志着我国对发明创造的保护进入了一个新的历史时期。该专利法充分考虑了我国国情，遵守了国际公约和国际惯例，促进了我国经济发展与科技进步。从 1985 年 4 月 1 日—1992 年 1 月，中国专利局累计受理专利申请 22 万余件，批准专利 8 万余件；在我国申请专利的国家和地区已达 66 个。通过总结经验并考虑国际协调发展的需要及我国专利保护水平需向国际标准进一步靠拢的现实，1992 年 9 月 4 日，第七届全国人大常委会第 27 次会议审议通过第一次修改《专利法》的决定。第一次修改主要体现在以下 4 个方面：

第一，扩大了授予专利的技术范围。主要是将药品、用化学方法获得的物质，以及食品、饮料和调味品等纳入了专利保护的范围。

第二，加强了专利保护。修改前的专利法，对方法专利只保护方法，不保护方法专利直接得到的产品。修改后，专利的保护延及产品。修改前的专利法没有规定专利权人的进口权；修改后，增加了进口权，增加进口权后，专利权人有权要求海关禁止进口与专利产品相同的产品，这一点也符合国际惯例。

第三，延长了专利保护期。发明专利保护期从 15 年延长到 20 年，实用新型和外观设计从 5 年延长到 10 年。

第四，加速和完善了审批程序。修改前的专利法存在异议程序，延长了审批时间，对保护专利权十分不利；修改后，取消了原有的异议程序，还增设了本国优先权、授权 6 个月内撤销程序、权利恢复程度等，明确了专利文件可以修改的范围。

(2)《中华人民共和国专利法》的第二次修改。

2000 年 8 月 25 日，第九届全国人大常委会第 17 次会议审议通过第二次修改专利法的决定。修改后的《专利法》，于 2001 年 7 月 1 日起施行。第二次修改主要体现在以下 6 个方面：

第一，赋予国内企业以平等的法律地位。修改前，职务发明创造专利申请权和专利权的归属，与企业所有制性质和所有权性质有关。第二次修改后的专利法规定，职务发明创造申请权归单位所有，申请被批准后，单位可取得专利权，而未再按所有权性质进行划分，从而使得国内企业处于平等的地位。这有利于科学技术的进一步发展。

第二，进一步强化了专利权的保护。第二次修改后，增加了许诺销售权、明确了损害赔偿额的确定方法、加强了对专利权人的保护。

第三，取消了撤销程序。1992 年第一次修改时，废除了异议程序、增加了撤销程序。第二次修改后，取消了撤销程序，同时对无效宣告程序作了修改。此次修改后，任何人在专利局公告授权后即可启动专利权无效宣告程序。

第四，加速对专利权无效宣告请求的审理。鉴于当前对宣告专利权无效的请求，在审理中做出决定的时间偏长，不利于及时解决专利纠纷和保护有关当事人的合法权益，此次修改时，规定专利复审委员会对宣告专利权无效的请求应当及时审查和做出决定。

第五，改变对实用新型和外观设计专利的终审规定。第二次修改前的专利法规定，专利复审委员会对实用新型和外观设计专利申请做出的复审决定以及对实用新型和外观设计专利权做出的无效宣告决定为终局决定。第二次修改后的专利法规定，对于上述专利复审委员会做出的行政终局决定，当事人不服的，可向人民法院起诉。

第六、加强了对强制许可制度和国家计划许可制度的限制。强制许可制度和国家计划许可制度的设立，本是为了限制专利权人滥用专利权，以保护社会公众的利益。为了更好地保护专利权人的利益，第二次修改加强了对这两种制度的限制。

7.2.3　专利的分类

由于各国建立的专利制度多样化，并且相继建立的专利分类体系也不大一样，这就影响了专利文献的交流活动。随着专利制度在全世界的普及与专利事业国际化合作的发展，对浩如烟海的专利文献进行科学的、系统的管理和使用，就产生了国内外专利分类法。

1. 国际发明专利分类

目前已存在的国际专利分类系统主要有：①针对发明专利的"国际专利分类法(International Patent Classification，IPC)"；②针对外观设计专利的"国际外观设计分类表"。

国际专利分类是发明专利(Patent)的分类法。具体分类按国际专利分类的规定进行。国际专利分类表的内容设置，包括了与发明创造有关的全部知识领域。分类表共分为8个分册，每个分册称为一个部，用英文大写字母A～H表示。IPC分类体系是由高至低依次排列的等级式结构，设置的顺序是：部、分部、大类、小类、主组、小组。

1）八个部

A部：生活需要

B部：作业；运输

C部：化学；冶金

D部：纺织；造纸

E部：固定建筑物

F部：机械工程；照明；加热；爆破

G部：物理

H部：电学

(1) 部的类号。每一个部的类号用一个大写英文字母标示。例如，A部、B部等。

(2) 部的类名。每一个部的类名都概括地指出该部所包含的技术范围，通常对类名的陈述主题不作精确的定义，一个部的类名往往是简要表明该部所包括主题范围的概括性特点。例如，C部的类名是：化学，冶金。D部的类名是纺织，造纸。

(3) 部的内容。在英文、中文版，部的内容后的参见和附注省略。部的内容只是列出了该部各大类类号、大类类名、小类类号、小类类名的概要。

2）分部

为了使使用者对部的内容有一个概括性的了解，帮助使用者了解技术主题的归类情况，部内设置了由情报性标题构成的分部。分部没有类号，所以在一个完整的分类号中，没有表示分部的符号。

例如，A部内设4个分部：

分部：农业

分部：食品；烟草

分部：个人或家用物品

分部：保健；娱乐

3）大类

每一个部按不同的技术主题范围分成若干个大类，每一大类的类名对它所从属的各个小类所包括的技术主题作一个全面的说明。

(1) 大类的类号：每一个大类的类号由部的类号及在其后加上两位数字组成。

例如，A01；A61

(2) 大类的类名：每一个大类的类名，表明该大类包括的主题内容。

例如，A01 农业；林业；畜牧业；狩猎；诱捕；捕鱼

例如，A61 医学或兽医学；卫生学

(3) 大类索引：在某些大类类名后有一个大类索引，它只是对该大类内容的一种情报性概要。帮助使用者尽快查找有关的技术主题位置。

例如，大类 C25 电解或电泳工艺；其所用设备的大类索引。

4) 小类

每一个大类包括一个或多个小类。国际专利分类的设置原则是通过各小类的类名，并结合小类的有关参见或附注尽可能精确地定义该小类所包括的主题范围。

(1) 小类的类号：每一个小类类号由大类类号加上一个大写字母组成。

例如，A21B。

(2) 小类的类名：小类的类名尽可能确切地表明小类的技术主题内容。

例如，A21B 食品烤炉；焙烤用机械或设备

(3) 小类的索引：在某些小类类名后有一个小类索引，它对该小类所从属的主组和小组按技术主题归类，以便使用者根据索引直接进入所需的技术主题分类位置，所以，是对该小类的一种情报性概要。

5) 组

每一个小类细分成许多组(主组和小组的统称)。

(1) 组的类号：每个组的类号由小类类号加上用斜线“/”分开的两个数组成。

(2) 主组的类号：由小类类号加上一个一位到三位的数、斜线“/”及数字“00”组成。

例如，A01B 3/00，B62K 19/00，C07C 211/00

(3) 主组的类名：主组的类名，明确表示可检索发明有用的技术主题范围。

例如，B62K 19/00 自行车架

(4) 小组的类号：主组可以细分成若干个小组。每一个小组的类号由小类类号加上一个一位至三位数，后面跟着斜线“/”符号，再加上一个除“00”以外的至少有两位的数组成。

例如，A23L 1/32 · 蛋制品

A23L 1/322 ·· 蛋卷

A23L 1/325 · 水产食物制品；鱼类制品、鱼肉；鱼卵代用品

A23L 1/326 ·· 鱼肉或鱼粉；小颗粒、团块或片

A23L 1/327 ·· 鱼肉提取物

A23L 1/328 ·· 鱼卵、如鱼子酱；鱼卵代用品

A23L 1/33 ·· 甲壳类

A23L 3/358 ··· 无机化合物

A23L 3/3589 ··· 利用液体保存的设备

A23L 3/3598 ··· 利用固体保存的设备

任何一个在斜线“/”符号后面的第三位或后继位数字应理解成领先于它的数字的十进位细分数字。例如，A23L 1/322 应在 A23L 1/32 后面、A23L 1/33 前面查找；A23L 3/3589 应在 A23L 3/358 后面、A23L 3/3598 前面查找。

(5) 小组的类名：小组的类名明确表示可检索属于该大组范围之内的一个技术主题范围，小组的类名前加一个或几个圆点表示该小组的等级位置，即表示每一个小组是它上面，

离它最近的,又是比它少一个圆点的那个小组的细分类。

在所有的情况下,在读出一个小组类名时,必须同时考虑它所从属的并受其限制的那个组的类名。

例如,A63B 53/00 高尔夫球棍

A63B 53/12 ・金属长柄

A63B 53/12 小组的类名应读成:金属长柄的高尔夫球棍

A63B 53/00 高尔夫球棍

A63B 53/04 ・球棍头

尽管 A63B 53/04 的类名是一个完整的语句,但它从属于 53/00 主组,由于它的等级位置所示,是 53/00 主组的细分,所以球棍头只限于高尔夫球棍的球棍头。

6)完整的分类号

一个完整的分类号由代表部、大类、小类、主组或小组的符号结合构成。

例如,A01B 1/00,A01B 1/24。

2. 国际外观设计专利分类

国际外观设计专利按国际外观专利分类表进行分类。国际外观设计分类表又称为"洛迦诺分类表",其结构是采用"大类和小类"两级分类制。

1)大类

用两位阿拉伯数字标示,按顺序排列,共计 32 大类。前 31 类的顺序号从 01~31,第 32 类的大类号是 99,其含义是将不能分到前 31 大类的各种工业产品放入 99 类,99 类实际上也是杂项大类。一般每个大类中设有十余个小类。

2)小类

用阿拉伯数字标示,按顺序排列,共计 223 个小类。其中包括了 7000 多个产品系列。对于每个小类项中不能分入的产品,设小类号 99,即将小类中的杂项列入小类号 99 的目录中。

与工程机械行业产品有关的国际外观设计分类目录,都在第 12 大类和第 15 大类。其分类目录如下:

第 12 大类:运输和提升工具。

12-05:装载和运输用电梯和升降机。

12-09:拖拉机。

12-10:公路车辆的拖车。

12-13:专用车辆。

12-14:其他车辆。

12-15:车辆轮胎和防滑链。

12-16:其他类没有包括的车辆设备和附件。

12-99:其他杂项。

第 15 大类:其他类没列入的机械。

15-01:发动机。

15-02:泵和压缩机。

15-03:农业机械。

15-04：建筑机械。

15-99：其他杂项。

3. 我国专利的分类

《中华人民共和国专利法》(以下简称《专利法》)对专利法律关系的客体，专利法保护对象统称之为发明创造，并在《专利法》中明确规定："本法所称为发明创造是指发明、实用新型和外观设计。"

1）发明

我国《专利法》第二条第一款对发明的定义是："发明是指对产品、方法或其改进所提出的新的技术方案。"这个定义体现了以下几个方面含义：

(1) 发明种类具有多样性。就发明专利而言，各国一般将其分为产品发明、方法发明、物质发明、应用发明、改进发明等。我国《专利法》确认的发明种类则有产品发明、方法发明、产品或方法发明的改进发明。产品发明是经过人工制造的，以有形形式出现的发明，是人们通过创造性劳动创制出来的各种制品或者产品；产品发明又可具体分为制造品的发明、材料的发明、有新用途产品的发明；产品发明可以是一个独立的产品，也可以是产品的一个部件。方法发明是利用自然规律系统地作用于一个物品或者物质，使之发生新的质变或者成为另一种物品或者物质的方法的发明；通常包括制造方法的发明、化学方法的发明、生物方法的发明，将产品(主要是物质)用于新用途的方法的发明；方法发明可以涉及全部过程，也可只涉及其中某个步骤。改进发明是指对已有产品发明和方法发明提出实质性革新的新技术方案，它是在保护已知对象独特性的前提下对已有产品或方法赋予新的特性或进行新的部分质变。发明专利保护的特点是，创造性程度要求高、保护期较长、审批周期较长、申请费用较高。

(2) 发明是一项技术方案。所谓技术方案是指发明人为了解决某一个技术问题利用自然规律提出的解决问题的完整的切实可行的方案。需要注意的是：技术方案并非等同于技术。技术更为具体，它是经过实践证明可以直接应用于产业的成果；而技术方案则达不到这种程度。技术当然可以作为发明得到专利保护，但从专利法的要求来说，技术方案不一定要求它是已经成熟的或已经达到了实践程度的"技术"，但一定要求它已构成"技术方案"，已具备成为"技术"的可能，一旦付诸实施，必能解决技术领域中的某个特定问题。因此，技术方案就已经可以作为发明得到专利保护。

(3) 发明的本质是一种新的技术方案。所谓新的技术方案，是指该技术方案是前所未有的，富有首创性的。也就是说，在申请日以前，没有同样的发明在世界上被人们所公知，在国内被人们所公用。

2）实用新型

我国《专利法》第二条第二款对实用新型的定义是："实用新型是指对产品的形状、构造或者其结合所提出的适于实用的新的技术方案。"这个定义体现了以下几个方面含义：

(1) 实用新型的创造性较低。与申请日以前的已有技术相比，只要有实质性特点和进步就可以申请实用新型专利。

(2) 实用新型保护的仅限于产品的形状、构成或者其组合所提出的实用的新的技术方案。这样，各种制造方法就不能申请实用新型专利。同时，与形状、构造或其组合无关的产品也不可能申请实用新型专利。

实用新型产品的构造可以是机械构造，也可以是线路构造。机械构造是指构成产品的零部件的相对位置关系、连接关系和必要的机械配合关系等，线路构造是指构成产品的元器件之间的确定的连接关系、产品的微观结构特征。以摆放、堆积等方法获得的非确定的产品形状特征，或者生物的或自然形成的形状特征，不能作为实用新型产品的构造和形状的特征。

(3) 实用新型必须是一种适于实用的技术方案。申请人对产品的形状、构造或其结合所提出的技术方案必须适于实用，即该产品必须能够在产业上制造，并且能够产生积极效果。

(4) 实用新型必须是一项新的技术方案。所谓"新的技术方案"是指该技术方案，在申请日以前没有被公知公用，既没有在国内外出版物上被公开披露，也没有相同内容在先申请公布在《中国专利公报》上，该产品没有在国内被公开出售、公开使用。

3) 外观设计

我国《专利法》第二条第三款对外观设计的定义是："外观设计，是指对产品的形状、图案或者其结合以及色彩与形状、图案的结合所作出的富有美感并适于工业应用的新设计。"并在《专利法》第二十三条对其授权条件进行了规定："授予专利权的外观设计，应当不属于现有设计；也没有任何单位或者个人就同样的外观设计在申请日以前向国务院专利行政部门提出过申请，并记载在申请日以后公告的专利文件中。"这个定义体现了以下几个方面含义：

(1) 外观设计必须是基于产品的外观，也就是说，与使用该外观设计的产品结为一体。

(2) 外观设计仅涉及产品形状、图案或者色彩与形状、图案的设计，不涉及产品的内部构造。形状是指具有三维空间的产品造型，也就是产品或者部件外表的装饰性形状；图案是指通过各种手段设计出的线条的各种排列或者组合；色彩是指用于图案上的颜色或其组合，并且该色彩应理解为制造产品所用材料的本色以外的装饰性颜色。

(3) 外观设计侧重于保护具有美感的设计，是物的美化上的创作。这种美感必须是肉眼可以直接看到的。按照消费者的眼光看，认为是美观的，就可以认为富有美感。

(4) 适合工业上应用。适合工业上应用是对外观设计的工业实用性方面的要求，即使用一项外观设计的产品能够在工业上大量复制生产，也包括通过手工业大量地复制生产。

7.2.4 专利权的基本属性

因为专利权是一种无形财产，所以它与有形财产相比，具有其独到的特点。

1. 专有性

专有性也称独占性，指对同一内容的发明创造，国家只授予一项专利权。专利权人对其发明创造所享有的独占性的制造、使用、销售和进口的权利。也就是说，其他任何单位或个人未经专利权人许可不得进行为生产、经营目的的制造、使用、销售和进口其专利产品，使用其专利方法，或者未经专利权人许可为生产、经营目的制造、使用、销售和进口依照其方法直接获得的产品。否则，就是侵犯专利权。

2. 地域性

地域性指一个国家依照其本国专利法授予的专利权，仅在该国法律管辖的范围内有效，对其他国家没有任何约束力，外国对其专利权不承担保护的义务。如果一项发明创造只在中国取得专利权，那么专利权人只在中国享有专有权或独占权。如果有人在其他国家和地区生产、使用或销售该发明创造，则不属于侵权行为。弄清楚专利权的地域性特点是很有意义的，这样，中国的单位或个人如果研制出有国际市场前景的发明创造，就不仅仅应及时申请中国专利，而且还应不失时机地在拥有良好市场前景的其他国家和地区申请专利，否则国外的市场就得不到保护。

3. 时间性

所谓时间性，指专利权人对其发明创造所拥有的专有权只在法律规定的时间内有效，期限届满后，专利权人对其发明创造就不再享有制造、使用、销售和进口的专有权。这样，原来受法律保护的发明创造就成了社会的公共财富，任何单位或个人都可以无偿地使用。对于专利权的期限，各国专利法都有明确的规定，对发明专利权的保护期限自申请日起计算一般在10至20年不等；对于实用新型和外观设计专利权的期限，大部分国家规定为5至10年。我国现行专利法规定的发明专利、实用新型专利，以及外观设计专利的保护期限自申请日起分别为20年、10年和10年。

7.3　专利申请文件与撰写

7.3.1　专利申请文件

1. 申请文件的构成

申请发明专利的申请文件应当包括：发明专利请求书，权利要求书，说明书（必要时有附图），说明书摘要（必要时有摘要附图）。

申请实用新型专利的申请文件应当包括：实用新型请求书，权利要求书，说明书，说明书附图，说明书摘要，摘要附图。

申请外观设计专利的申请文件应当包括：外观设计请求书，外观设计图片或照片。要求保护色彩的，应当提交彩色和黑白的图片或照片。注意，一项申请中，不得将图片与照片混用。如果对图片或照片需要说明的，则应当提交外观设计简要说明。

2. 申请文件的各部分排列顺序

1）发明专利与实用新型专利申请文件

请求书，说明书摘要，摘要附图，权利要求书，说明书，说明书附图，其他文件。

2）外观设计申请文件

请求书，图片或照片，简要说明，其他文件。

7.3.2　专利申请文件的撰写

按中国《专利法》，专利有发明、实用新型和外观设计3种。下面以发明专利申请为例，来说明专利申请文件各部分构成与撰写方法。

1. 专利请求书与撰写

发明专利请求书

<table>
<tr><td colspan="6">请按照“注意事项”正确填写本表各栏</td><td>此框内容由国家知识产权局填写</td></tr>
<tr><td rowspan="2">⑦
发明
名称</td><td colspan="5" rowspan="2"></td><td>①
申请号　　（发明）</td></tr>
<tr><td>② 分案
提交日</td></tr>
<tr><td rowspan="3">⑧
发
明
人</td><td colspan="5" rowspan="3"></td><td>③ 申请日</td></tr>
<tr><td>④ 费减审批</td></tr>
<tr><td>⑤ 向外申请审批</td></tr>
<tr><td colspan="6">⑨ 第一发明人国籍　居民身份证件号码</td><td>⑥ 挂号号码</td></tr>
<tr><td rowspan="12">⑩
申
请
人</td><td rowspan="4">申
请
人
（1）</td><td colspan="4">姓名或名称</td><td>电话</td></tr>
<tr><td colspan="4">居民身份证件号码或组织机构代码</td><td>电子邮箱</td></tr>
<tr><td colspan="5">国籍或注册国家(地区)　　经常居所地或营业所所在地</td></tr>
<tr><td colspan="2">邮政编码</td><td colspan="3">详细地址：</td></tr>
<tr><td rowspan="4">申
请
人
（2）</td><td colspan="4">姓名或名称</td><td>电话</td></tr>
<tr><td colspan="5">居民身份证件号码或组织机构代码</td></tr>
<tr><td colspan="5">国籍或注册国家(地区)　　经常居所地或营业所所在地</td></tr>
<tr><td colspan="2">邮政编码</td><td colspan="3">详细地址</td></tr>
<tr><td rowspan="4">申
请
人
（3）</td><td colspan="4">姓名或名称</td><td>电话</td></tr>
<tr><td colspan="5">居民身份证件号码或组织机构代码</td></tr>
<tr><td colspan="5">国籍或注册国家(地区)　　经常居所地或营业所所在地</td></tr>
<tr><td colspan="2">邮政编码</td><td colspan="3">详细地址</td></tr>
<tr><td rowspan="2">⑪
联
系
人</td><td colspan="2">姓名</td><td colspan="3">电话</td><td>电子邮箱</td></tr>
<tr><td colspan="2">邮政编码</td><td colspan="3">详细地址</td><td></td></tr>
<tr><td colspan="7">⑫代表人为非第一署名申请人时声明　　　　特声明第____署名申请人为代表人</td></tr>
<tr><td rowspan="4">⑬
专利
代理
机构</td><td colspan="4">名称</td><td colspan="2">机构代码</td></tr>
<tr><td rowspan="3">代理人
（1）</td><td colspan="2">姓名</td><td rowspan="3">代理人
（2）</td><td colspan="2">姓名</td></tr>
<tr><td colspan="2">执业证号</td><td colspan="2">执业证号</td></tr>
<tr><td colspan="2">电话</td><td colspan="2">电话</td></tr>
</table>

续表

<table>
<tr><td>⑭
分案
申请</td><td colspan="2">原申请号</td><td colspan="2">针对的分
案申请号</td><td colspan="2">原申请日 年 月 日</td></tr>
<tr><td rowspan="2">⑮
生物
材料
样品</td><td colspan="3">保藏单位</td><td colspan="3">地址</td></tr>
<tr><td colspan="3">保藏日期 年 月 日</td><td colspan="2">保藏编号</td><td>分类命名</td></tr>
<tr><td>⑯
序
列
表</td><td colspan="4">本专利申请涉及核苷酸或氨基酸序列表</td><td>⑰
遗传</td><td>本专利申请涉及的发明创造是依赖于遗传资源完成的</td></tr>
<tr><td rowspan="3">⑱
要
求
优
先
权
声
明</td><td>原受理
机构名称</td><td>在先申请日</td><td>在先申请号</td><td rowspan="2">⑲
不丧失新颖性
宽限期声明</td><td colspan="2" rowspan="2">□已在中国政府主办或承认的国际展览会上首次展出
□已在规定的学术会议或技术会议上首次发表
□他人未经申请人同意而泄露其内容</td></tr>
<tr><td rowspan="2"></td><td rowspan="2"></td><td rowspan="2"></td></tr>
<tr><td>⑳
保密请求</td><td colspan="2">□本专利申请可能涉及国家重大利益，请求按保密申请处理
□已提交保密证明材料</td></tr>
<tr><td colspan="4">㉑ □声明本申请人对同样的发明创造在申请本发明专利的同日申请了实用新型专利</td><td>㉒
提前公布</td><td colspan="2">□请求早日公布该专利申请</td></tr>
<tr><td colspan="4">㉓ 申请文件清单
1. 请求书 份 页
2. 说明书摘要 份 页
3. 摘要附图 份 页
4. 权利要求书 份 页
5. 说明书 份 页
6. 说明书附图 份 页
7. 核苷酸或氨基酸序列表 份 页
8. 计算机可读形式的序列表 份
权利要求的项数 项</td><td colspan="3">㉔ 附加文件清单
□费用减缓请求书 份共 页
□费用减缓请求证明 份共 页
□实质审查请求书 份共 页
□实质审查参考资料 份共 页
□优先权转让证明 份共 页
□保密证明材料 份共 页
□专利代理委托书 份共 页
总委托书(编号________)
□在先申请文件副本 份
□在先申请文件副本首页译文 份
□向外国申请专利保密审查请求书 份共 页
□其他证明文件(名称________) 份共 页</td></tr>
<tr><td colspan="4">㉕ 全体申请人或专利代理机构签字或者盖章</td><td colspan="3">㉖ 国家知识产权局审核意见</td></tr>
</table>

发明专利请求书英文信息表

发明名称	
发明人姓名	
申请人名称及地址	

注意事项

一、申请发明专利，应当提交发明专利请求书、权利要求书、说明书、说明书摘要，有附图的应当同时提交说明书附图及摘要附图。申请文件应当一式一份。（表格可在国家知识产权局网站 www.sipo.gov.cn 下载）

二、本表应当使用国家公布的中文简化汉字填写，表中文字应当打字或者印刷，字迹为黑色。外国人姓名、名称、地名无统一译文时，应当同时在请求书英文信息表中注明。

三、本表中方格供填表人选择使用，若有方格后所述内容的，应当在方格内作标记。

四、本表中所有详细地址栏，本国的地址应当包括省（自治区）、市（自治州）、区、街道门牌号码，或者省（自治区）、县（自治县）、镇（乡）、街道门牌号码，或者直辖市、区、街道门牌号码。有邮政信箱的，可以按规定使用邮政信箱。外国的地址应当注明国别、市（县、州），并附具外文详细地址。其中申请人、专利代理机构、联系人的详细地址应当符合邮件能够迅速、准确投递的要求。

五、填表说明

1. 本表第①、②、③、④、⑤、⑥、㉖栏由国家知识产权局填写。

2. 本表第⑦栏发明名称应当简短、准确，一般不得超过 25 个字。

3. 本表第⑧栏发明人应当是个人。发明人有两个以上的应当自左向右顺序填写，发明人姓名之间应当用分号隔开。发明人可以请求国家知识产权局不公布其姓名。若请求不公布姓名，应当在此栏所填写的相应发明人后面注明“（不公布姓名）”。

4. 本表第⑨栏应当填写第一发明人国籍，第一发明人为中国内地居民的，应当同时填写居民身份证件号码。

5. 本表第⑩栏，申请人是个人的，应当填写本人真实姓名，不得使用笔名或者其他非正式的姓名；申请人是单位的，应当填写单位正式全称，并与所使用的公章上的单位名称一致。申请人是中国单位或者个人的，应当填写其名称或者姓名、地址、邮政编码、组织机构代码或者居民身份证件号码；申请人是外国人、外国企业或者外国其他组织的，应当填写其姓名或者名称、国籍或者注册的国家或者地区、经常居所地或者营业所所在地。

6. 本表第⑪栏，申请人是单位且未委托专利代理机构的，应当填写联系人，并同时填写联系人的详细地址、邮政编码、电子邮箱和电话号码，联系人只能填写一人，且应当是本单位的工作人员。申请人为个人且需由他人代收国家知识产权局所发信函的，也可以填写联系人。

7. 本表第⑫栏，申请人指定非第一署名申请人为代表人时，应当在此栏指明被确定的代表人。

8. 本表第⑬栏，申请人委托专利代理机构的，应当填写此栏。

9. 本表第⑭栏，申请是分案申请的，应当填写此栏。申请是再次分案申请的，还应当填写所针对的分案申请的申请号。

10. 本表第⑮栏，申请涉及生物材料的发明专利，应当填写此栏，并自申请日起四个月内提交生物材料样品保藏证明和存活证明。

11. 本表第⑯栏，发明申请涉及核苷酸或氨基酸序列表的，应当填写此栏。

12. 本表第⑰栏，发明创造的完成依赖于遗传资源的，应当填写此栏。

13. 本表第⑱栏，申请人要求外国或者本国优先权的，应当填写此栏。

14. 本表第⑲栏，申请人要求不丧失新颖性宽限期的，应当填写此栏，并自申请日起两个月内提交证明文件。

15. 本表第⑳栏，申请人要求保密处理的，应当填写此栏。

16. 本表第㉑栏，申请人同日对同样的发明创造既申请实用新型专利又申请发明专利的，应当填写此栏。未作说明的，依照专利法第九条第一款关于同样的发明创造只能授予一项专利权的规定处理。（注：申请人应当在同日提交实用新型专利申请文件。）

17. 本表第㉒栏，申请人要求提前公布的，应当填写此栏。若填写此栏，不需要再提交发明专利请求提前公布声明。

18. 本表第㉓、㉔栏，申请人应当按实际提交的文件名称、份数、页数及权利要求项数正确填写。

19. 本表第㉕栏，委托专利代理机构的，应当由专利代理机构加盖公章。未委托专利代理机构的，申请人为个人的应当由本人签字或者盖章，申请人为单位的应当加盖单位公章；有多个申请人的由全体申请人签字或者盖章。

20. 本表第⑧、⑩、⑱栏，发明人、申请人、要求优先权声明的内容填写不下时，应当使用规定格式的附页续写。

缴费须知

1. 申请人应当在缴纳申请费通知书(或费用减缓审批通知书)中规定的缴费日前缴纳申请费、公布印刷费和申请附加费。申请人要求优先权的,应当在缴纳申请费的同时缴纳优先权要求费。

2. 一件专利申请的权利要求(包括独立权利要求和从属权利要求)数量超过10项的,从第11项权利要求起,每项权利要求增收附加费150元;一件专利申请的说明书页数(包括附图、序列表)超过30页的,从第31页起,每页增收附加费50元,超过300页的,从第301页起,每页增收附加费100元。

3. 申请人请求减缓费用的,应当在提交申请文件的同时提交费用减缓请求书及相关证明文件。

4. 各种专利费用可以直接到国家知识产权局缴纳,也可以通过邮局或者银行汇付。

5. 通过邮局汇付的,收款人姓名:国家知识产权局专利局收费处;商户客户号:110000860;并应当在汇款单附言栏中写明申请号、费用名称(或简称)及分项金额。

6. 通过银行汇付的,户名:中华人民共和国国家知识产权局专利局,开户银行:中信银行北京知春路支行,账号:7111710182600166032;并应当在银行汇款单中写明申请号、费用名称(或简称)及分项金额。

7. 对于只能采用电子联行汇付的,应当向银行付电报费,正确填写并要求银行至少将申请号及费用名称两项列入汇款单附言栏中同时发至国家知识产权局专利局。

8. 应当正确填写申请号13位阿拉伯数字(注:最后一位校验位可能是字母),小数点不需填写。

9. 费用名称可以使用下列简称:

印花费——印　　发明专利申请费——申
发明专利公布印刷费——文印
发明专利实质审查费——审　　发明专利复审费——复
发明专利登记费——登　　著录事项变更费——变
优先权要求费——优　　改正优先权要求请求费——改(改优)
恢复权利请求费——恢
发明专利权无效宣告请求费——无(无效)
延长费——延
权利要求附加费——权(权附)　　说明书附加费——说(说附)
发明专利年费滞纳金——滞(年滞)
发明专利第N年年费——年N(注:N为实际年度,例如:发明专利第8年年费-年8)

10. 费用通过邮局或者银行汇付遗漏必要缴费信息的,可以在汇款当日通过传真或电子邮件的方式补充。(传真电话:010—62084312;电子邮箱:shoufeichu@sipo.gov.cn)补充完整缴费信息的,以汇款日为缴费日。当日补充不完整而再次补充的,以国家知识产权局收到完整缴费信息之日为缴费日。

补充缴费信息的,应当提供邮局或者银行的汇款单复印件、所缴费用的申请号(或专利号)及各项费用的名称和金额。同时,应当提供接收收据的地址、邮政编码、接收人姓名或名称等信息。补充缴费信息如不能提供邮局或者银行的汇款单复印件的,还应当提供汇款日期、汇款人姓名或名称、汇款金额、汇款单据号码等信息。

11. 未按上述规定办理缴费手续的,所产生的法律后果由汇款人承担。

2. 说明书摘要及写法

说明书摘要是对发明或实用新型说明书内容的简要概括。编写和公布说明书摘要的主要目的是方便公众对专利文献进行检索，方便专业人员及时了解本行业的技术概况，使科技人员看过后能确定是否需要进一步查阅专利文献的全文。说明书摘要本身不具有法律效力。专利说明书摘要中首先要重复发明或实用新型名称，然后指出它所属的技术领域、需要解决的技术问题，发明或实用新型的主要技术特征和用途。

1）文本结构

专利说明书摘要主要内容有以下几项：

（1）发明或实用新型的名称；

（2）发明或实用新型所属技术领域；

（3）发明或实用新型需要解决的技术问题；

（4）发明或实用新型的主要技术特征；

（5）发明或实用新型的用途。

2）撰写专利说明书摘要注意事项

（1）说明书摘要应当写明发明或实用新型的名称、所属技术领域、要解决的技术问题、主要技术特征和用途，不得有商业性宣传用语和过多的对发明创造优点的描述。

（2）说明书摘要中可以包含有最能说明发明创造技术特征的数学式或化学式。

（3）说明书摘要中文字不宜过长，篇幅在300字（包括标点符号）以内为宜。

3. 摘要附图及写法

（1）申请发明专利（有附图的）或者实用新型专利应当提交说明书摘要附图。

（2）说明书摘要附图应当选用最能说明该发明或者实用新型技术方案主要技术特征的一幅图，应当是说明书附图中的一幅，对于国际专利申请，其说明书摘要附图副本应当与国际公布时的摘要附图一致。

（3）纸张只限使用正面，四周应当留有页边距：左侧和顶部各25毫米，右侧和底部各留15毫米。

（4）摘要附图应当使用包括计算机在内的制图工具和黑色墨水绘制，线条应当均匀清晰。图中各部分应当按比例绘制。摘要附图的大小及清晰度应当保证在该图缩小到4厘米×6厘米时，仍能清楚地分辨出图中的各个细节。

（5）最能说明发明的化学式可以视为摘要附图。

4. 权利要求书及写法

按我国规定，权利要求书是申请发明专利和申请实用新型专利的必须提交的申请文件。它是发明或实用新型专利要求保护的内容，具有直接的法律效力，是申请专利的核心，也是确定专利保护范围的重要法律文件。申请人可以自行填写或撰写，也可以委托专利代理机构代为办理。因此，撰写好权利要求书直接涉及申请人的利益，十分重要。

1）权利要求书的一般要求

（1）应当简要、清楚、完整地列出说明书中所描述的所有新的技术特点。否则，就会缩小专利保护范围。说明书中没有涉及到的内容，也就不能写入权利要求，因为要求保护的范围必须得到说明书的支持。

（2）权利要求书中使用的技术名词、术语应与说明书中一致。权利要求书中可以有化学式、数学式，但不能有插图。除有绝对必要，不得引用说明书和附图，即不得用“说明书中所述的……”“或如图三所示的……”方式撰写权利要求书。为了表达清楚，权利要求书可以引用设备部件名称和附图标记。

（3）一项权利要求要用一句话来表达，中间可以有逗号、顿号，不能有分号和句号。以强调其意思不可分割的单一性和独立性。

（4）权利要求只讲发明或实用新型的技术特征，不允许陈述发明或实用新型的目的、功能等.

（5）权利要求又分为独立权利要求和从属权利要求两种。独立权利要求应从整体上反映出发明或实用新型的主要技术内容，包括全部的必要技术特征，它本身可以独立存在。从属权利要求是引用独立权利要求或引用包括独立权利要求在内的几项权利要求的全部技术特征，又含有若干新的技术特征的权利要求，从属权利要求必须依从于独立权利要求或者在前的从属权利要求。

（6）一项发明或者实用新型只应当有一项独立权利要求。属于一个总的发明构思，符合合案申请要求的发明或实用新型专利申请，可以有两项以上的独立权利要求。

每一个独立权利要求可以有若干个从属权利要求。

有多项权利要求的应当用阿拉伯数字顺序编号。编号时独立权利要求应排在前面，它的从属权利要求紧随排在后面。

2）权利要求书的撰写规范

（1）权利要求书顶端不用书写发明或实用新型名称，可以直接书写第1项独立权利要求，它的从属权利要求从上往下顺序排列。有两项以上独立权利要求的，则各自的从属权利要求应分别写在各独立权利要求之后。

（2）独立权利要求分两部分撰写：

① 前序部分。写明发明或实用新型要求保护的主题名称和该项发明或实用新型与现有技术共有的必要技术特征；

② 特征部分。写明发明或实用新型区别于现有技术的技术特征，这是权利要求的核心内容，这部分应紧接前序部分，用“其特征是……”或者类似用语与上文连接。

前序部分和特征部分共同限定了发明或实用新型的保护范围。

（3）从属权利要求也分两个部分撰写：

① 引用部分。写明被引用的权利要求的编号及发明或实用新型主题名称。例如：“根据权利要求1所述……”

② 限定部分。写明发明或实用新型附加的技术特征，它是独立权利要求的补充，以及对引用部分的技术特征作进一步的限定。也应当以“其特征是……”连接上文。

从属权利要求的引用部分，只能引用排列在前的权利要求。同时引用两项以上权利要求时，只允许使用“或”连接。例如，“根据权利要求1或2所述的……”这样的权利要求称为多项权利要求。一项多项从属权利要求不能作为另一项多重从属权利要求的引用对象。

（4）同一构思的两项发明或实用新型可以合案申请，因而可能存在两项独立权利要求。

这时应当确定一项为主要的，作为第一项权利要求，另一项排在后面成为与第一项独立权利要求平行的、有独立的法律意义的权利要求。例如，一项产品发明和制造该产品的方法发明可以合案申请，这时一般把产品作为第一独立权利要求，把方法作为第二独立权利要求。

3）权利要求书撰写中常见的错误

（1）纯功能式权利要求，这是初写者常出现的错误。一般情况下，产品必须用结构式权利要求，方法必须用步骤或条件式权利要求，不能采用功能或混合式，这种写法容易超出说明书范围，扩大了保护范围。

（2）对一般的改进发明，没有前序部分和特征部分之分。实质是没有划清与现有技术的界限。

（3）在独立权利要求中，有多个前序部分和多个特征部分，这种情况是没有弄清撰写要求。一个独立权利要求只能有一个前序部分和一个特征部分。

（4）从属权利要求中没有引用部分和特征部分，或者是其中引用部分的"引证"有错误。

（5）使用了不准确、不明确的词汇，如"等等""高""强""弱""性能好""最好是"等。

（6）权利要求书得不到说明书的支持，即在权利要求书中写的技术特征，在说明书中无相应的文字记载，或是没有清楚、完整的说明。

4）撰写好权利要求书的一般方法

（1）详细分析发明或实用新型。分析内容包括是属于产品发明还是方法发明，对实用新型只能是产品发明，确定技术领域、研究技术方案、分析技术特征。最重要的是把技术解决方案和全部技术特征分析透。

（2）做好检索或查新工作，特别是申请发明专利一定要查新，查是否存在同样发明，是否具有先进性。

（3）从产品本身的技术中认真研究，运用研发人员的思路尽可能多地找出特有的技术特征，分析比较后，将各个技术特征定位在不同的权利要求项中。

（4）反复比较、酝酿不同的技术方案，从中筛选出较佳的技术方案，同一发明可能写出不同的权利要求书。但要达到既符合法律要求，又能恰到好处地保护申请人的利益是很不容易的。多写几个方案有利于在反复比较过程中，确定一种正确合理的方案。最后，确定的权利要求书与写好的说明书相比较，仔细检查两者的关系，这一点对初写者尤为重要。

（5）专利代理人最好有丰富的研发经历，才能在撰写专利权利要求书时将防御性权利要求或进攻性权利要求等方面的申请策略撰写在权利要求书中，使该专利的独立权利要求权项难以被攻破，具有坚固的稳定性和较宽广的保护范围。

权利要求书的撰写技巧性很强，因此一项好的技术方案最好委托有研发思路的专利代理人帮助完成，否则，盲目地自己撰写专利文件，出错的可能性非常大。权利要求书写得不精准或写错不但不能获得授权，而且会丧失该技术方案再申请专利的机会！

5. 说明书及其写作方法

说明书是专利申请文件中很重要的一种文件，它起着公开发明的技术内容、支持权利要求的保护范围的作用。

1）说明书的一般要求

（1）应清楚、完整地写明发明或实用新型的内容，使所属技术领域的普通专业人员能够根据此内容实施发明创造。说明书中不能隐瞒任何实质性的技术要求。

（2）说明书中各部分内容，一般以单独段落进行阐述为好。

（3）说明书中要保持用词的一致性。要使用该技术领域通用的名词和术语，不要使用行话，但是其以特定意义作为定义使用时，不在此限。

(4) 使用国家计量部门规定的国际通用计量单位。

(5) 说明书中可以有化学式、数学式。说明书附图,应附在说明书之后。

(6) 在说明书的题目和正文中,不能使用商业性宣传用语。例如,"最新式的……","世界名牌……"。不能使用不确切的语言。例如,"相当轻的……","……左右"等。也不允许使用以地点、人名等命名的名词,例如"某氏工具"。商标、产品广告、服务标志等也不允许在说明书中出现。说明书中不允许有对他人或他人的发明创造加以诽谤或有意贬低的内容。

(7) 涉及外文技术文献或无统一译名的技术名词时,要在译文后注明原文。

2) 说明书结构及各部分写法

专利说明书包括专利名称、技术领域、背景技术、发明内容、附图及附图说明、具体实施方式,共6个部分。

(1) 名称。

发明名称应当反映权利要求书中独立权利要求的主题。名称应当与请求书中名称一致,简洁、明确表达发明或实用新型的主题。名称应表明或反映发明是产品还是方法。例如,"集成电路气密封方法"、"一种电池充电装置"。名称还应尽量反映出发明或实用新型对象的用途或应用领域。例如,"汽车发电机""紧急或备用电源装置"。对于符合单一性的两项或两项以上的发明或实用新型申请,应当将它们在名称中同时反映出来,例如,"半导体激光器及其生产方法和其生产所用的装置"。不能使用与发明创造技术无关的词来命名,字数控制在25个以内。名称应写在说明书首页的顶部居中位置,下空一行写说明书正文。

(2) 技术领域。

技术领域应涵盖权利要求书中独立权利要求的技术领域。对于每一项独立权利要求的技术领域,既应当反映其主题名称,也可以包括其前序部分的全部或一部分技术特征,但不要写入区别技术特征。所属技术领域是正文的第一自然段落,一般用一句话说明该发明或实用新型所属的技术领域,或所应用的技术领域。值得注意的是,这里所指技术领域是特定的技术领域,例如,"半导体制造""碳氢化合物",而不是"物理""化学"等广义的技术领域。所属技术领域的书写可采用"本发明涉及一种…",或"本实用新型是关于……"的形式。

(3) 背景技术。

申请人在这一部分应写明就其所知,对发明或实用新型的理解、检索、审查有参考作用的现有技术,并且引证反映这些背景技术的文件。在引证文件中,如果是专利文件,应注明授权国家、公布或公告的日期、专利号及名称;如果是书刊类的现有技术,应写明该书籍或期刊的名称、著者、出版者、出版年月及被引用的章节或页码。这些现有技术中应包括相近和最接近的已有技术方案,即与申请专利的技术方案的用途相同,技术实质和使用效果接近的已有技术方案。这里特别应当突出最相近的技术方案,详细分析它的技术特征,客观指出存在的问题或不足,尽可能说明这些问题或不足的原因。在这一部分,也可写成技术的历史背景和现状。

(4) 发明内容。

在这一部分,包括本发明要解决的技术问题、本发明的技术方案和本发明的有益技术效果。

本发明要解决的技术问题,就是本发明或实用新型的目的。在这一部分里,要针对现有技术的缺陷,说明该发明或实用新型要解决的技术课题。语言应尽可能简洁,不能用广告式宣传语言，也不能采用言过其实的语言。所提出的目的应是所提出的技术方案实际上能达到的直接结果，而不应是发明人的主观愿望。一般采用“本发明(实用新型)的目的在于避免(克服)论述……中的不足(缺点)而提供一种……产品(方法)”的描述形式。

本发明或实用新型的技术方案，是指所属技术领域的普通技术人员能够理解该技术方案，并能够利用该技术方案解决所提出的技术课题，达到发明或实用新型的目的。这部分写法可采用“本发明(实用新型)的目的是通过如下措施来达到……”语句开始，紧接着用与独立权利要求相一致的措辞，将发明或实用新型的全部必要技术特征写出。然后，用诸个自然段，采用不肯定的语气记载与诸从属权利要求附加特征相一致的技术特征。在发明或实用新型简单的情况下，后一部分可不写，而在实施例中或附图说明中进行说明，但与独立权利要求一一对应的一段是必要的。

本发明或实用新型的有益技术效果，是指与现有技术相比，所具有的优点、特点或积极效果。这一部分，应清楚而有根据地说明发明或实用新型与现有技术相比，所具有的优点和积极效果，说明现有技术的缺陷、不足或存在的主要弊端。可以从方法或者产品的性能、成本、效率、使用寿命以及方便安全可靠等各方面进行比较。评价时应当客观公正，不能以贬低现有技术来抬高自己的发明。

(5) 附图及附图说明。

说明书附图是说明书的一个组成部分。附图的作用在于用图形补充说明书文字部分的描述，使人能够直观地、形象化地理解发明或者实用新型的每个技术特征和整体技术方案。对于机械和电学技术领域中的专利申请，说明书附图的作用尤其明显。因此，说明书附图应该清楚地反映发明的内容。对发明专利申请，用文字足以清楚、完整地描述其技术方案的，可以没有附图；实用新型申请的说明书必须有附图。

一项专利申请有多幅附图时，各幅图中的同一技术特征(或者同一对象)，应当使用相同的附图标记。说明书中与附图中使用的相同的附图标记应当表示同一技术特征(或者同一对象)。说明书中未提及的附图标记不得在附图中出现，附图中未出现的附图标记也不得在说明书文字部分中提及。

附图中除了必需的文字外，不得含有其他的注释；但对于流程图、框图一类的附图，应当在其框内给出必要的文字或符号。

如果必须用附图来帮助说明发明创造技术内容时，应有附图并对每一幅图作介绍性说明。首先，简要说明附图的编号和名称。例如，“图 1 是本发明(实用新型)的俯视图”“图 2 是本发明(实用新型)A-A 的剖视图”。其次，可以在此逐一说明附图中的每个标注的符号，或结合附图对发明或实用新型的技术特征做进一步的阐述。

(6) 具体实施方式。

具体实施方式部分所描述的内容一定要将本发明充分公开，并且应当支持所撰写的权利要求书限定的每一项技术方案的保护范围。这一部分应详细描述申请人认为实施发明或实用新型的最好方式，并将其作为一件典型实例，列出与发明要点相关的参数与条件。必要时，可以列举多个典型实例，有附图的应对照附图加以说明，关键要支持权利要求，而且要详细、具体。

3) 说明书撰写中常见的错误

(1) 没有按要求的几个部分来撰写。一般初学者在没有掌握正确的写法之前，容易把自己原来的职业习惯带到撰写专利文件中来。例如，有人用写论文的方法撰写说明书。写论文一般以理论为主、以实验装置和产品为辅，重点说明一种理论的成立。而专利说明书是以具体的技术方案为主、理论说明可有可无。有些人采用撰写产品说明书的方法来撰写专利说明书也是不对的。

(2) 没有充分公开。说明书对发明创造进行充分的公开，是为了说明申请的内容具有新颖性、创造性和实用性。专利局可以根据说明书给出的内容决定是否授予专利权。因此，说明书公开的内容应当给权利要求以支持，否则，就不会授予专利权。有些说明书通常说明产品和方法的功能，对实质性技术内容(例如，产品的结构和方法的步骤)没有公开，这是不允许的，也是不能够获得专利权的。

(3) 说明书内容不支持权利要求。权利要求书中使用的措辞和对特征的描述应与说明书完全一致。有的申请人撰写说明书时随心所欲，将一特征使用多种措辞，势必造成说明书不支持权利要求。

(4) 发明的任务和内容不符合单一性原则。申请人往往忽略"一发明一申请"的原则，容易把一项科研全过程的成果写到一份申请中，这也是常见错误之一。

(5) 使用广告性宣传用语，不适当地贬低现有技术，无根据地夸大自己发明。另外，写了很多与发明内容无关的文字，这也是不允许的。

4) 怎样撰写好说明书

一般来说，要撰写好专利说明书应遵循以下基本步骤：

(1) 全面研究、分析发明，确定发明的技术领域，深入了解发明的实质。在这个过程中，要准确确定发明的技术领域，应结合 IPC 国际专利分类法来进行。在分析发明的实质时，应当对发明人的"发明点"进行认真分析。例如，如果是产品发明，就要深入研究产品的静态结构、动态结构，以及使用操作过程；如果是方法发明，应深入研究其各个步骤和工序，以及各个工序中使用的工艺参数和条件。

(2) 要认真进行全面检索。做好专利申请前的检索，是申请人撰写好申请文件和顺利获得批准的前提条件。申请人对检索的结果要进行分析研究，以确定哪些是属于影响新颖性的材料，哪些是影响创造性的材料，哪些仅仅是背景材料。对关键的材料要深入研究。

(3) 确定最接近的对比文件。在检索结果证明发明不丧失新颖性后，要确定最相关的文献。特别是对于改进发明，应对发明原型的文献进行深入细致的分析，明确它的优点和不足。根据它的不足，可以提出本发明的任务，同时要确定它与本发明共有的必要技术特征。

(4) 明确保护范围。如何确定一个合适的保护范围很重要。太宽了，审查员通不过，专利批不了；太窄了，发明人的利益不能得到充分的保护。所以，应选择一个尽可能宽的，但又能够通过审查的、合适的保护范围。

(5) 严格按照前述介绍的说明书的几个部分的内容和要求撰写。

(6) 检查说明书和权利要求书的关系，检查说明书和附图的关系。

7.3.3　专利申请文件案例

1. 发明专利申请书范例

下面给出了"一种三维空间声源定位方法"发明专利申请文件撰写示例，仅供参考。

说明书摘要

本发明提供一种改进的三维空间声源定位方法，属于声源定位技术领域。本发明包括：建立双L形麦克风阵列；在归一化频域最小均方方法基础上，通过引入惩罚函数对频谱能量进行修正，从而自适应地估计出不同阵元的冲激响应并计算时延差；利用得到的时延差与双L形麦克风位置的关系，来确定通过声源的位置坐标。较传统的定位方法而言，本发明阵列结构简单、计算量少，有效地提高了抗噪声性能、抗混响能力及定位精度，更加适合用于室内三维声源定位，可广泛应用于车载免提电话、视频会议系统、语音识别系统，以及智能机器人等各个领域。

摘要附图

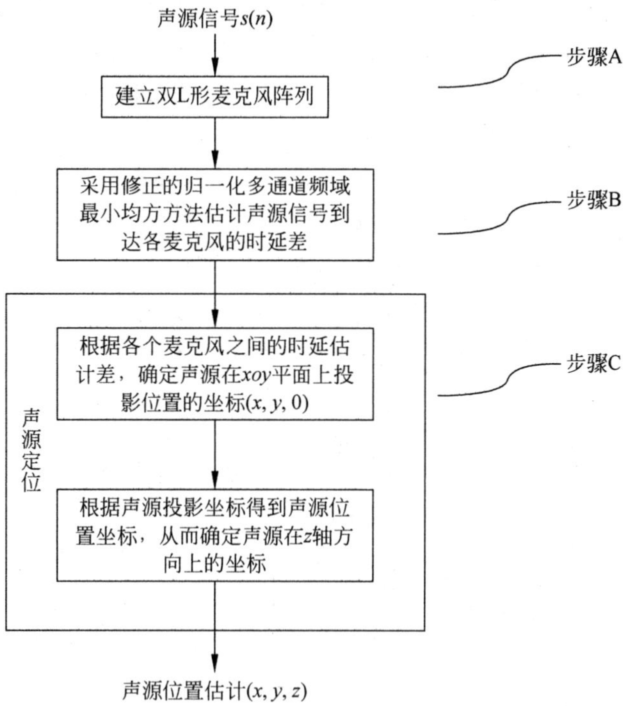
声源信号s(n)
建立双L形麦克风阵列
步骤A
采用修正的归一化多通道频域最小均方方法估计声源信号到达各麦克风的时延差
步骤B
根据各个麦克风之间的时延估计差，确定声源在xoy平面上投影位置的坐标(x, y, 0)
步骤C
声源定位
根据声源投影坐标得到声源位置坐标，从而确定声源在z轴方向上的坐标
声源位置估计(x, y, z)

权利要求书

(1) 一种三维空间声源定位方法，其特征在于，包括如下步骤：

步骤A，在三维直角坐标系中，建立两个在同一平面上且相对设置的L形麦克风阵列；

步骤B，采用修正的归一化多通道频域最小均方方法(NMCFLMS)估计声源信号到达各麦克风的时延差，包括下述步骤：

步骤B-1，声源信号 $\boldsymbol{s}(n)$ 经第 i 个麦克风的信道冲激响应 $\boldsymbol{h}_i(n)$ 后与信道加性噪声 $\boldsymbol{v}_i(n)$ 合并，得第 i 个麦克风的接收信号 $\boldsymbol{x}_i(n)$ 为

$$\boldsymbol{x}_i(n)=\boldsymbol{s}^{\mathrm{T}}(n)\boldsymbol{h}_i(n)+\boldsymbol{v}_i(n)$$

其中，T表示矩阵转置操作；n 为时间序列，是整数。

当不计信道加性噪声时，第 i 个麦克风的接收信号 $\boldsymbol{x}_i(n)$ 与第 j 个麦克风的接收信号 $\boldsymbol{x}_j(n)$ 间的关系为

$$\boldsymbol{x}_i^{\mathrm{T}}(n)\,\boldsymbol{h}_j(n)=\boldsymbol{x}_j^{\mathrm{T}}(n)\,\boldsymbol{h}_i(n)$$

步骤B-2，用长度为 $2L_h$ 的矩形窗函数 $w(n)$ 对第 i 个麦克风的接收信号 $\boldsymbol{x}_i(n)$ 进行加窗处理，得到第 i 个麦克风的第 n 帧接收信号为

$$\boldsymbol{x}_i\,(n)_{2L_h\times1}=[x_i(nL_h-L_h),x_i(nL_h-L_h+1),\cdots,x_i(nL_h+L_h-1)]^{\mathrm{T}}$$

式中，L_h 表示信道冲激响应 $\boldsymbol{h}_i(n)$ 的长度，为整数；$n=1,\cdots,\mathrm{int}(N/L_h-1)$；$N$ 为麦克风接收到信号的序列总长度，为整数；$\mathrm{int}(N/L_h-1)$ 为对 N/L_h-1 向下取整后得到的整数；

步骤B-3，利用傅里叶变换将步骤B-2中得到的时域信号变换为频域信号：

$$\boldsymbol{X}_i\,(n)_{2L_h\times1}=\boldsymbol{F}_{2L_h\times2L_h}\boldsymbol{x}_i\,(n)_{2L_h\times1}$$

式中，$\boldsymbol{F}_{2L_h\times2L_h}$ 为 $2L_h\times2L_h$ 维傅里叶变换矩阵；

步骤B-4，引入惩罚函数对频谱能量修正，自适应地估计出信道频域响应 $\underline{\hat{\boldsymbol{h}}}_i^{10}(n)$：

当信道加性噪声 $\boldsymbol{v}_i(n)$ 存在时，频域误差函数定义为

$$\underline{\boldsymbol{e}}_{ij}(n)=\boldsymbol{W}^{01}_{L_h\times2L_h}\,\boldsymbol{D}_i(n)\,\boldsymbol{W}^{10}_{2L_h\times L_h}\,\underline{\hat{\boldsymbol{h}}}_j(n)-\boldsymbol{W}^{01}_{L_h\times2L_h}\,\boldsymbol{D}_j(n)\,\boldsymbol{W}^{10}_{2L_h\times L_h}\,\underline{\hat{\boldsymbol{h}}}_i(n)$$

式中

$$\boldsymbol{D}_i=\mathrm{diag}(\boldsymbol{F}_{2L_h\times2L_h}(\boldsymbol{x}_i\,(n)_{2L_h\times1}))$$

$$\boldsymbol{W}^{01}_{L_h\times2L_h}=\boldsymbol{F}_{L_h\times L_h}[\boldsymbol{0}_{L_h\times L_h}\quad\boldsymbol{I}_{L_h\times L_h}]\,\boldsymbol{F}^{-1}_{2L_h\times2L_h}$$

$$\boldsymbol{W}^{10}_{2L_h\times L_h}=\boldsymbol{F}_{2L_h\times2L_h}\,[\boldsymbol{I}_{L_h\times L_h}\quad\boldsymbol{0}_{L_h\times L_h}]^{\mathrm{T}}\,\boldsymbol{F}^{-1}_{L_h\times L_h}$$

式中，$i\neq j$；$i,j=1,2,\cdots,M$；$\boldsymbol{F}_{L_h\times L_h}$，$\boldsymbol{F}^{-1}_{L_h\times L_h}$ 分别为 $L_h\times L_h$ 傅里叶变换矩阵和傅里叶变换逆矩阵；diag表示对角矩阵；$\boldsymbol{I}_{L_h\times L_h}$ 表示 $L_h\times L_h$ 单位阵；$\boldsymbol{0}_{L_h\times L_h}$ 表示 $L_h\times L_h$ 零矩阵；

利用惩罚函数 $J_p(n)$ 通过拉格朗日乘子 $\beta(n)$ 对NMCFLMS的代价函数 $J_f(n)$ 进行修正，得到修正的代价函数为

$$J_{\mathrm{mod}}(n)=J_f(n)+\beta(n)\{-J_p(n)\}$$

式中

$$\beta(n)=\frac{|\nabla J_p^{\mathrm{H}}(n)\,\nabla J_f(n)|}{\|\nabla J_p(n)\|^2}$$

式中，拉格朗日乘子 $\beta(n)$ 的值由稳态时修正的代价函数梯度等于零，即 $\nabla J_f(n)=\beta(n)\nabla J_p(n)$ 时获得，H 表示共轭转置。

由修正的代价函数 $J_{\text{mod}}(n)$，得信道频域响应 $\underline{\hat{\boldsymbol{h}}}_i^{10}(n)$ 的更新公式为

$$\underline{\hat{\boldsymbol{h}}}_i^{10}(n+1)=\underline{\hat{\boldsymbol{h}}}_i^{10}(n)-\nabla J_f^{01}(n)+\hat{\beta}(n)\,\nabla J_p^{10}(n)$$

其中，

$$\nabla J_p^{10}(n)=\boldsymbol{F}_{2L_h\times 2L_h}\left[\boldsymbol{0}_{L_h\times L_h}\quad \boldsymbol{I}_{L_h\times L_h}\right]^{\mathrm{T}}\boldsymbol{K}(n)\,\boldsymbol{F}_{2L_h\times 2L_h}\left[\boldsymbol{0}_{L_h\times L_h}\quad \boldsymbol{I}_{L_h\times L_h}\right]^{\mathrm{T}}\underline{\hat{\boldsymbol{h}}}(n)$$

$$\hat{\beta}(n)=\frac{\left|\nabla J_p^{10}(n)^{\mathrm{H}}\,\nabla J_f^{01}(n)\right|}{\left\|\nabla J_p^{10}(n)\right\|^2}$$

$$\nabla J_f^{01}(n)=\mu\left(\boldsymbol{P}_i(n)+\delta\boldsymbol{I}_{2L_h\times 2L_h}\right)^{-1}\times\sum_{k=1}^{M}\boldsymbol{D}_k^*(n)\,\underline{\boldsymbol{e}}_{ki}^{01}(n)$$

式中，

$$\boldsymbol{P}_i(n)=\lambda\boldsymbol{P}_i(n-1)+(1-\lambda)\times\sum_{k=1,k\neq i}^{M}\boldsymbol{D}_k^*(n)\,\boldsymbol{D}_k(n)$$

$$\underline{\boldsymbol{e}}_{ki}^{01}(n)=\boldsymbol{F}_{2L_h\times 2L_h}\left[\boldsymbol{0}_{L_h\times L_h}\quad \boldsymbol{I}_{L_h\times L_h}\right]^{\mathrm{T}}\boldsymbol{F}_{L_h\times L_h}^{-1}\,\underline{\boldsymbol{e}}_{ki}(n)$$

式中，$\boldsymbol{K}(n)$ 是对角线元素为 $2/|\underline{\hat{h}}_i(n)|^2$ 的对角矩阵；$\boldsymbol{P}_i(n)$ 为多通道输出信号的频谱能量，遗忘因子 $\lambda=[1-1/(3L_h)]^{L_h}$；参数 δ 为正常数；

步骤 B-5，对信道频域响应 $\underline{\hat{\boldsymbol{h}}}_i^{10}(n)$ 进行傅里叶反变换，得信道冲激响应估计为

$$\hat{\boldsymbol{h}}_i(n)=\left[\boldsymbol{I}_{L_h\times L_h}\quad \boldsymbol{0}_{L_h\times L_h}\right]\boldsymbol{F}_{2L_h\times 2L_h}^{-1}\,\underline{\hat{\boldsymbol{h}}}_i^{10}(n)$$

式中，$\boldsymbol{F}_{2L_h\times 2L_h}^{-1}$ 为 $2L_h\times 2L_h$ 傅里叶变换逆矩阵；

步骤 B-6，在自适应过程中，估计的信道冲激响应 $\hat{\boldsymbol{h}}_i(n)$ 中出现的峰值对应时延是第 i 个麦克风的接收直达声源信号时延，则声源信号到达第 i 个麦克风与第 j 个麦克风之间的时延差为

$$\hat{\tau}_{ij}=\left(\max_{l=1}^{L_h}\left|\hat{\boldsymbol{h}}_{il}(n)\right|-\max_{l=1}^{L_h}\left|\hat{\boldsymbol{h}}_{jl}(n)\right|\right)\Big/ f_s$$

式中，f_s 为信号的采样频率，max 表示取最大值；

步骤 C，由步骤 B 所述的时延差与声速相乘得到声源信号到达各麦克风的距离差，并根据各麦克风的位置关系，确定所述声源的位置。

(2) 根据权利要求 1 所述的三维空间声源定位方法，其特征在于，所述 $J_p(n)$ 为约束条件下的惩罚函数，约束条件为

$$\begin{cases}\max\quad J_P(n)=\displaystyle\sum_{i=1}^{M}\sum_{j=0}^{L-1}\ln\left(\left|\underline{\hat{h}}_{ij}(n)\right|^2\right)\\[2ex] \text{s. t.}\quad \displaystyle\sum_{i=1}^{M}\sum_{j=0}^{L_h-1}\left|\underline{\hat{h}}_{ij}(n)\right|^2=\frac{1}{ML_h}\end{cases}$$

式中，在惩罚函数 $J_p(n)$ 最大化时，约束条件 $\sum_{i=1}^{M}\sum_{j=0}^{L_h-1}\left|\underline{\hat{h}}_{ij}(n)\right|^2=\frac{1}{ML_h}$ 成立；s. t. 表示约束条件。

(3) 根据权利要求1或2所述的三维空间声源定位方法，其特征在于，所述步骤B-2中信道冲激响应的长度L_h限制条件为

$$L_h \leqslant 2f_s \max_{i,j=1}^{M}\{\tau_{ij,\max}\}$$

式中，$\tau_{ij,\max}=d_{ij}/c$为第i个与第j个麦克风之间最大时延差，d_{ij}为第i个与第j个麦克风之间的距离，c为声源的传播速度。

(4) 根据权利要求1所述的三维空间声源定位方法，其特征在于，所述步骤A中两个L形阵列布放规律如下：第一个麦克风mic1置于x轴上，其坐标为$(d,0,0)$；第二个麦克风mic2与坐标原点重叠，其坐标为$(0,0,0)$；第三个麦克风mic3置于y轴，其坐标为$(0,d,0)$，d为两个相邻麦克风之间距离，为实数，第一、二、三个麦克风构成了第一个L形麦克风阵列；同时，以$x=D/2$为对称轴，建立与第一个L形麦克风阵列相对的第二个L形麦克风阵列，其中，第四个麦克风mic4的坐标为$(D,0,0)$，第五个麦克风mic5的坐标为$(D-d,0,0)$，第六个麦克风mic6的坐标为$(D,d,0)$；D为两个相对的L形麦克风阵列间的距离。

(5) 根据权利要求1或4所述的三维空间声源定位方法，其特征在于，所述步骤C中，确定声源位置的步骤如下：

步骤C-1，位置为(x,y,z)的声源信号到达第i个麦克风和第j个麦克风的时延差$\hat{\tau}_{ij}$与第i个麦克风和第j个麦克风间距离d_{ij}的关系为$d_{ij}=c\cdot\hat{\tau}_{ij}$，详细关系有如下两组：

第一组：

$$\sqrt{x^2+y^2+z^2}=\frac{1}{2c\hat{\tau}_{21}}(c^2\hat{\tau}_{21}^2+2\mathrm{d}x-d^2)$$

与

$$\sqrt{x^2+y^2+z^2}=\frac{1}{2c\hat{\tau}_{23}}(c^2\hat{\tau}_{23}^2+2\mathrm{d}y-d^2)$$

第二组：

$$\sqrt{(x-D)^2+y^2+z^2}=\frac{1}{2c\hat{\tau}_{45}}(c^2\hat{\tau}_{45}^2 d^2-2d(x-D))$$

与

$$\sqrt{(x-D)^2+y^2+z^2}=-\frac{1}{2c\hat{\tau}_{46}}(c^2\hat{\tau}_{46}^2+2Dx+D^2-2\mathrm{d}y-d^2)$$

式中，$\hat{\tau}_{21}$为声源信号到第二个麦克风和第一个麦克风之间的时延差；$\hat{\tau}_{23}$为声源信号到第二个麦克风与第三个麦克风的时延差，$\hat{\tau}_{45}$为声源信号到第四个麦克风与第五个麦克风的时延差，$\hat{\tau}_{46}$为声源信号到第四个麦克风与第六个麦克风的时延差；

步骤C-2，根据步骤C-1所述的第一组与第二组关系，得声源在xoy平面内的投影坐标为

$$\hat{x}=\frac{b_2-b_1}{a_1-a_2}$$

$$\hat{y}=\frac{a_1b_2-a_2b_1}{a_1-a_2}$$

$$\hat{z}=0$$

式中，

$$a_1 = \hat{\tau}_{23} / \hat{\tau}_{21};$$

$$a_2 = -\hat{\tau}_{46} / \hat{\tau}_{45};$$

$$b_1 = (c^2 \hat{\tau}_{21} \hat{\tau}_{23} + d^2)(\hat{\tau}_{21} - \hat{\tau}_{23}) / (2d\hat{\tau}_{21})$$

$$b_2 = ((c^2 \hat{\tau}_{45} \hat{\tau}_{46} + d^2)(\hat{\tau}_{45} - \hat{\tau}_{46}) + 2dD\hat{\tau}_{45}) / (2d\hat{\tau}_{45})$$

步骤 C-3，将步骤 C-2 所述的声源在 xoy 平面内的投影坐标分别代入步骤 C-1 所述的第一组与第二组的四个关系式中，得到声源的四个 z 轴坐标估计值 $\hat{z}_1$，$\hat{z}_2$，$\hat{z}_3$，$\hat{z}_4$，取这四个 z 坐标的平均值得声源的 z 坐标估计 $\hat{z}$ 为：

$$\hat{z} = \frac{\hat{z}_1 + \hat{z}_2 + \hat{z}_3 + \hat{z}_4}{4}$$

说　明　书

一种三维空间声源定位方法

技术领域

本发明属于声源定位技术领域,尤其是涉及一种利用麦克风阵列进行声源三维定位的方法。

背景技术

目前,基于麦克风阵列的声源定位是声学信号处理领域中的一个重要问题,相较于传统的阵列信号处理,阵列麦克风处理的语音信号没有载波,能够处理的信号范围广,适应能力强,在车载免提电话、视频会议系统、语音识别系统以及智能机器人等领域都有广泛应用。基于麦克风阵列的声源定位主要有基于可控波束形成的定位方法、基于到达时延差的定位方法和基于高分辨率的定位方法。其中,基于可控波束形成的定位方法对麦克风阵列接收到的语音信号进行滤波、加权求和,然后直接控制麦克风指向使波束有最大输出功率的方向,因其计算复杂度高不可能被用于实时处理系统;基于高分辨率的定位方法利用求解麦克风信号间的相关矩阵来定出方向角,从而进一步定出声源位置,虽然成功地应用于一些阵列信号的处理,但在实际应用中定位效果不佳,不仅受到阵列结构限制而且在信号不平稳时计算量会成倍增加;而其中,基于到达时延差的声源定位方法是通过估计声源到麦克风之间的时延差并根据麦克风的位置来估计声源位置,不受阵列结构限制、计算量小。

基于到达时延差的声源定位方法主要分两部分完成:时延估计和定位。时延估计方法主要有广义互相关方法(Generalized Cross Correlation,GCC)、最小均方误差方法(Least Mean Square,LMS)和自适应特征值分解方法(Adaptive Eigenvalue Decomposition,AED)。其中,GCC方法在混响环境下性能会下降很多;LMS方法性能基本与它相当;AED方法是通过估计双信道冲激响应来抑制混响,但它要求双信道互质,不含有公共零点。然而,在实际室内环境中,冲激响应长度一般很长,双信道互质的可能性很小,AED方法不再适用。为了提高互质的可能性,Y(Arden) Huang等人将AED双通道估计方法推广到自适应多通道估计方法(Adaptive Multichannel,AMC),提出利用归一化多通道频域最小均方方法(Normalized Multichannel Frequency-domain Least Mean Square,NMCFLMS)来估计各个阵元的冲激响应。NMCFLMS方法的基本思想是,将观测信号分成连续的块信号,采用频域归一化最小均方方法进行频域信道估计,虽具有多通道频域最小均方方法复杂度低和牛顿法收敛速度快的特点,但在信道加性噪声存在时可能会发散,不能有效地进行信道估计。

定位方法主要有最小二乘法和几何定位法,前者计算复杂,且对初值敏感;后者利用麦克风位置参数与时延估计值确定双曲面的函数关系,多个双曲面的交点即为确定声源位置,计算简单,但容易出现非唯一的闭合解,难以有效定位。

发明内容

针对现有技术中声源定位方法在信道加性噪声存在时可能会发散,不能有效地进行信道估计,以及难以有效定位声源的缺陷,本发明提供一种改进的三维空间声源定位方法,利用修正归一化多通道频域最小均方方法(MNMCFLMS)及限定信道冲激响应长度的方法进行信道估计,有效提高了声源定位的精度。

为了达到上述目的,本发明提供如下技术方案:

一种三维空间声源定位方法,包括如下步骤:

步骤A,在三维直角坐标系中,建立两个在同一平面上且相对设置的L形麦克风阵列;

步骤B,采用修正的归一化多通道频域最小均方方法估计声源信号到达各麦克风的时延差,包括下述步骤:

步骤B-1,声源信号 $\boldsymbol{s}(n)$ 经第 i 个麦克风的信道冲激响应 $\boldsymbol{h}_i(n)$ 后与信道加性噪声 $\boldsymbol{v}_i(n)$ 合并,得第 i 个麦克风的接收信号 $\boldsymbol{x}_i(n)$:

$$\boldsymbol{x}_i(n)=\boldsymbol{s}^{\mathrm{T}}(n)\boldsymbol{h}_i(n)+\boldsymbol{v}_i(n);$$

其中,T表示矩阵转置操作;n 为时间序列,是整数;

当不计信道加性噪声时,第 i 个麦克风的接收信号 $\boldsymbol{x}_i(n)$ 与第 j 个麦克风的接收信号 $\boldsymbol{x}_j(n)$ 间的关系为

$$\boldsymbol{x}_i^{\mathrm{T}}(n)\,\boldsymbol{h}_j(n)=\boldsymbol{x}_j^{\mathrm{T}}(n)\,\boldsymbol{h}_i(n);$$

步骤B-2,用长度为 $2L_h$ 的矩形窗函数 $w(n)$ 对第 i 个麦克风的接收信号 $\boldsymbol{x}_i(n)$ 进行加窗处理,得到第 i 个麦克风的第 n 帧接收信号为

$$\boldsymbol{x}_i(n)_{2L_h\times 1}=[x_i(nL_h-L_h),x_i(nL_h-L_h+1),\cdots,x_i(nL_h+L_h-1)]^{\mathrm{T}};$$

式中,L_h 表示信道冲激响应 $\boldsymbol{h}_i(n)$ 的长度,为整数;$n=1,\cdots,\mathrm{int}(N/L_h-1)$;$N$ 为麦克风接收到信号的序列总长度,为整数;$\mathrm{int}(N/L_h-1)$ 为对 N/L_h-1 向下取整后得到的整数;

步骤B-3,利用傅里叶变换将步骤B-2中得到的时域信号变换为频域信号:

$$\boldsymbol{X}_i(n)_{2L_h\times 1}=\boldsymbol{F}_{2L_h\times 2L_h}\boldsymbol{x}_i(n)_{2L_h\times 1};$$

式中,$\boldsymbol{F}_{2L_h\times 2L_h}$ 为 $2L_h\times 2L_h$ 傅里叶变换矩阵;

步骤B-4,引入惩罚函数对频谱能量修正,自适应地估计出信道频域响应 $\underline{\hat{\boldsymbol{h}}}_i^{10}(n)$:

当信道加性噪声 $\boldsymbol{v}_i(n)$ 存在时,频域误差函数定义为

$$\underline{\boldsymbol{e}}_{ij}(n)=\boldsymbol{W}^{01}_{L_h\times 2L_h}\boldsymbol{D}_i(n)\boldsymbol{W}^{10}_{2L_h\times L_h}\underline{\hat{\boldsymbol{h}}}_j(n)-\boldsymbol{W}^{01}_{L_h\times 2L_h}\boldsymbol{D}_j(n)\boldsymbol{W}^{10}_{2L_h\times L_h}\underline{\hat{\boldsymbol{h}}}_i(n)$$

式中

$$\boldsymbol{D}_i=\mathrm{diag}(\boldsymbol{F}_{2L_h\times 2L_h}(\boldsymbol{x}_i(n)_{2L_h\times 1}));$$

$$\boldsymbol{W}^{01}_{L_h\times 2L_h}=\boldsymbol{F}_{L_h\times L_h}[\boldsymbol{0}_{L_h\times L_h}\quad \boldsymbol{I}_{L_h\times L_h}]\boldsymbol{F}^{-1}_{2L_h\times 2L_h};$$

$$\boldsymbol{W}^{10}_{2L_h\times L_h}=\boldsymbol{F}_{2L_h\times 2L_h}[\boldsymbol{I}_{L_h\times L_h}\quad \boldsymbol{0}_{L_h\times L_h}]^{\mathrm{T}}\boldsymbol{F}^{-1}_{L_h\times L_h};$$

式中,$i\neq j$;$i,j=1,2,\cdots,M$;$\boldsymbol{F}_{L_h\times L_h}$,$\boldsymbol{F}^{-1}_{L_h\times L_h}$ 分别为 $L_h\times L_h$ 傅里叶变换矩阵和傅里叶变换逆矩阵;diag表示对角矩阵;$\boldsymbol{I}_{L_h\times L_h}$ 表示 $L_h\times L_h$ 单位阵;$\boldsymbol{0}_{L_h\times L_h}$ 表示 $L_h\times L_h$ 零矩阵;

利用惩罚函数 $J_p(n)$ 通过拉格朗日乘子 $\beta(n)$ 对NMCFLMS的代价函数 $J_f(n)$ 进行修正,得到修正的代价函数为

$$J_{\mathrm{mod}}(n)=J_f(n)+\beta(n)\{-J_p(n)\}$$

式中

$$\beta(n)=\frac{|\nabla J_p^{\mathrm{H}}(n)\,\nabla J_f(n)|}{\|\nabla J_p(n)\|^2}$$

式中，拉格朗日乘子 $\beta(n)$ 的值由稳态时修正的代价函数梯度等于零，即 $\nabla J_f(n)=\beta(n)\nabla J_p(n)$ 时获得，H 表示共轭转置。

由修正的代价函数 $J_{\mathrm{mod}}(n)$，得信道频域响应 $\underline{\hat{\boldsymbol{h}}}_i^{10}(n)$ 的更新公式为

$$\underline{\hat{\boldsymbol{h}}}_i^{10}(n+1)=\underline{\hat{\boldsymbol{h}}}_i^{10}(n)-\nabla J_f^{01}(n)+\hat{\beta}(n)\nabla J_p^{10}(n)$$

其中，

$$\nabla J_p^{10}(n)=\boldsymbol{F}_{2L_h\times 2L_h}[\boldsymbol{0}_{L_h\times L_h}\quad \boldsymbol{I}_{L_h\times L_h}]^{\mathrm{T}}\boldsymbol{K}(n)\boldsymbol{F}_{2L_h\times 2L_h}[\boldsymbol{0}_{L_h\times L_h}\quad \boldsymbol{I}_{L_h\times L_h}]^{\mathrm{T}}\underline{\hat{\boldsymbol{h}}}(n)$$

$$\hat{\beta}(n)=\frac{|\nabla J_p^{10}(n)^{\mathrm{H}}\nabla J_f^{01}(n)|}{\|\nabla J_p^{10}(n)\|^2}$$

$$\nabla J_f^{01}(n)=\mu(\boldsymbol{P}_i(n)+\delta\boldsymbol{I}_{2L_h\times 2L_h})^{-1}\times\sum_{k=1}^{M}\boldsymbol{D}_k^*(n)\underline{\boldsymbol{e}}_{ki}^{01}(n)$$

式中，

$$\boldsymbol{P}_i(n)=\lambda\boldsymbol{P}_i(n-1)+(1-\lambda)\times\sum_{k=1,k\neq i}^{M}\boldsymbol{D}_k^*(n)\boldsymbol{D}_k(n)$$

$$\underline{\boldsymbol{e}}_{ki}^{01}(n)=\boldsymbol{F}_{2L_h\times 2L_h}[\boldsymbol{0}_{L_h\times L_h}\quad \boldsymbol{I}_{L_h\times L_h}]^{\mathrm{T}}\boldsymbol{F}_{L_h\times L_h}^{-1}\underline{\boldsymbol{e}}_{ki}(n)$$

式中，$\boldsymbol{K}(n)$ 是对角线元素为 $2/|\underline{\hat{h}}_i(n)|^2$ 的对角矩阵；$\boldsymbol{P}_i(n)$ 为多通道输出信号的频谱能量，通过遗忘因子 λ 能获得更加稳定的频谱能量，$\lambda=[1-1/(3L_h)]^{L_h}$；参数 δ 为正常数，它能有效解决频谱能量较小时引起的噪声放大问题；

步骤 B-5，对信道频域响应 $\underline{\hat{\boldsymbol{h}}}_i^{10}(n)$ 进行傅里叶反变换，得信道冲激响应估计为

$$\hat{\boldsymbol{h}}_i(n)=[\boldsymbol{I}_{L_h\times L_h}\quad \boldsymbol{0}_{L_h\times L_h}]\boldsymbol{F}_{2L_h\times 2L_h}^{-1}\underline{\hat{\boldsymbol{h}}}_i^{10}(n)$$

式中，$\boldsymbol{F}_{2L_h\times 2L_h}^{-1}$ 为 $2L_h\times 2L_h$ 傅里叶变换逆矩阵；

步骤 B-6，在自适应过程中，估计的信道冲激响应 $\hat{\boldsymbol{h}}_i(n)$ 中出现的峰值对应时延就是第 i 个麦克风的接收直达声源信号时延，则声源信号到达第 i 个麦克风与第 j 个麦克风之间的时延差为

$$\hat{\tau}_{ij}=\left(\max_{l=1}^{L_h}|\hat{\boldsymbol{h}}_{il}(n)|-\max_{l=1}^{L_h}|\hat{\boldsymbol{h}}_{jl}(n)|\right)\Big/ f_s$$

式中，f_s 为信号的采样频率，max 表示取最大值。

步骤 C，由步骤 B 所述的时延差与声速相乘得到声源信号到达各麦克风的距离差，并根据各麦克风的位置关系，确定所述声源的位置。

进一步的，所述 $J_p(n)$ 为约束条件下的惩罚函数，约束条件为

$$\begin{cases}\max J_P(n)=\displaystyle\sum_{i=1}^{M}\sum_{j=0}^{L-1}\ln(|\underline{\hat{h}}_{ij}(n)|^2)\\ \text{s.t.}\ \displaystyle\sum_{i=1}^{M}\sum_{j=0}^{L_h-1}|\underline{\hat{h}}_{ij}(n)|^2=\frac{1}{ML_h}\end{cases}$$

式中，在惩罚函数 $J_p(n)$ 最大化时，约束条件 $\sum_{i=1}^{M}\sum_{j=0}^{L_h-1}|\underline{\hat{h}}_{ij}(n)|^2=\frac{1}{ML_h}$ 成立；s.t. 表示约束条件。

进一步的，所述步骤B-2中信道冲激响应的长度L_h限制条件为

$$L_h \leqslant 2f_s \max_{i,j=1}^{M}\{\tau_{ij,\max}\}$$

式中，$\tau_{ij,\max}=d_{ij}/c$为第i个与第j个麦克风之间最大时延差，d_{ij}为第i个与第j个麦克风之间的距离，c为声源的传播速度。

进一步的，所述步骤A中两个L形阵列布放规律如下：第一个麦克风mic1置于x轴上，其坐标为$(d,0,0)$；第二个麦克风mic2与坐标原点重叠，其坐标为$(0,0,0)$；第三个麦克风mic3置于y轴，其坐标为$(0,d,0)$，d为两个相邻麦克风之间距离，为实数，第一、二、三个麦克风构成了第一个L形麦克风阵列；同时，以$x=D/2$为对称轴，建立与第一个L形麦克风阵列相对的第二个L形麦克风阵列，其中，第四个麦克风mic4的坐标为$(D,0,0)$，第五个麦克风mic5的坐标为$(D-d,0,0)$，第六个麦克风mic6的坐标为$(D,d,0)$；D为两个相对的L形麦克风阵列间的距离。

进一步的，所述步骤C中，确定声源位置的步骤如下：

步骤C-1，位置为(x,y,z)的声源信号到达第i个麦克风和第j个麦克风的时延差$\hat{\tau}_{ij}$与第i个麦克风和第j个麦克风间距离d_{ij}的关系为$d_{ij}=c\cdot\hat{\tau}_{ij}$，详细关系有如下两组：

第一组：

$$\sqrt{x^2+y^2+z^2}=\frac{1}{2c\hat{\tau}_{21}}(c^2\hat{\tau}_{21}^2+2\mathrm{d}x-d^2)$$

与

$$\sqrt{x^2+y^2+z^2}=\frac{1}{2c\hat{\tau}_{23}}(c^2\hat{\tau}_{23}^2+2\mathrm{d}y-d^2);$$

第二组：

$$\sqrt{(x-D)^2+y^2+z^2}=\frac{1}{2c\hat{\tau}_{45}}(c^2\hat{\tau}_{45}^2d^2-2d(x-D))$$

与

$$\sqrt{(x-D)^2+y^2+z^2}=-\frac{1}{2c\hat{\tau}_{46}}(c^2\hat{\tau}_{46}^2+2Dx+D^2-2\mathrm{d}y-d^2);$$

式中，$\hat{\tau}_{21}$为声源信号到第二个麦克风和第一个麦克风之间的时延差；$\hat{\tau}_{23}$为声源信号到第二个麦克风与第三个麦克风的时延差，$\hat{\tau}_{45}$为声源信号到第四个麦克风与第五个麦克风的时延差，$\hat{\tau}_{46}$为声源信号到第四个麦克风与第六个麦克风的时延差；

步骤C-2，根据步骤C-1所述的第一组与第二组关系，得声源在xoy平面内的投影坐标为

$$\hat{x}=\frac{b_2-b_1}{a_1-a_2}$$

$$\hat{y}=\frac{a_1b_2-a_2b_1}{a_1-a_2}$$

$$\hat{z}=0$$

式中，

$$a_1=\hat{\tau}_{23}/\hat{\tau}_{21};$$

$$a_2=-\hat{\tau}_{46}/\hat{\tau}_{45};$$

$$b_1 = (c^2\hat{\tau}_{21}\hat{\tau}_{23} + d^2)(\hat{\tau}_{21} - \hat{\tau}_{23})/(2d\,\hat{\tau}_{21});$$

$$b_2 = ((c^2\hat{\tau}_{45}\hat{\tau}_{46} + d^2)(\hat{\tau}_{45} - \hat{\tau}_{46}) + 2dD\hat{\tau}_{45})/(2d\,\hat{\tau}_{45});$$

步骤C-3，将步骤C-2所述的声源在 xoy 平面内的投影坐标分别代入步骤C-1所述的第一组与第二组的四个关系式中，得到声源的四个 z 轴坐标估计值 $\hat{z}_1$，$\hat{z}_2$，$\hat{z}_3$，$\hat{z}_4$，取这四个 z 坐标的平均值作为声源的 z 坐标估计 $\hat{z}$ 为：

$$\hat{z} = \frac{\hat{z}_1 + \hat{z}_2 + \hat{z}_3 + \hat{z}_4}{4}$$

与现有技术相比，本发明具有如下优点和有益效果：

本发明在归一化频域最小均方方法基础上，通过引入惩罚函数对频谱能量进行修正，从而自适应地估计出不同阵元的冲激响应并计算时延差，避免信道估计出现恶化；利用平面内两条相交的直线唯一确定声源在平面内的投影位置，避免了非唯一闭合解问题的出现；此外还限定了信道冲激响应长度，增强了双信道互质性，提高了抗混响能力。较传统的定位方法而言，本发明阵列结构简单、计算量少，有效地提高了抗噪声性能、抗混响能力及定位精度，更加适合用于室内三维声源定位，可广泛应用于车载免提电话、视频会议系统、语音识别系统以及智能机器人等各个领域。

附图说明

图1为本发明提供的三维空间声源定位方法的步骤流程图；

图2为双L形麦克风阵列设置原理图；

图3为修正的归一化多通道频域最小均方方法原理图；

图4为实施例中麦克风阵列在房间内的摆放示意图；

图5为归一化的投影误差收敛曲线图。

具体实施方式

以下将结合具体实施例对本发明提供的技术方案进行详细说明，应理解下述具体实施方式仅用于说明本发明而不用于限制本发明的范围。

本发明首先对归一化多通道频域最小均方方法NMCFLMS进行改进，增加其性能；同时限定信道冲激响应长度、增强双信道互质性；并利用修正的NMCFLMS进行信道估计。具体地说，流程图如图1所示，包括如下步骤：

步骤A，建立三维空间坐标系，在同一平面上，将6个麦克风摆成两个相对L形阵列，它们之间距离为 D，如图2所示：第一个麦克风mic1置于X轴上，其坐标为 $(d,0,0)$；第二个麦克风mic2与坐标原点重叠，其坐标为 $(0,0,0)$；第三个麦克风mic3置于Y轴，其坐标为 $(0,d,0)$，d 为两个相邻麦克风之间距离，为实数，第一、二、三个麦克风构成了第一个L形麦克风阵列。同时，以 $x=D/2$ 为对称轴，建立与第一个L形麦克风阵列相对的第二个L形麦克风阵列，其中，第四个麦克风mic4的坐标为 $(D,0,0)$，第五个麦克风mic5的坐标为 $(D-d,0,0)$，第六个麦克风mic6的坐标为 $(D,d,0)$；D 为两个相对的L形麦克风阵列间的距离。声源的坐标 (x,y,z) 在 xoy 平面上的投影坐标为 $(x,y,0)$，投影坐标点与原点之间的距离为 γ，且两者连线与 x 轴正向夹角为 θ。

步骤B，采用修正的归一化多通道频域最小均方方法MNMCFLMS，估计声源信号到达各麦克风的时延差，其原理图如图3所示：

步骤B-1，声源信号 $\boldsymbol{s}(n)$、第 i 个麦克风的信道冲激响应 $\boldsymbol{h}_i(n)$、信道加性噪声 $\boldsymbol{v}_i(n)$ 及第

i 个麦克风的接收信号$\boldsymbol{x}_i(n)$间的关系为

$$\boldsymbol{x}_i(n)=\boldsymbol{s}^{\mathrm{T}}(n)\boldsymbol{h}_i(n)+\boldsymbol{v}_i(n) \tag{1}$$

式中,T 表示矩阵转置操作;n 为时间序列,是整数。

当不计信道加性噪声时,第 i 个麦克风的接收信号$\boldsymbol{x}_i(n)$与第 j 个麦克风的接收信号$x_j(n)$间的关系为

$$\boldsymbol{x}_i^{\mathrm{T}}(n)\,\boldsymbol{h}_j(n)=\boldsymbol{x}_j^{\mathrm{T}}(n)\,\boldsymbol{h}_i(n) \tag{2}$$

式中,$i,j=1,2,\cdots,M$,M 为麦克风的个数,为正整数;

步骤 B-2,对第 i 个麦克风的接收信号进行帧移为 L_h 的加窗处理:用长度为 $2L_h$ 矩形窗函数 $w(n)$乘上第 i 个麦克风的接收信号,得到第 i 个麦克风的第 n 帧接收信号为:

$$\boldsymbol{x}_i\,(n)_{2L_h\times 1}=[x_i(nL_h-L_h),x_i(nL_h-L_h+1),\cdots,x_i(nL_h+L_h-1)]^{\mathrm{T}} \tag{3}$$

式中,L_h 表示信道冲激响应 $\boldsymbol{h}_i$ 的长度,为整数;$n=1,\cdots,\mathrm{int}(N/L_h-1)$;$N$ 为麦克风接收到信号的序列总长度,为整数;$\mathrm{int}(N/L_h-1)$为对 N/L_h-1 向下取整后得到的整数;

在实际室内环境中,为了克服信道冲激响应长度很长导致双信道互质可能性很小的不足,在确保双信道互质较强时,可以进一步对信道冲激响应长度 L_h 进行限制,限制条件为:

$$L_h\leqslant 2f_s\max_{i,j=1}^{M}\{\hat{\tau}_{ij,\max}\} \tag{4}$$

式中,$\hat{\tau}_{ij,\max}=d_{ij}/c$ 为第 i 个与第 j 个麦克风之间最大时延差。通过限定信道冲激响应长度,有效增强双信道互质性。

步骤 B-3,对式(3)作傅里叶变换得频域信号

$$\boldsymbol{X}_i\,(n)_{2L_h\times 1}=\boldsymbol{F}_{2L_h\times 2L_h}\boldsymbol{x}_i\,(n)_{2L_h\times 1} \tag{5}$$

式中,$\boldsymbol{F}_{2L_h\times 2L_h}$ 为 $2L_h\times 2L_h$ 傅里叶变换矩阵。

步骤 B-4,引入惩罚函数对频谱能量修正,自适应地估计出信道频域响应$\underline{\hat{\boldsymbol{h}}}_i^{10}(n)$:

当信道加性噪声$\boldsymbol{v}_i(n)$存在时,频域误差函数定义为

$$\underline{\boldsymbol{e}}_{ij}(n)=\boldsymbol{W}^{01}_{L_h\times 2L_h}\boldsymbol{D}_i(n)\boldsymbol{W}^{10}_{2L_h\times L_h}\underline{\hat{\boldsymbol{h}}}_j(n)-\boldsymbol{W}^{01}_{L_h\times 2L_h}\boldsymbol{D}_j(n)\boldsymbol{W}^{10}_{2L_h\times L_h}\underline{\hat{\boldsymbol{h}}}_i(n) \tag{6}$$

式中

$$\boldsymbol{D}_i=\mathrm{diag}(\boldsymbol{F}_{2L_h\times 2L_h}(\boldsymbol{x}_i\,(n)_{2L_h\times 1}));$$

$$\boldsymbol{W}^{01}_{L_h\times 2L_h}=\boldsymbol{F}_{L_h\times L_h}[\boldsymbol{0}_{L_h\times L_h}\quad \boldsymbol{I}_{L_h\times L_h}]\,\boldsymbol{F}^{-1}_{2L_h\times 2L_h};$$

$$\boldsymbol{W}^{10}_{2L_h\times L_h}=\boldsymbol{F}_{2L_h\times 2L_h}[\boldsymbol{I}_{L_h\times L_h}\quad \boldsymbol{0}_{L_h\times L_h}]^{\mathrm{T}}\,\boldsymbol{F}^{-1}_{L_h\times L_h};$$

式中,$i\neq j$;$i,j=1,2,\cdots,M$;$\boldsymbol{F}_{L_h\times L_h}$,$\boldsymbol{F}^{-1}_{L_h\times L_h}$ 分别为 $L_h\times L_h$ 傅里叶变换矩阵和傅里叶变换逆矩阵;diag 表示对角矩阵;$\boldsymbol{I}_{L_h\times L_h}$表示 $L_h\times L_h$ 单位阵;$\boldsymbol{0}_{L_h\times L_h}$表示 $L_h\times L_h$ 零矩阵。

利用归一化多通道频域最小均方方法(Normalized Multichannel Frequency-domain Least Mean Square,NMCFLMS),其代价函数为

$$J_f(n)=\sum_{i=1}^{M-1}\sum_{j=i+1}^{M}\underline{\boldsymbol{e}}_{ij}^{H}(n)\,\underline{\boldsymbol{e}}_{ij}(n) \tag{7}$$

在信道加性噪声存在时,利用式(7)进行信道频域响应进行估计,可能会发散,使得信道估计失效。为使 NMCFLMS 方法在信道加性噪声存在时,有良好的信道估计性能,可以利用声信号谱能量具有均匀分布的特性。为了使声谱均匀分布,利用均值定理对与信道冲激响应对应的频带能量进行约束,约束条件为

$$\begin{cases} \max J_P(n) = \sum_{i=1}^{M}\sum_{j=0}^{L-1}\ln(|\hat{\underline{h}}_{ij}(n)|^2) \\ \text{s.t.} \sum_{i=1}^{M}\sum_{j=0}^{L_h-1}|\hat{\underline{\boldsymbol{h}}}_{ij}(n)|^2 = \dfrac{1}{ML_h} \end{cases} \tag{8}$$

式中，$J_p(n)$ 为约束条件下的惩罚函数，在惩罚函数 $J_p(n)$ 最大化时，约束条件 $\sum_{i=1}^{M}\sum_{j=0}^{L_h-1}|\hat{\underline{\boldsymbol{h}}}_{ij}(n)|^2 = \frac{1}{ML_h}$ 成立；s. t. 表示约束条件。

为了充分利用 NMCFLMS 的优点并使频谱能量具有均匀分布的特性，惩罚函数 $J_p(n)$ 通过拉格朗日乘子 $\beta(n)$ 对 NMCFLMS 的代价函数 $J_f(n)$ 进行修正，得到修正 NMCFLMS (MNMCFLMS)的代价函数为

$$J_{\text{mod}}(n) = J_f(n) + \beta(n)\{-J_p(n)\} \tag{9}$$

式中

$$\beta(n) = \frac{|\nabla J_p^{\text{H}}(n)\nabla J_f(n)|}{\|\nabla J_p(n)\|^2} \tag{10}$$

式中，拉格朗日乘子 $\beta(n)$ 的值由稳态时修正的代价函数梯度等于零，即 $\nabla J_f(n) = \beta(n)\nabla J_p(n)$ 时获得，H 表示共轭转置；

由修正的代价函数 $J_{\text{mod}}(n)$，得信道频域响应 $\hat{\underline{\boldsymbol{h}}}_i^{10}(n)$ 的更新公式为

$$\hat{\underline{\boldsymbol{h}}}_i^{10}(n+1) = \hat{\underline{\boldsymbol{h}}}_i^{10}(n) - \nabla J_f^{01}(n) + \hat{\beta}(n)\nabla J_p^{10}(n) \tag{11}$$

其中，

$$\nabla J_p^{10}(n) = \boldsymbol{F}_{2L_h\times 2L_h}[\boldsymbol{0}_{L_h\times L_h}\quad \boldsymbol{I}_{L_h\times L_h}]^{\text{T}}\boldsymbol{K}(n)\boldsymbol{F}_{2L_h\times 2L_h}[\boldsymbol{0}_{L_h\times L_h}\quad \boldsymbol{I}_{L_h\times L_h}]^{\text{T}}\hat{\underline{\boldsymbol{h}}}(n)$$

$$\hat{\beta}(n) = \frac{|\nabla J_p^{10}(n)^{\text{H}}\nabla J_f^{01}(n)|}{\|\nabla J_p^{10}(n)\|^2}$$

$$\nabla J_f^{01}(n) = \mu(\boldsymbol{P}_i(n) + \delta\boldsymbol{I}_{2L_h\times 2L_h})^{-1}\times\sum_{k=1}^{M}\boldsymbol{D}_k^*(n)\underline{\boldsymbol{e}}_{ki}^{01}(n)$$

上式中，

$$\boldsymbol{P}_i(n) = \lambda\boldsymbol{P}_i(n-1) + (1-\lambda)\times\sum_{k=1,k\neq i}^{M}\boldsymbol{D}_k^*(n)\boldsymbol{D}_k(n)$$

$$\underline{\boldsymbol{e}}_{ki}^{01}(n) = \boldsymbol{F}_{2L_h\times 2L_h}[\boldsymbol{0}_{L_h\times L_h}\quad \boldsymbol{I}_{L_h\times L_h}]^{\text{T}}\boldsymbol{F}_{L_h\times L_h}^{-1}\underline{\boldsymbol{e}}_{ki}(n)$$

式中，$\boldsymbol{K}(n)$ 是对角线元素为 $2/|\hat{\underline{h}}_i(n)|^2$ 的对角矩阵；$\boldsymbol{P}_i(n)$ 为多通道输出信号的频谱能量，通过遗忘因子 λ 能获得更加稳定的频谱能量，$\lambda = [1-1/(3L_h)]^{L_h}$；参数 δ 为正常数，它能有效解决频谱能量较小时引起的噪声放大问题。

修正归一化多通道频域最小均方方法，能够自适应地估计出不同阵元的冲激响应并计算时延差，避免信道估计出现恶化。

步骤 B-5，对信道频域响应 $\hat{\underline{\boldsymbol{h}}}_i^{10}(n)$ 进行傅里叶反变换，得信道冲激响应估计为

$$\hat{\boldsymbol{h}}_i(n) = [\boldsymbol{I}_{L_h\times L_h}\quad \boldsymbol{0}_{L_h\times L_h}]\boldsymbol{F}_{2L_h\times 2L_h}^{-1}\hat{\underline{\boldsymbol{h}}}_i^{10}(n) \tag{12}$$

式中，$\boldsymbol{F}_{2L_h\times 2L_h}^{-1}$ 为 $2L_h\times 2L_h$ 维傅里叶变换逆矩阵。

步骤 B-6，根据估计的信道冲激响应$\hat{\boldsymbol{h}}_i(n)$来进行时延差估计。在自适应过程中，$\hat{\boldsymbol{h}}_i(n)$中出现的一个峰值，峰值对应时延就是第 i 个麦克风的接收直达声源信号时延，则声源信号到达第 i 个麦克风与第 j 个麦克风之间的时延差为

$$\hat{\tau}_{ij} = \left(\max_{l=1}^{L_h} \mid \hat{\boldsymbol{h}}_{il}(n) \mid - \max_{l=1}^{L_h} \mid \hat{\boldsymbol{h}}_{jl}(n) \mid \right) \Big/ f_s \tag{13}$$

式中，f_s 为信号的采样频率，max 表示取最大值。

步骤 C，由步骤 B 所述的时延差与声速相乘得到声源信号到达各麦克风的距离差，并根据各麦克风的位置关系，确定所述声源的位置。

用 d_{ij} 表示第 i 个与第 j 个麦克风之间的距离，c 为声源的传播速度。当声源的位置坐标为(x,y,z)时，声源信号到第 i 个麦克风和第 j 个麦克风之间的时延差 τ_{ij} 为一个常数，这时

$$d_{ij} = c \cdot \hat{\tau}_{ij} \tag{14}$$

式(14)包括如下具体方程：

第一组：

$$\sqrt{x^2+y^2+z^2} - \sqrt{(x-d)^2+y^2+z^2} = c \cdot \hat{\tau}_{21} \tag{15}$$

$$\sqrt{x^2+y^2+z^2} - \sqrt{x^2+(y-d)^2+z^2} = c \cdot \hat{\tau}_{23} \tag{16}$$

第二组：

$$\sqrt{(x-D)^2+y^2+z^2} - \sqrt{(x-D+d)^2+y^2+z^2} = c \cdot \hat{\tau}_{45} \tag{17}$$

$$\sqrt{(x-D)^2+y^2+z^2} - \sqrt{x^2+(y-d)^2+z^2} = c \cdot \hat{\tau}_{46} \tag{18}$$

式中，$\hat{\tau}_{21}$为声源信号到第二个麦克风与第一个麦克风的时延差，$\hat{\tau}_{23}$为声源信号到第二个麦克风与第三个麦克风的时延差，$\hat{\tau}_{45}$为声源信号到第四个麦克风与第五个麦克风的时延差，$\hat{\tau}_{46}$为声源信号到第四个麦克风与第六个麦克风的时延差。

由式(15)和式(16)，得

$$y = a_1 x + b_1 \tag{19}$$

式中

$$a_1 = \hat{\tau}_{23} / \hat{\tau}_{21} \tag{20}$$

$$b_1 = (c^2 \hat{\tau}_{21} \hat{\tau}_{23} + d^2)(\hat{\tau}_{21} - \hat{\tau}_{23}) / (2d\,\hat{\tau}_{21}) \tag{21}$$

由式(17)与(18)，得

$$y = a_2 x + b_2 \tag{22}$$

式中

$$a_2 = -\hat{\tau}_{46} / \hat{\tau}_{45} \tag{23}$$

$$b_2 = ((c^2 \hat{\tau}_{45} \hat{\tau}_{46} + d^2)(\hat{\tau}_{45} - \hat{\tau}_{46}) + 2dD\hat{\tau}_{45}) / (2d\,\hat{\tau}_{45}) \tag{24}$$

由式(19)与(22)，得声源在 xoy 平面的投影坐标估计值为

$$\hat{x} = \frac{b_2 - b_1}{a_1 - a_2} \tag{25}$$

$$\hat{y} = \frac{a_1 b_2 - a_2 b_1}{a_1 - a_2} \tag{26}$$

$$\hat{z} = 0 \tag{27}$$

将式(25)与式(26)分别代入式(15)与式(18)，得到声源 Z 坐标的四个估计值，分别记为 $\hat{z}_1,\hat{z}_2,\hat{z}_3,\hat{z}_4$，用这四个估计值的平均值作为声源 Z 坐标的精确估计，即

$$\hat{z}=\frac{\hat{z}_1+\hat{z}_2+\hat{z}_3+\hat{z}_4}{4} \tag{28}$$

通过式(25)、(26)与(28)得到的值，就是声源定位的坐标值。

实施例一：

为了验证本发明方法的性能，我们针对本发明进行性能检测。在检测中，图 4 为房间内麦克风摆放模拟图。普通会议室的声学环境，房间尺寸为 6m×5m×3.5m。麦克风阵列架设在离地面大约 0.5m 的位置上，6 个麦克风排列成如图 4 所示的双 L 形麦克风阵列，麦克风离墙壁和地面的距离分别为 0.5m、0.5m，相邻两个麦克风之间的距离为 1m，L 形麦克风阵列之间的距离为 5m。考虑到麦克风离墙壁距离小、混响大、实际应用意义不大，因此，图 4 中的阴影部分不予考虑，将声源放置于两个 L 形麦克风之内的任一位置。声源信号为一段事先录制的男声朗读，其采样频率为 25kHz。根据麦克风布放的位置，信道冲激响应的长度 $L_h=370$，MNMCFLMS 的参数 $\delta=0.1556\times10^{-5}$，$\mu=0.5$。

图 5 为 SNR = 20dB、混合时延 RT_{60} = 100ms 时，归一化的投影误差(Normalized Projection Misalignment，NPM)收敛曲线，投影误差 NPM 为

$$\mathrm{NPM}(n)=20\log_{10}\left(\left\|\boldsymbol{h}(n)-\frac{\boldsymbol{h}(n)^{\mathrm{T}}\hat{\boldsymbol{h}}(n)}{\hat{\boldsymbol{h}}(n)^{\mathrm{T}}\hat{\boldsymbol{h}}(n)}\hat{\boldsymbol{h}}(n)\right\|/\left\|\boldsymbol{h}(n)\right\|\right) \tag{29}$$

式中，$\boldsymbol{h}(n)$ 为信道真实冲激响应，$\hat{\boldsymbol{h}}(n)$ 为信道自适应估计得到的冲激响应。

图 5 表明，在有信道加性噪声环境下，NMCFLMS 方法在迭代约 450 次时就发散了。而本发明方法 MNMCFLMS 在迭代约 450 次时就稳定收敛，有效地避免信道加性噪声引起的信道估计恶化。

在 SNR=20dB 时的不同混响环境下，采用本发明方法 MNMCFLMS 与经典的相位变换加权广义互相关函数法(Generalized Cross Correlation-phase Transform，GCC-PHAT)进行时延估计性能对比，结果如表 1 所示。

表 1 低混响环境下本发明方法与 GCC-PHAT 方法的性能指标对比

RT_{60}/dB	GCC-PHAT		本发明方法	
	PNP/%	RMSE/10^{-4}	PNP/%	RMSE/10^{-4}
150	96	0.2169	98	0.1813
250	83	5.0989	98	0.1813
500	50	11.6719	96	0.2059
700	42	12.8471	92	4.1057

表 1 中采用非异常点百分比(Percentage of Non-abnormal Point，PNP)和均方根误差(Root Mean Square Error，RMSE)作为衡量算法性能的指标。其中，PNP 和 RMSE 分别定义为

$$\mathrm{PNP}=\left(1-\frac{1}{N}\sum_{i=1}^{N}T_P(\tau_i-\tau_0)\right)\times100\% \tag{30}$$

$$\mathrm{RMSE}=\sqrt{\frac{1}{N}\sum_{i=1}^{N}(\tau_i-\tau_0)^2} \tag{31}$$

式中，N 表示时延估计总数，τ_0 为时延估计的真实值。式中

$$T_P(x)=\begin{cases}0, & |x|\leqslant 2/f_s\\ 1, & |x|>2/f_s\end{cases} \tag{32}$$

在此，将与真实值相差 2 个以上抽样点的时延估计值作为一个异常点，非异常百分比越高，方法性能越好。表 1 表明，经过多次实验，在低混响环境下，本发明方法与 GCC-PHAT 方法性能相当；当混响大于 250ms 时，GCC-PHAT 方法的非异点百分比大幅度下降、均方根误差远大于采样精度，无法有效进行时延估计；然而，本发明方法的性能未受影响，在混响低于 700ms 的环境下，仍能有效地估计时延值。

在房间模型下，对真实的声源进行测试，来检测本发明声源定位方法的性能。室内环境参数如下：SNR=20dB，RT_{60}=150ms。声源定位的结果，采用绝对误差（$|\hat{\gamma}-\gamma|$，$|\hat{\theta}-\theta|$，$|\hat{z}-z|$）作为定位性能的评判标准，且$\hat{r}=\sqrt{\hat{x}^2+\hat{y}^2}$，$\hat{\theta}=\arctan(\hat{y}/\hat{x})$；$\hat{x}$、$\hat{y}$、$\hat{z}$为声源位置的坐标估计值，对本发明进行多次实验验证，结果如表 2 所示。

表 2　本发明方法的测试结果

水平角 θ/(°)	绝对误差/cm,(°),cm				
	γ=2.0m	γ=2.5m	γ=3.0m	γ=3.5m	γ=4.0m
10	20.83,1.36,4.09	5.22,3.08,0.07	29.97,1.53,3.62	9.37,0.30,5.60	8.98,0.65,6.34
20	2.10,0.40,0.95	13.02,1.09,0.91	3.14,0.05,0.17	0.36,0.05,1.12	0.96,0.42,3.91
30	3.41,0.38,2.98	0.39,0.39,2.07	2.45,0,30,0.64	0.36,0.45,1.29	1.57,0.38,7.00
40	0.47,0.07,2.90	1.27,0.17,6.47	1.59,0.48,0.68	0.82,0.12,8.69	0.69,0.06,12.50
50	2.98,0.01,5.43	0.16,0.15,2.90	0.33,0.46,0.93	1.80,0.11,2.23	0.69,0.50,3.27
60	3.24,0.06,1.48	1.53,0.43,11.21	2.56,0.20,7.58	0.29,0.17,3.16	0.76,0.28,6.47
70	3.46,0.03,11.84	1.32,0.58,4.11	0.48,0.03,0.57	0.29,0.06,8.43	0.89,0.42,10.33
80	0.14,0.43,4.68	2.17,0.38,1.90	4.80,0.62,6.19	4.06,0.18,10.71	2.45,0.53,4.49

从表 2 可知，本方法定位距离 γ 的绝对误差稳定分布在 10cm 之内，水平角 θ 的绝对误差控制在 1°之内，高度绝对误差稳定分布在 10cm 之内。

本发明方案所公开的技术手段不仅限于上述实施方式所公开的技术手段，还包括由以上技术特征任意组合所组成的技术方案。应当指出，对于本技术领域的普通技术人员来说，在不脱离本发明原理的前提下，还可以做出若干改进和润饰，这些改进和润饰也视为本发明的保护范围。

说明书附图

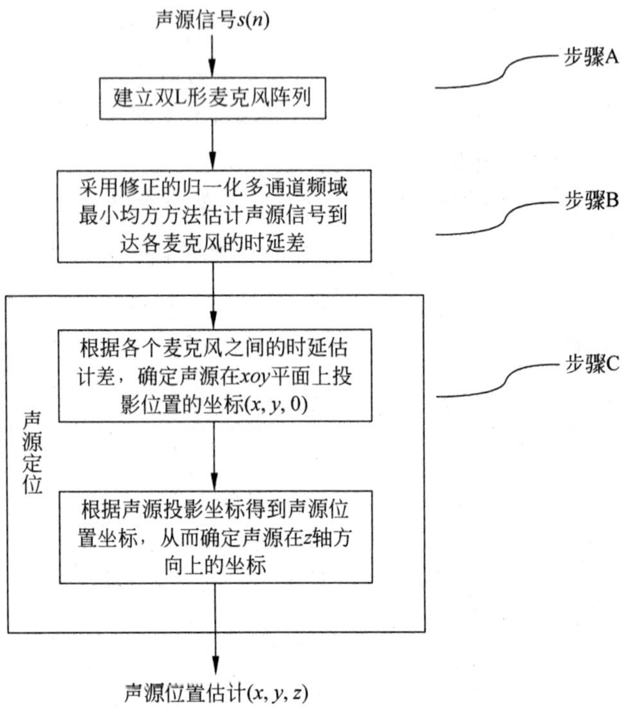

声源信号s(n)
建立双L形麦克风阵列
步骤A
采用修正的归一化多通道频域最小均方方法估计声源信号到达各麦克风的时延差
步骤B
根据各个麦克风之间的时延估计差，确定声源在xoy平面上投影位置的坐标(x, y, 0)
步骤C
声源定位
根据声源投影坐标得到声源位置坐标，从而确定声源在z轴方向上的坐标
声源位置估计(x, y, z)

图 1

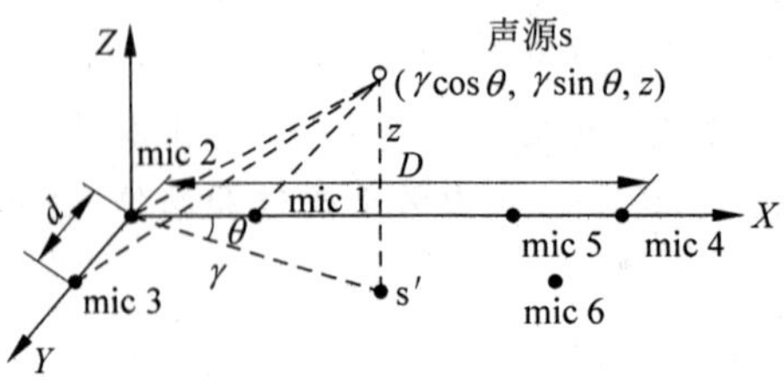

Z
声源s
(γcosθ, γsinθ, z)
z
D
mic 2
mic 1
d
θ
X
mic 5
mic 4
γ
s′
mic 3
mic 6
Y

图 2

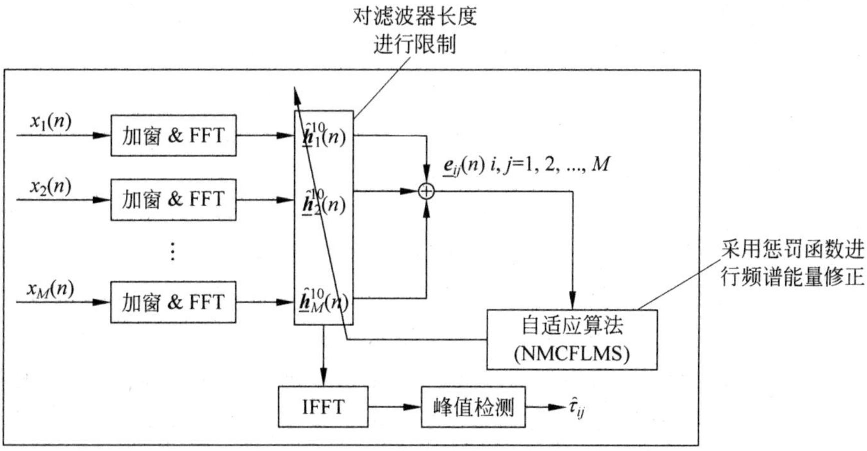
对滤波器长度
进行限制
$x_1(n)$
$x_2(n)$
$x_M(n)$
加窗 & FFT
加窗 & FFT
加窗 & FFT
$\hat{\underline{h}}_1^{10}(n)$
$\hat{\underline{h}}_2^{10}(n)$
$\hat{\underline{h}}_M^{10}(n)$
$\underline{e}_{ij}(n)$ i, j=1, 2, ..., M
采用惩罚函数进
行频谱能量修正
自适应算法
(NMCFLMS)
IFFT
峰值检测
$\hat{\tau}_{ij}$

图 3

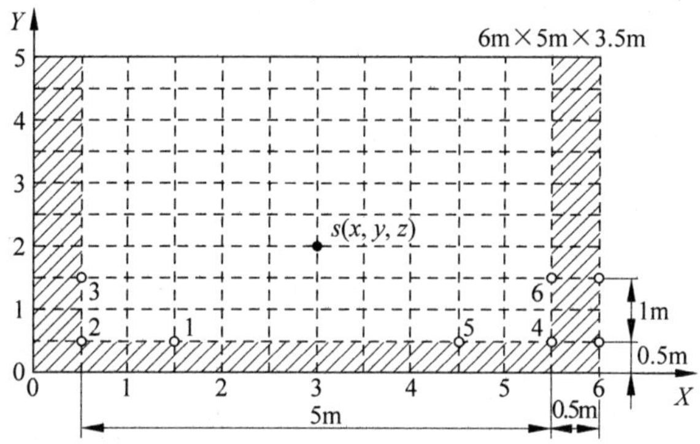
Y
X
6m×5m×3.5m
$s(x, y, z)$
1m
0.5m
5m
0.5m

图 4

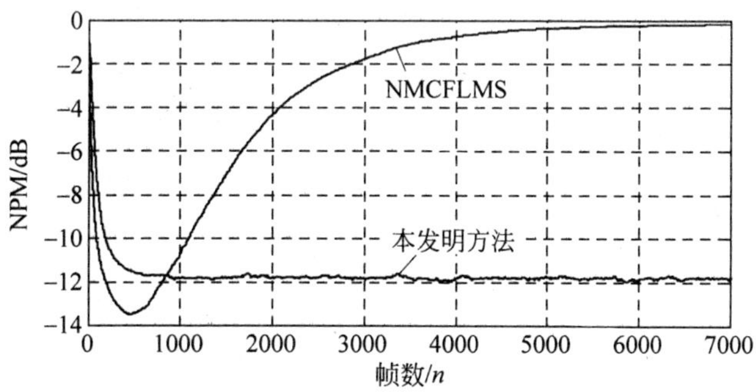
NPM/dB
帧数/n
NMCFLMS
本发明方法

图 5

2. 实用新型专利申请书范例

下面以“一种任意波形发生器”为例来示范实用新型专利申请文件的撰写。

说明书摘要

本实用新型公开了一种任意波形发生器，包括复位模块、时钟模块、D/A 转换模块、显示模块、按键模块、报警模块、信号放大模块和控制模块；其中，复位模块、按键模块、时钟模块、报警模块、显示模块、D/A 转换模块分别与控制模块连接，信号放大模块与 D/A 转换模块连接。本实用新型提供以 AT89C52 单片机为主控单元的任意波形发生器，电路结构简单、体积小且成本低；可产生正弦波、矩形波、三角波和锯齿波四种波形，可以调节任意频率，使用方便。

摘 要 附 图

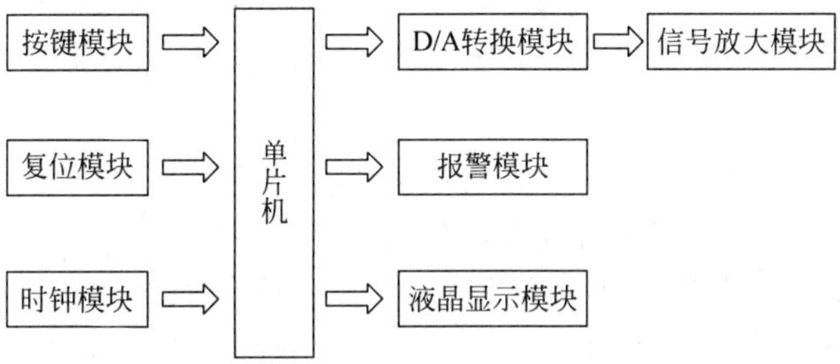

权利要求书

1. 一种任意波形发生器，其特征在于，包括复位模块、时钟模块、D/A 转换模块、显示模块、按键模块、报警模块、信号放大模块和控制模块；其中，复位模块、按键模块、时钟模块、报警模块、显示模块、D/A 转换模块分别与控制模块连接，信号放大模块与 D/A 转换模块连接。

2. 根据权利要求 1 所述的一种任意波形发生器，其特征在于，所述控制模块为单片机。

3. 根据权利要求 2 所述的一种任意波形发生器，其特征在于，所述单片机为 AT89C52 单片机，所述按键模块采用 SW-PB 按键模块，所述 D/A 转换模块采用 DAC0832D/A 转换器，所述显示模块为 LCD1602 液晶显示器，信号放大模块为 LM538 信号放大器。

4. 根据权利要求 3 所述的一种任意波形发生器，其特征在于，所述复位模块包括开关、第一电容和第一电阻；其中，开关的一端与电源、第一电容的正极分别连接，第一电容的负极与第一电阻的一端、开关的另一端、单片机的第 9 引脚分别连接，第一电阻的另一端接地。

5. 根据权利要求 3 所述的一种任意波形发生器，其特征在于，所述时钟模块包括晶振、第二电容和第三电容；其中，晶振的一端与第二电容的一端、单片机的 XTAL1 脚分别连接，晶振的另一端与第三电容的一端、单片机的 XTAL2 脚分别连接，第二电容的另一端与第三电容的另一端、地分别连接。

6. 根据权利要求 3 所述的一种任意波形发生器，其特征在于，D/A 转换模块的 DI0～DI7 端口分别与单片机的 P1.0～P1.7 端口一一对应连接。

7. 根据权利要求 3 所述的一种任意波形发生器，其特征在于，按键模块包括四个开关，这四个开关的一端分别与单片机的 P3.3～P3.6 端口一一连接，开关的另一端均接地。

8. 根据权利要求 3 所述的一种任意波形发生器，其特征在于，LCD1602 液晶显示器包括第二电阻，LCD1602 液晶显示器的 GND 端接地，LCD1602 液晶显示器的 VCC 端接 5V 电源，LCD1602 液晶显示器的 VO 端与第二电阻的一端连接，第二电阻的另一端接地，LCD1602 液晶显示器的 RS 端口与单片机 P26 接口连接，LCD1602 液晶显示器的 EN 端口与单片机 P27 接口连接，LCD1602 液晶显示器的 RW 端口接地，LCD1602 液晶显示器的 D0～D7 端分别一一与单片机 P0.0～P0.7 接口连接，LCD1602 液晶显示器的 A 端口接 5V 电源，LCD1602 液晶显示器的 K 端口接地。

9. 根据权利要求 3 所述的一种任意波形发生器，其特征在于，报警模块包括蜂鸣器、三极管和第三电阻；其中，蜂鸣器的一端接地，蜂鸣器的另一端与三极管的发射极相连，三极管的集电极接电源，三极管的基极与第三电阻的一端连接，第三电阻的另一端与单片机的 P21 引脚相连。

10. 根据权利要求 3 所述的一种任意波形发生器，其特征在于，LM538 信号放大器的 IN＋和 IN－引脚分别与 DAC0832 的 Iout1 和 Iout2 引脚一一对应连接。

说 明 书

一种任意波形发生器

技术领域

本实用新型涉及脉冲技术领域，特别是一种任意波形发生器。

背景技术

任意波形发生器的出现为信号发生器领域新添了一种类别，在任意波形发生器进入市场之前，非正弦波的提供都是通过三角波和锯齿波等产生的，还有一些方波正弦波等各种特殊波形。信号源的复杂调制需要；声音和振动分析，应用于实际信号的仿真。方程组，软件设置，波形下载，数字示波器下载，内置编辑器等这些都是定义波形所需要的一些设定。大多数软件使用 Windows，LabVIEW。任意波形发生器的发展已经越来越快，已经涉及无线电频段，它经常和数字示波器配合使用，从而可以复制该示波器捕捉到的任何信号。但是，目前市场上的任意波形发生器存在着设计复杂、成本较高的问题。

发明内容

本实用新型所要解决的技术问题是克服现有技术的不足而提供一种任意波形发生器，提供以 AT89C52 单片机为主控单元的任意波形发生器，电路结构简单、体积小且成本低。

本实用新型为解决上述技术问题采用以下技术方案：

根据本实用新型提出的一种任意波形发生器，包括复位模块、时钟模块、D/A 转换模块、显示模块、按键模块、报警模块、信号放大模块和控制模块；其中，复位模块、按键模块、时钟模块、报警模块、显示模块、D/A 转换模块分别与控制模块连接，信号放大模块与 D/A 转换模块连接。

作为本实用新型所述的一种任意波形发生器进一步优化方案，所述控制模块为单片机。

作为本实用新型所述的一种任意波形发生器进一步优化方案，所述单片机为 AT89C52 单片机，所述按键模块采用 SW-PB 按键模块，所述 D/A 转换模块采用 DAC0832D/A 转换器，所述显示模块为 LCD1602 液晶显示器，信号放大模块为 LM538 信号放大器。

作为本实用新型所述的一种任意波形发生器进一步优化方案，所述复位模块包括开关、第一电容和第一电阻；其中，开关的一端与电源、第一电容的正极分别连接，第一电容的负极与第一电阻的一端、开关的另一端、单片机的第 9 引脚分别连接，第一电阻的另一端接地。

作为本实用新型所述的一种任意波形发生器进一步优化方案，所述时钟模块包括晶振、第二电容和第三电容；其中，晶振的一端与第二电容的一端、单片机的 XTAL1 脚分别连接，晶振的另一端与第三电容的一端、单片机的 XTAL2 脚分别连接，第二电容的另一端与第三电容的另一端、地分别连接。

作为本实用新型所述的一种任意波形发生器进一步优化方案，D/A 转换模块的 DI0～DI7 端口分别与单片机的 P1.0～P1.7 端口一一对应连接。

作为本实用新型所述的一种任意波形发生器进一步优化方案，按键模块包括四个开关，这四个开关的一端分别与单片机的 P3.3～P3.6 端口一一连接，开关的另一端均接地。

作为本实用新型所述的一种任意波形发生器进一步优化方案，LCD1602 液晶显示器包括第二电阻，LCD1602 液晶显示器的 GND 端接地，LCD1602 液晶显示器的 VCC 端接 5V 电源，LCD1602 液晶显示器的 VO 端与第二电阻的一端连接，第二电阻的另一端接地，LCD1602 液晶显示器的 RS 端口与单片机 P26 接口连接，LCD1602 液晶显示器的 EN 端口与单片机 P27 接口连接，LCD1602 液晶显示器的 RW 端口接地，LCD1602 液晶显示器的 D0～D7 端分别一一与单片机 P0.0～P0.7 接口连接，LCD1602 液晶显示器的 A 端口接 5V 电源，LCD1602 液晶显示器的 K 端口接地。

作为本实用新型所述的一种任意波形发生器进一步优化方案，报警模块包括蜂鸣器、三极管和第三电阻；其中，蜂鸣器的一端接地，蜂鸣器的另一端与三极管的发射极相连，三极管的集电极接电源，三极管的基极与第三电阻的一端连接，第三电阻的另一端与单片机的 P21 引脚相连。

作为本实用新型所述的一种任意波形发生器进一步优化方案，LM538 信号放大器的 IN＋和 IN－引脚分别与 DAC0832 的 Iout1 和 Iout2 引脚一一对应连接。

本实用新型采用以上技术方案与现有技术相比，具有以下技术效果：本实用新型提供以 AT89C52 单片机为主控单元的任意波形发生器，电路结构简单、体积小且成本低；可产生正弦波、矩形波、三角波和锯齿波四种波形，可以调节任意频率，使用方便。

附图说明

图 1 是本实用新型的结构图。

图 2 为单片机 AT89C52 引脚图。

图 3 为复位模块。

图 4 为时钟模块。

图 5 为 D/A 转换模块。

图 6 为按键模块。

图 7 为液晶显示模块。

图 8 为报警模块。

图 9 为信号放大模块。

具体实施方式

下面结合附图对本实用新型的技术方案做进一步的详细说明：

如图 1 所示，一种任意波形发生器，包括复位模块、时钟模块、D/A 转换模块、显示模块、按键模块、报警模块、信号放大模块和控制模块；其中，复位模块、按键模块、时钟模块、报警模块、显示模块、D/A 转换模块分别与控制模块连接，信号放大模块与 D/A 转换模块连接。所述控制模块为单片机，单片机 AT89C52 芯片的引脚图，如图 2 所示。

所述复位模块与单片机相连，用来把单片机的任何执行状态转为最初的开机状态；

所述时钟模块与单片机相连，用来控制单片机的主频；

所述液晶显示模块与单片机相连，用来显示按键模块控制的波形类别与频率；

所述 D/A 转换模块与单片机相连，用来将单片机生成的数字波形信号转换为模拟波形信号；

所述按键模块与单片机相连，用来控制单片机生成波形的类别和频率；

所述复位模块输入端接单片机的 RST 脚；

所述报警模块与单片机相连，用来将频率设置超过设计范围时进行报警提示；

所述信号放大模块与D/A转换模块相连，用来将输出的模拟信号进行放大。

所述单片机为AT89C52单片机，所述按键模块采用SW-PB按键模块，所述D/A转换模块采用DAC0832D/A转换器，所述显示模块为LCD1602液晶显示器，信号放大模块为LM538信号放大器。

复位电路图如图3所示，其RST端口与单片机9引脚相连。所述复位模块包括开关、第一电容和第一电阻；其中，开关的一端与电源、第一电容的正极分别连接，第一电容的负极与第一电阻的一端、开关的另一端、单片机的第9引脚分别连接，第一电阻的另一端接地。

时钟模块如图4所示，其XTAL1和XTAL2分别与单片机的19引脚(XTAL1)和18引脚(XTAL2)连接，单片机AT89C52是整个装置的控制部分，控制各部分协调工作。所述时钟模块包括晶振、第二电容和第三电容；其中，晶振的一端与第二电容的一端、单片机的XTAL1脚分别连接，晶振的另一端与第三电容的一端、单片机的XTAL2脚分别连接，第二电容的另一端与第三电容的另一端、地分别连接。

图5为D/A转换模块，DI0～DI7分别接单片机的P1.0～P1.7端口，用来将数字信号转化为模拟信号；D/A转换模块的DI0～DI7端口分别与单片机的P1.0～P1.7端口一一对应连接。

图6为按键模块，用来为了控制波形的类别和频率显示；按键模块包括四个开关S1～S4，这四个开关的一端分别与单片机的P3.3～P3.6端口一一连接，开关的另一端均接地。

图7为显示模块，用来显示波形类别和频率。LCD1602液晶显示器包括第二电阻R4，LCD1602液晶显示器的GND端接地，LCD1602液晶显示器的VCC端接5V电源，LCD1602液晶显示器的VO端与第二电阻的一端连接，第二电阻的另一端接地，LCD1602液晶显示器的RS端口与单片机P26接口连接，LCD1602液晶显示器的EN端口与单片机P27接口连接，LCD1602液晶显示器的RW端口接地，LCD1602液晶显示器的D0～D7端分别一一与单片机P0.0～P0.7接口连接，LCD1602液晶显示器的A端口接5V电源，LCD1602液晶显示器的K端口接地。

图8为报警模块，报警模块包括蜂鸣器、三极管和第三电阻R6；其中，蜂鸣器的一端接地，蜂鸣器的另一端与三极管的发射极相连，三极管的集电极接电源，三极管的基极与第三电阻的一端连接，第三电阻的另一端与单片机的P21引脚相连。

图9为信号放大模块，LM538信号放大器的IN＋和IN－引脚分别与DAC0832的Iout1和Iout2引脚一一对应连接。

显然，本实用新型的上述实施例仅仅是为清楚地说明本实用新型所作的举例，而并非是对本实用新型的实施方式的限定。对于所属领域的普通技术人员来说，在上述说明的基础上还可以做出其他不同形式的变化或变动。这里无须也无法对所有的实施方式予以穷举。而这些属于本实用新型的实质精神所引申出的显而易见的变化或变动仍属于本实用新型的保护范围。

说明书附图

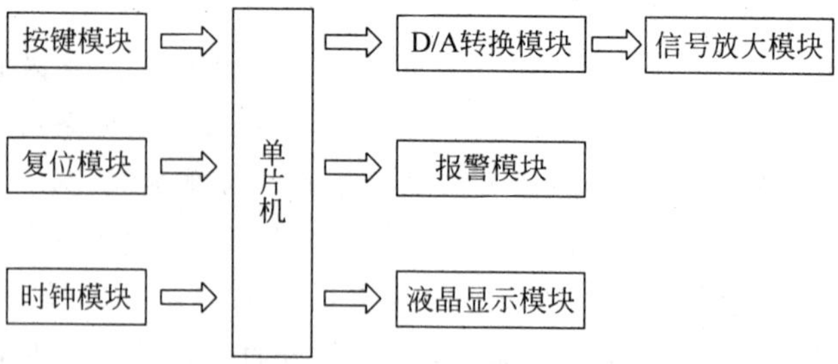

图 1

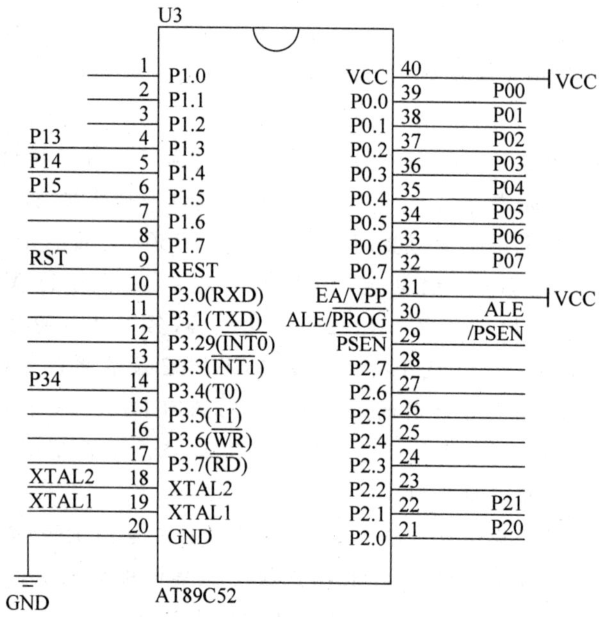

图 2

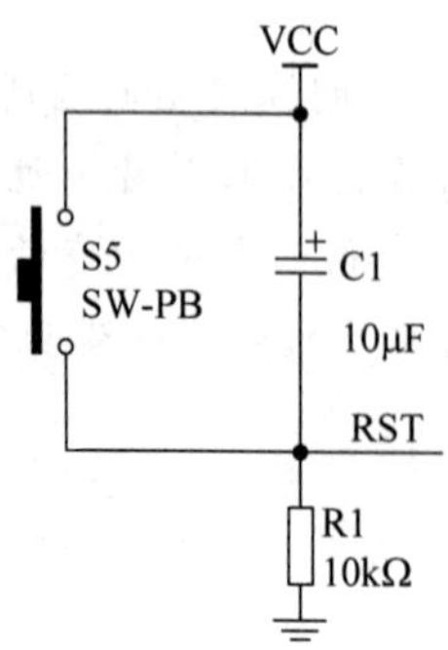

图 3

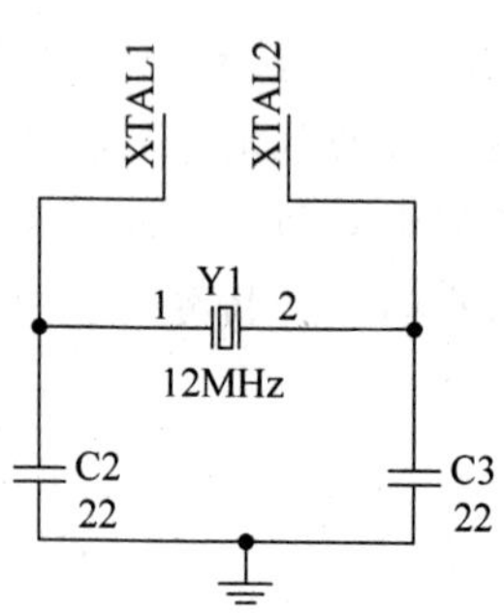

图 4

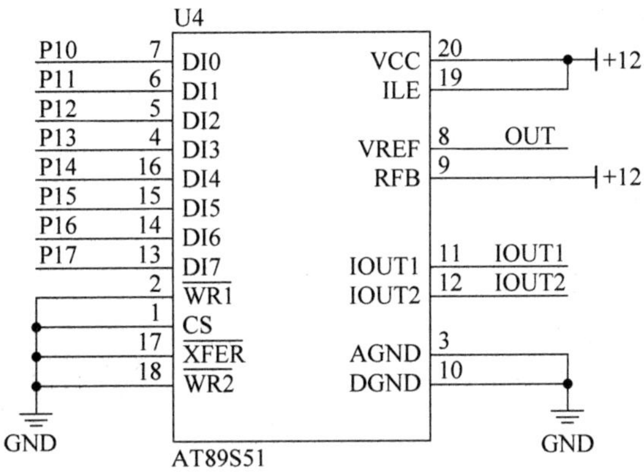
U4
P10
P11
P12
P13
P14
P15
P16
P17
DI0
DI1
DI2
DI3
DI4
DI5
DI6
DI7
WR1
CS
XFER
WR2
VCC
ILE
VREF
RFB
IOUT1
IOUT2
AGND
DGND
OUT
+12
+12
IOUT1
IOUT2
GND
GND
AT89S51

图 5

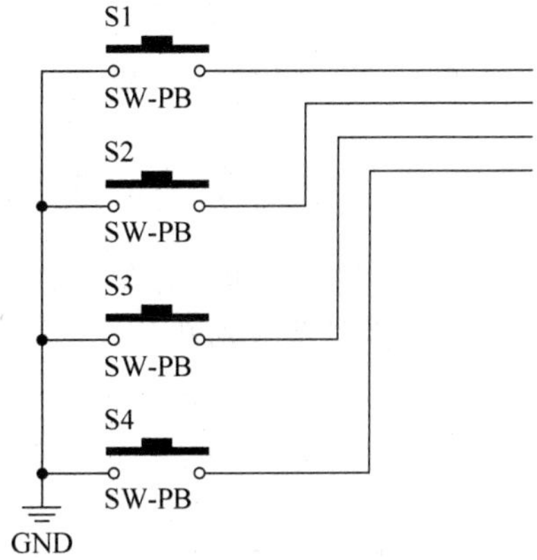
S1
SW-PB
S2
SW-PB
S3
SW-PB
S4
SW-PB
GND

图 6

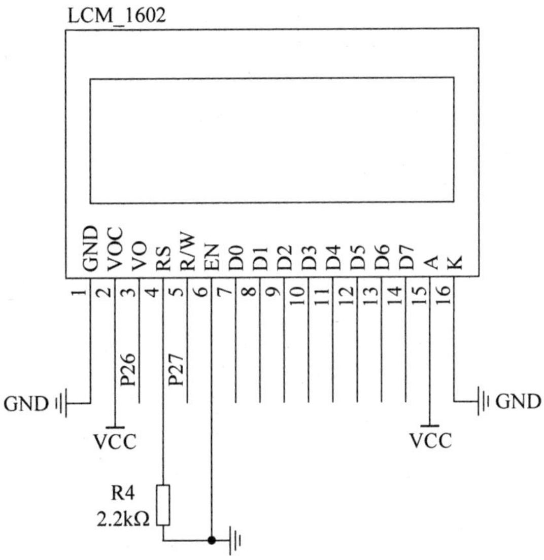
LCM_1602
GND
VOC
VO
RS
R/W
EN
D0
D1
D2
D3
D4
D5
D6
D7
A
K
P26
P27
GND
GND
VCC
VCC
R4
2.2kΩ

图 7

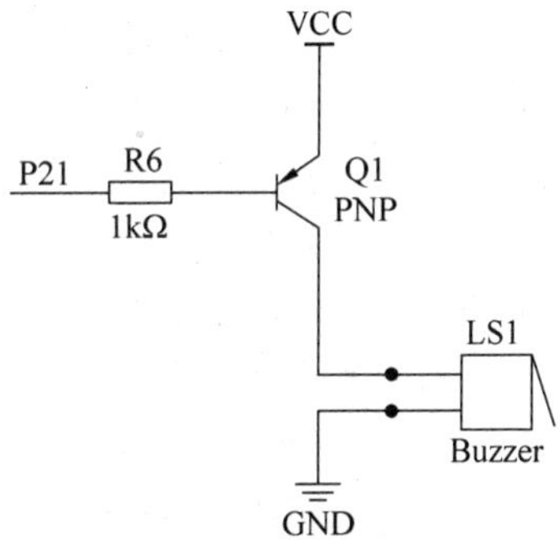
VCC
P21
R6
1kΩ
Q1
PNP
LS1
Buzzer
GND

图 8

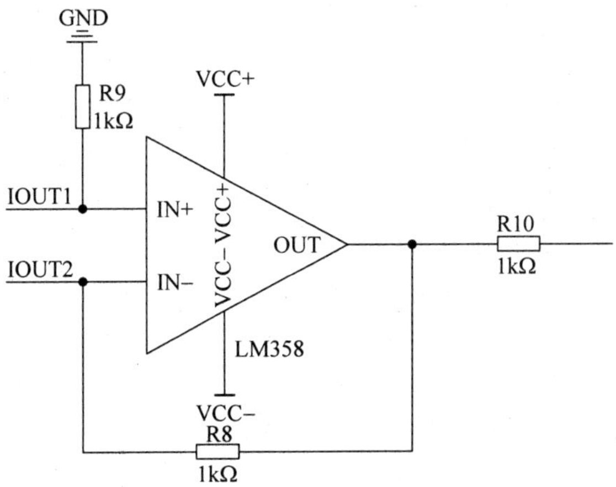
GND
R9
1kΩ
VCC+
IOUT1
IOUT2
IN+
IN−
VCC+
VCC−
OUT
LM358
R10
1kΩ
VCC−
R8
1kΩ

图 9

7.4 专利申请与审批流程

7.4.1 专利申请前的准备工作

一项能够取得专利权的发明创造需要具备多方面的条件。

首先，它要具备专利性条件，即新颖性、创造性和实用性。其次，还要符合《专利法》规定的形式要求，以及履行各种手续。不具备规定条件的申请，不但不可能获得专利权，还会造成申请人及专利局双方时间、精力和财力的极大浪费。所以，为了减少申请专利的盲目性，在提出专利申请以前，应做好以下几个方面的准备工作。

1. 熟悉专利法规和专利文件的要求

1）熟悉专利法和实施细则

通过专利法和实施细则的学习，要熟悉以下几个方面内容：

（1）详细了解什么是专利，谁有权申请并取得专利权，怎样申请专利并能尽快获得专利权。

（2）了解专利权人的权利和义务，取得专利后如何维持和实施专利等内容。

（3）熟悉说明书和权利要求书的格式与撰写规范。

专利法规定，专利申请文件一旦提交以后，其修改不得超出原说明书和权利要求书记载的范围。所以申请文件特别是说明书写得不好，成为无法补救的缺陷，甚至导致很好的发明内容却得不到专利权。权利要求书写得不好，常常会限制专利权的保护范围。撰写申请文件有很多技巧，一般没有经过专门培训的发明人或申请人是很难写好的。

（4）了解费用情况或缴费的期限，以及申请手续或审批程序。

如果不了解这些，也往往导致专利申请被视为撤回等法律后果。

2）了解专利申请项目的先进性

在作出是否提出专利申请以前，申请人至少应通过专利文献检索充分了解现有技术的情况，对明显没有新颖性或创造性的，就没有必要提出申请，以免造成时间、精力和财力的浪费。

3）了解专利申请项目的市场价值

申请专利和维持专利权有效都要缴纳规定的费用，如果委托专利代理机构还要花费一笔代理费，对申请人特别是个人申请来说，也是一笔不小的开支。所以，申请人应对自己发明创造的技术开发的可能性、范围及技术市场和商品市场的条件进行认真的调研和预测，以便明确申请专利并获得专利权后实施和转让专利的条件及可能获得的收益，明确不申请专利可能带来市场和经济损失。这些都是申请人作出是否值得申请专利，申请哪一种专利，选择什么申请时机时应当考虑的重要因素。

2. 授予专利权的发明创造应具备的条件

授予专利权的发明创造应当具备的条件包括形式条件和实质性条件两个方面。

形式条件是指应当以专利法及其实施细则规定的格式，书面记载在专利申请文件上，并依据法定程序履行各种必要的手续。

实质性条件是指授予专利权的发明和实用新型应当具备：

1）新颖性

具有新颖性的发明创造，应符合以下 3 方面的条件：

(1) 在申请日前,没有同样的发明创造在国内外出版物上公开发表过。这里的出版物,不但包括书籍、报刊、杂志等纸件,也包括录音带、录像带及唱片等音、影件。

(2) 在国内没有公开使用过,或者以其他方式为公众所知。所谓公开使用过,是指以商品形式销售,或用技术交流等方式进行传播、应用乃至通过电视和广播为公众所知。

(3) 在该申请提交日以前,没有同样的发明或实用新型由他人向专利局提出过申请,并且记载在以后公布的专利申请文件中。

所以,在提交申请以前,申请人应当对其发明创造的新颖性作调查,对明显没有新颖性的,就不必申请专利。

2) 创造性

创造性是指申请专利的发明创造与日前的现有技术相比,发明要具有突出的实质性特点和显著进步,实用新型要有实质性特点和进步。

3) 实用性

实用性是指该发明创造能够在工农业及其他行业的生产中批量制造,或能够在产业上或生活中应用,并能产生积极的效果,增加经济效益。

专利法规定,授予专利权的外观设计,应当与申请日以前在国内外出版物上公开发表过或者国内公开使用过的外观设计不相同或者不相近似。

7.4.2 专利申请与审批的一般步骤

委托专利代理机构进行专利申请与审批的流程,如图 7.1 所示。

一般要经过以下几个步骤。

步骤 1. 咨询

(1) 确定发明创造的内容是否属于可以申请专利的内容。

(2) 确定发明创造的内容可以申请哪一种专利类型(发明、实用新型、外观设计)。

步骤 2. 签订代理委托协议

此时签订代理协议的目的是为了明确申请人和专利代理机构之间的权利和义务,主要是约束专利代理人对申请人的发明创造内容负有保密的义务。

步骤 3. 技术交底

(1) 申请人向专利代理人提供有关发明创造的背景资料或委托检索有关内容。

(2) 申请人详细介绍发明创造的内容,帮助专利代理人充分理解发明创造的内容。

步骤 4. 确定申请方案

代理人在对发明创造的理解基础上,会对专利申请的前景做出初步的判断,对专利授权可能性很小的申请将建议申请人撤回,此时代理机构将会收取少量咨询费,大部分申请代理费用将返还申请人。若专利授权前景较大,专利代理人将提出明确的申请方案、保护的范围和内容,在征得申请人同意的条件下开始准备正式的申请工作。

步骤 5. 准备与递交申请文件

(1) 撰写专利申请文件。

(2) 制作申请书文件。

(3) 提交专利申请。

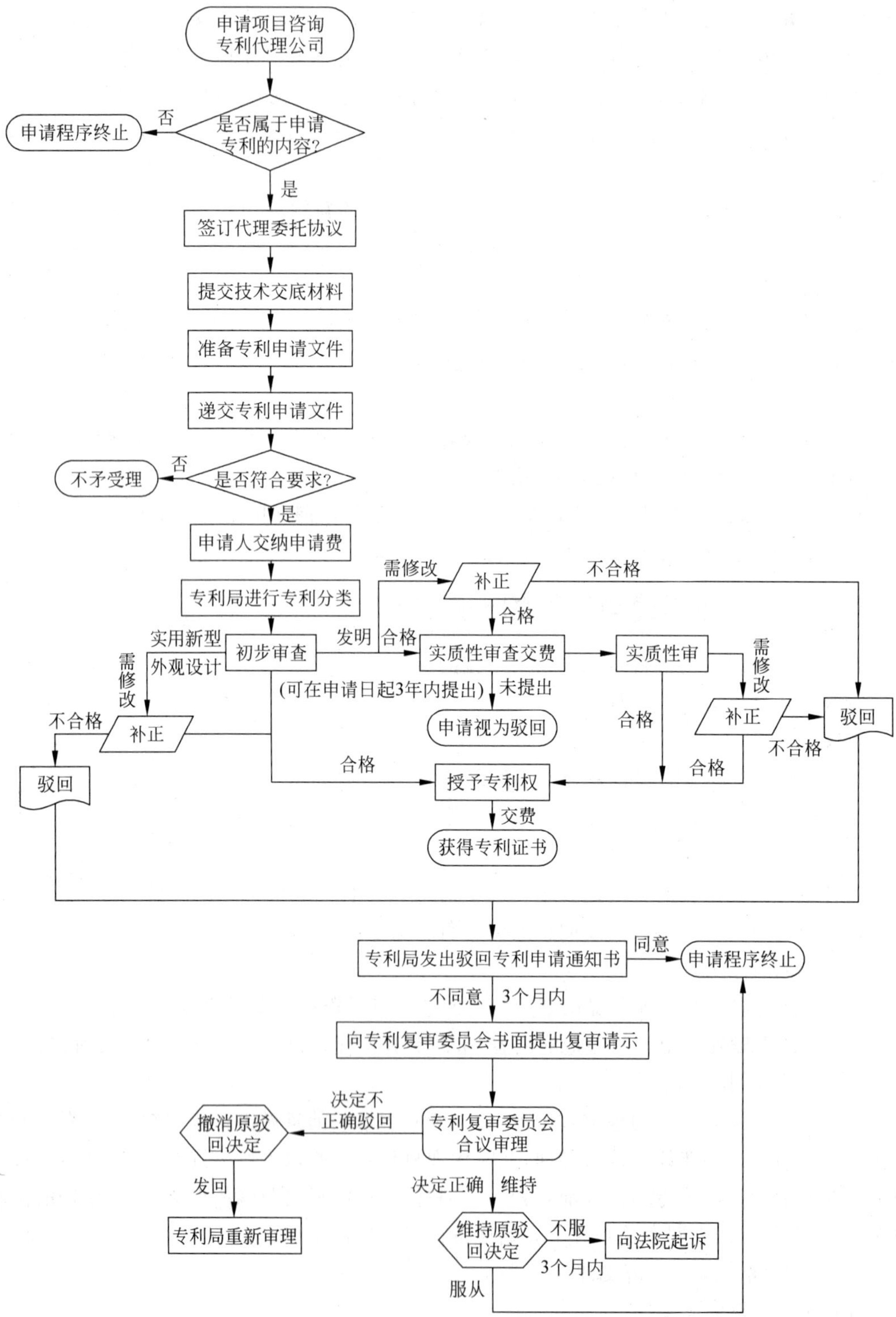

图 7.1 专利申请与审批流程

步骤 6. 专利受理

专利局收到专利申请后进行审查，如果符合受理条件，专利局将确定申请日，给予申请号，并且核实文件清单后，发出受理通知书，通知申请人。

如果申请文件印刷或字迹不清、有涂改的；或者附图及图片未用绘图工具和黑色墨水绘制、照片模糊不清有涂改的；或者申请文件不齐备的；或者请求书中缺申请人姓名或名称及地址不详的；或专利申请类别不明确或无法确定的，以及外国单位和个人未经涉外专利代理机构直接寄来的专利申请不予受理。

步骤 7. 专利审查

这个阶段，对于实用新型和外观设计，只需进行初步审查；对于发明，需进行初步审查、发明专利申请公布、发明专利申请实质审查 3 个阶段。

经受理后的专利申请按照规定缴纳申请费的，自动进入初审阶段。发明专利申请在初审前首先要进行保密审查，需要保密的应按保密程序处理。实用新型和外观设计专利申请在初审以前还应当给申请人留出 3 个月主动修改申请的时间。

初步审查主要审查申请是否存在明显缺陷和申请文件及其格式是否符合要求。其中包括：

(1) 对申请是否存在明显缺陷进行审查。

主要审查申请内容为：

① 是否明显违反国家法律、社会公德或者妨碍公共利益；

② 是否明显属于不授予专利权的主题；

③ 是否明显缺乏技术内容而不能构成技术方案；

④ 是否明显缺乏单一性。实用新型和外观设计专利申请还要审查是否明显与已经批准的专利相同，是否明显不是一个新的技术方案或者新的设计。

(2) 对申请文件齐备及其格式是否符合要求进行审查。

主要审查申请内容为：

① 审查各种文件是否采用专利局制定的统一格式，申请的撰写、表格的填写或附图的画法是否符合实施细则和审查指南规定的要求；

② 应当提交的证明或附件是否齐备，是否具备法律效力；

③ 说明书、权利要求书、附图或外观设计图或照片是否符合出版要求。此外，对外国申请人的资格，及申请手续也要进行审查。不合格的，专利局将通知申请人在规定的期限内补正或者陈述意见。逾期不答复的申请将被视为撤回。经申请人答复后仍未消除缺陷的，予以驳回。发明专利申请初审合格的，将发给初审合格通知书。实用新型和外观设计专利申请经初审未发现驳回理由的，将直接进入授权程序。由于发明还有后续程序，所以初审中对申请内容的审查要相对松一点。

发明专利申请从发出初审合格通知书起就进入等待公布阶段。申请人请求提前公布的，则申请立即进入公布准备程序。经过格式复核、编辑校对、计算机处理、排版印刷，大约在 3 个月后，在专利公报上公布并出版说明书单行本。没有提前公布请求的申请，要等到申请日起满 15 个月才进入公布准备程序；要求优先权的申请(包括外国优先权和本国优先权)，从优先权日起满 15 个月进入公布准备程序。申请进入公布准备程序以后，申请人要求撤回专利申请的，申请仍然会在专利公报上予以公布。申请公布以后，申请人就获得了临时保护的权利。也就是说，自申请公布之日起，申请人就可要求实施其发明的单位或者个人支付费用。申请公布以后，申请记载的内容就成为现有技术的一部分。申请人务必注意申请在专利公报上公布时的公布号和专利申请的申请号是两个不同的系列。申请人在专利审批过程中向专利局办理各种手续时应当采用申请号，不要使用公布号，因为专利局的所有申请文档都是按照申请号排列和管理的，提供申请号有利于快速找到要处理的申请，同时因为申请号带有校验位，万一申请人提供的号码有错时容易及早发现和处理。如果申请人提供的是公布号，专利局必须通过对照表查询才能找到要处理的申请，特别是申请人提供的公布号有错时，一般在造成后果以前很难发现。

发明专利申请公布以后，如果申请人已经办妥了实审请求手续(提出实质审查请求并已缴纳了实质审查费用)，那么申请将进入实审程序；专利局会发给申请人“进入实质审查阶段通知书”。如果申请人没有办妥实审请求手续，那么专利局则等待申请人办理实审请求手续；从申请日起满三年，申请人未提出实审请求的或者实审请求未生效的，申请即被视为撤回。进入实审程序的申请将按照进入实审程序的先后顺序等待实审。在实审中，审查员将在检索的基础上对专利申请是否具备新颖性、创造性、实用性，以及专利法规定的其他实质性条件进行全面审查。经审查，认为不符合授权条件的，或者存在各种缺陷的，应当通知申请人在规定的时间内陈述意见或进行修改(答复第一次审查意见通知书的期限是 4 个月)。申请人在指定期限内未答复的，申请被视为撤回。经至少一次答复或修改后，申请仍不符合要求的，予以驳回。由于实审的复杂性，审查周期一般要 1 年或更长时间。若从申请日起 2 年内尚未授权，从第 3 年起应当每年缴纳申请维持费，逾期不缴纳或缴纳费用不足的，申请将被视为撤回。

步骤 9. 审查结论

中国专利局根据审查情况将会作出授权或驳回审查结论。这一过程的时间一般为：外观设计 6 个月左右，实用新型 10～12 个月左右，发明专利 2～4 年。发明专利申请在实质审查中未发现驳回理由的，或者经申请人修改和陈述意见后消除了缺陷的，审查员将制作授权通知书，申请按规定进入授权准备阶段。

步骤 10. 授权阶段

实用新型和外观设计专利申请经初步审查，以及发明专利申请经实质审查未发现驳回理由的，由审查员作出授权通知，申请进入授权登记准备。经对授权文本的法律效力和完整性进行复核，对专利申请的著录项目进行校对、修改后，专利局发出授权通知书和办理登记手续通知书，申请人接到通知书后应当在 2 个月之内按照通知的要求办理登记手续并缴纳规定的费用，按期办理登记手续的，专利局将授予专利权，颁发专利证书，在专利登记簿上记录，并在 2 个月后于专利公报上公告，未按规定办理登记手续的，视为放弃取得专利权的权利。

第8章 计算机软件与著作权登记

CHAPTER 8

【导语】 本章从软件的含义出发，讨论了软件与硬件的区别、软件分类、软件受保护的法律依据和条件；从软件著作权的概念出发，讨论了软件著作权登记的意义、软件著作权的保护范围、软件著作权与专利权的异同点；从软件著作权登记流程出发，阐述了软件著作权登记申请表的填写和软件著作权登记材料撰写的注意事项。

8.1 计算机软件及保护

8.1.1 计算机软件

1. 软件的含义

软件(中国大陆及香港用语，台湾作软体)是一系列按照特定顺序组织的计算机数据和指令的集合，是用户与硬件之间的接口界面，是计算机系统设计的重要依据。用户主要是通过软件与计算机进行交流。为了方便用户和使计算机系统具有较高的总体效用，在设计计算机系统时，必须通盘考虑软件与硬件的结合，以及用户的要求和软件的要求。其功能是：

(1) 运行时，能够提供所要求功能和性能的指令或计算机程序集合。

(2) 程序能够满意地处理信息的数据结构。

(3) 描述程序功能需求以及程序如何操作和使用所要求的文档。

计算机软件是指计算机系统中的程序及其文档，是计算机程序和对该程序的功能、结构、设计思想以及使用方法等整套文字资料的说明。程序是计算任务的处理对象和处理规则的描述；文档是为了便于了解程序所需的阐明性资料。程序必须装入机器内部才能工作，文档一般是给人看的，不一定装入机器。

2. 软件与硬件的区别

软件具有与硬件不同的特点：

(1) 表现形式不同。

硬件有形、有色、有味，看得见、摸得着、闻得到。而软件无形、无色、无味，看不见、摸不着、闻不到。软件大多存在人们的脑袋里或纸面上，它的正确与否，是好是坏，一直要到程序在机器上运行才能知道。

(2) 生产方式不同。

软件是人的智力的高度发挥，不是传统意义上的硬件制造。尽管软件开发与硬件制造之间有许多共同点，但这两种活动是根本不同的。

(3) 要求不同。

硬件产品允许有误差，而软件产品却不允许有误差。

(4) 维护不同。

硬件是要用旧用坏的；在理论上，软件是不会用旧用坏的，但在实际上，软件也会变旧变坏。因为在软件的整个生存期中，一直处于改变(维护)状态。

3. 软件的分类

计算机软件总体分为系统软件和应用软件两大类：

1) 系统软件

系统软件是负责管理计算机系统中各种独立的硬件，使得它们可以协调工作。系统软件使得计算机使用者和其他软件将计算机当作一个整体而不需要顾及到底层每个硬件是如何工作的。

一般来讲，系统软件包括操作系统和一系列基本的工具(比如编译器，数据库管理，存储器格式化，文件系统管理，用户身份验证，驱动管理，网络连接等方面的工具)。具体包括以下4类：①各种服务性程序。例如，诊断程序、排错程序、练习程序等；②语言程序。例如，汇编程序、编译程序、解释程序；③操作系统。例如，Windows、Linux、UNIX等，还包括操作系统的补丁程序及硬件驱动程序等；④数据库管理系统。

2) 应用软件

应用软件是为了某种特定的用途而被开发的软件。它可以是一个特定的程序，比如一个图像浏览器。也可以是一组功能联系紧密，可以互相协作的程序的集合，比如微软的Office软件。也可以是一个由众多独立程序组成的庞大的软件系统，比如数据库管理系统。较常见的有：①文字处理软件。例如，WPS、Word等。②信息管理软件。③辅助设计软件。例如，AutoCAD。④实时控制软件。⑤教育与娱乐软件。

8.1.2 软件保护

1990年，中华人民共和国颁布的《著作权法》规定，计算机软件是受法律保护的作品形式之一。2002年，中华人民共和国颁布了《计算机软件保护条例》，对软件实施著作权法律保护作了具体规定。计算机软件作为作品形式之一，无论是系统软件还是应用软件均应受法规保护。

为促进我国软件产业发展，增强我国信息产业的创新能力和竞争能力，国家著作权行政管理部门鼓励软件登记，并对登记的软件予以重点保护。计算机软件著作权登记证书是软件著作权有效或登记申请文件所述事实的初步证明。

受保护的软件必须由开发者独立开发，即必须具备原创性，同时，必须是已固定在某种有形物体上而非存在于开发者的头脑中。软件受保护的必要条件是：必须由开发者独立开发，并已固定在某种有形物体(如磁盘、光盘等)上。

8.2 软件著作权及其登记

8.2.1 软件著作权

计算机软件著作权是指软件的开发者或者其他权利人依据有关著作权法律的规定，对于软件作品所享有的各项专有权利。就权利的性质而言，它属于一种民事权利，具备民事权利的共同特征。

在我国，软件著作权采用的是自动取得制度，即软件只要完成(包含部分完成)即自动享有著作权，以作品的完成时间作为著作权取得的时间界限，不需要履行任何的手续，自动产生受法律保护的权利。

8.2.2　软件著作权登记

软件著作权登记申请人通过登记，可以通过登记机构的定期公告，向社会宣传自己的产品及阐明软件著作权人已经享有所登记软件的发表权、开发者身份权、使用权、使用许可权和获得报酬权。

1. 软件著作权登记申请

软件(著作权)登记是指根据国家《著作权法》和《计算机软件保护条例》，国家版权局对软件进行的著作权登记活动。软件著作权登记申请是指著作权人向中国版权保护中心提出申请，由中国版权保护中心审核并发出软件著作权登记证书。具体分为个人登记和企业登记：

软件著作权个人登记，是指自然人对自己独立开发完成的非职务软件作品，通过向登记机关进行登记备案的方式进行权益记录/保护的行为；

软件著作权企业登记，是指具备/不具备法人资格的企业对自己独立开发完成的软件作品或职务软件作品，通过向登记机关进行登记备案的方式进行权益记录/保护的行为。

2. 软件著作权登记的意义

对于软件开发者来说，办理软件著作权登记虽然不是国家强制的政策，但是软件办理了登记，并获取《软件著作权登记证书》具有以下几个方面的作用：

(1) 作为税收减免的重要依据。

财政部、国家税务总局《关于贯彻落实〈中共中央、国务院关于加强技术创新，发展高科技，实现产业化的决定〉有关税收问题的通知》规定："对经过国家版权局注册登记，在销售时一并转让著作权、所有权的计算机软件征收营业税，不征收增值税。"因此，软件著作权登记证书是企业获得国家税收减免的条件。

(2) 作为法律重点保护的依据。

《国务院关于印发鼓励软件产业和集成电路产业发展若干政策的通知》第三十二条规定："国务院著作权行政管理部门要规范和加强软件著作权登记制度，鼓励软件著作权登记，并依据国家法律对已经登记的软件予以重点保护。"因此，软件版权受到侵权时，对于软件著作权登记证书司法机关可不必经过审查，直接作为有力证据使用；此外也是国家著作权管理机关惩处侵犯软件版权行为的执法依据。

(3) 作为技术出资入股。

《关于以高新技术成果出资入股若干问题的规定》规定："计算机软件可以作为高新技术出资入股，而且作价的比例可以突破公司法20%的限制达到35%。"甚至有的地方政府规定："可以100%的软件技术作为出资入股"，但是都要求首先必须取得软件著作权登记。因此，软件著作权是软件著作权人进行投资、交易的重要资本和人才优惠等国家政策的条件。

(4) 作为申请科技成果的依据。

科技部关于印发《科技成果登记办法》的通知第八条规定："办理科技成果登记应当提交《科技成果登记表》及相应的知识产权证明。"软件著作权登记证书作为软件的知识产权证明，可以是企业在申请高新技术企业认定时非常重要的砝码，在一定程度上能证明企业拥有核心自主知识产权，也是科技成果认定的重要的依据。

(5) 企业破产后的有形收益。

在法律上著作权视为"无形资产"，在企业破产时，该无形资产(著作权)可以在转让和拍卖中获得有形资金。

3. 作为软件著作权登记申请人的条件

根据《计算机软件著作权登记办法》的规定："软件著作权登记申请人应当是该软件的著作权人以及通过继承、受让或者承受软件著作权的自然人、法人或者其他组织。"根据这一规定，并非只有原始著作权人才能申请软件著作权登记，他的继承人，或者受让他的著作权的个人或者单位，都可以作为申请人来申请。对于那些合作开发的软件进行著作权登记的，可以由全体著作权人协商确定一名著作权人作为代表办理。著作权人协商不一致的，任何著作权人均可在不损害其他著作权人利益的前提下申请登记，但应当注明其他著作权人。

8.3 软件著作权的保护范围

1. 对于计算机软件的字面要素的保护

计算机软件的字面要素即软件的源代码和目标代码，可作为文字作品享有著作权。

2. 对于计算机软件的非文字要素的保护

计算机软件的非文字要素即程序的组织、顺序、结构，对于这部分内容是否能享有著作权，应当运用阿尔泰案中确定的包括抽象、过滤、比较三个步骤的"抽象概括法"来具体进行分析判断。首先，要区分出思想和表达，要在最概括的思想(如程序的功能)和最具体的对思想的表达(如一行行的代码)之间划出思想和表达的界线；其次，并不是每一个对思想的表达都可以受到著作权法的保护，还需要具体的考虑这一表达的独创性、功能性以及是否存在思想与表达的混合。

3. 对于计算机软件的外在界面的保护

计算机软件的外在界面包括其菜单系统、用户界面及输入输出的方式等显示在屏幕上的各要素。在软件开发过程中，技术人员可以在不复制一款已有的软件代码的情况下，复制上述各要素，这是因为产生这些屏幕显示的程序代码可以通过不同的方式编写。在主张计算机软件界面侵权的案例中，实际存在着两种可能性：一是，对软件界面的复制侵犯了其内在的程序代码作为文字作品所享有的著作权；二是，仅侵犯了软件界面本身作为其他类型的作品所享有的著作权。产生屏幕显示的代码是以不同方式编写的，这一事实并不能改变屏幕显示本身被复制了的事实。这意味着，应当将屏幕显示作为独立于软件代码的其他类型的作品给予著作权保护。

8.4　软件的著作权和专利权

8.4.1　软件著作权和专利权的区别

1. 法律依据不同

软件的著作权保护依据《著作权法》和《计算机软件保护条例》。

软件的专利保护依据《专利法》，具体审查标准参见国家知识产权局专利《审查指南》第二部分第九章“涉及计算机程序的发明专利申请审查若干问题”。

2. 保护内容不同

著作权法保护的是软件的源代码，即对软件的表达形式进行保护。

专利法保护创意思想，即软件的核心内容——技术方案（例如，流程及核心算法等）。

3. 保护原则不同

软件著作权是在软件创作完成后自动产生的，也是自愿进行软件著作权登记，登记的目的是体现公证的效力，主要用于声明著作权权属，同时使后续维权时的证据力度更大。

软件专利则必须向专利局提出申请，并通过审查授权后才能获得保护，因此必须要积极申请，且专利制度也是以“用公开换保护”为原则。

4. 申请通过率不同

软件著作权实行的是登记制，一般不需要经过实质审查，只要形式审查时提交的材料符合要求，并且不违反《著作权法》的规定即可获权，登记通过率极高。

软件专利需要经过形式审查和实际审查。形式审查主要是审核专利材料是否符合申请要求，形式审查通过后就会公开，再进入实质审查，审核该专利是否符合《专利法》的要求，并且要满足新颖性、创造性、实用性等诸多要求。

一般纯软件型的专利不易获权，通过软硬件结合的方式会提高其授权率，但总的来说通过率依然不高。

5. 保护期限和维护费用不同

公民的作品，其法律规定的相关著作权保护期为作者有生之年加死亡后50年；法人及其他组织的作品，其法律规定的相关著作权的保护期为50年。以上时间均为从开发完成之日起算。费用方面只会缴纳前期的申请费，后续不会有维护的费用。

一般来说软件专利只能申请发明专利，保护期限从申请日起算20年。而发明专利每年都需要缴纳年费，过期不缴纳即视为放弃专利权。

8.4.2　软件获得著作权保护的条件

《计算机软件保护条例》第四条规定“受本条例保护的软件必须由开发者独立开发，并已固定在某种有形物体上”。应具备下列条件：

1. 原创性

受保护的软件必须由开发者独立开发，由其独立构思，凡抄袭复制均不能受法律保护。

2. 固定性

受保护的软件必须已固定在某种有形物体上。例如，存储介质，法律不保护仅存在于软件开发者头脑中的程序构思。

8.4.3 软件获得专利权保护的范围

根据《专利审查指南》有以下 4 种软件可以获得发明专利。

(1) 用于工业过程控制的计算机程序

如果发明专利申请是把一个计算机程序输入给公知的计算机，从而形成一种计算机控制的装置或者计算机控制的生产方法。在这种情况下，将计算机程序与计算机硬件作为一个整体来考虑，则该公知计算机与该计算机程序一起构成了用于工业过程控制的生产装置或生产方法。

(2) 涉及计算机内部运行性能改善的软件

如果发明专利申请的主题涉及利用一个计算机程序改善公知计算机系统内部运行性能的方法，由于这种发明专利申请要解决的是技术问题，并且由于改善了公知计算机系统的内部运行性能而取得了技术效果，这种发明专利申请属于可给予专利保护的客体。

(3) 用于测量或测试过程控制的软件

如果发明专利申请的主题是利用计算机程序来控制和/或执行某种测量或测试过程，由于这种发明专利申请要解决的是技术问题，并能够获得技术效果，这种发明专利申请属于可给予专利保护的客体。

(4) 用于外部数据处理的软件

如果发明专利申请的主题是利用在公知计算机上运行的计算机程序对外部数据进行处理，以解决某个具体的技术问题，那么，由于它所处理的是技术问题，利用了技术手段，并能够获得技术效果，这种发明专利申请属于可给予专利保护的客体。

8.4.4 计算机软件著作权与专利权的冲突表现形式

计算机软件著作权与专利权冲突的表现形式可分为：

1. 专利侵权

软件的著作权人利用已经申请专利的软件技术方案编写出新的程序，然后进行了软件著作权登记。软件申请专利就意味着其专利就要对社会公开，这也为著作权与专利权冲突提供了可能性。这种冲突形式实际上是一种专利侵权。

2. 反向工程

软件开发者对他人已经申请著作权登记的软件进行反向工程，从而获取其技术方案申请专利。“反向工程(reverse engineering)，一般是指通过拆卸成品来了解成品结构、进行仿制的做法”。计算机领域的反向工程是指为了学习研究某一软件的性能，开发与之兼容的产品，或者为了确定原作是否合法，软件及其复制品所有人从软件的目标代码出发，通过反汇编的方式寻找原代码的活动。将反向工程用于软件且将获得的技术方案申请专利的行为是侵犯版权的行为。

3. 滥用专利权

从本质上看，滥用专利权是一种法律行为，行为人在主观上有滥用的故意，且其行为侵犯了他人或社会公众利益。实践中，专利权滥用现象甚多，很大程度上表现为跨国公司利用专利优势地位，排除、限制竞争的行为。例如，“IBM 公司计划宣布向外界开放 500 多个软件的专利权，用户在 Linux 等开源平台上都可以免费使用上述软件，IBM 利用传统的专利保护模式占有大量的专利,然后向使用专利的用户收费。IBM 公司指出,2004 年公司从专利许可中获得约十亿美元的收入。"虽然 IBM 公司逐步开放其专利但是幅度很小,公司手中仍然握有大量的专利,这对其他中小软件公司的发展极为不利,这些公司每走一步都有可能掉进大公司的专利雷区,从而要交纳高昂的专利使用费。我国加入世贸组织后对外开放程度逐步加大,许多国外公司到中国来大量申请专利,这也是国外公司的企业知识产权战略之一。

8.5 软件著作权的登记与申报流程

8.5.1 软件著作权登记材料

1. 按要求填写的软件著作权登记申请表

1) 开发完成日期与首次发表日期

(1) 开发完成日期,是指所提交的材料中最晚的日期,其他材料中不能出现此日期之后的日期。如果软件是在公司成立之前开始研发的,应提交软件版权归属证明材料(转让协议),如果公司成立到开发完成日期时间短(半年内)需提交开发时间说明。

(2) 首次发表日期,要晚于或与完成日期相同。

2) 版本号

版本号若高于 1.0 版本是前期版本升级版的,需提交"新增功能说明"。是原创软件的,需提交"原创版本说明"。

3) 软件用途和技术特点

要针对本软件填写软件方面事宜;其中版本号要填写开发语言的版本号,而不是本软件的版本号。

2. 文档

(1) 用户手册、操作手册、设计说明书等任选一种,总共要求提交 60 页(提交前、后各 30 页),单面纵向打印,不能横向打印。每页不少于 30 行(结束页除外),有图片页例外,如果少于 60 页,需全部提交。

(2) 内容要围绕本软件,出现的软件名称要与申请表中软件名称一致。

(3) 其中出现的日期(包括图片中日期)要与申请表开发完成日期相一致,不能出现开发完成之后的日期。

(4) 其中不能出现作者姓名字样,如果出现,要作版权归属关系说明。

(5) 页码在右上角标注,1～60 连续页码。

3. 源程序

(1) 要求总共提交 60 页(提交前、后各 30 页),单面打印,每页不少于 50 行(结束页除外,不包括空行),少于 60 页,全部提交。设置黑白打印,不能出现深浅色。

(2) 源程序最后一页一定要程序结束页。

(3) 程序中如果出现"AUTHOR:",后要填写单位中文全称,不能出现个人名。

(4) 其中出现的日期也要与开发完成日期一致,不能出现开发完成之后的日期。

(5) 页码在右上角标注,1～60 连续页码。

4. 软件的鉴别材料

软件的鉴别材料包括程序和文档的鉴别材料。程序和文档的鉴别材料应当由源程序和任何一种文档前、后各连续30页组成。整个程序和文档不到60页的，应当提交整个源程序和文档。除特定情况外，程序每页不少于50行，文档每页不少于30行。

5. 相关的证明文件

证明文件包括：申请人及代理人的身份证明文件、权利归属证明文件等。

1）代理人身份证明

登记申请委托代理的，应当提交代理人的身份证明文件复印件，申请表中应当明确委托事项、委托权限范围、委托期限等内容。

2）有效身份证明文件（单位的需盖公章）

（1）企业法人单位提交有效的营业执照副本的复印件；

（2）事业法人单位提交有效的事业法人证书的复印件；

（3）社团法人单位提交民政部门出具的有效的社团法人证书的复印件；

（4）其他组织提交工商管理机关或民政部门出具的证明文件复印件；

（5）自然人申请的，提交身份证或护照等有效证明的复印件。

3）权利归属的证明文件

（1）委托开发的，应当提交委托开发合同；

（2）合作开发的，应当提交合作开发合同；

（3）下达任务开发的，应当提交上级部门的下达任务书；

（4）受让取得软件著作权的，应当提交软件著作权转让协议；

（5）原著作权人的企业被合并或分立，由合并或分立后的其他企业享有著作权的，需要提交的证明文件包括：企业注销登记证明、股东会或董事会决议等其他证明；

（6）继承人继承的，需要提供的证明文件包括：被继承人的死亡证明、被继承人有效遗嘱、与被继承人的关系证明、继承人身份证明、法院的法律文书等。

8.5.2 软件著作权登记流程

填写申请表→提交申请文件→缴纳申请费→登记机构受理申请→补正申请文件（非必须程序）→取得登记证书。软件著作权登记申报流程，如图8.1所示。

1. 填写申请表

在中国版权保护中心网站上，首先进行用户注册，然后登录用户，在线按要求填写申请表后，确认、提交并打印。

2. 提交申请文件

申请人或代理人按照要求提交登记申请文件。

3. 缴纳申请费

申请文件符合受理要求时，软件登记机构发出缴费通知，申请人或代理人按照通知要求缴纳费用。

4. 登记机构受理申请

申请文件符合受理要求并缴纳申请费的，登记机构在规定的期限内予以受理，并向申请人或代理人发出受理通知书及缴费票据。

软件著作权登记审批流程图

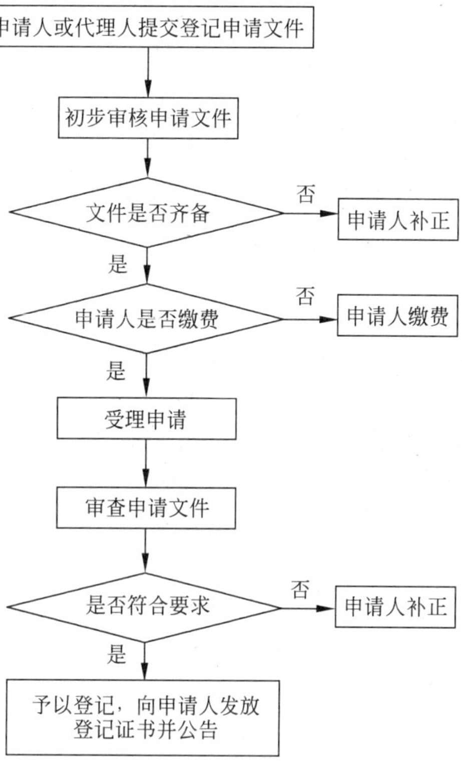

图 8.1 软件著作权登记申报流程

5. 补正程序

申请文件存在缺陷的，申请人或代理人应在规定期限内补正，逾期不补正的，申请将被视为撤回；经补正仍不符合登记办法的，登记机构将不予登记并书面通知申请人或代理人。

6. 获得登记证书

应当在受理之日起 30 个工作日后，持受理通知书原件直接到受理大厅领取，或填写正确的联系地址，通过邮递获得。

8.5.3 软件著作权登记申请表填写说明

本表适用于著作权人原始取得著作权，以及通过转让、继承或承受取得著作权的软件著作权人登记申请时填写。

1. 软件基本信息

1）软件名称

(1) 全称：申请著作权登记的软件的全称。软件名称应简短明确、针对性强，各种文件中的软件名称应填写一致。可参考软件行业协会发布的：品牌＋产品用途与功能＋“软件”的命名规范；

(2) 简称（没有简称可以不填此栏）：对登记软件全称进行简化的名称。如 DOS、Windows、WPS 等；

(3) 分类号：选择填写在表中提供的原国家标准 GB/T 13702 和国家标准 GB 4754—2002 中的代码确定的分类编号；

(4) 版本号：申请著作权登记的软件的版本号。

2) 软件作品说明

选择申请软件是原创软件还是修改软件。申请软件属于在原有软件基础上形成的修改软件的，请填写修改软件作品说明，简短明确阐述"该软件新增功能模块"或"程序的第 10～100 行""全部翻译文本"等。对翻译或合成软件应对其取得著作权的材料及所编入的材料进行概括性描述。说明字数限于 100 字之内。若原有软件已经进行登记的，应注明原软件著作权登记号。

3) 开发完成日期

选择填写软件开发者将该软件全部固定在某种物质载体上的日期。

4) 发表状态

选择填写著作权人首次将该软件公之于众的日期。发表的方式包括：销售和向他人提供复制件，以及网上发布、产品发布、为销售目的的展示等。

(1) 软件已发表的，请选择已发表选项，并填写首次发表日期和首次发表地点所在的国家或城市；

(2) 软件未发表的，请选择未发表选项，并选择填写是否允许公众查阅该申请登记软件的鉴别材料。

5) 开发方式

原始取得著作权的情况，选择填写表中提供的下列方式之一：

(1) 单独开发：指依靠自身的条件自行开发完成的软件；

(2) 合作开发：指两人或两人以上依据合作协议共同开发完成的软件；

需要提供的证明文件：证明申请人享有权利合作开发协议；

(3) 委托开发：指委托人与被委托人之间依据委托协议开发完成的软件；

需要提供的证明文件：证明申请人享有著作权的委托协议；

(4) 下达任务开发：指根据国家机关下达的项目任务书开发完成的软件；

需要提供的证明文件：证明申请人享有著作权的项目任务书。

2. 著作权人

1) 姓名或名称

选择填写著作权人的类别、证件类型和号码、国籍、所属省份城市和园区。

2) 类别

其中，包括自然人、法人或其他组织；

(1) 著作权人是自然人的，应填写真实姓名，需要提交的证明文件复印件包括身份证、军官证、护照或其他身份证明；

(2) 著作权人是法人的，应填写名称、类别、国籍、省份、城市和园区；

企业法人，指获得法人资格的企业。需提交的文件为工商营业执照；

机关法人，指获得法人资格的国家机关。需提交的文件为组织机构代码证书；

事业单位法人，指获得法人资格的事业单位。需提交的文件为事业法人证书；

社会团体法人，指获得法人资格的社会团体。需提交的文件为社团法人证书、组织机构代码证书。

(3) 其他组织。其他组织是指经登记并领取营业执照或社会团体登记证，但不具有法人资格的组织。

法人的分支机构需提交的文件为营业执照或社会团体登记证，以及法人不主张著作权的证明。

3) 证件类型

4) 证件号码

5) 国籍、省份/城市、园区

3. 权利说明

1) 权利取得方式

选择著作权人取得权利的方式，包括原始取得和继受取得；

软件著作权是通过继受取得的，从下列方式之一中选择填写：

(1) 转让：是指著作权人将著作权中的全部或部分财产权有偿或无偿地移交给他人所有的法律行为，需要提供的证明文件为著作权转让合同；

(2) 继承：指根据继承法继承人继承被继承人的著作权中财产权利，需要提供的证明文件是被继承人的死亡证明、被继承人有效遗嘱、与被继承人的关系证明、继承人身份证明、法院的法律文书；

(3) 承受：是指享有原著作权的企业被合并或分立，由合并或分立后其他企业享有著作权情况，需要提供的证明文件是企业变更证明及其他证明(合同、债权人会议决定和清算组织公告等)；

该申请软件已作过著作权登记的，填写原登记号；原登记事项作过变更或补充登记的，填写变更或补充证明编号。

2) 权利范围

选择著作权人享有权利的范围包括下述情况之一：

(1) 全部权利：指《计算机软件保护条例》第 8 条规定的所有权利，且没有任何限制；

(2) 部分权利：指《计算机软件保护条例》第 8 条规定的一项或者多项权利，并需要注明具体的权项。

4. 软件鉴别材料

软件鉴别材料可提供以下选择：

1) 一般交存

源程序的连续的前 30 页和连续的后 30 页(前、后 30 页可以是自然排序，也可以是自行定义)；

提交一种文档的连续的前 30 页和连续的后 30 页，申请人可以选择提交一种以上的文档，每增加一种文档，缴纳 80 元的费用；

2) 例外交存(专门的服务项目，另行收费。)

可根据实际情况选择下列方式之一：

(1) 提交源程序的前、后 30 页使用黑色宽斜线覆盖百分之五十(由登记机构实施)；

(2) 提交源程序的前 10 页和任选连续的 50 页；

(3) 提交目标程序的前、后 30 页和源程序任选连续的 20 页(三种方式中选择其一)；

注：源程序和文档应在页眉上标注相应的软件名称和版本号，右上角应标注页码，源程序每页不少于50行，文档每页不少于30行。

5. 软件功能和技术特点（只供软件首次登记填写）

1）硬件环境

硬件环境指开发和运行登记软件的计算机硬件和专用设备。

2）软件环境

软件环境指开发和运行登记软件的操作系统、支持软件的名称及版本号。

3）编程工具及版本号

编程工具及版本号指编写登记软件的编程工具。例如，VC 6.0，VB 6.0。

4）源程序量（条数）

源程序量指登记软件的源程序的总行数或者总条数。

5）主要功能和技术特点

简短明确阐述软件的创作目的、主要功能、用途和技术特点。说明字数限于500字之内。

6. 申请人信息

1）申请方式

选择著作权人或代理人；

2）申请人详细信息

申请人是法人和其他组织的，填写单位全称、地址、营业执照号或者事业法人代码证书号、电话、邮政编码、传真号、E-mail，并指定专人作为联系人；

申请人是个人的，应写出姓名、地址、身份证号（护照号）、电话、邮政编码、传真号、E-mail。

7. 代理人信息

1）授权委托

申请人委托代理的，在此栏填写委托代理范围和权限，以及代理授权期限；

2）代理人详细信息

应填写代理人的单位全称（或个人的姓名）、地址、营业执照号（或身份证号）、电话、邮政编码、传真号、E-mail，代理机构应指定一名专人作为联系人。代理人身份证明文件中名称或姓名应当与授权委托的单位全称（或个人的姓名）一致。

8. 申请人签章

申请人应认真阅读并承诺所保证条文；

申请人为个人的签名或者加盖人名章；

申请人为单位的请加盖公章，签章影印无效。

8.5.4 软件著作权登记注意事项

1. 网上填写申请表

现在申请软件著作权登记必须从网上填写申请表，网址：http://www.ccopyright.com.cn/cpcc/index.jsp，登录后填写著作权登记申请表。

2. 著作权转让

申请表第二页填写继受取得权利栏（受让方名称），原始取得权利栏不填写、最后一页申请者填写受让方名称，其他与著作权申请时填写必须一致、双方转让协议（或转让合同，合同内容参考著作权法第二十五条）、受让方营业执照副本复印件、原著作权证书及复印件。所有材料打印一份不装订。

3. 著作权变更登记

提交变更登记申请表(变更理由及变更内容填写在补充事项栏)、变更说明(变更理由及变更内容单独用A4纸打印,盖章)、著作权证书复印件、营业执照副本复印件。

4. 软件著作权登记机构、办理时限、申请费用

1) 软件著作权登记机构

中国版权保护中心;

联系地址:北京市东城区安定门东大街28号雍和大厦西楼三层301(邮编:100007);

现场办理地址:雍和大厦西楼一层国际版权交易中心版权登记大厅;

咨询电话:010-68003934。

2) 办理时限

软件著作权登记申请,受理之日起30个工作日。

3) 申请费用

申请费可以直接向中国版权保护中心财务处面交,或通过银行或邮局汇付。通过邮局或银行缴纳费用时,应当在汇单附言栏中写明正确的申请流水号、缴纳费用名称及发票收据上的单位名称,有受理号或登记号的,应当注明受理号或登记号。

缴费时间:收到缴纳申请费通知书起应当在10个工作日内缴费。

缴费标准:《计算机软件著作权登记收费标准》经财政部和国家发改委批准,如表8.1所示。

表8.1 计算机软件著作权登记收费标准表

收入项目	收费标准
计算机软件著作权登记费	250元/件次。该项目费用只限于程序及其一种文档的登记,如申请登记多种文档,每增加一种文档,增收80元。 例外交存手续费320元/件次。
软件著作权合同登记费	每次100元。
软件著作权登记证书费	50元/件。
变更或补充登记费	150元/件次。
请求延期处理费	第一次100元/件次,第二次200元/件次。
软件源程序封存保管费	100页为120元,超过100页的,每增加1页增收2元。
查询费	
计算机信息库查询费	题录库查询,近五年信息:每题50元,超过100条,每条加收0.15元,追溯查询(五年前),每题75元,超过100条,每条加收0.25元;文摘库查询,近五年信息,每题10元,超过3页,每页加收0.25元,追溯查询(五年前),每题15元,超过3页,每条加收0.25元;著作权概况查询,近五年信息,每题100元,超过3页,每页加收0.25元,追溯查询(五年前),每题125元,超过3页,每条加收0.25元。
纸介质查询费	对指定登记号的档案进行查阅,每件次收费2元,如需复印加收复印费。

8.6 软件著作权的登记实例

(1) 首先进入到"中国版权保护中心"官方网站(http://www.ccopyright.com.cn/cpcc/index.jsp),如图8.2所示。软著登记申请前需要一个版权保护中心的账号,如果没有注册应先在该网站上注册,若注册过则直接登录该网站。

图 8.2 中国版权保护中心官方网站首页

(2) 注册完成后在对应窗口，输入已注册的用户名和密码，然后单击登录，登录成功后进入软件著作权在线登记申请界面，如图 8.3 所示。

图 8.3 软件著作权在线登记申请界面

(3) 登录成功后，单击左侧的我要登记，进入图 8.4 著作权登记申请界面，初次登记一般选择“R11. 计算机软件著作权登记申请”。

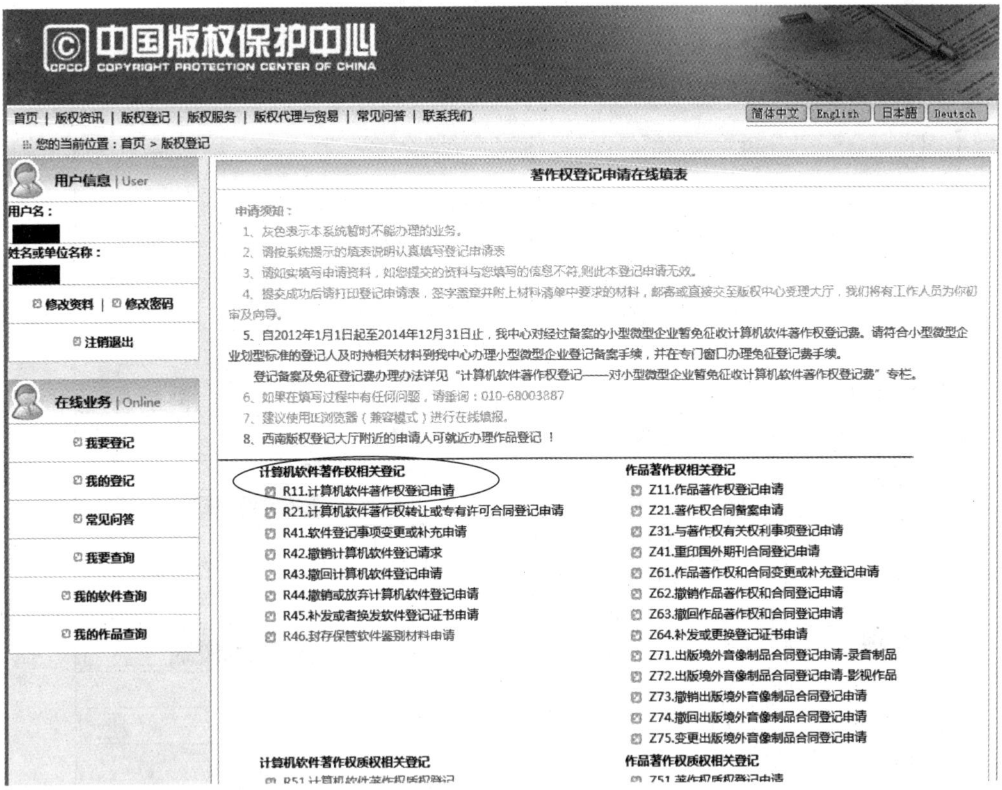

图 8.4 著作权登记申请界面

(4) 按照要求填写计算机软件著作权登记申请表，如图 8.5 所示。

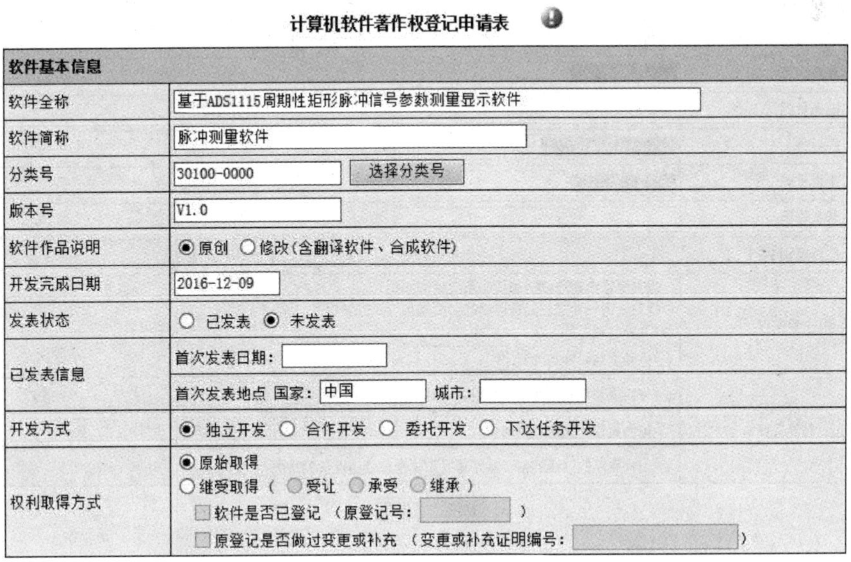

图 8.5 计算机软件著作权登记界面

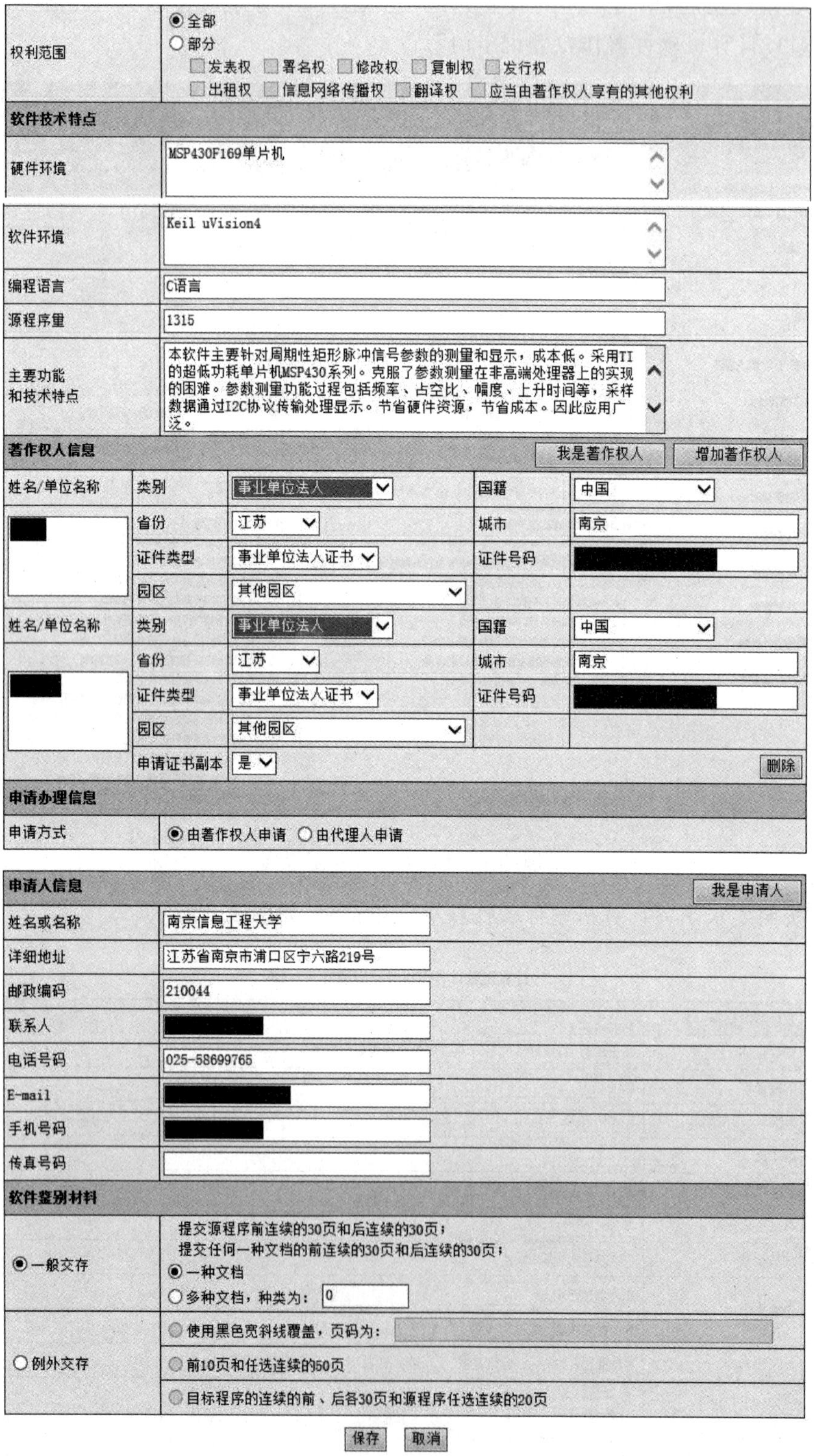

权利范围	◉全部 ○部分 □发表权 □署名权 □修改权 □复制权 □发行权 □出租权 □信息网络传播权 □翻译权 □应当由著作权人享有的其他权利
软件技术特点	
硬件环境	MSP430F169单片机
软件环境	Keil uVision4
编程语言	C语言
源程序量	1315
主要功能和技术特点	本软件主要针对周期性矩形脉冲信号参数的测量和显示，成本低。采用TI的超低功耗单片机MSP430系列。克服了参数测量在非高端处理器上的实现的困难。参数测量功能过程包括频率、占空比、幅度、上升时间等，采样数据通过I2C协议传输处理显示。节省硬件资源，节省成本。因此应用广泛。

著作权人信息 [我是著作权人] [增加著作权人]

姓名/单位名称	类别	事业单位法人	国籍	中国
	省份	江苏	城市	南京
	证件类型	事业单位法人证书	证件号码	
	园区	其他园区		
姓名/单位名称	类别	事业单位法人	国籍	中国
	省份	江苏	城市	南京
	证件类型	事业单位法人证书	证件号码	
	园区	其他园区		
	申请证书副本	是		[删除]

申请办理信息

申请方式	◉由著作权人申请 ○由代理人申请

申请人信息 [我是申请人]

姓名或名称	南京信息工程大学
详细地址	江苏省南京市浦口区宁六路219号
邮政编码	210044
联系人	
电话号码	025-58699765
E-mail	
手机号码	
传真号码	

软件鉴别材料

◉一般交存	提交源程序前连续的30页和后连续的30页； 提交任何一种文档的前连续的30页和后连续的30页； ◉一种文档 ○多种文档，种类为：0
○例外交存	○使用黑色宽斜线覆盖，页码为：
	○前10页和任选连续的50页
	○目标程序的连续的前、后各30页和源程序任选连续的20页

[保存] [取消]

图 8.5 （续）

(5) 填完后系统会自动生成“计算机软件著作权登记申请表”如图 8.6 所示，认真检查申请表，确认无误再提交(要注意申请人信息等)，因为提交以后登记表就不能修改，切记！

页码，1/4

受理号：__________ 受理签字：__________

登记号：__________ 审查签字：__________

流水号 2016R11L716523

计算机软件著作权登记申请表

软件基本信息	软件全称	基于ADS1115周期性矩形脉冲信号参数测量显示软件	版本号	V1.0
	软件简称		分类号	30200-0000
	软件作品说明	⊙ 原创 ○ 修改(含翻译软件、合成软件) □ 修改软件须经原权利人授权 □ 原有软件已经登记 · 原登记号： · 修改（翻译或合成）软件作品说明：		
开发完成日期		2016 年 12 月 01 日		
发表状态		⊙ 已发表 首次发表日期：2016年12月08日 首次发表地点：中国　南京 ○ 未发表		
开发方式		⊙ 独立开发 ○ 合作开发 ○ 委托开发 ○ 下达任务开发		

著作权人	姓名或名称	类别	证件类型	证件号码	国籍	省份/城市	园区
	南京信息工程大学	事业单位法人	事业单位法人证书	事证第132000000920号	中国	江苏 南京	江苏软件园

图 8.6　计算机软件著作权登记申请表

页码，2/4

流水号	2016R11L716523

<table>
<tr><td rowspan="2">权利说明</td><td>权利
取得方式</td><td colspan="3">⊙ 原始取得
○ 继受取得（ ○ 受让 ○ 承受 ○ 继承 ）
□ 该软件已登记 （原登记号：__）
□ 原登记做过变更或补充 （变更或补充证明编号：__）</td></tr>
<tr><td>权利范围</td><td colspan="3">⊙ 全部
○ 部分（ □ 发表权 □ 署名权 □ 修改权 □ 复制权 □ 发行权 □ 出租权 □ 信息网络传播权 □ 翻译权 □ 应当由著作权人享有的其他权利 ）</td></tr>
<tr><td rowspan="2">软件鉴别材料</td><td>⊙ 一般交存</td><td colspan="3">提交源程序前连续的30页和后连续的30页；
提交任何一种文档的前连续的30页和后连续的30页；
⊙ 一种文档 ○ ____种文档</td></tr>
<tr><td>○ 例外交存</td><td colspan="3">○使用黑色宽斜线覆盖，页码为：
○前10页和任选连续的50页
○目标程序的连续的前、后各30页和源程序任选连续的20页</td></tr>
<tr><td rowspan="4">软件功能和技术特点</td><td>硬件环境</td><td colspan="3">MSP430F169单片机</td></tr>
<tr><td>软件环境</td><td colspan="3">Keil uVision4</td></tr>
<tr><td>编程语言</td><td>C语言</td><td>源程序量</td><td>1315</td></tr>
<tr><td>主要功能
和技术特点</td><td colspan="3">本软件主要针对周期性矩形脉冲信号参数的测量和显示。采用TI的超低功耗单片机MSP430系列，克服了参数测量在非高端处理器实现上的困难。参数测量功能过程包括频率、占空比、幅度、上升时间等，采样数据通过I2C协议传输处理显示，成本低，因此应用广泛。</td></tr>
</table>

图 8.6 （续）

页码，3/4

流水号	2016R11L716523

<table>
<tr><td colspan="2">申请办理方式</td><td colspan="3">⊙由著作权人申请　○由代理人申请</td></tr>
<tr><td rowspan="4">申请人信息</td><td>姓名或名称</td><td>南京信息工程大学</td><td>电话</td><td>025-58699765</td></tr>
<tr><td>详细地址</td><td>江苏省南京市浦口区宁六路219号</td><td>邮编</td><td>210044</td></tr>
<tr><td>联系人</td><td></td><td>手机</td><td></td></tr>
<tr><td>E-mail</td><td></td><td>传真</td><td>025-58731154</td></tr>
<tr><td rowspan="5">代理人信息</td><td colspan="4">申请人委托下述代理人办理登记事宜，具体委托事项如下：</td></tr>
<tr><td>姓名或名称</td><td></td><td>电话</td><td></td></tr>
<tr><td>详细地址</td><td></td><td>邮编</td><td></td></tr>
<tr><td>联系人</td><td></td><td>手机</td><td></td></tr>
<tr><td>E-mail</td><td></td><td>传真</td><td></td></tr>
<tr><td colspan="5">申请人认真阅读了填表说明，准确理解了所需填写的内容，保证所填写的内容真实。
申请人签章：
2016 年 12 月 09 日</td></tr>
</table>

图 8.6 （续）

页码，4/4

流水号 2016R11L716523

证书份数	1份正本
请确认所需要的计算机软件著作权登记证书副本份数。登记证书正本和副本数量之和不能超过软件著作权人的数量。	

提交申请材料清单

申请材料类型	申请材料名称
申请表	打印签字或盖章的登记申请表　一份____页
软件鉴别材料	软件源程序　一份____页 软件文档(1)　一份____页 软件文档(2)　一份____页
身份证明文件	申请人身份证明复印件　一份____页 代理人身份证明复印件　一份____页
权利归属证明文件	软件转让合同或协议　一份____页 承受或继承证明文件　一份____页
其他材料	一份____页 一份____页 一份____页 一份____页

填写说明：

请按照提示要求提交有关申请材料，并在提交申请材料清单中准确填写实际交存材料页数。若提示中没有的，请填写材料名称及其页数。该页是申请表的组成部分与申请表一并打印提交。

图 8.6 （续）

（6）按照前述要求准备软件著作权申请材料，办理软件著作权可到登记大厅现场办理，也可使用挂号信函或特快专递邮寄到中国版权保护中心软件登记部进行办理，提交以后等候通知。

参 考 文 献

1. 谭小宏，赵晓江，侯小兵. 应用创造学简明教程[M]. 武汉：武汉大学出版社，2014.
2. 余秋雨. 艺术创造学[M]. 武汉：长江文艺出版社，2013.
3. 谭宗梅，黄龙岗. 创造学简明教程[M]. 北京：科学出版社，2011.
4. 赵凤云，朱光，苑成存，等. 创造学与创新管理[M]. 北京：清华大学出版社，2010.
5. 甘自恒. 创造学原理和方法：广义创造学[M]. 2版. 北京：科学出版社，2011.
6. 葛莱云. 创造力开发与培养[M]. 北京：中国社会科学出版社，2011.
7. 吴建国，沈世德，郭必裕，等. 创造力开发简明教材[M]. 南京：东南大学出版社，2009.
8. 刘道玉. 创造教育理论[M]. 3版. 武汉：武汉大学出版社，2009.
9. 刘道玉. 创造思维方法训练[M]. 2版. 武汉：武汉大学出版社，2009.
10. 王云. 创造学学习训练提高[M]. 南昌：江西高校出版社，2007.
11. 刘仲林. 中国创造学概论[M]. 天津：天津人民出版社，2001.
12. 罗玲玲. 创造力理论与科技创造力[M]. 沈阳：东北大学出版社，1998.
13. 庄寿强，戎志毅. 普通创造学[M]. 徐州：中国矿业大学出版社，1997.
14. (美)戴，(美)盖斯特尔. 科技论文写作与发表教程[M]. 7版. 顾良军，林东涛译. 北京：中国协和医科大学出版社，2103.
15. 吉纳·威斯科. 研究生论文写作技巧[M]. 大连：东北大学出版社，2012.
16. 陈苏，黄彦. 英文科技论文写作[M]. 北京：化学工业出版社，2011.
17. 赵秀珍. 科技论文写作教程[M]. 北京：北京理工大学出版社，2005.
18. 苏越. 肯尼将军是怎样做出正确推断的——谈逻辑推理在预测中的应用[J]. 新闻与写作，1991，(5)：32-33.
19. 高海燕. 韩信画兵挂帅印[J]. 故事世界，2006，(9)：20.
20. 刘奇. 直觉思维及其在信息化教育中的培养[J]. 重庆教育学院学报. 2000，5(6)：88.
21. 杨晓东. 专题训练：学习中灵感维的训练[J]. 职业技术教育，2007(17)：31-32.
22. 傅蔡安. 形态分析法在拉链头装配方案设计中的应用[J]. 现代制造工程，2006(10)：77-79.
23. 陈俊红. "综摄法"在广告创意中的运用[J]. 艺术教育，2011(5)：124-125.
24. http://www.cponline.gov.cn/video/video1/content/main.html
25. http://www.sipo.gov.cn/
26. http://www.ccopyright.com.cn/cpcc/index.jsp
27. http://baike.baidu.com